采煤机械化技术

——峰峰矿区实例研究

主　编　陈亚杰　赵兵文
副主编　谢德瑜　赵鹏飞

北　京
冶金工业出版社
2014

内 容 简 介

本书系统总结了采煤机械化技术发展的历史及现状，以峰峰矿区为例，重点介绍了轻型综采放顶煤技术、薄煤层综采自动化技术和薄煤层综采自动化无人工作面技术、大倾角厚煤层智能化综采技术、综合机械化大倾角仰采技术、矸石膏体充填采煤技术等综采技术装备和工艺。由于峰峰矿区地质结构具有独特性，决定了其采煤机械化技术的独创性，其发展历程说明智能化的综合机械化采煤技术是建设现代化煤矿的必然选择。

本书适合煤炭工业相关技术人员与管理人员阅读，也适合相关大专院校煤炭专业师生参考。

图书在版编目（CIP）数据

采煤机械化技术：峰峰矿区实例研究/陈亚杰，赵兵文
主编．—北京：冶金工业出版社，2014.5
ISBN 978-7-5024-6567-4

Ⅰ．①采…　Ⅱ．①陈…　②赵…　Ⅲ．①采煤机械化
Ⅳ．①TD823.97

中国版本图书馆 CIP 数据核字（2014）第 070656 号

出 版 人　谭学余
地　　址　北京北河沿大街嵩祝院北巷 39 号，邮编 100009
电　　话　（010）64027926　电子信箱　yjcbs@cnmip.com.cn
责任编辑　李　梅　卢　敏　美术编辑　吕欣童　版式设计　孙跃红
责任校对　王永欣　责任印制　李玉山
ISBN 978-7-5024-6567-4
冶金工业出版社出版发行；各地新华书店经销；三河市双峰印刷装订有限公司印刷
2014 年 5 月第 1 版，2014 年 5 月第 1 次印刷
787mm×1092mm　1/16；22 印张；526 千字；334 页
76.00 元

冶金工业出版社投稿电话：（010）64027932　投稿信箱：tougao@cnmip.com.cn
冶金工业出版社发行部　电话：（010）64044283　传真：（010）64027893
冶金书店　地址：北京东四西大街 46 号（100010）　电话：（010）65289081（兼传真）
（本书如有印装质量问题，本社发行部负责退换）

编 辑 委 员 会

主　编　陈亚杰　赵兵文

副主编　谢德瑜　赵鹏飞

编　委　张步勤　王桂梅　王光国

序

　　煤炭是我国重要的基础能源，在实现工业化的关键时期，大部分国家都经历了能源消费量增长较快和能源结构快速变化的过程。我国是世界上最大的产煤国和消费国，《2011 年全球统计系列报告》显示，2011年我国煤炭产量达 34.71 亿吨，占全球煤炭产量的 45%，2011 年我国消费 25.51 亿吨标煤，占全球煤炭消费总量的 48%。

　　我国煤炭资源丰富、煤种齐全，从资源量分析，煤炭具有中长期保证能力，在未来较长一段时间内，以煤为主的能源结构不会改变，煤炭仍将是我国的基础能源。近几年，我国经济快速增长，各行业尤其是电力、冶金、建材、化工四大主要耗煤工业对煤炭的需求旺盛，发电用煤占煤炭消费量的 54%；钢铁用煤占煤炭消费量的 15%；建材用煤占煤炭消费量的 13%；化工用煤占煤炭消费量的 5%。煤炭工业的快速发展，基本能够满足国内煤炭需求，为国民经济快速发展和全面建设小康社会提供了能源保障。

　　采煤机械化技术是现代化矿井开采的核心技术，长期以来我国煤矿人以高效集约化生产为发展方向，以安全、高效、高采出率、环境友好为目标，坚持不懈地努力提高采煤机械化工艺和装备水平，改革开放以来快速发展，目前我国煤矿高产高效工作面的综采技术已经达到或接近国际先进水平。综采设备正在以提高可靠性和正常开机率为目标，向大型化、智能化成套装备发展。

　　峰峰矿区是我国开采利用煤炭最早的大型煤矿区之一，矿区褶曲发育，断裂构造极其密集，数量多达每平方公里 300 余条，将煤层切割成为大小不等、形状各异的几何块体，复杂的断层构造给矿区生产和工作面开采造成极大的困难。

冀中能源峰峰集团公司（原峰峰矿务局，以下简称峰峰集团）60多年来，在峰峰矿区复杂的地质条件下，依靠科技进步努力改革采煤方法，不断改革采煤工艺，提高采煤机械化程度和装备水平。煤炭生产技术经历了炮采→普通机采→高档普采→综采的健康发展道路。20世纪80年代到90年代初期，峰峰集团发展高档普采，达到国内领先水平，成为我国地质条件复杂煤矿发展采煤机械化的样板。90年代中期开始，峰峰人在科学发展观的指引下，坚持依靠科技进步，不断创新，努力探索更适合峰峰矿区复杂地质条件的采煤设备和采煤工艺。1996年开发出轻型综采放顶煤装备和生产工艺，较好地解决了复杂地质条件下厚煤层一次整层开采和中小型矿井采煤机械化问题，为复杂地质条件下的厚煤层开采探索出了一条安全高效开采的技术途径。轻型综采放顶煤装备和工艺的研发及推广成功，突破了制约峰峰矿区综合机械化采煤技术发展的瓶颈。

1996年以来峰峰集团陈亚杰带领他的团队以轻型综采放顶煤技术为突破口，深入研究各种条件综采方案，工艺引领，研、制、用一体推进，取得多项自主知识产权。峰峰集团综采技术得到快速发展，在极其复杂条件下，如今的综合机械化采煤程度达到90%以上。综采和综采放顶煤技术已经成熟，并向智能化综采技术和绿色开采技术发展；大倾角厚煤层智能化综采技术、综合机械化大倾角仰采技术成绩显著；薄煤层综采自动化及薄煤层综采自动化无人采煤工作面技术达到了国内一流水平；综合机械化膏体充填采煤技术等绿色采煤技术达到了世界领先水平。

峰峰集团紧密配合矿井采煤机械化发展的需要，充分结合生产矿井的现场条件和采煤工艺发展的需求，从无到有、从小到大，高效率地研制开发了适合自身复杂条件的采煤机械化装备制造技术。峰峰集团天择公司现在已经拥有无人工作面技术、大倾角综放装备技术、综采充填装备技术、高端液压支架制造技术、高端齿轮传动研制技术、采煤机和刮板机生产技术、大型可调高滚筒式露天采煤机等核心技术 100 多项，实现了产、学、研一体化，成为峰峰集团矿井采煤机械化发展的有力支撑，也为国内煤矿提供采煤机械化装备产品。

峰峰集团为了加强设备管理，优化资产结构，提高设备利用率，加快设备更新改造步伐，提升集团公司技术装备水平，建立了采煤机械化设备的保障体系——物资集散管理体系，建立了设备租赁管理制度，实现了设备集中管理、统一租赁、资源共享，可有计划、有步骤地用先进设备取代陈旧落后设备，从而加快集团公司设备更新改造步伐和加大新技术、新工艺、新装备的推广力度，有助于不断改善和提高集团公司技术装备水平和机械化程度，最大限度地优化设备资产结构，全面提高设备使用率。

本书系统总结了峰峰集团 60 年来采煤工艺改革和采煤机械化发展的历史进程，特别是改革开放以来快速发展的成果和成功经验。峰峰集团的经验证明发展智能化的综合机械化采煤技术是建设现代化煤矿的必然选择，地质条件复杂的矿区依靠科技进步，努力探索，不断创新适合条件的机械化采煤技术和装备，发展采煤机械化的工作大有作为。

中国工程院士

钱鸣高

2013.8

前　言

煤炭是我国的主体能源，在一次能源结构中占 70% 左右。在未来相当长时期内，煤炭作为主体能源的地位不会改变。煤炭工业是关系国家经济命脉和能源安全的重要基础产业。改革开放以来，我国煤炭工业得到快速发展，连续多年成为世界第一产煤大国。国家《能源中长期规划纲要（2004～2020 年）》提出：我国能源结构，坚持以煤炭为主体、电力为中心、油气和新能源全面发展的战略。

峰峰矿区是我国开采利用煤炭最早的煤矿区之一，新中国成立后，峰峰矿区煤炭生产建设得到快速发展，成为我国特大型煤炭基地之一。特别是改革开放以来发展迅速，冀中能源峰峰集团公司（原峰峰矿务局，以下简称峰峰集团）按照科学、高效、绿色、低碳的原则不断发展壮大，年产原煤 3000 多万吨，是我国 520 家重点企业之一。峰峰集团所产优质炼焦煤和动力煤为国民经济建设做出了巨大贡献，积极促进了国民经济的快速健康发展。

采煤机械化技术装备和机械化采煤工艺是生产矿井的核心技术，采用技术先进的综合机械化采煤技术，实现综采智能化采煤，进而实现无人采煤工作面是生产矿井高产、高效、安全生产的关键技术，也是全国煤矿实现科学发展的目标。

冀中能源峰峰集团公司 60 多年来，在峰峰矿区复杂的地质条件下，依靠科技进步努力改革采煤方法，不断发展和创新采煤工艺。煤炭生产技术经历了炮采→普通机采→高档普采→综采的健康发展道路。20 世纪 80 年代到 90 年代初期，峰峰集团发展高档普采达到国内领先水平，成为我国地质条件复杂煤矿发展采煤机械化的样板。90 年代中期开始，峰峰人在科学发展观的指引下，结合矿区实际条件，克服了种种困难，坚持依靠科技进步，不断创新，努力探索更适合峰峰矿区复杂地质条件的采煤设备和采煤工艺。1996 年开发出轻型综采放顶煤装备和生产工艺，较好地解决了复杂地质条件下厚煤层一次整层开采和中小型矿井采煤机械化问题，为复杂地质条件下的厚煤层开采探索出了一条安全高效开采的技术途径。轻型综采放顶煤装备和工艺的研发及推广成功，突破了制约峰峰矿区综合机械化采煤技术发展的瓶颈。

迄今为止，峰峰集团综采和综采放顶煤技术已向智能化和绿色开采方向发展，大倾角厚煤层智能化综采技术、综合机械化大倾角仰采技术、薄煤层综采自动化及薄煤层综采自动化无人采煤工作面技术达到了国内一流水平，综合机械化膏体充填采煤技术等绿色采煤技术达到了世界领先水平。

本书的基本内容是以峰峰集团为例，对采煤机械化技术发展进行概括与总结。本书系统总结了峰峰矿区自 20 世纪 50 年代以来采煤机械化发展的历史，以汇编的形式重点介绍了峰峰集团轻型综采放顶煤技术、薄煤层综采自动化技术和薄煤层综采自动化无人工作面技术、大倾角厚煤层智能化综采技术、综合机械化大倾角仰采技术、矸石膏体充填采煤技术等综采技术装备和工艺。

本书在编写过程中收集整理了峰峰集团各个发展阶段的技术资料和各种记录文件，仅以此书对当年奠定机械化基础和推动机械化重要发展的尚庆武、秦文昌、邵太升等各时期的领导表示深深的感谢！对王光国、梁春林、丁福生等一批为综合机械化做出贡献的同志表示深深的感谢！对搜集、整理、提供资料付出辛勤劳动的同志们表示深深的感谢！

本书对煤矿发展采煤机械化有较重要参考价值，也可作为大专院校、研究单位相关专业教学研究参考读物。

全书编写人员如下：

主　编：陈亚杰、赵兵文

副主编：谢德瑜、赵鹏飞

编　委：张步勤、王桂梅、王光国

主要编写人员：王巨光、刘建立、吕树泽、苗习生、鲁建广、何顺席、宋正廷、任明环、巩文斌、张云英

参加编审人员：付晓洁、訾　凌

因时间仓促，编写水平有限，本书出现疏漏在所难免，欢迎读者批评指正。

编　者

2014 年 2 月

目　录

1 冀中能源峰峰集团基本概况

1.1 矿区地理位置和交通

峰峰矿区中部有鼓山横贯南北，鼓山东侧为低缓山谷及间隔洼地；鼓山西侧为和村—孙庄向斜。地面标高为 +105 ~ +280m。矿区内南有漳河，中有滏阳河，北有洺河，区内冲沟发育。在漳河河道上建有岳城水库，滏阳河由奥灰群泉水汇流而成，在矿区东部建有东武仕水库。

矿区地理位置优越，交通方便。矿区环行铁路与京广铁路相接；公路连接京珠高速公路、青兰高速公路及 107 国道，通达全国各地。

1.2 开采简史

峰峰煤田的发现和开发历史悠久，据古籍记载，始于东汉建安 15 年（公元 210 年）以前。东汉末年，曹操在邺城建三台的故事人尽皆知，其中的冰井台是储备煤炭、粮食等战略物资的。《水经注》有"冰井台……藏冰及石墨，石墨可书，又燃之难尽……"。古之石墨即今之煤炭。其产地在"邺西、高陵西、伯阳西有石墨井，井深八丈"，邺西即今之峰峰矿区，即磁县、峰峰、武安一带。经过宋、元、明、清的民间开发，煤井已"井深数十丈"，据后人调查，在鼓山周围有古小煤窑 1300 余个。开采煤层已有山青、大青、下架的煤层名称并沿用至今。1996 年在黄沙矿井田发现一个矩形古窑筒，相传元代人为避讳"元"、"圆"谐音，将井筒凿为矩形。

19 世纪末，峰峰矿区出现了商业化的大型煤炭生产经营企业。成立了"六河沟"、"中和"、"怡立"、"致和"等煤炭公司，购置机器、修铁路，峰峰煤矿规模逐渐扩大，但开采技术还是沿用穿硐、残柱、高落式等非正规采煤方法。

日伪统治时期，曹汝霖勾结日本成立"磁县炭矿矿业所"实行军管，6 年掠夺煤炭资源近 440 万吨。

1945 年抗日战争胜利后，峰峰矿区为八路军接管，是老解放区之一，在共产党领导下对被日军掠夺的矿山进行恢复，更名为"峰峰利民煤矿公司"，并为解放战争胜利做出了贡献。到 1949 年峰峰矿务局成立前，年产量仅 51.8 万吨。

1949 年 9 月 18 日峰峰矿务局成立，对 1949 年以前遗留下的老矿井进行了恢复和技术改造，并积极推行新的采煤方法，峰峰煤矿从此走上高速、健康发展的道路。

在国民经济的三年恢复时期，峰峰煤矿得到恢复、调整并改造了一、二、三、四矿，推行长壁式新采煤方法，年生产能力达到近 200 万吨。

在第一个五年计划时期，为适应国民经济发展的需要，峰峰矿务局有计划地对老矿井继续进行技术改造，井上下运输环节全部实现机械化。期内还新建成了峰峰矿务局第一个新井——北大峪井。期末全局 5 个生产矿，年生产能力达到 325 万吨。"二五"时期是峰峰局生产大建设、大发展时期，期间，峰峰局大力贯彻调整方针，对原有生产矿井进行了采掘关系调整，对开拓及采区巷道布置进行了改革。国家投入巨资兴建 9 对新矿井和两座矿区大型洗选厂等厂矿企业。其中有原苏联援建我国 156 项工程之一的通二矿、马头洗煤厂及自行设计建设的五矿、牛儿庄矿、羊一矿、羊二矿、薛村矿等矿井。这一批新矿井投产后，1970 年峰峰矿务局生产能力达到 720 万吨/年，新增入洗原煤能力 168 万吨。洗选厂的建成和洗精煤的生产，结束了峰峰矿务局单一生产原煤的历史。马头洗选厂于 1961 年开始生产出口精煤，远销欧、亚国家，至 1977 年共出口精煤 138 万吨。

经过国民经济"四五"计划到"七五"计划期间的建设发展，峰峰矿务局又有黄沙矿、孙庄矿、万年矿相继投产，全局设计生产能力达到 891 万吨/年。第五个"五年"计划期间，峰峰矿务局坚持对矿井进行配套改造，在扩大提升、通风、排水和地面储、装、运及排矸能力的同时，逐步把井下工作的重点转向新水平的开拓延伸、扩大井田范围的新区开拓工程上，原煤产量上了一个新台阶，1977 年突破 1000 万吨大关，从此峰峰局进入全国年产千万吨大局行列。

1981 ~ 1985 年的"六五"计划期内，峰峰矿务局加速调整步伐，狠抓采掘关系和掘、抽、采关系的平衡，并从 1983 年开始，根据峰峰矿区煤层赋存、地质构造和水文地质条件，大力发展高档普采采煤工艺，使采掘机械化程度大幅度提高。到 1988 年末，峰峰局已发展成为拥有 13 座矿井、5 座大中型洗煤厂，销售额排居全国第 79 位的大型煤炭企业。

随着峰峰矿区开采规模的扩大，开采深度也逐渐加深，在"八五"计划、"九五"计划期间建设了一批第三开发段矿井，采深达到 –500 ~ –1000m 的矿井有九龙口矿、梧桐庄矿、大淑村矿。1991 年 4 月 29 日现代化的大型矿井九龙口矿投产。2001 年又有现代化的大型矿井梧桐庄矿和大淑村矿相继建成并投入试生产，2003 年分别达到了生产能力。

2003 年 7 月，峰峰矿务局改制为由河北省国资委和中国信达资产管理公司、华融资产管理公司共同持股的峰峰集团有限责任公司。

2008 年 6 月，与金能集团联合重组成立冀中能源集团有限责任公司，成为其子公司。现已发展成为集煤炭开采、洗选加工、煤化工、电力、机械制造、基建施工、建材、现代物流等以煤为基础，多产业综合发展的国有特大型煤炭企业，年产原煤 2000 万吨以上，全国煤炭工业和河北省百强企业之一。企业下设 32 个分（子）公司，在册职工 3.8 万人。拥有从事煤炭生产的各类专业技术人员 7973 人，其中具有中高级职称的专业技术人员 3220 人。有 2 座大型洗煤厂和 5 座矿井洗煤厂，年产精煤 1040 万吨以上；化工产业在建河北省重点产业支撑项目——峰峰煤化工项目，总规模 500 万吨焦炭、30 万吨甲醇及下游延伸产品。煤矸石、煤层气综合利用发电总装机容量 137.5MW。2010 年原煤产量实现 1650 万吨，企业总资产 236 亿元，营业收入 720 亿元，上缴税金 24 亿元。

自 1977 年峰峰矿务局产量突破千万吨并保持至今，截至 2011 年累计生产原煤 5.6 亿吨、炼焦洗精煤 2.2 亿吨，成为我国特大型煤炭基地之一，为国民经济建设做出了巨大贡献。"十一五"规划期间，冀中能源峰峰集团坚持"强基固本，引联外扩，以人为本，科学发展"的指导方针，立足新起点，实现企业跨越发展。准备到"十二五"规划末，原煤产量达到 6000 万吨，精煤 1500 万吨，营业收入 2000 亿元，实现煤炭产量、营业收入翻两番，再造两个峰峰集团，建成主业突出、结构合理、多元经营、极具竞争力的、可持续发展的现代化能源化工集团。

1.3 生产矿井概况

峰峰集团有限公司现有梧桐庄矿、九龙矿、新三矿、羊东矿（原羊渠河矿）、薛村矿、小屯矿、黄沙矿、大力公司（原五矿）、牛儿庄矿、大淑村矿、万年矿、孙庄矿业有限公司（以下简称孙庄矿）、通顺公司（原通二矿）共 13 个生产矿井。

（1）梧桐庄矿。梧桐庄矿位于河北省邯郸市峰峰矿区南部及磁县西部，以南神岗村为中心，北距峰峰市区 12km，东距磁县 15km，井田内有峰峰矿区至河南省安阳市的峰安公路，矿区—三矿—梧桐庄矿均有公路相联，交通便利。

梧桐庄井田西以 F_{26} 断层形成的地堑与原三矿为界，北及西北均以上述地堑分别与新三矿、九龙矿井田为界，西南以 F_{26-1}、F_{53} 断层为界，东至 F_5 断层，南达 28 勘探线。井田南北长 11.5km，东西宽 0～5km，为一北窄南宽的三角形区域，面积 37.36km^2，其中含可采煤层 7 层。

梧桐庄矿于 1992 年 10 月 1 日开工建井，设计生产能力为 120 万吨/年。采用立井单一水平（－470m）开拓方式，南北分翼开采全井田，2003 年投产以来当年的产量就达到设计能力。由于煤层赋存状况具备建设超大型矿井的条件，煤炭市场目前状况和前景良好，峰峰集团有限公司当时决定扩大梧桐庄矿的生产规模。

（2）九龙矿。九龙矿位于峰峰新市区东南约 3km，东南距磁县县城约 15km，行政区划隶属邯郸市峰峰矿区及磁县管辖。井田范围南北走向长约为 8km，东西倾斜宽约为 2.5km，面积约为 20km^2。

九龙矿井田北以 F_9 断层为界，南以 F_{26} 断层为界，西以 F_8 断层为界，分别与羊渠河井田、梧桐庄井田及二矿泉头扩大区和新三矿井田相邻，东以大煤 －900m 等高线为技术边界。

九龙矿井田西临鼓山，东近华北平原的西部边缘，为侵蚀堆积类型的缓倾斜山前平原，以低缓丘陵为主要特征。井田内地势西低东高，南低北高，地表冲沟比较发育，但一般切割不深。两侧在北郭庄、九龙口、李兵庄以及前、后南台一带，被两条北东向的山岗包围。滏阳河自西向东由井田中部穿过。

位于井田东南的东武仕水库为峰峰矿区最大的地表水体，设计库容为 1.52 亿立方米，坝顶标高 ＋111.20m，闸底标高 ＋84.50m，流域范围为 340km^2，千年宏观水位 ＋110.05m。在高水位期间，井田东部滏阳河河道及两侧沟内充水。

九龙矿于 1979 年 11 月 26 日开始建井，至 1991 年 4 月 29 日投入生产，矿井设计生产能力为 120 万吨/年，核定生产能力 150 万吨/年。矿井开拓方式为立井分水平开拓，二水平采用分区暗斜井延深（第一水平为 －600m 水平，第二水平为 －850m 水平）。采煤方法为走向长壁采煤法。从 1995 年达到矿井设计生产能力。

（3）新三矿。新三矿井田位于峰峰矿区西南部，北距峰峰新市区 5km，东距磁县县城和京广铁路 15km。行政区划隶属邯郸市峰峰矿区及磁县管辖，井田西起鼓山东麓，东接九龙井田，北与泉头井田为邻，南至三矿和梧桐庄矿井田。井田面积 13.83km^2。

新三矿于 1995 年 11 月正式投产，采用立井暗斜井多水平开拓，设计生产能力 45 万吨/年。经矿井改造，实际生产能力得到逐步提高。

（4）小屯矿。小屯井田位于峰峰矿区东北部，距离峰峰镇 9km，包括扩大区小屯矿井田总面积为 8.1km²。

井田西到西南部边界为 F_3 断层以及薛村矿东风井煤柱线，东到南部为 F_{11} 断层边界，与羊渠河井田佐城扩大区及羊东井田相邻；在西南部边界 F_3、F_{11} 两大断层相交处，与牛儿庄矿井田相邻；北到东北部以大煤 -300m 等高线为界。井田走向长 2100m，倾斜长 3000m，面积 4.3km²。小屯矿扩大区位于井田深部，走向长 1600m，倾斜长 2200m，面积 3.8km²，北以 F_{14} 断层为界，与大淑村井田毗邻；南部以 F_7、F_{22} 断层为界；西部以大煤 -300m 等高线与小屯矿原井田接壤。

小屯矿 1958 年 6 月开始建井，设计生产能力 45 万吨/年，1989~1995 年进行了改扩建，生产能力提高到 60 万吨/年。1996 年产量达到 61.0 万吨。

（5）薛村矿。薛村矿井田在峰峰煤田东北部，位于邯郸市峰峰矿区大社镇境内，面积约 13.5km²。井田西部以 F_4 断层为界，南部以技术边界与牛儿庄矿为界，东部以 F_3 断层及技术边界与小屯矿为界，北部以大煤 -300m 等高线垂直下切与大淑村矿为界。

井田内地形由西向东倾斜，坡度约 16.7‰，东西高差 88m。井田内有西北、东南向的冲沟四条，冲沟下游建有多座小型水库。

薛村矿 1958 年 6 月 16 日建井，1959 年 11 月 5 日投产，设计生产能力为 90 万吨/年，经过 1991 年改扩建后，生产能力达到 135 万吨/年。为立井多水平、暗斜井石门延深，水平集中大巷、上山分区开拓方式，采用轻型放顶煤和高档普采。开采划分为 +30m、-120m、-280m 三个水平，主要开采大煤、野青煤层，现矿井生产全部集中在这三个水平。

（6）羊东矿。羊东矿（原羊渠河矿）位于邯郸市西南约 35km 处，东距京广线及 107 国道 15km，行政区隶属邯郸峰峰矿区和磁县。

井田西隔 F_3 断层与大力公司毗邻；西南以 F_5 号断层与二矿相接；南以 F_1、F_6 断层为界，与九龙矿相接；东南以 F_{19} 号断层为界；东以大煤 -1100m 底板等高线为技术边界；北以 F_2、F_{22} 断层为界。井田南北长 10~12.3km，东西宽 3.0km，面积 31.91km²。

原羊渠河矿由羊一、羊二及羊三井田合并而成，矿井设计生产能力 135 万吨/年，矿井核定生产能力 130 万吨/年。羊一、羊二井均于 1959 年建成投产，经四十多年开采，储量所剩无几，羊一、羊二井于 2010 年注销生产能力，改制为羊东矿。羊东矿设计生产能力 120 万吨/年，新建一对立井（一个回风井，一个副井），井底标高 -850m，并采用暗斜井延深至 -1100m 水平。

（7）大淑村矿。大淑村矿位于峰峰矿区东北部，形态呈一不规则多边形，西距鼓山 2km。属山前丘陵地貌，地势西高东低。井田北起 F_1 断层，西南与薛村矿毗邻，东南侧与小屯矿深部扩大区相望，东以大煤 -800m 底板等高线为技术边界。井田东西长 5km，南北宽 2.5km，面积约 14.5km²，是薛村井田向深部的自然延伸井田。

矿井设计开采 2 号、4 号煤层，煤质属无烟煤。

1994 年 12 月开始建井，设计年产 90 万吨，采用立井单水平开拓方式。经过优化设计，全矿划分为四个采区。2002 年 12 月投产时，建成东一、西二两个单翼生产采区的上山部分。

（8）万年矿。万年矿地跨武安市磁山、伯延镇、峰峰矿区和村镇地界，北距武安市

10km，南距峰峰矿区 20km，距峰峰集团有限公司通顺公司 7.5km，东距邯郸市 35km。井田南北长约 9.0km，东西长 1~4.0km，面积 21km²。

万年矿分两期施工，两期投产，万年矿一号井（±0m 水平），由原峰峰矿务局设计，设计能力 30 万吨/年，1970 年 7 月建井，1977 年 1 月投产。万年矿 2 号井（-240m 水平）由武汉有关设计院 1975 年设计，设计能力 150 万吨/年，1976 年破土动工，1985 年 12 月投产，投产时增加一个综采工作面，产量为 30 万吨/年，矿井设计能力提高到 180 万吨/年。矿井核定生产能力为 200 万吨/年。

井田的开拓方式为斜井开拓，由 7 个井筒组成，分别为中央四个斜井下山（-240m 水平），北三一对进、回斜井（±0m 水平），中部开凿一中部立风井（±0m 水平）。生产水平有 ±0m 水平、-240m 水平和 -375m 及 -440m 水平。目前 ±0m 水平、-240m 水平 2 号煤已大部分采完，现已经开拓延伸至 -375m、-440m 水平。

（9）黄沙矿。黄沙矿位于峰峰矿区南部，九山、鼓山南部之间，距峰峰镇约 16km，属剥蚀型的低丘陵地貌类型，标高在 +130~+234.7m 之间。井田范围北起 28100 纬线，南至漳河北岸，西部以断层和上庄井田为界，西南以断层及申家庄井田为界，东部以断层和三矿及梧桐庄矿井田为界。黄沙矿由黄沙井田和辛安井田两部分组成，南北走向长约 8.0km，宽约 3.0km，面积为 15.5km²。

1970 年 4 月 10 日建井，1971 年 10 月 1 日投产，原设计年生产能力 30 万吨，后来经过一系列技术改造，矿井核定生产能力为 74 万吨/年。

（10）通顺公司。通顺公司（原通二矿）位于峰峰矿区的西北部，自 1960 年投产至今，为立井、主石门水平开拓方式，采用盘区式开采。井田划分为三个区，即原来的通二区、张庄区和集贤村区，主要有 ±0m 和 -170m 两个生产水平，集贤村区通过两条下山开拓至 -500m 标高。经过 40 多年的开采上组煤资源已基本枯竭，一、二水平山青煤及其以上的可采储量基本采完，目前仅开采剩下一些边角残煤和大巷煤柱和埋深大、构造复杂的集贤村区储量。中央盘区受奥灰水与大青水严重威胁的下组煤未开采。

（11）孙庄矿。孙庄矿位于峰峰矿区西南部，行政区划隶属于河北省邯郸市峰峰矿区界城镇与彭城镇，井田原面积约 13.3km²，矿井投产后，井田北部边界先后两次调整，最终井田有效面积 8.25km²。

孙庄矿始建于 1958 年 8 月 28 日，1961 年 6 月停建，1969 年 12 月续建，设计生产能力为 60 万吨/年。矿井为中央并列式立井、单水平上、下山开拓。主要开采 2 号、4 号、6 号煤层，全井田划分为六个采区，其中一、二、三、五为 -45m 水平以上采区，四、六采区为 -45m 水平以下采区，最大采深为 500m（-300m 水平）。1978 年达产，"七五"计划、"八五"计划期间为孙庄矿鼎盛时期，最高年产达到 120 万吨，"八五"计划后期，随着开采深度增加，开采范围缩小，地质条件变差，产量逐年下降。1995 年矿产量降到 90 万吨，1996 年 11 月因小窑突水矿井被淹，1998 年 7 月矿井恢复生产后，经核定生产能力为 45 万吨/年。截至 2003 年底，孙庄矿累计采出煤炭 1951.7 万吨。目前资源已基本枯竭，正在回采边角残煤。

（12）大力公司。大力公司（原五矿）井田位于鼓山东麓，东距京广铁路码头车站 19km，东北到邯郸市 30km，东南到河南安阳市 40km，南距峰峰镇 1km，西至邯峰电厂 6km。

大力公司井田东部以 F_{12} 断层为界与羊渠河矿相邻，西部为煤层露头线，西北部以 F_4 断层为界，南与二矿相接，西南以 F_{10} 断层为界，东南为二矿、大力公司技术边界，北部为牛儿庄矿与大力公司井田技术边界煤柱线。井田走向长度南北为 3km，倾斜长度（东西）约为 2.6km，煤层储量计算有效面积为 10.11km^2。

原五矿于 1958 年投产，矿井设计生产能力 60 万吨/年，设计服务年限 47 年。1981 ~ 1985 年，经矿井技术改造后矿井设计生产能力达到 85 万吨/年。20 世纪 80 年代矿井年产量一直维持在 100 万吨/年以上，从 90 年代起矿井产量呈逐年递减趋势，1997 年生产能力核定为 60 万吨/年，2004 年生产能力核定为 40 万吨/年。开采煤层有：顶大煤、底大煤、一座煤、野青煤、山青煤。经过四十余年的开采大力公司储量已近枯竭，2000 年 1 月注销了矿井生产能力。2005 年 10 月原五矿正式破产。目前大力公司在进行边残煤柱回收，年产仅 30 万吨左右。

（13）牛儿庄矿。牛儿庄矿位于峰峰矿区东北部，行政区划隶属于峰峰矿区管辖。井田面积约 7.8km^2。南距峰峰集团有限公司 6km，东距邯郸市 33km，距马头火车站 21.4km。

牛儿庄矿始建于 1956 年底，于 1960 年 5 月正式投产，设计生产能力 60 万吨/年，设计服务年限 61 年，实际生产能力 65 万吨/年，最大年生产能力达 80 万吨。矿井采用中央并列式、多水平主要石门盘区开拓方式，划分 -40m、-200m、-400m 三个生产水平十个盘区，现主采 -400m 水平大煤、野青煤层及工业广场煤柱。井田中央设有主、副井，二水平采用主、副井延深方式，三水平采用暗斜井延深，矿井生产主要开采大煤、野青煤和 -100m 以上山青煤，最大开采深度 650m。由于受复杂的地质构造条件制约，矿井资源基本枯竭，矿井属高沼气低二氧化碳矿井。

1.4　集团公司生产能力

峰峰矿区面积约 1000km^2，其中含煤面积 526km^2，目前尚有煤炭资源地质储量 21.4 亿吨，其中工业储量 8.01 亿吨，可采储量 4.75 亿吨，实际可采储量 2.2 亿吨。2008 年集团核定生产能力为 1604 万吨/年，主要品种有焦煤、肥煤、贫煤、无烟煤。

峰峰集团有限公司所属的 13 个生产矿 2010 年原煤产量达到 1580 万吨。经过 60 余年的开采，可采储量逐年减少，老矿井可采储量日趋枯竭。牛儿庄、孙庄、大力公司、通顺公司随着矿井开采储量的减少，到 2010 年前后，上述各矿的上组煤将开采殆尽。薛村矿、小屯矿、九龙矿、新三矿可稳产，且有一定的增产潜力。万年矿随着市场定产，梧桐庄矿水文地质条件复杂，野青煤层已受水威胁严重，近期无法开采。大淑村矿由于开采的是深部煤层，矿山压力大，对开采影响较大。正在建设的羊东井田作为羊渠河矿的接替区，地质构造复杂，煤层埋藏深、矿山压力大，水文地质条件复杂，开采条件复杂。

1.5　煤层地质特征及主要开采技术条件

1.5.1　自然地理

1.5.1.1　矿区交通位置

峰峰矿区地处太行山东坡边缘，位于太行山东麓煤田南部。行政区划属河北省邯郸市峰峰矿区及武安、磁县管辖。矿区范围：北至洺河，南达漳河，长40km；西由太行山之余脉九山东缘起，东至京广线，宽25km。面积约1000km²。地理位置：东经114°9′45″，北纬36°39′8″，高程195m（矿务局所在地）。

矿区交通：铁路有邯郸环行铁路绕矿区一周，到各生产矿井有运煤专线。公路运输十分便利，矿区公路网与京深高速公路、青兰高速公路及217国道相连以邯郸、矿区两地为中心，可通往全省各个县市，并与河南、山西、山东、北京等省市有定期到达的汽车，交通十分便利。

1.5.1.2 地形地貌特征

整个矿区为半掩盖区，基岩多出露在鼓山、九山山区和边缘地区以及丘陵地区的冲沟内，其余大部分地区则被第四系所覆盖。矿区以东属华北平原，西邻太行山。矿区中部有鼓山纵贯于南北，北部山势陡峻，峰谷高低悬殊，南部为宽缓的低山，总体呈NNE~NE方向延展，标高在298（石庙岭）~886m（老石台）。

鼓山以东的低山及洼地标高在105~280m，平原区标高70~120m；鼓山以西至九山间，为长达20km左右的和村—孙庄盆地，由北至南其标高为330~190m。

矿区南、北和中部发育有漳河、南洺河和滏阳河的Ⅰ、Ⅱ级侵蚀阶地。区内冲沟发育，一般切割较深，沟形随地形而异，其源头均达九山腹部和鼓山复背斜轴部或附近，尾部都与上述河流相通，构成了矿区地表泄洪通道。

1.5.1.3 气象

峰峰矿区属温带大陆性气候，以少雨、干旱、多风为主要特征。降雨主要集中在7~9月，多年平均降雨量616.1mm，年最大降雨量1273.4mm，最小降雨量374.9mm。多年平均气温13℃，年最高气温43℃，最低-15.7℃，最大风速21.7m/s。

1.5.1.4 地表水体

峰峰矿区内地表水系众多，现将主要河流、水体简述如下：

（1）滏阳河。发源于矿区鼓山中段的元宝山，由奥陶系石灰岩黑龙洞泉群汇流而成。自西向东横穿矿区，向东经磁县北转至献县与滹沱河一并汇入子牙河，经天津塘沽入渤海。河床坡度为4‰~5‰，最大流量（1963年）1417m³/s，正常为6~9m³/s，年平均流速1.162m/s，最高洪水位+126.7m。

（2）漳河。发源于山西境内太行山西麓，上游由清漳河（清漳东源及清漳西源组成）和浊漳河（浊漳西源及浊漳南源组成）汇合而成，经矿区南侧向东入卫河，后汇入南运河至塘沽入渤海，是峰峰矿区与漳南矿区天然分界线。河床弯曲，坡度较陡，在矿区内坡度在3‰~5‰。最大流量为9200m³/s，最小流量为0.1m³/s，最大流速为3.39m/s，最小流速为0.19m/s。河床下部属新生代松散层沉积，自西向东逐渐变厚。

（3）南洺河。为季节性河流，发源于武安市西部境内太行山区，经矿区北部向东北至紫山西麓的紫泉村附近与武安市城北的北洺河汇合，形成洺河。区内南洺河床由卵石、漂砾及泥砂等冲积物组成。河床坡度为5‰~6‰，河内平时干涸，雨季水流湍急，最大流量在磁县附近3230m³/s，庄晏村附近为4700m³/s，最高洪水位在罗峪村一带为+233m，竹昌村为+160m。

（4）东武仕水库。于1970年开始修建，1971年蓄水，设计库容量1.52×10⁸m³，坝高111.20m，闸底标高+84.5m，流域范围340km²，千年宏观水位为+110.05m。

（5）岳城水库。位于井田最南端，坝高 51.5m，坝顶标高为 +155.5m，设计最高水位 +154.8m，最大库容 $1.091 \times 10^9 m^3$。1961 年该水库开始蓄水，设计服务年限为 100 年。

1.5.1.5 地震

自公元前 230 年开始有地震记载以来，历史上临近地区曾发生过多次地震并波及峰峰矿区。依据《中国地震动参数区划图》（GB 18306—2001），峰峰矿区地震基本烈度为Ⅶ度，地震动峰值加速度 G 为 $0.15g$。

1.5.2 矿区地质特征

1.5.2.1 地层

峰峰矿区为半掩盖区，基岩多出露在鼓山、九山山区及边缘地区和丘陵地区的冲沟内。其他地区则被第四系所覆盖。

本区出露地层有：震旦系、寒武系、奥陶系、石炭系、二迭系、三迭系、第四系（缺失泥盆系、志留系、侏罗系、白垩系）。

峰峰煤田煤系地层属二叠系下统的山西组和石炭系太原组，总厚度 140~250m，平均 200m。煤层层位较稳定，含煤层 15~22 层。可采层 6~7 层，煤层总厚度 17.48m，可采煤层厚度 13.5m。含煤系数 8.64%，可采煤层含煤系数 6.68%，具体如峰峰矿区地层综合柱状图所示（图 1-1）。

1.5.2.2 矿区地质构造概况

峰峰矿区南北长 40km，东西宽 25km，为一北北东向较狭长隆起地带。矿区处于我国新华夏构造体系最西一条隆起带与祁吕贺字型构造体系东翼复合部位。区内地层倾斜除鼓山西侧及局部地区高达 60°左右外，大部分地层倾斜较缓，一般在 10°~25°之间。主体构造线方向呈 NNE~NE 展布，控制矿区构造格架的大型褶皱为鼓山—紫山背斜。该背斜将矿区分为东西两部分，西侧为武安—和村—孙庄向斜，东侧为向 SEE 缓倾的单斜，在此基础上发育斜列式的次一级宽缓的小背斜、向斜，由北而南有牛薛穿窿、二矿背斜、一矿穿窿、大峪背斜。鼓山东侧的一系列构造自北向南为薛村向斜、小屯穿窿、牛儿庄向斜、五矿东翼背斜、羊渠河矿东翼向斜。

矿区断裂构造极其发育和密集，鼓山复背斜是本区的主要压性结构，控制着全区构造形态和与其相平行的北北东向压性断裂。北北东向断裂发育，北西西向断裂次之，北西向仅以小型断裂出现。不同序次的断裂结构面虽然方向相同，但应力性质不同。如北北东方向结构面在本区第一序次为压应力性质，由第一序次派生的次一级的结构面，变成张性结构面。

其主干断裂在纵向和横向上表现特点为：落差大，延伸长，呈舒缓波浪形状出现，倾角上陡下缓，呈弧形存在；次一级中、小型断裂与主干断裂相比，落差较小，延伸较近，倾角较陡，一般在 60°以上，走向往往北端向东略有转弯，南端向西略有扭动，具有"S"形特征。矿区大小断层密布，数量多达每平方公里 300 余条，将煤层切割成为大小不等，形状各异的几何块体，复杂的断层构造给矿区生产和工作面准备造成极大的困难。

岩浆岩：矿区岩浆岩主要分布于北部大淑村、薛村、白沙、杨二庄和磁山一线及其以北地区，王凤矿西山有零星分布，其他地区尚未发现。

区域陷落柱：陷落柱一般受区域构造条件裂隙分布规律控制，其发育程度是构造规律

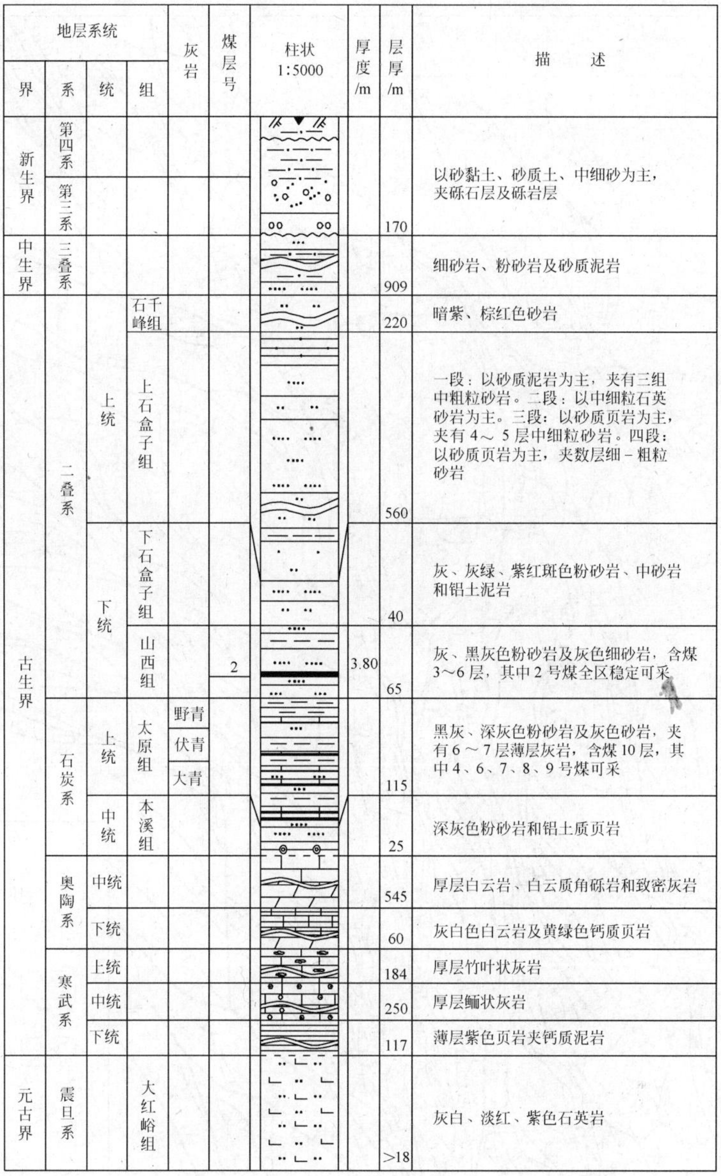

地层系统			灰岩	煤层号	柱状 1:5000	厚度/m	层厚/m	描述
界	系	统 组						
新生界	第四系							以砂黏土、砂质土、中细砂为主，夹砾石层及砾岩层
	第三系					170		
中生界	三叠系					909		细砂岩、粉砂岩及砂质泥岩
古生界	二叠系	上统 石千峰组				220		暗紫、棕红色砂岩
		上统 上石盒子组				560		一段：以砂质泥岩为主，夹有三组中粗粒砂岩。二段：以中细粒石英砂岩为主。三段：以砂质页岩为主，夹有4～5层中细粒砂岩。四段：以砂质页岩为主，夹数层细－粗粒砂岩
		下统 下石盒子组				40		灰、灰绿、紫红斑色粉砂岩、中砂岩和铝土泥岩
		下统 山西组		2		65	3.80	灰、黑灰色粉砂岩及灰色细砂岩，含煤3～6层，其中2号煤全区稳定可采
	石炭系	上统 太原组	野青 伏青 大青			115		黑灰、深灰色粉砂岩及灰色砂岩，夹有6～7层薄层灰岩，含煤10层，其中4、6、7、8、9号煤可采
		中统 本溪组				25		深灰色粉砂岩和铝土质页岩
	奥陶系	中统				545		厚层白云岩、白云质角砾岩和致密灰岩
		下统				60		灰白色白云岩及黄绿色钙质页岩
	寒武系	上统				184		厚层竹叶状灰岩
		中统				250		厚层鲕状灰岩
		下统				117		薄层紫色页岩夹钙质泥岩
元古界	震旦系	大红峪组				>18		灰白、淡红、紫色石英岩

图1-1 峰峰矿区地层综合柱状图

的反映。截止到现在，矿区共发现了上百个陷落柱，大小悬殊，形状各异。其在平面上的特点大致上呈串珠状形式出现，分布方向为北北东向、北东向和近东西向，具体见图1-2峰峰矿区地质构造纲要图。

1.5.2.3 矿区水文地质条件

A 岩溶水的补给、径流、排泄条件

按岩溶水的补给、径流、排泄条件进行水文地质分区，峰峰矿区属于邯邢水文地质单元的南单元，即峰峰水文地质单元。该单元西起长亭涉县断层，东至矿区东界奥陶系灰岩埋深 -500m 标高起，北起北洺河地下分水岭，南至漳河南地下分水岭，总面积 2404km²。

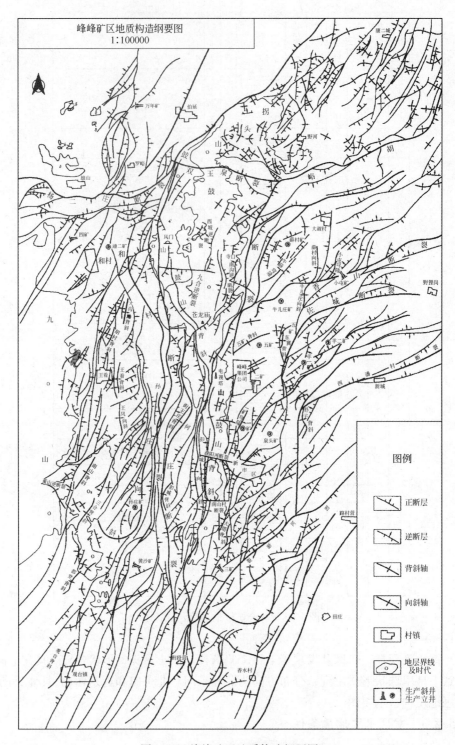

图 1-2　峰峰矿区地质构造纲要图

　　区域地下水的主要补给来源是大气降水和局部地区沟谷河床渗漏。奥陶系灰岩裂隙岩溶地下水,大气降水入渗补给区主要位于鼓山、九山露头和西部及西北部岩溶发育的灰岩裸露区,除接受地区降雨渗入补给外,还接受西部、西北部山区裂隙岩溶地下水的侧向补给。由于区域内裂隙岩溶含水层均为厚层含水层,且裂隙岩溶发育,各含水层通过众多断裂构造发生水力联系,山区裂隙岩溶含水层与矿区奥陶系裂隙岩溶含水层,构成统一的含水层。山区沟谷和河流的渗漏是区内地下水的集中补给来源(见图1-3)。

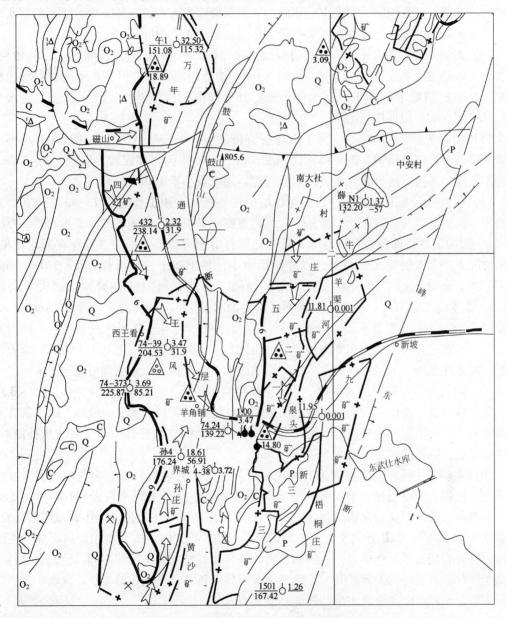

图1-3 峰峰矿区区域水文地质略图

B 对采煤产生影响的主要含水层

根据勘探资料和井巷揭露,对采煤产生一定影响的含水层有8个,按埋藏顺序自上而下分述如下:

(1)下石盒子组砂岩裂隙含水层。位于下石盒子组中下部,以浅灰色、灰白色中细粒石英砂岩为主,局部含小砾石,多为泥质胶结,厚度约15m。节理、裂隙发育微弱,且裂隙常为方解石脉充填,富水性弱。该含水层下距大煤煤层较近,在开采大煤过程中,砂岩水沿顶板垮落的裂隙,可以涌入开采工作面,涌水量为0.1~1.5m³/min。

（2）山西组砂岩裂隙含水层。为大煤煤层间接顶板,岩性为灰色、灰黄色中细粒石英砂岩,泥质、钙质胶结,厚度10~20m。节理、裂隙多为方解石脉充填,含水层富水性弱。开采揭露呈淋水、滴水状态,涌水较为稳定,为0.1~1.0m³/min。

（3）野青灰岩裂隙含水层。为野青煤层直接顶板,灰岩呈黑色,隐晶质,结构致密、坚硬,分布稳定,厚度1.0~3.5m,平均2.0m。构造裂隙发育,但分布不均,局部比较密集,大多数裂隙未被充填,富水性较差。开采揭露时,呈淋水、滴水状态,涌水量0.5~1.0m³/min,短期即可疏干。

（4）山青灰岩裂隙含水层。为山青煤层直接顶板,灰岩呈灰黑色,质地纯,局部成泥质薄层石灰岩,井田内北部局部地区相变为砂岩、砂质页岩和泥岩,层厚1.2~2.0m。裂隙不发育,多为方解石脉充填,富水性较差,涌水量小于1.0m³/min。

（5）伏青灰岩裂隙含水层。为山青煤层间接底板,上距山青煤层2~4m,分布普遍且稳定,灰岩呈浅灰、青灰色,微晶质,结构致密,呈块状,质地不纯,夹遂石层,厚度2~5m。裂隙发育,部分为方解石脉充填,局部有溶蚀现象,钻探中普遍存在漏水现象。一般情况下,含水层富水性较差,以静储量为主,易于疏干,涌水量1.0~3.0m³/min。个别矿井,该含水层岩溶裂隙发育,富水性强,且具有稳定的补给源,如大力公司-125m水平涌水量10~11m³/min,薛村矿稳定涌水量9m³/min,黄沙矿涌水量6m³/min。

（6）小青灰岩裂隙含水层。为小青煤层直接顶板,灰岩呈深灰色或灰黑色,结构致密,分布不稳定,局部地区相变为砂岩、砂质页岩,该灰岩含水层厚0.3~1.5m。裂隙不发育,富水性很弱,开采揭露该含水层时,呈淋水、滴水状态,短期即可疏干。

（7）大青灰岩裂隙岩溶含水层。为大青煤层直接顶板,分布普遍且稳定,夹2~3层薄层黑色燧石层,厚度4~6m。该含水层是煤系地层薄层灰岩含水层中最厚、距奥灰含水层最近的一个含水层,裂隙发育,局部有溶蚀现象,在构造发育部位接受奥灰水补给时,富水性较强,矿井涌水量一般在5~60m³/min。

（8）奥陶系中统灰岩岩溶裂隙含水层。奥灰含水层为厚层裂隙岩溶含水层,主要由角砾状石灰岩、中厚层纯灰岩、致密灰岩与花斑灰岩组成,奥陶系灰岩平均厚度605m,其中,奥陶系中统石灰岩含水层就达545m。该含水层的质纯中厚层灰岩中裂隙岩溶发育,裂隙主要沿N10°~30°E方向发育,次为N290°~300°W方向。按其沉积旋回可分为三组八段,各组岩层由于其化学成分、结构、岩性组合及裂隙发育情况的不同,使其含水特征及富水性存在着明显的差异。其中,第三含水组位于顶部,埋藏相对较浅,含水丰富,构成奥陶系含水层一个主要含水组,厚度一般为103m左右。

大气降雨通过灰岩裸露区的渗入补给是奥灰含水层的主要补给源,主要补给期为每年的7~9月,具有集中补给、长年消耗的特征。据1950~1984年35年的降雨资料估算,奥灰含水层最大补给量为32m³/s,最小补给量8.481m³/s,平均补给量15.65m³/s。

据2004~2007年各矿奥灰水位动态资料统计,矿区范围内奥灰水水位标高一般在+95~+125m左右,受南洛河铁矿长期持续排水影响,万年矿奥灰水位在+30~+87m左右变化。

1.5.2.4　可采煤层

峰峰煤田煤系地层属二叠系下统的山西组和石炭系太原组，全区煤系地层厚度变化不大，层位较稳定，共含煤层15~22层，煤层总厚度17.48m，含煤系数8.64%，可采煤层6~7层，可采煤层总厚度13.50m，可采煤层含煤系数6.68%。

可采煤层自上而下煤层的顺序是：大煤、一座、野青、山青、小青、大青、下架。按受煤系基底奥灰水的威胁程度，可采煤层划分为上下两组，上组煤有大煤、野青、山青，称为"上三层"。下组煤有小青、大青、下架，称为"下三层"。煤系基底奥陶系石灰岩厚度约580m，岩溶裂隙发育良好，含有丰富的承压岩溶裂隙水，号称"地下海洋"。奥灰水水位标高为+120m左右，大青顶板石灰岩层厚5~7m，岩溶裂隙也相当发育，且大青灰岩水与奥灰水大都有密切的水力联系。目前深部山青煤和"下三层"为受水害威胁煤层，不能正常开采，其储量列为暂不能利用的远景储量。

各可采煤层特征如下：

(1) 小煤（1号）。俗称2上煤，属二叠系下统山西组。煤层较稳定，厚度一般为0~0.96m。顶板、底板均为砂质泥岩，为一层极薄煤层。

(2) 大煤（2号）。是矿区主采煤层，属二叠系下统山西组。煤层稳定，厚度一般为3.5~6m。煤层结构比较复杂，内含夹石3~4层，其中，中夹石厚度变化比较大，为0.2~35m，变厚的地方将大煤分为顶大煤和底大煤两层，顶大煤厚度稳定，厚2.2~3.5m。底大煤厚度变化较大，一般为2.2~2.7m，有的地方在0.6m以下，属不可采。大煤在矿区内厚度变化总的规律是南北两端薄，中部厚。例如南部三矿、黄沙矿，北部万年矿大煤厚度一般在2.5~3.5m，中部矿井通二矿、羊渠河矿等矿井大煤厚度在5~7m。全区层位稳定，属稳定可采煤层。

煤层有0.2~0.5m的伪顶，直接顶板多为厚度2~4m的砂质页岩或粉砂岩，其上为层厚4~6m的中粒砂岩老顶。煤层直接底板多为泥岩或砂质页岩，厚度2~5m。

(3) 一座煤（3号）。一座煤属石炭系太原组顶部的局部可采煤层。构造简单，厚度变化不大，一般厚0.40~0.8m，平均为0.6m，属稳定煤层。

煤层顶底板均为砂质泥岩。

(4) 野青煤（4号）。煤层一般厚度为0.90~1.80m，除局部不可采外，其余地区基本达到可采厚度以上，属稳定煤层。

煤层顶板为石灰岩，厚度1~3.5m，底板多为砂岩。

(5) 山青煤（6号）。山青煤在个别井田有尖灭和分层现象，矿区中部地带厚度1.5~1.4m，最大2.40m，北部万年矿为1.00m左右，南部的黄沙辛安区为0.97m，全矿区平均为1.40m，属稳定煤层。

顶板为薄层石灰岩，局部相变为砂岩或砂质泥岩，底板为泥岩或砂质泥岩。

(6) 小青煤（7号）。小青煤厚度0.98~3.2m，平均厚度1.0m，属较稳定煤层。本煤层有尖灭及分层现象，局部含夹石两层，厚0.20m左右，个别井田其中一层夹石增厚，最大厚度3.0m，一般1.30m。

煤层顶板为石灰岩，厚度0.46~2.10m，一般厚度1.16m，底板为砂质泥岩或细粒砂岩。

(7) 大青煤（8号）。该煤厚度变化较大，煤厚0.25~2.07m，平均厚度1.15m，属稳定煤层。

顶板为厚层石灰岩（大青灰岩），底板岩性为砂质泥岩。大青灰岩裂隙发育，多被方解石脉充填，个别地段发育有溶孔，厚度 3.21~8.07m，一般厚度 5.78m。

（8）下架煤（9 号）。为煤系地层最下一层可采煤层，含夹石 1~2 层，其中一层分布稳定，厚度 0.15~0.2m，变厚时把下架煤分成两层，间距 1.50~1.00m。上层下架煤（9₁ 号），厚度 0.31~3.04m，平均 3.00m；下层下架煤（9 号），厚度 0.40~1.4m，平均 1.0m，未分层的厚度最大 5.8m，平均 2.50m，属稳定煤层。

顶板为泥灰岩，厚度 0.49~1.07m，一般厚度 0.6m，底板为砂质泥岩，厚度 1.03~8.04m，平均厚度 5.0m 左右。

可采煤层基本特征见表 1-1。

表 1-1 各煤层基本特征表

煤层名称	厚度/m 最小~最大 平均	煤层间距 最小~最大/平均/m	稳定程度	煤层结构	顶底板岩性 顶板	底板	煤种
小煤（2上）	0~0.96 0.61		较稳定	简单	砂质泥岩	砂质泥岩	焦煤、动力煤、化工煤、无烟煤
大煤（2 号）	2.25~6.15 4.01	14~30/24	稳定	较简单、局部有一层夹石	砂质泥岩	砂质泥岩	
一座（3 号）	0~0.96 0.69	24~47/35	较稳定	简单	砂质泥岩	砂质泥岩	
野青（4 号）	0.96~1.40 1.0	7~17/11	较稳定	复杂	灰岩	砂质泥岩	
山青（6 号）	0.59~1.18 0.89	26~41/35	较稳定	简单、南部有夹石一层	灰岩	砂质泥岩	
小青（7 号）	0.31~1.55 0.85	15~24/19	较稳定	简单、夹石一层	灰岩	砂质泥岩	
大青（8 号）	0.49~1.07 0.78	22~30/24	较稳定	简单	灰岩	细砂岩	
下架（9 号）	0.71~2.17 1.32	0.5~3/2.5	较稳定	复杂、有夹石 1~2 层	灰岩	砂质泥岩	

1.5.2.5 煤种、煤质及煤炭资源储量

峰峰煤矿煤种齐全，煤质优良，储量丰富。矿区煤的变质程度由南至北升高，煤种由肥焦煤变为焦煤、瘦煤、贫煤到无烟煤。峰峰煤矿产量中优质炼焦用煤约占 60%、动力煤占 30%、无烟煤占 10% 左右。

1.5.3 主要开采技术条件

1.5.3.1 瓦斯、煤尘、自燃

（1）瓦斯等级和瓦斯防治。集团公司本部共有 13 对生产矿井，其中：煤与瓦斯突出矿井 3 对，分别是大淑村矿、薛村矿、羊渠河矿；高瓦斯矿井 5 对，分别为牛儿庄矿、九

龙矿、新三矿、小屯矿、黄沙矿;低瓦斯矿井5对,分别为万年矿、梧桐庄矿、大力采矿公司、孙庄采矿公司、通顺矿业公司。集团公司本部矿井瓦斯绝对涌出量为300m³/min左右。

公司本部的13对矿井有风井21个,安装主要通风机42台,总入风量达到143875m³/min,矿井通风能力满足生产需要。核定通风能力1731.5万吨/年。各矿的通风方式均为抽出式。矿井均建立了完善合理的通风系统。

煤与瓦斯突出矿井积极推行区域消突措施,变防突为消突。按照新的《防治煤与瓦斯突出规定》的规定,大淑村矿、薛村矿和羊渠河矿三个突出矿井,根据各矿井实际状况和条件制定了区域综合防突措施和局部综合防突措施,编制了突出事故应急预案。

集团公司所属矿井均建立了安全监控系统,现监测点2820个,其中模拟量1329个。瓦斯测点802个,将各矿监控系统数据上传到集团公司监控网络中,各矿安全监测监控中心站均实现了与调度室联合值守,24h值班,及时发现和处理问题。

(2)防治自燃发火。经煤科总院抚顺分院鉴定,我集团公司薛村矿2号煤层为自燃煤层,自燃发火期为3~12个月;梧桐庄矿、新三矿、通二矿、黄沙矿2号煤层为自燃煤层。其他矿井各煤层均为不易自燃煤层。

防灭火工作对存在自燃发火隐患矿井建立健全火灾监测系统,采取加快推进度、注浆、注水、注阻化剂、均压等综合防灭火措施,保证工作面安全生产。放顶煤工作面必须安装一氧化碳传感器,坚持机尾注盐水措施,放顶煤工作面采空区密闭墙安装温度传感器和一氧化碳传感器,随时监测防灭火指标,做到防患于未然。

(3)综合防尘。煤尘爆炸危险性:万年矿和大淑村矿煤尘无爆炸危险性,万年矿现开采的2号煤层煤尘爆炸指数为3.24%~9.32%;大淑村矿现开采的2号和4号煤尘爆炸指数分别为9.28%和9.52%。其他各矿现开采煤层的煤尘爆炸指数在15.3%~44.34%之间,煤尘均具有爆炸危险性。

各矿综合防尘工作推广使用综采、轻放智能喷雾系统、转载点自动喷雾、放炮自动喷雾等7项新技术,新装置的使用取得了较好的防尘效果。

1.5.3.2 煤层顶底板

峰峰矿区主采煤层大煤(2号)直接顶为粉砂岩或砂质页岩,其厚度为2.0~8.0m,平均为6m,其抗压强度为23.6~48.3MPa,$f_k = 3.7$,峰峰矿区直接顶粉砂岩层理节理发育,80%为复合顶板,在断层褶曲等地质构造附近直接顶板尤为破碎易冒落,直接顶下部与大煤接触面多有一层厚度0.2~0.6m的炭质页岩伪顶,极其松软破碎,多随采随落。大煤老顶为中、细粒砂组成,厚度4.0~20m,平均12.0m,抗压强度为87~102MPa,属坚硬岩石。根据多年开采实践,峰峰矿区大煤顶板分类为二级Ⅰ类~二级Ⅱ类。大煤底板为粉砂岩或砂质页岩,据测试工作面底板比压一般为大于3MPa,但遇水强度显著减低。

野青(4号)、山青(6号)煤层直接顶板为石灰岩,厚度0.5~3.5m,抗压强度为70~140MPa,属坚硬岩石。石灰岩顶板比较完整,不易冒落,采煤工作面顶板管理采用缓慢下沉方式。底板为砂岩,属坚硬岩石。

小煤(1号)和一座煤层顶底板均为砂质泥岩。

峰峰下组煤小青煤(7号)、大青煤(8号)、下架煤(9号)及深部山青煤(6号)煤层顶板均以石灰岩为主,底板为砂质泥岩或细粒砂岩。因下组煤受奥陶系灰岩承压水威胁,除浅部有过少量开采外,均为暂不能开采煤层。

2 峰峰集团采煤机械化发展概况

2.1 采煤机械化发展历程

峰峰矿区是我国开采利用煤炭最早的矿区之一，在长期的封建社会时期一直沿用原始的手工操作方式。新中国成立后，特别是改革开放以来，峰峰矿区煤炭生产建设得到快速发展，1977 年突破 1000 万吨大关，从此峰峰局进入全国年产千万吨大局行列，成为我国特大型煤炭基地之一，为国民经济建设做出了巨大贡献。

峰峰矿务局煤炭生产经历了炮采→普通机采→高档普采→综采的健康发展道路。改革开放以来综采技术快速发展，综采和综采放顶煤技术向智能化综采技术发展，尤其在大倾角厚煤层智能化综采技术获得显著成绩、薄煤层自动化无人采煤工作面和膏体充填综合机械化采煤技术等现代化采煤技术达到了国内领先水平。原煤产量、工作面单产、工效逐步提高，坑木、火药、材料消耗大幅度降低，取得了很大的经济效益和社会效益。回顾总结峰峰采煤技术的发展历程，主要经历了以下四个阶段：

（1）从炮采到截煤机采煤时期（1949～1965 年）。峰峰矿务局成立后，对 1949 年前遗留下的老矿井进行了恢复和技术改造，并积极推行新的采煤方法。1950 年推行了单一长壁采煤法，变手镐采煤为风镐采煤，之后又在长壁工作面采用爆破落煤。1951 年进行采煤工艺改革，开始使用原苏式截煤机，在工作面煤壁打眼放炮之前，先用截煤机沿煤层底板掏槽，以增加煤体的爆破自由面，而后进行打眼、放炮落煤、人工装煤，使用截煤机的工作面最高月产达到 13040t 的最高历史记录。随着截煤机技术及生产工艺的推广应用和发展，全局年产量由炮采前 1950 年的 72.47 万吨，提高到 1955 年的 244.83 万吨，工作面单产由 5000t/（个·月），提高到 8897t/（个·月），回采工作面工效由 1.947t/工提高到 4.002t/工，提高了一倍多。1956 年在峰峰一矿开始使用顿巴斯 I 型康拜因采煤机，采煤机的使用减少了工作面的放炮工序，采煤机械化水平比截煤机有了进一步提高，采煤机械化程度一般在 9.3%，最高达到 40%。

（2）普通机械化采煤（普采）工艺时期（1965～1982 年）。1965 年对康拜因采煤机进行改造，配用可弯曲刮板输送机，从此，开始了普通机械采煤（以下简称普采）的历史，当时普采工作面最高产量是 17070t，比之前全局平均工作面单产 8200t，提高一倍多。普采工艺在峰峰局采煤机械化发展史上是应用时间比较长的一种采煤工艺，20 世纪 60 年代末开始使用 MLa-50、MLa-64 型采煤机，配合摩擦金属支柱支护顶板。70 年代开始使用 MLQ-80 型采煤机及配套 SGW-40T 刮板输送机。普采机械化的不断发展和新矿井黄沙矿、孙庄矿、万年矿相继投产，使峰峰局煤炭生产快速发展，1965～1977 年，原煤年产量由 591.74 万吨提高到 1004.42 万吨，工作面个数由 51.26 个增加到 60.44 个，最多达到 70.74 个，采煤机械化程度提高到了 40.73%。

普采设备、普采工艺的推广应用是峰峰矿务局采煤技术第二次更新换代,与炮采、截煤机采煤相比,单产、工效都有明显提高,材料消耗降低,从而使吨煤生产成本降低、经济效益提高。据统计全局回采工作面单产 1982 年达到 12165t/(个·月),原煤坑木消耗由 192.2m^3/万吨,降到 61.25m^3/万吨。采用普采最好的羊渠河矿 601 采煤队,1978 ~ 1982 年 5 年累计产煤 1855717t,平均年产量为 371142t,平均工作面单产 30929t,最高年产 40.86 万吨,是全局平均水平的 3 倍,工效 6.71t/工,是全局平均水平的 1.5 倍,坑木消耗只有 4.12m^3/万吨。各种技术经济指标在当时处于全国领先水平。

(3) 高档普采工艺时期(1983 ~ 1995 年)。20 世纪 70 年代末期,我国煤炭行业开始推广使用高档普采采煤工艺,其主要特征是:工作面采用单体液压支柱配合金属铰接顶梁支护顶板,支柱初撑力和支护强度得到提高,安全性能比金属摩擦支柱好。采用较大功率的采煤机和刮板输送机,采煤机功率在 100kW 以上,刮板输送机功率在 80kW 以上。高档普采与普采相比工作面的安全程度和生产能力都有很大提高。

1982 年 10 月底羊渠河矿 601 采煤队首先试用高档普采设备,试生产两个月产煤 81688t,其中 12 月份产 46504t,工作面效率 9t/工,1983 年经过一年的努力,年产量达到 410012t,工效 7.489t/工,取得了高产高效、低消耗、安全好的优异成绩。由此峰峰确定了综采是方向,大力发展高档普采的发展方针,并对峰峰以后的采煤机械化发展产生了重要影响。1984 年以后高档普采工艺进一步在全局迅速推广,到 1988 年,共装备了 17 个高档普采工作面,采煤机械化程度提高到 91%,成为我国地质条件复杂煤矿发展采煤机械化的样板。1989 年,全局工作面单产达到 1.8 万吨,大大高于 1.5 万吨的全国平均水平。1995 年高档普采工作面个数发展到 20.96 个,年产量 638.71 万吨,占全局回采产量的 71%,高档普采工艺逐步取代了普采工艺,成为峰峰局第三代主要机械化采煤工艺。

在采用高档普采工艺采煤期间,很多采煤队的年产量不断创出全国高档普采新水平。1989 年有 10 个队进入全国高档普采前三名,8 个队次刷新全国记录。羊渠河矿 601 采煤队自 1983 年至 1995 年使用高档普采设备 13 年,共采出煤炭 6253186t,平均年产 481014t,平均月产 40085t,最高年产量 570199 万吨,工效 18.643t/工。牛儿庄矿 802 采煤队使用高档普采设备曾连续七年创出年产 50 万吨以上的好成绩;五矿 505 采煤队创出连续 10 年创年产量 40 万吨以上好成绩。1996 年万年矿 1301 采煤队最高年产达到 80.77 万吨,工效 18.529t/工,创全国高档普采年产最高记录。

峰峰矿务局通过发展高档普采实现了减面增产、减人提效、节支降耗和安全状况的进一步好转,全局回采工作面个数由 1982 年的 63.94 个,减少到 1995 年的 35.54 个,减少了 28.4 个;减少 44%;回采工作面单产由 12165t/(个·月),提高到 25414t/(个·月),提高了 109%;回采工作面效率由 4.716t/工,提高到 10.476t/工,提高了 122%;采煤工人数由 1983 年的 10356 人减少到 1995 年的 5050 人,减少 5306 人,占总人数的 51.2%;回采坑木万吨消耗由 61.25m^3,降低到 22.17m^3,降低了 64%;原煤生产百万吨工亡率由 1983 年的 2.17 人降低到 0.9 人,最低的 1990 年为 0.363 人;回采工作面曾连续三年杜绝了顶板工亡事故。

高档普采工艺的推广应用,虽然促进了峰峰局采煤技术的发展提高,其生产管理及各项经济技术指标也达到了全国一流水平,但是由于高档普采工艺存在诸多问题,制约了它的进一步发展和提高,具体如下:

一是高档普采使用滚筒采煤机割煤，在采煤工艺中仅实现了落煤装煤机械化，而工作面顶板支护、顶板管理等仍然全部依靠人工完成，用人多、劳动强度大、效率低，因此不可能实现采煤工艺的自动化，更谈不上工作面向智能化发展。

二是高档普采工作面安全环境差，虽然使用了单体液压支柱较之木柱及技术摩擦支柱优越，但是由于单体支柱自身缺乏稳定性及整体性，限制了其对顶板支护及顶板管理的有效性，一个工作面要使用数百上千根单体液压支柱和金属顶梁，不仅工序管理复杂，劳动强度大，更因顶板管理的可靠性不高，造成工作面安全环境差，采煤工作面顶板事故难以避免。

三是峰峰大部分 2 号煤层厚 3.0 ~ 6.0m，采用高档普采工艺必须分 2 ~ 3 个分层开采，不但巷道掘进率高，采掘衔接紧张，而且分层开采需铺设人工假顶（金属网或塑料网）及背顶材料，材料消耗大，生产成本高；分层开采遇有煤层厚度变化较大时丢煤多，如有的煤层厚度 3.0m 左右，高档普采采一层要丢煤 0.6 ~ 0.8m，分两层回采，分层高度太低，回采困难，生产成本高。

总之与综采相比，高档普采仍存在着劳动强度大、效率低、成本高、效益差、安全作业环境差等不利因素。根据峰峰矿区煤层赋存条件在使用高档普采工艺的基础上，要想再大幅度提高单产、降低成本已很困难，因此峰峰矿区以综采为主的采煤工艺改革是必然趋势。

（4）综采技术发展。

1）初期起步艰难，发展缓慢（1975 ~ 1995 年）。20 世纪 70 年代中期原煤炭部为改变煤炭生产的落后状况，提出在全国煤炭系统以质量标准化为基础，走机械化发展道路，大力发展综合机械化采煤。70 年代中期至 80 年代初期我国大量引进了国外综采设备发展综采。

当时峰峰局先后 3 个矿使用了综采设备：1975 年煤炭部为峰峰局装备了一套引进的综采设备，主要是英国道梯 DT450/4 型垛式支架，配套 MK - Ⅱ 型采煤机、MCOE250 型刮板输送机。该套综采设备首次在孙庄矿 12203 工作面使用，煤层厚度为 3.0 ~ 3.2m，一次采全厚。用两年时间采了一个工作面，产煤 25.81 万吨，平均月产 9138t，平均工效 3.258t，最高月产 30030t。此后，因此套综采设备在孙庄矿使用效果不理想，该矿也没有适合综采接替的工作面，矿务局将该套综采设备调到牛儿庄矿使用，在 1978 年 8 月到 1982 年 11 月的 4 年 3 个月时间内，牛儿庄矿采完两个工作面，共生产原煤 82.5 万吨，最高年产 23.04 万吨，工效 7.97t，该套综采设备在牛儿庄矿综采效果仍然不理想。因垛式支架架型不适应峰峰的复杂地质条件及当时存在对综采工作面的管理水平不高等诸多问题，该套综采设备的使用没有取得理想的技术经济效果，此后在峰峰矿区没有继续应用。

20 世纪 70 年代末开始，峰峰局所辖煤矿使用过数种国产综采架型，但仅在少数地质条件比较好的矿井和地区使用。1979 ~ 1983 年薛村矿使用国产 ZY - 3 型支撑掩护式支架、MD - 150 型采煤机、SGW - 150B 型刮板输送机配套的综采设备，三年多采煤 71.39 万吨，工效在 1.85 ~ 6.80t/工之间，最高年产 299879t，最高月产 24989t。由于设备、地质条件、生产技术管理等的原因，也没有取得好的技术经济效益，该套综采设备也没有继续使用。

1987 年后随着科学技术的发展，生产管理水平不断提高，羊渠河矿、薛村矿和新投产的矿井万年矿、九龙矿等在条件较好的工作面又开始使用综采设备，羊渠河矿首次使用综采当年产煤 49.35 万吨，平均月产 6.88 万吨，最高月产 9.09 万吨，工效 48.89t/工；九龙矿在使用综采的五年中平均年产 46.02 万吨，最高年产 60.07 万吨，最高工效 24.876t/工；万年矿五年综采平均年产 63.11 万吨，最高年产 74.74 万吨，工效 57.88t/工；最高月产 11.53 万吨，取得了较好的经济效益。

但是直至 1995 年，峰峰的综采发展缓慢，综采产量所占总产量的比重在 3.5%～15.2%之间，始终没有构成主导的采煤工艺。

2）发展期：轻型综采放顶煤时期（1995～2003 年）。如前所述，由于峰峰矿区地质构造复杂，老矿井设计能力偏低，大多数为中型矿井，因井型小，主要巷道断面小，提升运输环节多，辅助运输落后，在 20 世纪 80 年代中期到 90 年代中期的 10 多年里，采煤工艺以高档普采为主。高档普采工艺的推广应用，虽然促进了峰峰局采煤技术的发展提高，其生产管理及各项经济技术指标也达到了当时全国高档普采一流水平。但是与综采相比，仍存在着用人多、劳动强度大、效率低、成本高、效益差、安全作业环境差等不利因素。

根据上述情况，继续采用高档普采工艺，欲进一步提高单产、工效、降低成本已很困难，使用大型综采设备又受地质条件、井型及技术水平等多方面的限制，发展缓慢。为了适应煤炭企业不断发展的需要，进一步提高峰峰矿务局的采煤机械化水平、减轻工人劳动强度、提高劳动生产率和经济效益，峰峰局各级领导、工程技术人员和职工，坚持依靠科技的力量，不断创新，努力探索更适合峰峰矿区地质条件的综采设备和采煤工艺。1994 年峰峰局提出了进一步改革采煤技术装备及工艺，实现以综采为主导的采煤机械化发展目标之课题，经过考察调研，与北京煤科院开采所等单位共同研制开发出轻型综采放顶煤（以下简称轻放）成套设备，轻型综采放顶煤支架为架宽 1.25m 的 ZFQ2000/15/23 型轻型放顶煤支架，配套使用 MG200-W 机组和 SGZ630/220 刮板输送机。这种综采设备重量轻，运输（外形）尺寸小，支架的工作阻力和支护强度满足支护顶板的需要，比较适合地质条件复杂的中型矿井及巷道断面小的老矿井。

1996 年 1 月，在羊渠河矿 6286 工作面进行了轻型综采放顶煤技术的工业性试验，一次试采成功，受到各矿的欢迎，迅速在全局得到推广应用，并在生产工艺、设备配套等方面不断完善提高，在大倾角工作面、仰采及俯采工作面、工作面受断层切割影响倾斜长度出现较大变化的工作面分别取得突破。由此峰峰在 20 世纪 90 年代中后期煤矿经济形势非常困难的情况下，综采机械化程度迅速提高，取得了巨大的经济效益和社会效益。到2000 年全局形成了以轻型综采放顶煤工艺为主的采煤生产格局，全局轻放设备达到了 15套，轻放工艺年产量 497 万吨，占全局回采产量的 51.52%，工作面单产 44658t/（个·月），工作面效率 20.48t/工。2003 年全局采煤机械化程度达到 86.25%，其中轻型综采放顶煤程度 56.96%，综采机械化程度达到 62.76%，峰峰局实现了以综采为主导技术的机械化采煤目标。重点采煤队达到年产原煤百万吨以上水平，如薛村矿 903 采煤队 2000 年轻放单产达到 100.09 万吨，万年矿 1301 采煤队 2005 年轻放单产达到 124.01 万吨。

轻型综采放顶煤的成功使峰峰采煤技术取得的重大突破性进展，标志着前 20 年综采徘徊不前的局面终于被打破。轻放技术的成功对峰峰的采煤技术发展具有划时代的重大意义，它不仅提高了采煤机械化程度，提高了原煤产量和效率，减轻了工人体力劳动，提高了工作面安全程度，提升了矿井安全面貌，更在于打破了峰峰不适合使用综采的旧观念，提升了全局领导、技术人员和全体职工技术创新、发展采煤机械化技术的观念，提升了使用综采的信心，锻炼了能够在各种复杂条件下用好综采的生产一线指挥员和职工队伍。同时峰峰机械总厂也由一个以制修煤矿一般设备的工厂逐步发展成为具有设计、制造综采成套装备能力的重型机械厂。

3）快速发展期，向智能化、绿色综采技术迈进（2003年至今）。改革开放以来，我国经济快速发展，对能源的需求量快速增长，我国是世界上最大的产煤国和消费国，煤炭在我国能源消费中占主导地位，在我国一次能源生产和消费结构中的比重占70%左右。我国电力生产的80%以上、化工原料生产的60%以上、工业燃料的70%以上、民用取暖的85%以上均来自于煤炭。发电用煤占煤炭消费量的54%，钢铁用煤占煤炭消费量的15%，建材用煤占煤炭消费量的13%，化工用煤占煤炭消费量的5%，这四大行业用煤占煤炭消费总量的87%。

改革开放以来，随着我国经济的快速增长，尤其是电力、冶金、建材、化工四大主要耗煤工业对煤炭的旺盛需求，全国煤炭消费量急速上升，拉动煤炭生产快速发展，煤炭工业进入了一个大发展的黄金期。各大煤业集团为满足国内经济发展对煤炭的需求，开足马力生产，2009年全国煤炭产量达到30.5亿吨，为国民经济快速发展和全面建设小康社会提供了能源保障。

峰峰集团在5对老矿井先后注销生产能力的困难条件下，全面贯彻科学发展观，不断改革综采工艺，并对综采装备进行技术创新，使峰峰综采进入了快速发展期，采煤工作面生产技术及装备水平发生了质的飞跃。综采装备向大型化、大功率、自动化和智能化进军：大倾角厚煤层一次采全高工作面使用智能化综采成功；攻克了薄煤层和极薄煤层综采的技术难关，实现了薄煤层智能化无人值守综采工作面。峰峰矿区开展厚煤层长壁工作面综合机械化采后矸石膏体充填不迁村开采保护煤柱的研究与试验获得成功，技术达到国际领先水平。综合机械化采后矸石膏体充填采煤技术是煤炭工业贯彻落实科学发展观、实现绿色采煤的重要举措，具有"高安全性、高采出率、环境友好"的基本特征，膏体充填技术是解放三下压煤的技术途径，是一种新的绿色采矿技术，也是采矿技术的重要发展方向。

峰峰综采技术创新保证了峰峰集团公司原煤产量稳步提高。公司本部2003年到2011年原煤产量从1180万吨提高到1639.26万吨。

2.2 峰峰集团综采发展主要技术成果

2.2.1 轻型综采放顶煤技术

轻型综采放顶煤装备和工艺是峰峰集团科技人员经过调研与有关科研单位合作，并结合生产实际在1995年研究开发出的一种适合复杂地质条件下厚煤层一次采全厚的综合机械化采煤技术和装备。ZFQ2000/15/23型为主要架型的轻放支架，配套使用MG200-W采煤机组和SGZ630/220刮板输送机。支架采用整体顶梁，摆动尾梁和插板式放煤低位放顶煤口，单摆杆机构，中心距1250mm，重量5.5~7.5t。支护强度不低于0.5MPa，对底板的最大比压不得超过2MPa，满足支护峰峰大煤工作面矿压的需求。

峰峰轻放配套设备：ZFQ2000/15/23型轻放支架重量轻，外形尺寸较小，在老矿井的开拓巷道和采区上山运行顺畅。支架工作阻力和支护强度满足支护峰峰大煤工作面顶板的需要。支架稳定、移动顺畅。支架低位放顶煤机构设计合理，放顶煤操作简便，放煤效果好。试采成功后受到各矿欢迎，争先使用轻放装备，并在类似条件的矿区成功推广。轻型综采放顶煤装备和工艺的创新，为复杂地质条件下的厚煤层开采探索出了一条安全高效开采的技术途径。轻放工作面的试采成功，标志着峰峰机械化采煤技术进入了一个崭新的快速发展阶段。

自此峰峰各矿使用综采的积极性高涨，在轻放的基础上快速发展，根据不同矿井及采煤工作面的具体条件，因地制宜地开发应用了不同型号的综采技术，取得了高产、高效、安全的优异成绩。

2.2.2 大尾梁综采放顶煤技术

2004 年开始研制大尾梁综采放顶煤支架，作为轻放支架的升级产品。2005 年 3 月，开始在大淑村矿 172104 工作面进行 ZF2600/16/24 大尾梁综采放顶煤工艺的工业性试验，并一次试采成功。支架为架宽 1.5m 的 ZF2600/16/24 大尾梁综采放顶煤支架，配套使用 FMG150/375 – W 采煤机和 SGZ – 630/220 铸焊结构双速启动刮板输送机。2007 年分别在九龙矿、薛村矿推广应用。

2.2.3 大倾角厚煤层智能综采技术

2008 年，万年矿在煤层倾角 26°，煤层厚度 2.5 ~ 3.8m 的大煤工作面，采用一次采全高智能综采装备，配套设备为 MG500/1140 – WD 变频电牵引采煤机，SGZ – 900/800 可弯曲刮板输送机，ZY5800/20/42D 两柱掩护式液压支架，高度为 2.0 ~ 4.2m。液压支架采用天玛 PM32 电液操作系统，主要由支架控制器、电液换向阀组、电磁阀驱动器、隔离耦合器、压力传感器、行程传感器、红外线接收传感器、井下主控计算机等组成。支架控制器为系统的核心部件，是一个高度集成化的微型煤矿专用控制计算机，它接收操作人员或系统的自动化控制指令，根据传感器采集到的支架状态信息和已经设计好的自动化控制程序控制目标支架的液压油缸的动作，从而实现降架、拉架、升架、推溜等操作。带电磁先导阀的电液换向阀组是关键执行部件，实现电信号对液压回路的开关控制的转换。智能综采达到以下目标：

（1）电液控综采支架安装了 PM32 型液压支架电液控制系统，可实现对邻架多动作的自动顺序控制和支架的成组自动控制，实现了移架、移输送机自动化；

（2）采煤机安装了远程遥控操作装置，使移架、移输送机、割煤等工序实现远距离遥控操作与程序运行（操作"无人化"），使切割速度达到 5m/min 以上，推进度大大加快，产量效率大幅度提升，提高了安全生产本质化程度。

（3）刮板输送机链条的自动张紧、恒力运转以及减速机的状态监测与故障诊断等。

（4）创新地解决了综采工作面下端头的支护问题，在安装 13266 综采工作面支架时，将 1 号支架安装在运输巷内与转载机尾联接，用 1 号、2 号支架作为下端头支架，很好地解决了端头支护。工作面平均日产 7000t，达到年产 250 万吨水平。

2.2.4 大角度仰斜综采技术

梧桐庄 182311 工作面煤层厚度 3.3m，仰斜角度在 20° ~ 30°，采用综采一次采全高。装备 ZF4000/18/39 支架、配用 MGTY250/600 – WD 采煤机、SGZ – 764/500 刮板输送机、

SZZ – 764/200 刮板转载机、1000mm 带宽皮带输送机。针对仰斜工作面的特点对采煤机滑靴、托缆架进行改造，采用预注化学浆液加固煤壁和顶板的安全措施，杜绝了顶板冒顶事故，保证了生产矿井安全，2007 年 6 月，取得了大倾角仰斜开采的成功。

在九龙矿大煤工作面，煤层厚度 1.8 ~ 2.8m，采用 ZY2700/14/32 型支架、MG – 150/375 – W 型采煤机、SGZ – 630/264 刮板输送机，最高月产达到 5.6 万吨，年产 60 万吨。

2.2.5 薄煤层综采技术

随着我国煤炭开采业的不断发展，中厚煤层所占的比例在逐年减少，地质条件复杂的薄煤层、极薄煤层开采渐渐成为各大煤炭集团的主攻方向之一。据资料显示，我国煤炭资源的薄煤层储量在 20% 以上，而产量只有 6% ~ 7%。特别是峰峰矿区局部地区，煤炭资源的 60% ~ 70% 为薄煤层。因此，薄煤层开采是影响煤炭工业全局和资源国策的大问题。峰峰集团生产矿井薄煤层主要采用高档普采，还有极薄煤层储量在 5000 万吨以上，由于没有适合的机械化采煤设备长期处于呆滞状态。

近几年采煤机械化装备以及新技术、新工艺都有了长足发展，开采极薄煤层已成为可能。结合峰峰矿区极薄煤层的赋存特点，峰峰集团通过与有关单位共同研制与其地质条件相适应的综合机械化采煤配套设备，实现了薄煤层和极薄煤层开采综合机械化的新突破，对提高资源利用率和高瓦斯矿井加快解放层开采速度，提高薄煤层工作面单产和效率，减轻工人劳动强度，做到薄厚煤层合理配采，实现安全生产有重要意义。

2.2.6 极薄煤层综采技术

为解决极薄煤层开采关键技术难题，2008 年峰峰集团通过充分的市场分析、调研、论证，设计研制了适合峰峰集团地质条件的采高下限为 0.7m 的极薄煤层综采三机配套设备，即 ZY3300/07/13 薄煤层两柱掩护式液压支架、MG100/230 – BWD 型电牵引极薄煤层采煤机、液压支架采用电液控制系统，实现了快速跟机作业和支护自动化。该系统还自主开发了高效强力耐磨无火花镐型截齿、采煤机犁型装煤装置和低高度中部槽，提高了极薄煤层滚筒采煤机装煤效果。

2009 年 3 月开始先后在黄沙矿厚度平均为 0.75m 的 1 号小煤的工作面、薛村矿平均煤厚为 0.8m 的一座煤工作面、大淑村矿等矿应用，该套极薄煤层综采工作面在黄沙矿平均日产 720t，平均月产量 21600t，最高月产可达 36720t，具备年产 40 万吨的生产能力，取得了很好的经济效益，为极薄煤层实现规模开采、提高矿井资源回收率探索出一条有效途径。

2.2.7 薄煤无人值守远程自动化综采技术

峰峰集团自 2006 年开始研究薄煤无人值守远程自动化综采技术，先后在小屯矿、大力公司和薛村矿试验，经过不断创新，改进和完善技术装备，取得成功。

2011 年 12 月薄煤综采自动化技术装备在薛村矿 94702 工作面投入使用，工作面为煤厚 1.3m 的薄煤层。工作面装备 ZY3300/07/13D 型电液控制系统液压支架，天玛 6 功能 PM32 电液操作系统、采煤机为 MG160/360 – BWD 型交流变频电牵引采煤机、工作面采用 SGZ – 630/220 型刮板输送机。

自动化远程操作系统建立工作面集中监控平台，集采煤机自动化控制、液压支架电液控制、低照度视频监视、网络通信与数据通讯等系统为一体。运用采煤机记忆截割、自主定位、移动通讯和远程监控等技术，设计开发薄煤层采煤机滚筒自动调高、远程通信与操作控制等功能，实现了无人化工作面对采煤机的自动控制要求。组建了完备的网络视频监视系统，远程跟踪监视支架各种动作、采煤机运行和辨识煤岩界限情况，实现了薄煤综采工作面全景动态视频监视，为远程控制采煤机和调整液压支架提供视觉支持。设计研发了防尘风罩专利技术，利用压缩空气在镜头前形成气幕屏障，直接隔离和阻断粉尘，彻底避免煤尘对视频摄像仪镜头的污染。设计了采煤机煤岩装载和刮板机电缆收放装置，改善了自动化运行效果，适应薄煤层无人化开采的需要。

薛村矿在薄煤推广使用无人值守远程自动化综采技术后，使工作面支架的可操纵性得到了大幅度的提高，工作面的装备水平发生了质的飞跃，为薄煤层综合机械化开采打开了新局面，刷新了集团公司薄煤综采新记录，2012 年元月 94702 野青薄煤综采工作面实现原煤最高日产 4422.6t，月推进度 358m，月产 117280.8t，材料消耗大幅减少，工人劳动强度大幅降低，作业环境改善，资源回收率明显提高。

2.2.8 综合机械化采后膏体充填采煤技术

2008 年 6 月，峰峰集团研发了综合机械化采后膏体充填采煤技术，在小屯矿 14259 工作面进行工业性试验取得成功，该项研究成果在解决村庄及建筑物下压煤综合机械化矸石膏体充填开采技术方面达到国际领先水平。

峰峰集团对膏体充填管路输送技术、充填回采工艺、膏体充填采场岩层移动及矿压显现规律、充填开采地表沉降规律等进行了深入的研究。研制出有自主知识产权的新型膏体充填综采液压支架和 MGJ – 01 – 03 系列液体矸石膏体添加剂。充填综采液压支架型号为：ZC4000/19/29 直导杆四柱支撑后铰接挡墙式充填液压支架，配套 MG250/600WD 型交流变频电牵引采煤机和 SGZ730/400 型铸焊结构刮板输送机。充填系统采用计算机编程自动化控制。

峰峰集团长壁工作面采后膏体充填综合机械化采煤技术的开发应用，是贯彻落实科学发展观、实现绿色采煤的重要举措，具有"高安全性、高采出率、环境友好"的基本特征，膏体充填技术是解放三下压煤的技术途径，是一种新的绿色采矿技术，也是采矿技术的重要发展方向。此项技术目前已经在峰峰集团通顺公司煤矿、羊东矿、大力公司煤矿、新三矿等矿的呆滞煤柱开采进行推广。

2.3 峰峰集团综采、综放主要设备配套

2.3.1 轻型放顶煤工作面三机配套

针对峰峰矿区地质特点，从 1996 年开始研究应用架宽 1.25m 的轻型放顶煤支架，首先在羊渠河矿进行工业性试验，成功后在牛儿庄矿、五矿推广应用，1997 年完成支架优化设计，采用双侧护板，伸缩梁结构，先后在薛村矿、新三矿、孙庄矿、黄沙矿、万年矿推广应用，其中 2000 年薛村矿单套产量达到 100 万吨，2005 年万年矿单套产量达到 124

万吨，同时在黄沙矿攻克轻放工作面大倾角开采难关，取得了重大成绩。全国有40多个局矿来峰峰考察，在河北开滦集团、河南济源、山西长治等地区推广应用20多套。

（1）配套图见图2-1和图2-2。

（2）配套设备技术特征见表2-1～表2-3。

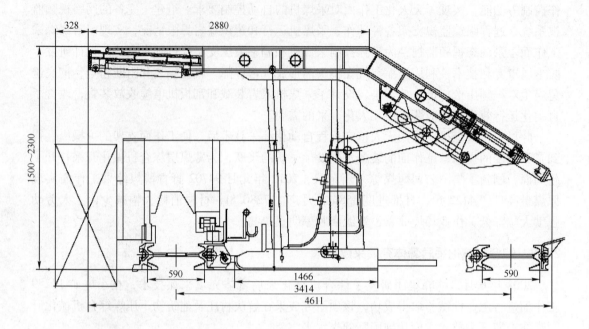

图2-1　轻型放顶煤工作面中部配套图

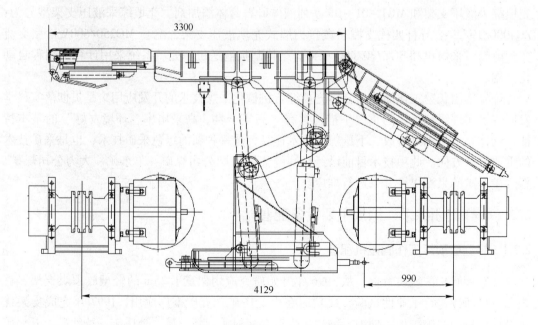

图2-2　轻型放顶煤工作面机头尾配套图

表 2 - 1　ZFQ2000/15/23 轻放支架技术特征表

项　目	单　位	技 术 参 数
高　度	mm	1500 ~ 2300
中心距	mm	1250
宽　度	mm	1220
初撑力	kN	1592
工作阻力	kN	2000
支护强度	MPa	0.48 ~ 0.54
底板比压	MPa	0.6 ~ 1.2
泵站压力	MPa	31.5
操纵方式		本架操作
重　量	t	6.8

表 2 - 2　MG200 - W 采煤机技术特征表

项　目	单　位	技 术 参 数
采高范围	m	1.4 ~ 3.0
煤层倾角	(°)	≤35
牵引速度	m/min	0 ~ 5
牵引力	kN	250
煤质硬度系数 f		≤3
滚筒直径	mm	1400
卧底量	mm	294
滚筒转速	r/min	48.9
截　深	mm	630
机面高度	mm	1174
过煤高度	mm	391
供电电压	V	1140（50Hz）
装机功率	kW	200
牵引形式		液压、销轨式牵引
机器重量	t	20

表 2 - 3　SGZ - 630/220 刮板输送机技术特征表

项　目	单　位	技 术 参 数
出厂长度	m	150
输送量	t/h	450
装机总功率	kW	2 × 110
刮板链速	m/s	1.02
紧链方式		闸盘式
牵引方式		齿轮 - 销轨式

续表 2 - 3

项　目	单　位	技　术　参　数
减速器型号		MS3H70DC
圆环链规格	mm × mm	$\phi26 \times 92 - C$ 双中链
启动方式		双速启动
中部槽规格	mm × mm × mm	1250 × 590 × 265
中部槽结构形式		铸焊封底结构式

2.3.2　大尾梁放顶煤工作面三机配套

2004 年开始研制 ZF2600/16/24 大尾梁综采放顶煤支架，作为架宽 1.25m 轻放支架的升级产品。2005 年 3 月，在大淑村矿 172104 工作面进行工业性试验，并取得成功。支架架宽 1.5m 单摆杆大尾梁结构，配套使用 MG150/375 - W 采煤机和 SGZ - 630/220 铸焊结构刮板输送机。2007 年分别在九龙矿、薛村矿推广应用，轻放单产达到 100 万吨。

（1）配套图见图 2 - 3。

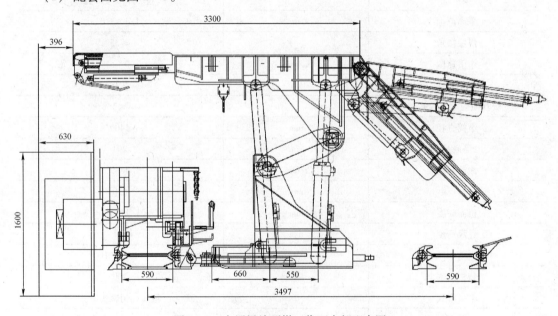

图 2 - 3　大尾梁放顶煤工作面中部配套图

（2）配套设备技术特征见表 2 - 4 ～ 表 2 - 6。

表 2 - 4　ZF2600/16/24 大尾梁液压支架技术特征表

项　目	单　位	技　术　参　数
高度	mm	1600 ~ 2400
中心距	mm	1500
宽度	mm	1400
初撑力	kN	2087

项 目	单 位	技 术 参 数
工作阻力	kN	2600
支护强度	MPa	0.43~0.51
底板比压	MPa	0.12~0.19
泵站压力	MPa	31.5
操纵方式		本架操作
重量	t	9

表2-5 SGZ-630/264刮板输送机技术特征表

项 目	单 位	技 术 参 数
出厂长度	m	150
输送量	t/h	500
装机总功率	kW	2×132
刮板链速	m/s	1.17
紧链方式		闸盘式
牵引方式		齿轮-销轨式
减速器型号		MS3H70DC
圆环链规格	mm×mm	$\phi26×92-C$ 双中链
启动方式		双速启动
中部槽规格	mm×mm×mm	1500×590×265
中部槽结构形式		铸焊封底结构式

表2-6 MG410-WD采煤机技术特征表

项 目	单 位	技 术 参 数
采高范围	m	1.6~3.0
煤层倾角	(°)	≤35
牵引速度	m/min	0~7
牵引力	kN	405
煤质硬度系数 f		≤3
滚筒直径	mm	1400
卧底量	mm	294
滚筒转速	r/min	46
截深	mm	630
机面高度	mm	1128
过煤高度	mm	391
供电电压	V	1140 (50Hz)
装机功率	kW	411
牵引形式		交流变频调速、销轨式牵引
机器重量	t	26

2.3.3 综放工作面三机配套

2009 年开始研究 ZF4000/16/28 型综放支架及配套设备，2010 年 1 月在黄沙矿 112107 工作面进行工业性试验，支架架宽 1.5m 的后四连杆支撑掩护式低位放顶煤支架，邻架先导控制，配套使用 MG250/600 – WD 型电牵引采煤机和 SGZ – 730/400 铸焊结构刮板输送机，使整体配套设备逐步向高端方向发展，2011 年分别在万年矿、薛村矿、大淑村矿推广应用，综放单产达到 200 万吨以上。

（1）配套图见图 2 – 4 和图 2 – 5。

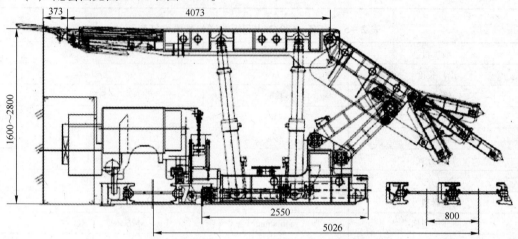

图 2 – 4　综放工作面中部配套图

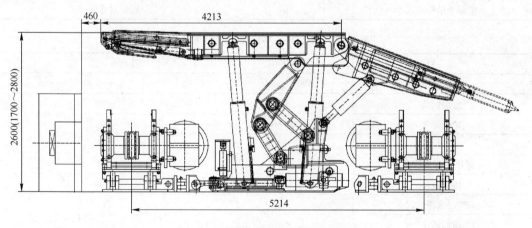

图 2 – 5　综放工作面机头尾配套图

（2）配套设备技术特征见表 2 – 7 ~ 表 2 – 9。

表 2 – 7　ZF4000/16/28 综放支架技术特征表

项　目	单　位	技 术 参 数
高　度	mm	1600 ~ 2800
中心距	mm	1500

项　目	单　位	技　术　参　数
宽　度	mm	1430
初撑力	kN	3195
工作阻力	kN	4000
支护强度	MPa	0.61
底板比压	MPa	0.95~1.78
泵站压力	MPa	31.5
操纵方式		本邻架操作
重　量	t	16.3

表 2-8　SGZ-730/400 刮板输送机技术特征表

项　目	单　位	技　术　参　数
出厂长度	m	150
输送量	t/h	600
装机总功率	kW	2×200
刮板链速	m/s	1.01
紧链方式		闸盘式
牵引方式		齿轮-销轨式
减速器型号		MS3H70DC
圆环链规格	mm×mm	$\phi26×92-C$ 双中链
启动方式		双速启动
中部槽规格	mm×mm×mm	1500×690×275
中部槽结构形式		铸焊封底结构式

表 2-9　MG600-WD 采煤机技术特征表

项　目	单　位	技　术　参　数
采高范围	m	1.6~3.2
煤层倾角	(°)	≤35
牵引速度	m/min	0~7.28~12
牵引力	kN	580
煤质硬度系数 f		≤3
滚筒直径	mm	1600
卧底量	mm	291
滚筒转速	r/min	34.04
截深	mm	800
机面高度	mm	1437
过煤高度	mm	696
供电电压	V	1140 (50Hz)

项　目	单　位	技　术　参　数
装机功率	kW	600
牵引形式		交流变频调速、销轨式牵引
机器重量	t	43

2.3.4 膏体综采充填工作面三机配套

为解决村庄及建筑物下压煤问题，提高资源利用率，延长矿井寿命，2008年6月，峰峰集团研发了膏体充填综采技术，在小屯矿14259工作面进行工业性试验并取得成功，使矸石膏体充填综合机械化开采技术达到国际领先水平。

充填综采液压支架为ZC4000/19/29（20/31）直导杆四柱支撑后铰接挡墙式，配套MG250/600-WD（MG170/410-WD）型电牵引采煤机，SGZ730/400（630/264）型刮板输送机。充填系统采用膏体充填泵，计算机编程自动化控制。其装备技术先进、生产效率高、充填率可达90%以上，满足建下充填要求，具备年产50万吨生产能力。2012年在小屯矿充填系统的基础上通过优化设计，简化系统，先后在羊东矿、大力公司、新三矿等矿推广应用。目前集团公司充填年产量达到100多万吨。

（1）配套图见图2-6和图2-7。

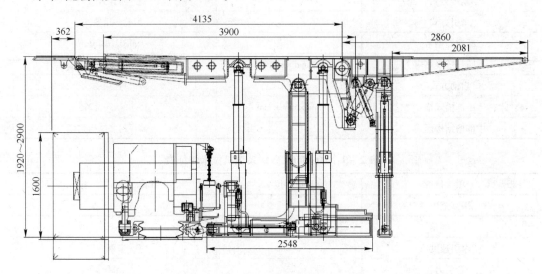

图2-6　充填工作面中部配套图

（2）配套设备技术特征见表2-10～表2-12。

表2-10　ZC4000/19/29充填支架技术特征表

项　目	单　位	技　术　参　数
高　度	mm	1920~2900
中心距	mm	1500
宽　度	mm	1430

项 目	单 位	技 术 参 数
初撑力	kN	3196
工作阻力	kN	4000
支护强度	MPa	0.36
底板比压	MPa	0.55 ~ 0.87
泵站压力	MPa	31.5
操纵方式		本架操作
重 量	t	16.6

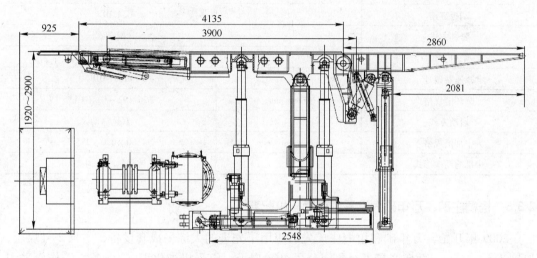

图 2 – 7 充填工作面机头尾配套图

表 2 – 11 MG600 – WD 采煤机技术特征表

项 目	单 位	技 术 参 数
采高范围	m	1.6 ~ 3.2
煤层倾角	(°)	≤35
牵引速度	m/min	0 ~ 7.28 ~ 12
牵引力	kN	580
煤质硬度系数 f		≤3
滚筒直径	mm	1600
卧底量	mm	291
滚筒转速	r/min	34.04
截 深	mm	800
机面高度	mm	1437
过煤高度	mm	696
供电电压	V	1140（50Hz）
装机功率	kW	600

项 目	单 位	技 术 参 数
牵引形式		交流变频调速、销轨式牵引
机器重量	t	43

表 2 – 12   SGZ – 730/400 刮板输送机技术特征表

项 目	单 位	技 术 参 数
出厂长度	m	150
输送量	t/h	600
装机总功率	kW	2 × 200
刮板链速	m/s	1.01
紧链方式		闸盘式
牵引方式		齿轮 – 销轨式
减速器型号		MS3H70DC
圆环链规格	mm × mm	$\phi 26 \times 92 – C$ 双中链
启动方式		双速启动
中部槽规格	mm × mm × mm	1500 × 690 × 275
中部槽结构形式		铸焊封底结构式

2.3.5 梧桐庄矿、万年矿大综采工作面三机配套

2009 年开始，万年矿和梧桐庄矿先后应用了先进的大综采成套设备，主采 2 号煤层，厚度 3.5 ~ 4.5m，两矿产量占全集团公司 40% 以上，综采机械化程度 100%。工作面采用 ZY5800 – 20/42D（ZY5800 – 18/38D）型液压支架，MG500/1140 – WD 型采煤机，SGZ900/800 型刮板输送机，PCM200 型锤式破碎机，SZZ800/315 型转载机，ZY2300 型皮带自移机尾，配备 BRW – 315/31.5 乳化液泵站三泵两箱。液压支架采用 PM32 电液控制，实现降架、拉架、升架、推溜等成组快速操作，采煤机采用电牵引远程遥控操作，将工作面装备成机械化、自动化程度较高的现代化综采工作面。

万年矿 13266 工作面是峰峰集团第一个大综采工作面，通过调研论证，于 2008 年 10 月完成工作面设备配套，2009 年 3 月完成工作面设备安装，当年就创出月产 25 万吨记录，具备单套年产 300 万吨生产能力。实现了安全高效生产。

（1）配套图见图 2 – 8 和图 2 – 9。

（2）配套设备技术特征见表 2 – 13 ~ 表 2 – 15。

表 2 – 13   ZY5800/20/42D 综采支架技术特征表

项 目	单 位	技 术 参 数
高 度	mm	2000 ~ 4200
中心距	mm	1500
宽 度	mm	1430 ~ 1600
初撑力	kN	5109

项　目	单　位	技 术 参 数
工作阻力	kN	5800
支护强度	MPa	0.8~0.85
底板比压	MPa	2.17~3.3
泵站压力	MPa	31.5
操纵方式		电液控制
重　量	t	23.3

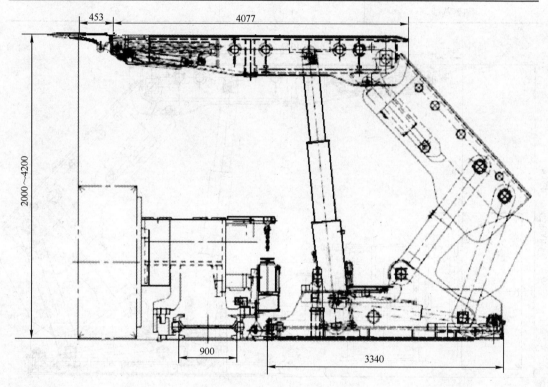

图2-8　综采工作面中部配套图

表2-14　MG500/1140-WD采煤机技术特征表

项　目	单　位	技 术 参 数
采高范围	m	2.0~4.2
煤层倾角	(°)	≤30
牵引速度	m/min	0~7.55~12.6
牵引力	kN	750
煤质硬度系数 f		≤3
滚筒直径	mm	2000
卧底量	mm	586
滚筒转速	r/min	27.2

项　目	单　位	技　术　参　数
截　深	mm	800
机面高度	mm	1594
过煤高度	mm	684
供电电压	V	3300（50Hz）
装机功率	kW	1140
牵引形式		交流变频调速、销轨式牵引
机器重量	t	63

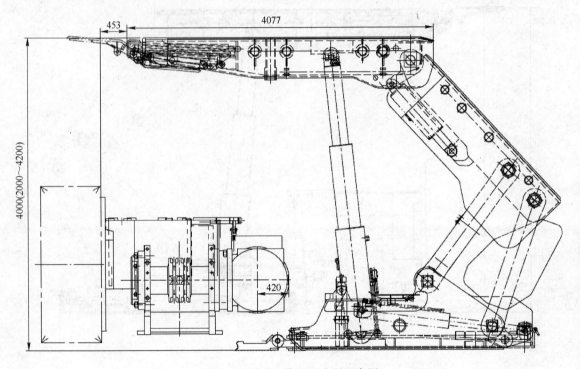

图 2 – 9　综采工作面机头尾配套图

表 2 – 15　SGZ – 900/800 刮板输送机技术特征表

项　目	单　位	技　术　参　数
出厂长度	m	200
输送量	t/h	1800
装机总功率	kW	2 × 400
刮板链速	m/s	1.1
紧链方式		闸盘式
牵引方式		齿轮 – 销轨式
减速器型号		MS3H70DC
圆环链规格	mm × mm	ϕ34 × 126 – C 双中链

项 目	单 位	技 术 参 数
启动方式		双速启动
中部槽规格	mm × mm × mm	1500 × 900 × 308
中部槽结构形式		铸焊封底结构式

2.3.6 薄煤综采工作面三机配套

自 2007 年开始，通过调研、论证，与鸡西煤机厂合作设计研制了采高下限为 0.7m 的极薄煤层综采成套设备。工作面选用 ZY3300/07/13D 薄煤层两柱掩护式液压支架，MG100/230 - BWD 型电牵引极薄煤层采煤机，液压支架采用 PM32 电液控制系统，实现了快速跟机作业和支护自动化。自主研发了高效强力耐磨无火花镐型截齿、侧臂式犁型装煤装置、自动拖缆装置和矮槽帮中部槽，提高了极薄煤层滚筒采煤机装煤效果。

2009 年 3 月开始在黄沙矿 112$_{上}$85 工作面进行工业性试验，平均日产 720t，平均月产量 21600t；最高月产可达 36720t，具备年产 40 万吨的生产能力。取得了很好的经济效益，为极薄煤层实现规模开采提高矿井资源回收率探索出一条有效途径。2010 年在薛村矿平均煤厚 0.6m 的一座煤工作面、大淑村矿等矿应用。

2010 年开始研究薄煤无人值守远程自动化综采技术，首先在大力公司一座煤进行试验，取得初步成果，之后经过不断探索研究，改进和完善，在薛村矿应用成功。

2011 年 12 月薄煤综采自动化技术装备在薛村矿 94702 工作面投入使用，工作面为煤厚 1.0m 的薄煤层。工作面使用 ZY3300/07/13D 型掩护式液压支架，配 PM32 电液操作系统、选用 MG160/360 - BWD 型交流变频电牵引采煤机、SGZ - 630/220 型刮板输送机。使用无人值守远程自动化综采技术后，使工作面装备水平发生了质的飞跃，为薄煤层综合机械化开采打开了新局面，刷新了集团公司薄煤综采新记录，2012 年元月 94702 野青薄煤综采工作面实现原煤最高日产 4422.6t，月推进度 358m，月产 117280.8t，材料消耗大幅减少，工人劳动强度大幅降低，作业环境改善，资源回收率明显提高。

(1) 配套图见图 2 - 10 和图 2 - 11。

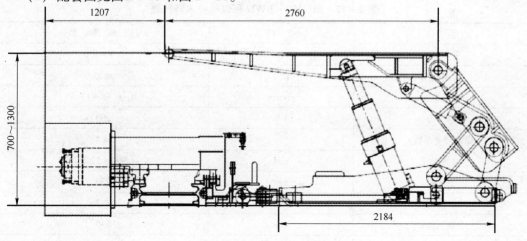

图 2 - 10 薄煤综采工作面中部配套图

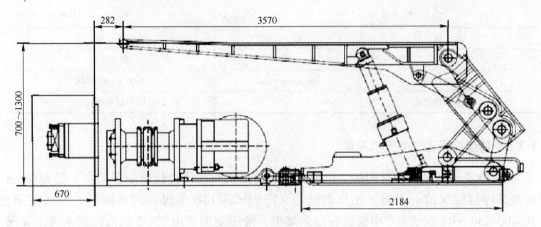

图 2 – 11   薄煤综采工作面机头尾配套图

（2）配套设备技术特征见表 2 – 16 ~ 表 2 – 18。

表 2 – 16   ZY3300/07/13D 型液压支架技术特征表

项　目	单　位	技 术 参 数
高　度	mm	700 ~ 1300
中心距	mm	1500
宽　度	mm	1450
初撑力	kN	2618
工作阻力	kN	3300
支护强度	MPa	0.42 ~ 0.48
底板比压	MPa	前端比压 1.74 ~ 1.76
泵站压力	MPa	31.5
操纵方式		电液控制
重　量	t	8.6

表 2 – 17   MG360 – BWD 采煤机技术特征表

项　目	单　位	技 术 参 数
采高范围	m	0.9 ~ 1.6
煤层倾角	(°)	≤35
牵引速度	m/min	0 ~ 6.68 ~ 13.6
牵引力	kN	260
煤质硬度系数 f		≤4
滚筒直径	mm	900 ~ 1200
卧底量	mm	230
滚筒转速	r/min	64.36
截深	mm	630
机面高度	mm	711

项 目	单 位	技 术 参 数
过煤高度	mm	220
电 压	V	1140
电机功率	kW	360
牵引型式		非机载交流变频牵引方式
机器重量	t	19.6

表 2 - 18 SGZ - 630/220 刮板输送机的技术特征表

项 目	单 位	技 术 参 数
出厂长度	m	150
输送量	t/h	400
装机总功率	kW	2 × 110
刮板链速	m/s	1.03
紧链方式		闸盘式
牵引方式		齿轮 - 销轨式
减速器型号		6JS - 110
圆环链规格	mm × mm	φ26 × 92 - C 双中链
启动方式		双速启动
中部槽规格	mm × mm × mm	1500 × 585 × 208
中部槽结构形式		铸焊封底结构式

2.3.7 梧桐庄矿综采工作面三机配套

梧桐庄矿最早应用的综采成套设备选用 ZZ4800/18/39 液压支架、MG250/600 - 1.1WD 采煤机、SGZ - 764/500 刮板输送机及 SZZ764/200 转载机。

（1）配套图见图 2 - 12 和图 2 - 13。

（2）配套设备技术特征见表 2 - 19 ~ 表 2 - 21。

表 2 - 19 ZZ4800/18/39 综采支架技术特征表

项 目	单 位	技 术 参 数
高 度	mm	1800 ~ 3900
中心距	mm	1500
宽 度	mm	1410
初撑力	kN	3140
工作阻力	kN	4800
支护强度	MPa	0.84 ~ 0.86
底板比压	MPa	0.54 ~ 2.35
泵站压力	MPa	31.5
操纵方式		本架操作
重 量	t	15

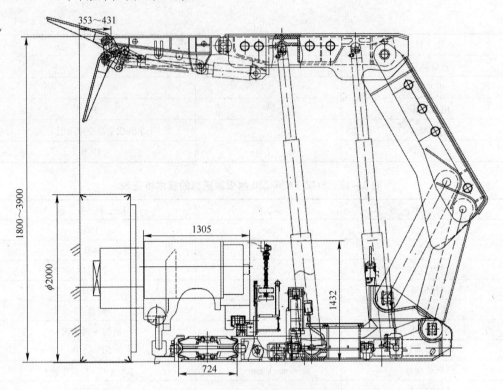

图 2 – 12 综采工作面中部配套图

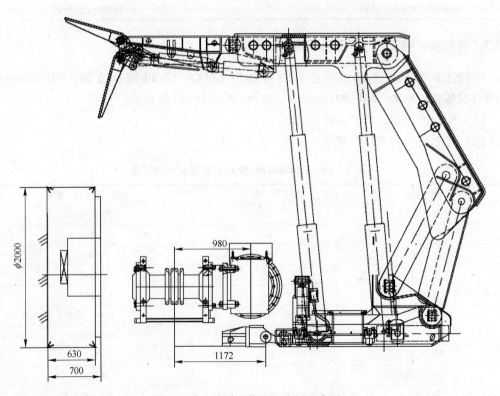

图 2 – 13 综采工作面机头尾配套图

表2-20 MG250/600-1.1WD采煤机技术特征表

项 目	单 位	技 术 参 数
采高范围	m	2.0～3.7
煤层倾角	(°)	≤35
牵引速度	m/min	0～7.28～12
牵引力	kN	580
煤质硬度系数 f		≤3
滚筒直径	mm	2000
卧底量	mm	544
滚筒转速	r/min	34.04
截 深	mm	630
机面高度	mm	1438
过煤高度	mm	684
供电电压	V	1140（50Hz）
装机功率	kW	600
牵引形式		交流变频调速、销轨式牵引
机器重量	t	46

表2-21 SGZ-764/500刮板输送机技术特征表

项 目	单 位	技 术 参 数
出厂长度	m	150
输送量	t/h	900
装机总功率	kW	2×250
刮板链速	m/s	1.12
紧链方式		闸盘式
牵引方式		齿轮-销轨式
减速器型号		MS3H70DC
圆环链规格	mm×mm	φ26×92-C 双中链
启动方式		双速启动
中部槽规格	mm×mm×mm	1500×724×300
中部槽结构形式		铸焊封底结构式

2.3.8 大倾角综放工作面三机配套

峰峰集团薛村矿92714为双向大倾角工作面，煤层倾角平均34°，最大47°，仰采最大角度29°，为集团公司首遇的地质条件复杂的大倾角工作面，由于大倾角工作面存在冒顶、滑底、煤壁片帮、支架稳定性差等诸多问题，严重影响矿井生产及安全，因此峰峰集团提出研究急倾斜厚煤层综放开采和提高顶煤回收率技术，为该矿以及在山西、新疆、青海境内整合矿井的大倾角矿井开采积累必要的经验。通过调研分析，研究一系列制约大倾角开采的技术难题。于 2011 年 12 月研制出适合大倾角放顶煤开采的轻型综采放顶煤成套装备。

通过对轻型放顶煤配套设备进行优化设计，采用加强型 ZF3200/16/24 放顶煤支架（架宽 1.5m），加大人行道宽度，改进防倒防滑装置，三机配套适应仰俯采，采用 MG410 - QWD 四象限电牵引采煤机，适应大倾角工作面运行，端头使用端头支架，有效支护顶板，减轻工人劳动强度，实现转载机快速移动，提高了生产效率。自 2012 年元月份投入使用，平均月产达到 6 万吨，在国内大倾角工作面单产位于较高水平，取得了显著的经济效益和社会效益，同时为集团公司外埠整合矿井大倾角放顶煤开采积累了经验。

（1）配套图见图 2 - 14、图 2 - 15。

（2）配套设备技术特征见表 2 - 22 ～ 表 2 - 24。

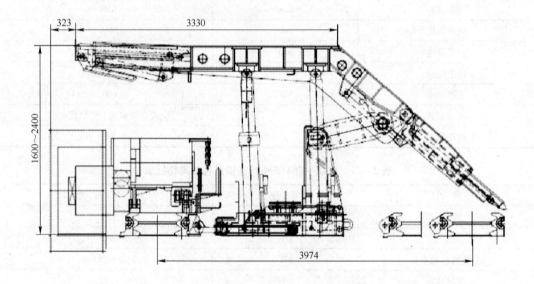

图 2 - 14 大倾角综放工作面中部配套图

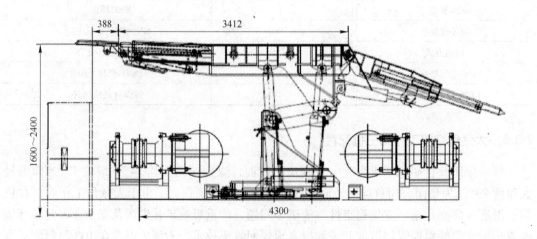

图 2 - 15 大倾角综放工作面机头尾配套图

表 2 – 22 **ZF3200/16/24 综放支架技术特征表**

项 目	单 位	技 术 参 数
高 度	mm	1600 ~ 2400
中心距	mm	1500
宽 度	mm	1400
初撑力	kN	2532
工作阻力	kN	3200
支护强度	MPa	0.51
底板比压	MPa	0.1 ~ 0.4
泵站压力	MPa	31.5
操纵方式		邻架操作
重 量	t	10.4

表 2 – 23 **MG2410 – WD 采煤机技术特征表**

项 目	单 位	技 术 参 数
采高范围	m	1.6 ~ 3.0
煤层倾角	(°)	≤35
牵引速度	m/min	0 ~ 7
牵引力	kN	405
煤质硬度系数 f		≤3
滚筒直径	mm	1400
卧底量	mm	294
滚筒转速	r/min	46
截 深	mm	630
机面高度	mm	1128
过煤高度	mm	391
供电电压	V	1140 (50Hz)
装机功率	kW	411
牵引形式		交流变频调速、销轨式牵引
机器重量	t	26

表 2 – 24 **SGZ – 764/500 刮板输送机技术特征表**

项 目	单 位	技 术 参 数
出厂长度	m	150
输送量	t/h	500
装机总功率	kW	2 × 132
刮板链速	m/s	1.17
紧链方式		闸盘式
牵引方式		齿轮 – 销轨式

项 目	单 位	技 术 参 数
减速器型号		MS3H70DC
圆环链规格	mm × mm	φ26 ×92 – C 双中链
启动方式		双速启动
中部槽规格	mm × mm × mm	1500 ×590 ×265
中部槽结构形式		铸焊封底结构式

2.3.9 油房渠矿 5 号煤层综采配套

内蒙古油房渠矿为集团公司外埠整合矿井，5 号煤层埋藏浅，平均煤厚 2.0m，近水平，经过与北京开采所研究论证，选用高阻力电液控支架、大功率采煤装备，实现年产原煤 260 万吨，具体配套为：液压支架：ZY12000/15/26D；采煤机：MG450/1080 – AWD；输送机：SGZ –900/1050；破碎机：PCM200；转载机：SZZ900/315。

（1）配套图见图 2 – 16 和图 2 – 17。

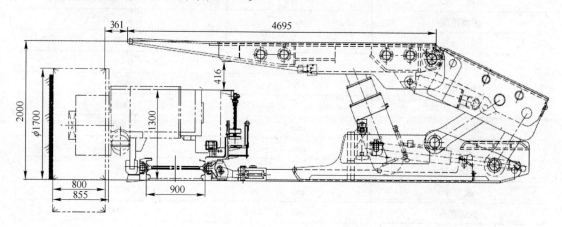

图 2 – 16　油房渠矿 5 号煤层综采工作面中部配套图

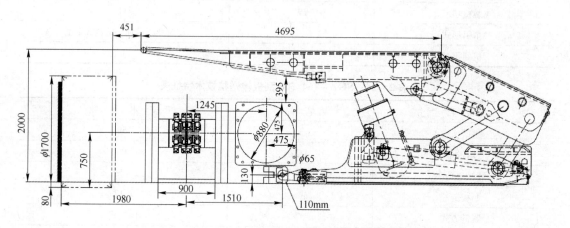

图 2 – 17　油房渠矿 5 号煤层综采工作面机头尾配套图

（2）配套设备技术特征见表2-25~表2-27。

表 2-25　ZY12000/15/26D 综采支架技术特征表

项 目	单 位	技 术 参 数
高 度	mm	1500~2600
中心距	mm	1750
宽 度	mm	1680~1880
初撑力	kN	8723
工作阻力	kN	12000
支护强度	MPa	1.23~1.3
底板比压	MPa	3.8~4.3
泵站压力	MPa	31.5
操纵方式		电液控制
重 量	t	28.6

表 2-26　MG450/1080-AWD 采煤机技术特征表

项 目	单 位	技 术 参 数
采高范围	m	1.8~3.3
煤层倾角	(°)	≤16
牵引速度	m/min	0~10~16.6
牵引力	kN	720
煤质硬度系数 f		≤5
滚筒直径	mm	1700
卧底量	mm	400
滚筒转速	r/min	37.03
截 深	mm	800
机面高度	mm	1300
过煤高度	mm	500
供电电压	V	3300（50Hz）
装机功率	kW	1080
牵引形式		交流变频调速、销轨式牵引
机器重量	t	50

表 2-27　SGZ-900/1050 刮板输送机技术特征表

项 目	单 位	技 术 参 数
出厂长度	m	260
输送量	t/h	1700

项　目	单　位	技　术　参　数
装机总功率	kW	2 × 525
刮板链速	m/s	1.1
紧链方式		闸盘式
牵引方式		齿轮 – 销轨式
减速器型号		JS525
圆环链规格	mm × mm	ϕ34 × 126 – D 双中链
启动方式		双速启动
中部槽规格	mm × mm × mm	1750 × 800 × 308
中部槽结构形式		铸焊封底结构式

2.3.10　油房渠矿 4 号煤层大综采三机配套

内蒙古油房渠矿为集团公司外埠整合矿井，煤层埋藏浅，采后地表塌落明显，经过与北京开采所研究论证，选用高阻力、大功率采煤装备，实现年产原煤 300 万吨，具体配套为：液压支架：ZY10000/19/38；采煤机：MG450/1140 – WD；输送机：SGZ – 900/1050 侧卸式；破碎机：PCM200；转载机：SZZ900/315。

（1）配套图见图 2 – 18、图 2 – 19。

（2）配套设备技术特征见表 2 – 28、表 2 – 29 及表 2 – 27。

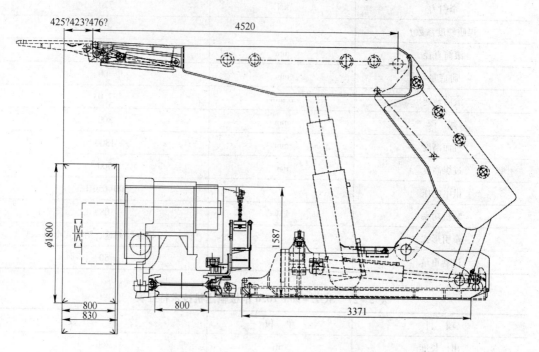

图 2 – 18　油房渠矿 4 号煤层综采工作面中部配套图

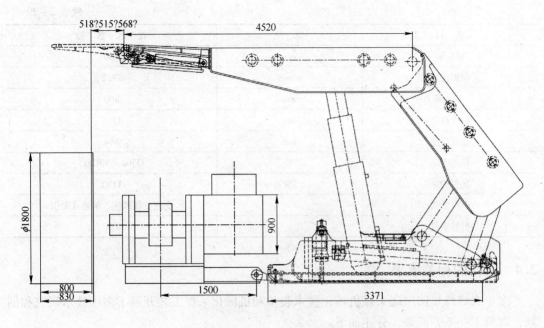

图 2-19　油房渠矿 4 号煤层综采工作面机头尾配套图

表 2-28　ZY10000/19/38 综采支架技术特征表

项　目	单　位	技术参数
高　度	mm	1900~3800
中心距	mm	1750
宽　度	mm	1660~1860
初撑力	kN	7915
工作阻力	kN	10000
支护强度	MPa	0.8~0.85
底板比压	MPa	2.17~3.3
泵站压力	MPa	31.5
操纵方式		本架操作
重　量	t	33

表 2-29　MG500/1140-WD 采煤机技术特征表

项　目	单　位	技术参数
采高范围	m	2.2~4.0
煤层倾角	(°)	≤16
牵引速度	m/min	0~7.28~12
牵引力	kN	750~450
煤质硬度系数 f		≤4
滚筒直径	mm	1800

项　目	单　位	技　术　参　数
卧底量	mm	480
滚筒转速	r/min	27.2
截　深	mm	800
机面高度	mm	1595
过煤高度	mm	684
供电电压	V	3300（50Hz）
装机功率	kW	1140
牵引形式		交流变频调速、销轨式牵引
机器重量	t	63

2.4 取得的相关成果

多年来峰峰集团围绕采煤机械化技术装备和机械化采煤工艺开展了多项技术研究和创新，取得了一系列成果，分述如下。

2.4.1 获科技进步奖项目

项　目　　　　　　　　　　　　　　　　　　　　　获　奖

1997 年度获奖项目：

ZFQ2000/16/24 轻型放顶煤液压支架的研制与试验

               中国煤炭工业科技进步三等奖

               河北省科技进步三等奖

               河北省科技进步三等奖

1999 年度获奖项目：

大倾角复杂条件下较薄厚煤层轻型综采放顶煤成套设备研究

               河北省科技进步三等奖

               省煤炭工业科技进步一等奖

2000 年度获奖项目：

峰峰矿区复杂地质条件下轻型支架综采放顶煤回采工艺研究

               省煤炭工业科技进步二等奖

轻放工艺在仰采工作面的应用研究   省煤炭工业科技进步二等奖

2003 年度获奖项目：

俯伪斜"三软"大倾角煤层轻型支架放顶煤回采工艺研究

               河北省科技进步三等奖

               省煤炭工业科技进步一等奖

               邯郸市科技进步一等奖

               国家安全科技成果三等奖

MG300 - BW 型薄煤层采煤机研制   河北省科技进步三等奖

               河北煤炭工业科技进步一等奖

               邯郸市科技进步二等奖

2004 年度获奖项目：
轻型综采放顶煤技术在复杂地质条件下的推广应用

中国煤炭工业科技进步三等奖

轻型综采放顶煤技术推广应用　　　　　　　　　　　邯郸市科技进步一等奖
2006 年度获奖项目：
大尾梁支架综放开采技术研究

省煤炭工业科技进步三等奖

邯郸市科技进步三等奖

2007 年度获奖项目：
复杂地质条件下薄煤层综采技术研究　　　　　　　河北煤炭工业科技进步三等奖
2008 年度获奖项目：
大倾角轻放开采技术研究

中国煤炭工业科技进步三等奖

河北煤炭工业科技进步三等奖

2009 年度获奖项目：
薄煤层综采自动化技术研究应用

中国煤炭工业科学技术一等奖

河北省科技进步三等奖

邯郸市科技进步一等奖

梧桐庄矿大角度仰斜开采技术研究　　　　　　　　中国煤炭工业科学技术三等奖
2010 年度获奖项目：
峰峰集团村庄下矸石膏体充填综采技术研究

中国煤炭工业科学技术二等奖

河北煤炭工业科学技术一等奖

邯郸市科技进步一等奖

极薄煤层综采自动化技术研究应用　　　　　　　　邯郸市科学技术一等奖
高瓦斯煤层条件下综采轻放安全高效开采综合技术
研究与应用

中国煤炭工业科学技术二等奖

邯郸市科技进步三等奖

大角度厚煤层智能综采技术研究

中国煤炭工业科学技术三等奖

邯郸市科技进步二等奖

2011 年度获奖项目：
综采数字化无人工作面技术

中国煤炭工业科学技术二等奖

河北煤炭工业科学技术二等奖

邯郸市科技进步二等奖

冀中能源集团科学技术一等奖

冀中能源峰峰集团科学技术一等奖

极薄煤层综采自动化技术研究应用　　　　　　　　河北省科学技术三等奖
大倾角煤层安全高效综放技术研究

中国煤炭工业科学技术三等奖

河北煤炭工业科学技术二等奖

MG100/230 – BWD 型采煤机的研制及极薄煤层高档普采
技术与配套研究

中国煤炭工业科技进步三等奖

河北煤炭工业科学技术三等奖

冀中能源集团科学技术二等奖

直壁式充填综采装备的研究与应用

河北煤炭工业科学技术一等奖

冀中能源集团科学技术二等奖

本邻架操作新型综放工艺技术研究与应用

SZZ764/110 顺槽用刮板转载机　　　　　　　冀中能源峰峰集团科学技术一等奖

　　　　　　　　　　　　　　　　　　　　　冀中能源峰峰集团科学技术三等奖

2012 年度获奖项目：

村庄下矸石膏体充填综采技术研究　　　　　国家能源科技进步二等奖

　　　　　　　　　　　　　　　　　　　　　河北省科学技术三等奖

薛村煤矿近距离煤层保护开采关键问题研究　中国煤炭工业科学技术二等奖

　　　　　　　　　　　　　　　　　　　　　邯郸市科技进步三等奖

无顺槽采煤方法综合技术研究　　　　　　　河北煤炭工业科学技术二等奖

2013 年度获奖项目：

0.6～1.3m 复杂薄煤层自动化综采成套技术与装备

　　　　　　　　　　　　　　　　　　　　　国家科学技术进步二等奖

基于双泵并联的高效自动化膏体充填采煤技术研究

　　　　　　　　　　　　　　　　　　　　　中国煤炭工业科学技术一等奖

薄煤层安全高效可视远控自动化综采配套技术

　　　　　　　　　　　　　　　　　　　　　中国煤炭工业科学技术二等奖

2.4.2　综采技术专利

申请专利名称	专利号
薄煤层滚筒式采煤机	ZL02286902.6
薄煤层采煤机侧臂式截割装置	ZL200720101487.8
充填液压支架	ZL200820228038.4
高压液控闸板阀	ZL200920102054.3
无线遥控液压牵引采煤机	ZL200920217468.0
加强型单体液压支柱	ZL200920254021.0
一种薄煤层电牵引采煤机	ZL201020046068.0
四柱直导杆挡墙式充填液压支架	ZL201020150317.0
一种视频摄像仪防尘装置	ZL201010574650.9
综采数字化无人工作面控制系统	ZL201010589227.6
一种内三环减速传动机构采煤机	ZL201010597086.2
一种内三环驱动传动装置煤矿用输送机	ZL201010602294.7
一种薄煤层采煤机辅助装煤装置	ZL201010616613.X

2.5　峰峰集团发展采煤机械化极大地提高了生产力

　　采煤机械化和智能化是煤矿企业科学发展的必由之路。采煤机械化和智能化的发展极大的提高了峰峰集团煤矿的生产能力，改善了安全生产面貌，促进了峰峰集团煤矿迈向集约化、现代化的步伐。

　　回顾峰峰集团发展的历程，采煤机械化发展的每一个阶段都带来了采煤工作面单产和效率的提高，促进了企业的发展和技术进步。在采煤机械化发展的初期，从 1950 年炮采到 1955 年普采，工作面单产由 5000t/(个·月)，提高到 8897t/(个·月)，提高了 78%。回采工作面工效由 1.947t/工提高到 4.002t/工，提高了一倍多。随着普采机械化的发展和普及，到1982年回采工作面单产进一步提高到12165t/（个·月），比1955年又提高了37%。

但是普采机械化只是采煤机械化的初级阶段，产能的提高有限，不能够满足原煤产量快速提高的需要。1965～1977年，峰峰矿务局采煤机械化程度提高到了40.73%，原煤产量由591.74万吨提高到1004.42万吨，实现了千万吨矿务局的发展目标。其中，产量的提高除了发展采煤机械化提高了单产的因素以外，还要靠增加工作面数量，全局工作面个数由原来的51个，1982年增加到64个，最多时达到了71个。

在高档普采阶段，产能有了较大幅度的提高，峰峰矿务局开始实现了增产、减人、提效，回采工作面数量减少。到1995年全局回采工作面单产由1982年12165t/（个·月），提高到25414t/（个·月），提高了109%。在保持千万吨矿务局的前提下，回采工作面个数由1982年的64个，减少到1995年的36个，减少了28个，减少44%。高档普采用较大功率的采煤机和刮板输送机，用机械代替了采煤工采煤时繁重的体力劳动，大大提高了回采工作面劳动效率，据统计全局工作面效率由1982年4.7t/工，1995年提高到10.5t/工，提高了122%。效率的提高为减少工作面人数创造了条件，全局采煤工人数由1983年的10356人减少到1995年的5050人，减少5306人，占总人数的51.2%。

综采是当代最先进的采煤技术。峰峰人经过较长时期的坚持，努力克服了各种困难，自1996年在经济十分困难的情况下，从轻型综采放顶煤开始起步，到2000年综采程度已经达到58%，并逐年稳步提高，到2010年达到90%左右，自此，峰峰集团发展成为以综采为主的采煤机械化集团公司。近几年峰峰综采技术又得到了长足发展，综采智能化技术、薄煤层综采无人工作面技术、综合机械化膏体充填技术等高端综采技术的成功表明峰峰集团的采煤技术水平得到了又好又快的发展和提高，成绩显著。

综采水平的提高以新的生产力为峰峰集团带来了产能的进一步提高，在牛儿庄矿、羊渠河矿等矿井资源枯竭，先后注销生产能力的情况下，全集团产量稳定提高，由1995年1062万吨，2012年达到1694万吨。全员效率由1.66t/工提高到4.08t/工。

峰峰集团1989～2011年煤炭产量与机械化程度和综采程度关系见图2-20。

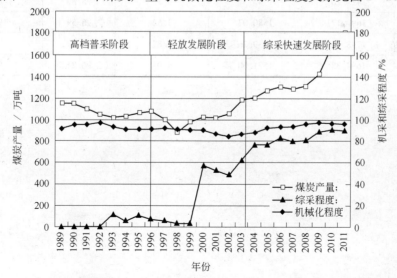

图2-20　峰峰集团1989～2011年煤炭产量与机械化程度和综采程度关系

峰峰集团 1989~2012 年原煤产量与采煤机械化指标详见表 2-30。

表 2-30　峰峰集团 1989~2012 年原煤产量及采煤机械化指标一览表

年　份	原煤产量 /万吨	回采产量 /万吨	全员效率 /t·工⁻¹	采煤机械化程度/%	
				全　部	其中综采程度
1989	1157.49	1017.09	1.14	91.30	—
1990	1145.53	1022.18	1.15	95.37	—
1991	1100.29	1022.87	1.18	95.53	—
1992	1047.13	910.99	1.25	96.70	—
1993	1015.63	876.80	1.26	93.02	12.59
1994	1034.22	892.96	1.56	90.83	5.9
1995	1062.00	990.16	1.66	90.83	10.82
1996	1077.00	979.39	1.75	91.33	7.31
1997	1002.83	932.76	1.81	92.25	5.74
1998	879.30	823.29	1.81	91.30	3.56
1999	983.42	918.50	1.95	90.07	3.91
2000	1026.34	965.01	2.08	90.52	58.41
2001	1015.11	952.74	2.07	87.06	52.90
2002	1055.93	986.71	2.18	84.10	48.75
2003	1180.03	1087.26	2.29	86.25	62.76
2004	1202.21	1134.52	2.59	88.57	77.49
2005	1266.67	1198.35	2.82	91.82	76.73
2006	1308.20	1241.66	2.79	93.13	82.91
2007	1282.67	1204.68	2.82	93.19	79.62
2008	1312.20	1234.71	3.07	93.15	81.23
2009	1421.20	1343.77	3.27	95.89	88.96
2010	1697.17	1580.03	3.62	96.59	90.76
2011	1798.76	1639.26	3.88	96.37	90.33
2012	1694.38	1571.00	4.08	96.21	91.05

3 峰峰轻型综采放顶煤技术

3.1 国内外综采放顶煤技术的发展及现状

从20世纪70年代开始，法国、原苏联、南斯拉夫就开始使用综采放顶煤开采（以下简称综放），之后英国、法国、南斯拉夫、匈牙利等国家都相继引进了这一技术。综放开采曾一度成为东欧地区厚煤层开采的主要方法。80年代中期以后，由于技术不过关等其他原因，国外放顶煤开始萎缩，到90年代初，国外只有极少数矿井仍在使用放顶煤开采。目前，中国的综放开采技术代表着世界先进水平，其他国家有的也在积极地研究引进中国的综放开采技术，如澳大利亚已多次来中国考查综放开采技术及综放设备，土耳其、印度的一些专家也对放顶煤的矿压现象进行了现场和实验室的研究。

我国厚煤层储量丰富，据统计厚煤层将近占已探明总储量的一半，厚煤层可采储量中所占比例最高的甘肃（93.96%）、新疆（70.14%）、宁夏（65.06%），山西、河南、河北、山东、陕西省等3.5~8m厚的煤层均占相当大的比例，非常适合放顶煤工艺开采。但我国综采放顶煤工艺与国外相比起步较晚，但厚煤层综采放顶煤开采技术在中国也经历了十多年的探索和试验，20世纪90年代，使用范围不断扩大，得到了飞速发展，并取得了巨大成就。使矿井效益大幅度提高，现已成为我国特厚煤层开采的一种主要方法，采用综采放顶煤开采可以使矿井顺利实现高产高效。

1984年我国自行研制的FY400-14/28型综采放顶煤支架，首次在沈阳矿务局蒲河煤矿试用，开始使用效果较好，后因支架稳定性差、四连杆强度不足损坏严重，加上设备配套问题，支架前移困难，工作面推进速度慢，造成自燃发火中止了试验。通过试验使人们看到了综采放顶煤技术的美好前景，初步认识到了综采放顶煤工艺的可行性。

1986年甘肃窑街矿务局二矿，开始用国产FY280-14/28型支架在急倾斜特厚煤层放顶煤，煤厚20m，倾角55°，工作面采用分阶段水平布置，工作面长22m，分阶段高度10~12m，采高2.5m，放高7.5~9.5m，平均月产25761t，工效15.26t，取得了很好的效果。1987年平顶山矿务局一矿引进匈牙利产VHP-730型高位插底式放顶煤液压支架，在厚度8.2m的煤层试用，煤层硬度系数$f=1~1.8$，倾角9°，采高2.8m，放煤高5.4m，工作面长87~120m，三年采了2个工作面，平均月产44206t，最高月产55000t，平均工效25.5t/工，取得了综采放顶煤技术的初步成功。辽源矿务局梅河三井采用国产综采放顶煤液压支架，在急倾斜特厚煤层采用斜切分层放顶煤，煤厚54~70m，倾角大于55°；硬度系数$f=0.9~1.3$，工作面长74m，倾角3°~5°，阶段高度15~17m，最高年产62万吨，平均月产52849t。1988年后阳泉、乌鲁木齐、潞安、轩岗、石炭井、兖州等局开始采用综采放顶煤技术，特别是近十年来，综采放顶煤工艺在我国广泛推广应用，由于综采放顶煤开采实现了厚煤层一次全部采出，与分层开采相比具有巷道掘进率低，材料消耗低，用人少，效率高，成本低，效益好，厚煤层的资源优势得到了充分发挥，大部分厚煤层都在搞放顶煤开采，国有重点煤矿综采放顶煤产量所占的比例逐年增加，2000 年年产超过 100 万吨的综放工作面 29 个，其中年产最高的综放工作面达到 512.6 万吨，工效 246.96t／工。根据我国缓倾斜综放工作面的一个抽样统计，工作面煤的普氏系数 $f = 0.5 \sim 3.5$，厚度一般为 5.4～15m，回采率为 80%～87%，工效为 200t／工以上。

我国对综采放顶煤已经进行了大量的研究工作，综放开采作为厚煤层高效开采的方法，从采动影响规律到综放设备设计配套都有其本身不同于单一煤层开采的特点，我国科技工作者和现场工程技术人员，结合不同的煤层条件对综放工作面设备配套，放顶煤工艺，矿山压力显现，工作面瓦斯治理、防火、防尘及提高综放工作面回采率等方面做了大量工作，解决了大量技术难题，为在不同煤层条件下的综放开采健康发展做出了贡献。

体现放顶煤高产高效的核心是液压支架，随着综放单产水平的提高，我国放顶煤液压支架也在不断趋于完善，由最初的高位、中位放煤，逐渐统一到适合我国的以低位放顶煤为主的综放支架系列。在放煤工艺上采用单轮、多轮、顺序间隔等多种方式，一刀一放或两刀一放，多口放煤的方式，顶煤放出率达到了 80%～85%。

我国对放顶煤采场矿压已经进行了大量的研究工作，在放顶煤工作面顶底板运移规律研究、支架工作阻力计算、开发支护及合理回采工艺选择专家系统等方面取得了显著成绩。

3.2   峰峰集团轻型综采放顶煤的提出和主要技术条件

轻型综采放顶煤（以下简称轻放）工艺是峰峰集团科技人员与有关科研单位合作，结合生产实际研究开发的一种适合复杂地质条件下厚煤层一次采全厚的综合机械化采煤技术。是采煤工艺的改革和创新，是采煤工艺的发展和进步，是依靠科技进步的结果，是工程科技人员智慧的结晶。轻型综采放顶煤工艺的创新，为复杂地质条件下的厚煤层开采探索出了一条安全高效开采的技术途径。

3.2.1   轻型综采放顶煤技术的提出

在 20 世纪 80 年代中期至 90 年代中期的十余年中，峰峰的峰峰 2 号煤层采煤工艺一直是以倾斜分层长壁工作面，采用高档普采工艺为主。在这期间，综采在峰峰经历了艰难而漫长的发展历程，没有取得较好的技术经济效果，峰峰综采的使用几乎处于停滞状态。而当时我国其他煤炭企业煤炭开采的综采技术发展态势良好，特别是厚煤层综采放顶煤技术以产量高、效益好的优势得到各大矿业集团的欢迎，发展迅速。

为了适应改革发展的需要，不断提高峰峰采煤机械化装备水平，取得更好的技术经济效益，提高市场竞争力，1994 年集团公司领导及有关科技人员，结合峰峰矿区煤层地质构造复杂、断层多、褶曲多，工作面几何形状不规则、储量少、搬家倒面衔接频繁，矿井设计生产能力多为 30～90 万吨的中型矿井，矿压大、巷道变形严重，大型设备运输困难等实际情况，经过调研国内采用综采放顶煤矿井的经验，认真分析论证了峰峰 2 号煤层采用综采放顶煤的可行性。在选择了适宜峰峰矿井条件的轻型综采放顶煤支架架型和主要性能参数后，果断决策开发轻型综采放顶煤技术。1996 年初进行轻放采煤工艺的试验，取得成功，并在峰峰各矿快速推广。

实践证明，在峰峰 2 号煤层采用轻放工艺与高档普采分层开采相比，具有巷道生产掘进率低，材料消耗低，用人少，单产高，效率高，成本低，效益好，安全性好等优点，是一种比高档普采更科学、更先进、更合理的采煤新工艺，是具有峰峰特色的，适应于复杂地质条件下的厚煤层开采新技术。这种工艺具有支架重量轻、体积小、结构合理、支护强度高、搬运方便，能满足顶板支护要求，成套设备选配合理，操作技术容易掌握等优越性。为在复杂地质条件下的厚煤层开采和中小型矿井提高采煤机械化水平、实现高产高效矿井建设目标创造了条件。1997 年轻放采煤工艺通过河北省煤炭工业局组织的技术鉴定后，上报原煤炭部，煤炭部领导给予了高度评价，认为轻型综采放顶煤技术较好地解决了复杂地质条件下厚煤层一次整层开采和中小型矿井采煤机械化问题，轻型综采放顶煤技术是厚煤层开采的新工艺，是中小型矿井发展采煤机械化的技术途径。

3.2.2 峰峰矿区 2 号煤层放顶煤开采的主要技术条件

3.2.2.1 煤层

峰峰矿区 2 号煤层（大煤）属二叠系下统的山西组，是矿区唯一的厚煤层，厚度一般为 3.2 ~ 7m，是矿区的主采煤层，在矿区内 2 号煤层厚度变化总的规律是矿区南北两端薄，矿区中部厚，例如南部三矿、梧桐庄矿、北部万年矿大煤厚度一般在 3.2 ~ 3.8m，中部矿井通二矿、羊渠河矿、牛儿庄矿、二矿、五矿等矿井大煤厚度在 5 ~ 7m。全区层位稳定，属稳定可采煤层，因此峰峰 2 号煤层是峰峰矿区适宜采用综采放顶煤的厚煤层。

3.2.2.2 峰峰 2 号煤层的顶底板及矿压特征

峰峰矿区 2 号煤层有 0.2 ~ 0.5m 的伪顶，直接顶板多为厚度 2 ~ 4m 的砂质页岩或粉砂岩，其上为厚度 4 ~ 6m 的中粒砂岩老顶。煤层直接底板多为泥岩或砂质页岩，厚度 2 ~ 5m。根据峰峰矿区 30 余年开采的实践和对 2 号煤层采煤工作面顶（底）板移动规律及矿山压力显现的观测资料，2 号煤层顶板多属直接顶易冒落和周期来压明显的二级一类 ~ 二级二类顶板。直接顶板砂质页岩或粉砂岩，普氏系数 $f = 3 ~ 4$，呈薄层至中等厚度层状结构，层理节理发育，较破碎，失去支撑时极易冒落，在采空区呈随放随落状态。老顶中粒砂岩，为 $f = 8 ~ 10$ 的厚层状坚硬岩石，超前压力显现范围达到 25 ~ 35m，其中在超前 8 ~ 20m 是来压强度最高的峰值区，周期来压强度系数为 1.2 ~ 1.8。以上 2 号煤层顶板岩性及矿压参数，具备放顶煤开采时使顶煤产生变形、破坏、松动和放出的顶板条件。

放顶煤工作面生产的一个主要特点是支架上方存在一层厚且经过矿压破坏的、强度较低的顶煤，顶煤自身的变形、破坏、松动和放出过程是放顶煤开采工艺所特有的。顶煤的物理力学性质转化过程大致可分为五个阶段（如图 3 - 1 所示）：(1) 原始状态阶段；(2) 裂隙闭合煤体强化阶段；(3) 裂隙发育阶段；(4) 裂隙扩展和贯通阶段；(5) 散煤流动阶段。在原始状态阶段，顶煤未进入支撑压力影响区，处于原岩应力状态，其内部包含一些成煤或构造作用形成的层理等地质弱面。进入支撑压力区后、在峰值点之前，顶煤在支撑压力的作用下，内部原有部分裂隙受压闭合，随着压力的逐渐增大，顶煤得到了强化，贮存了变形能，但尚无宏观裂隙出现。在支撑压力峰值点以内，顶煤体产生破坏，开始出现应力集中现象。顶煤体内一些原有裂隙逐渐发育，同时也产生一些新的裂隙，这些裂隙部分地与原有裂隙贯通，使其变成具有新老裂隙切割的裂隙煤体。此时顶煤处于裂隙发育阶段，但由于其仍处于三向应力状态，顶煤内部宏观裂隙虽然已经形成，但宏观上并没有分离，表现出应变软化特性。随着工作面煤壁的移近，其所受的约束条件逐渐减弱，顶煤体内原有的裂隙及采动产生的各种裂隙逐渐张开，进入裂隙扩展和贯通阶段。在这一阶段，由于逐渐失去了侧向约束而产生大量的张开裂隙，这些裂隙的张开与相互贯通，将顶煤逐渐切割成碎裂块体，但由于底煤或支架的支托，顶煤碎裂块体中的大部分仍处于镶嵌状态，顶煤的运动以水平移动为主，顶煤体的整体位移量在这一阶段显著增加。随着顶煤进入支架上方或后方，顶煤块体失去了后方的约束作用，在自重作用下，沿顶煤中已形成的各种贯通裂隙面向下滑动，同时伴有块体转动，进入散煤流动阶段，直至堆积在支架尾梁上或放出。

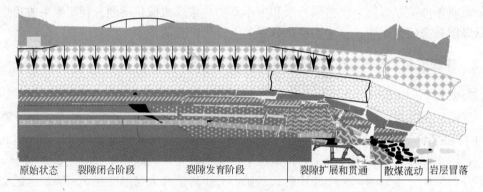

| 原始状态 | 裂隙闭合阶段 | 裂隙发育阶段 | 裂隙扩展和贯通 | 散煤流动 | 岩层冒落 |

图 3－1　综放工作面支架、顶煤及上覆岩体相互作用关系及顶煤变形破坏演化进程简图

我国放顶煤开采实践表明，随着综放工作面一次采出高度和围岩受采动影响明显加大，采空区顶板垮落高度和支撑压力峰值点的跨度也随之增大，但与单一长壁工作面相比，综放工作面的矿压显现并没有如人们预计的那样会明显增加，反而经常表现为支架载荷偏低，工作面"周期来压"不明显，或来压周期缩短，来压强度降低。这些现象与顶煤的残余强度、厚度及承压特性有关，由这些特征确定的支护空间之上的不同介质将会影响到上覆岩层的平衡结构层位及结构形式。

3.2.2.3　峰峰 2 号煤层顶煤的可放性

峰峰 2 号煤层多属软～中等硬度煤层，普氏硬度 $f=1\sim3$，煤层的层理节理发育，一般层理间距 $0.1\sim0.4m$，发育 NE 向和 NW 向两组密集节理，层理和节理相互切割，成为煤层的地质弱面，导致煤层裂隙发育、松软，工作面煤壁易片帮，在留有顶煤的工作面极易发生顶煤冒落事故。工作面采出的煤多为块度小于 50mm 的小块煤及沫煤，大于 50mm 以上块煤率一般不超过 15%，由此判断峰峰 2 号煤层采用放顶煤开采时，其顶煤的可放性好。

根据我国专家对放顶煤工作面顶煤放出规律研究的椭球体放矿理论，放出椭球体具有以下三条基本性质：

（1）位于放出椭球体表面上的颗粒同时从漏口放出；

（2）放出体在放出过程中，其表面仍保持近似椭球状，收缩椭球体之间存在过渡关系；

（3）收缩椭球体表面上的各颗粒点的高度相关系数（x/H，y/H）在移动过程中保持不变。

松动椭球体有如下性质：

（1）散体二次松散过程。一次松散是指顶煤冒落后，体积的松动、膨胀。二次松散则是冒落的顶煤和岩石部分放出后，其余部分由于重新运动和充填放出体空间，在第一次松散的基础上所发生的再一次松散。

（2）松动椭球体的形成。散体从单漏斗放出时，漏口上一部分颗粒虽不能放出，但也进入运动状态。散体产生运动的范围与形状亦近似于椭球体，称为松动椭球体。一般用二次松散系数 K_2 来表示散体的二次松动程度。

松动椭球体与放出椭球体之间的关系为：

$$Q_s = \frac{K_2}{K_2 - 1} Q_f$$

二次松散系数

$$K_2 = \frac{Q_s}{Q_s - Q_f}$$

放出漏斗是指单漏口放矿过程中由于松散矿岩任一平面不断下降和弯曲所形成的漏斗状形体。放出漏斗表示矿岩界面的移动变化过程（见图 3-2）。

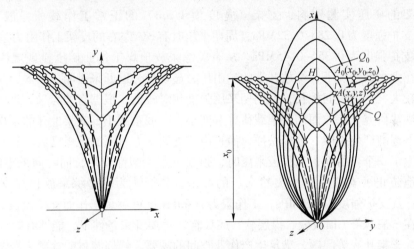

图 3-2　放煤漏斗的移动过程及放煤漏斗母线

3.2.2.4　采放比

我国放顶煤研究表明，放顶煤工作面的采放比是放顶煤工作面的一个重要的参数，对顶煤的放出率和工作面效率等有重要意义。理论研究和放顶煤实践经验一般认为采放比在 1:1~1:3 之间较为合理。峰峰 2 号煤层厚度一般为 3.2~7m。其中厚度 3.5m 以下的煤层可以采用一次采全高综采设备。厚度 3.5m 以上到 7m 的煤层采用放顶煤开采，在地质构造复杂储量较少煤层厚度 3~3.5m 工作面也可以采用轻放开采，轻放工作面平均采高 2m，采放比为 1:0.5~1:2.5，属比较理想的采放比范围。

3.3　轻型综采放顶煤技术装备

3.3.1　轻放装备的设计思路

轻型综采放顶煤技术装备的关键设备是综采液压支架，适合峰峰 2 号煤层（大煤）

复杂开采条件的轻放支架必须满足以下条件：

一是支架外形尺寸要适合在峰峰复杂条件的老矿井巷道运输。峰峰矿区地质构造复杂，多为20世纪设计的中型矿井，巷道断面偏小，因地质构造复杂，矿山压力大，巷道受压变形严重，外形尺寸过大的设备进出困难。这就要求轻型综采放顶煤设备重量要轻，外形尺寸要小，有利于提升运输、便于在工作面进出和拆卸、安装。因此首先围绕放顶煤支架的规格尺寸进行讨论研究，一般放顶煤支架宽度为1.5m，重量12～18t以上，在峰峰原有的生产矿井条件下使用困难。支架宽度尺寸过大，不利于运输安装；支架宽度尺寸过小，虽然重量轻、安装运输方便，但相对支架制造成本较高，生产过程中工序多，生产效率低，通过分析确定支架的宽度为1.25m较为合适。

二是支架工作阻力要与工作面矿压相适应，能够有效地支撑和控制顶板，保证安全生产。我国综采放顶煤技术十多年来积累了丰富的矿压技术资料，无论在理论上还是实践上，都有丰富的成功经验。在分析兄弟矿综放经验的基础上，1994年初，为了轻放支架设计的需要，从矿压实际观测和矿压理论研究开始，首先总结分析了峰峰矿区普采和高档普采工作面的矿压监测资料，结合峰峰羊渠河矿1987年在6280顶层工作面使用ZY－35B型综采支架的矿压实测资料，支架（宽度为1.5m）的正常工作载荷一般为1600～1800kN，支护强度为0.28～0.32MPa，周期来压时有3%左右的支架工作阻力达到2000～2600kN，支护强度为0.35～0.45MPa。从有关综采放顶煤工作面矿压显现规律的研究可以看出，在大多数情况下，综放开采的矿山压力显现较分层开采时明显减弱，周期来压影响的范围较大，持续时间较长，但周期来压强度相对较低。根据有关综采放顶煤工作面的矿压显现规律研究，综放面的支架载荷普遍变小，动载系数小，支架上部的顶煤在矿山压力的作用下逐渐产生裂隙、破碎松散，而且由于支架上方后部的顶煤已放空，使支架上部的顶煤产生了一个自由面，当顶板来压时，顶煤可产生塑性变形，同时向采空区方移动，从而有效地防止了支架受顶板突然来压的冲击。分析认为轻型综采放顶煤支架宽度为1.25m时，其支护强度为0.5MPa，工作阻力2000kN即可满足工作面支护顶板的要求。

三是在"三软"（顶板软、煤层软、底板软）煤层开采条件下，能够有效控制煤壁片帮、冒顶、支架扎底等问题，满足生产作业空间的需要。峰峰薛村矿等矿2号煤层属三软煤层，煤层硬度系数$f<1$，生产过程中易造成片帮、冒顶，且底板有出水现象发生，在支架设计时需要增设前梁护帮板，加大底座面积，以适应"三软"条件下的工作面。

四是有利于提高煤炭资源回收率。峰峰矿区是一个有上百年开采历史的老矿区，矿区下组煤受到奥灰水威胁不能开采，实际可采储量不多，一些老矿井资源接近枯竭。有些矿井煤层较薄，平均厚度只有3.0m，采放比仅为1:2，所以支架设计时必须充分考虑尽可能地提高煤炭回收率，减少采空区丢煤和采空区遗煤自燃发火的危险。根据国内已有的成功先例，轻放支架应采用低位放煤方式，设置可摆动尾梁并采用后插板放煤机构。

五是有利于行人安全和通风防尘，要求尽可能增大支架空间断面，便于通风和行人。支架要安装前后喷雾装置，在采煤机割煤和放煤过程中洒水喷雾降尘。

3.3.2   放顶煤液压支架的结构形式和主要技术参数

3.3.2.1   放顶煤液压支架架型

放顶煤液压支架是实现综放的关键装备，是在综采液压支架的基础上发展而来，综采支架最初的架型大体上可分为两种类型：

一是以原苏联为代表的掩护支架类型。曾经是较为成熟的架型，在一定程度上得以推广的是 OMKT 型（单铰接），以后是 OMKTM 型（四连杆），曾进口中国，该型支架支撑宽度为 1.1m，支撑力低（80t），重量轻，颇受欢迎。

二是以原产地英国为代表的支撑式支架类型。最初英国人发明的液压支架为框式，后来改为垛式（六柱或四柱）。

20 世纪 70 年代，德国人在学习匈牙利单铰接掩护支架的基础上发展了二柱式四连杆掩护支架，进一步发展了四柱（或两柱）式的四连杆支撑掩护式和二柱掩护式支架。我国生产的液压支架也主要是四柱支撑掩护式支架和二柱掩护式支架。放顶煤液压支架是在四柱支撑掩护式支架和二柱掩护式支架的基础上发展起来的。

放顶煤液压支架的放煤机构和放煤口位置有高位放顶煤、中位放顶煤、低位放顶煤三种类型。高位放顶煤支架有如平顶山矿务局一矿引进匈牙利产 VHP－730 型高位放顶煤液压支架，其优点是工作面只需要铺设一台刮板输送机，存在的主要问题：一是顶煤只能从支架顶梁上的高位放煤口放出，落到支架顶梁以下后方的顶煤无法回收，煤炭损失率较高。二是放落的顶煤经过工作面主风流落到工作面刮板机上，造成工作面煤尘很大，难以控制。中位放顶煤支架的放煤口位于支架的掩护梁上，降低了放煤口的高度，有利于提高回收率，但是由于结构强度等原因，在掩护梁上开的放煤口尺寸较小，放煤量和煤炭块度受到限制。低位放顶煤支架是在掩护梁后部设置摆动式及插板式放煤机构，其放煤口开口大，宽度与支架等宽，位置低达底板，顶煤回收率高；放出的顶煤不经过主风流区域，有利于降尘，因此效果最好，中位和低位放顶煤存在的主要问题是工作面要铺设 2 台刮板输送机，增加了设备和后部刮板机的移设工序。经过实践择优选择，我国已逐渐统一到以低位放顶煤为主的综采放顶煤支架系列。

我国常用的放顶煤支架架型有以下几种：

（1）短尾梁小插板低位放煤正四连杆放煤液压支架，如图 3－3 所示。这是我国自己研制的、当前广泛使用，取得巨大成功的一种低位放煤液压支架。

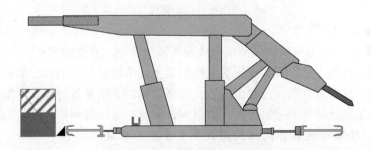

图 3－3　短尾梁小插板低位放煤正四连杆放煤液压支架

该架型具备了低位放煤支架的一切优点，并且结构合理，强度大，稳定性好，高产能力强，广泛受欢迎。缺点是较笨重、运输安装较困难，对使用条件要求较高；重量大、单架成本较高。支架端面控顶能力相对较差，不宜在软煤层及易片帮的煤层中使用。

（2）大插板、反四连杆低位放煤液压支架，如图 3－4 所示，也是我国自行研制的放顶煤液压支架，应该是比上一种架型更好的架型，但未能得到推广。

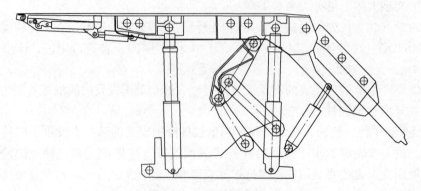

图 3 - 4 大插板、反四连杆低位放煤液压支架

其主要特点是：后部运煤通过能力大，更适宜高产。

（3）单摆杆低位轻型放顶煤液压支架，如图 3 - 5 所示，这是当前广泛使用的一种轻型放顶煤支架，也是轻放支架中比较成功的一种架型。其特点是结构比较简单、重量较轻、支架稳定性好、人行道较宽，便于行走，单架成本低，运输安装方便。不足处在于单摆杆的抗扭性能不如四连杆好。

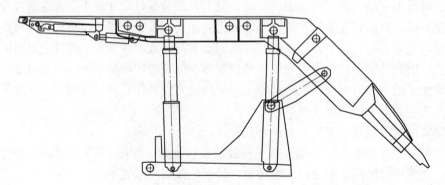

图 3 - 5 单摆杆低位轻型放顶煤液压支架

（4）图 3 - 6 所示为单铰接轻型低位放顶煤液压支架。这是中国矿业大学（北京）设计的一种架型。其特点是：将千斤顶支于掩护梁上，采用双作用油缸，能提高端面的控制能力；控制顶梁位态能力强，可减少漏顶；架型简单，支架重量较轻，单架成本低，运输安装方便。不足之处是前梁过短，人行道过宽。该支架未能得到推广。

3.3.2.2 峰峰轻放装备的结构形式及主要技术参数

在广泛调研的基础上，为慎重起见，峰峰集团又对邢台局、郑州煤机厂、北京开采所、山西等有关单位使用或设计的架型进行重点考察，并邀请局内外专家召开多次研讨会，根据峰峰矿区的矿井及煤岩特点，确定了以下结构形式及主要技术参数：

（1）为了便于井下运输和工作面安装与拆除，尽量使支架的体积小、重量轻。

（2）合理的支撑高度控制在 2.4m 左右，当条件不具备放顶煤时，可以替代单体支柱实现综合机械化采煤。

（3）支架中心距确定为 1250mm，以减小支架尺寸，同时提高支架支护强度并适合峰

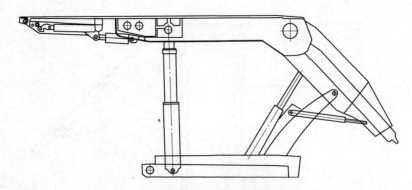

图 3 - 6 单铰接轻型低位放顶煤液压支架

峰局大部分矿井的整体运输与安装。

（4）支架的支护强度不低于 0.4MPa，对底板的最大比压不得超过 2MPa。

（5）为了减少支架的重量，保证支架的稳定性，采用单摆杆机构，增大后部刮板机的安装空间。

（6）为了保证支架的通风断面，便于人员通行和支架工的操作，确定采用四柱支撑掩护式支架。

（7）支架顶梁采用整体顶梁，装备侧护板并配备有能挑平的护帮板，以减少煤壁片帮时的空顶距。

（8）采用摆动尾梁和插板式放煤口，可通过尾梁的上下摆动，松动被放煤炭，插板式放煤口既能控制放煤量，又能对大块煤进行破碎。

（9）在支架间及放煤口处安装自动喷雾降尘装置，以实现移架及放煤时喷雾降尘。

（10）支架的推移步距不少于 600mm。

（11）为了便于职工操作支架及观察放顶煤的情况，减少维护工作量，操作阀的位置选择在两前柱之间的上部。

（12）配套的采煤机、刮板运输机、皮带机、乳化液泵站及其他设备采用峰峰目前使用较为成熟的功率较大的设备。

3.3.2.3 峰峰第一代轻型综采放顶煤技术装备

峰峰集团研制出了以 ZFQ2000/16/24 为代表的第一代单摆杆机构，小侧护板轻型综采放顶煤支架及其相应的配套设备，如图 3 - 7 所示。

（1）液压支架主要技术参数：

型　号	ZF2000/16/24
支撑高度	1600 ~ 2400mm
工作阻力	2000kN
初撑力	1540kN
支护强度	0.51MPa
支架中心距	1250mm
最低高度外形尺寸	4400mm × 1600mm × 1220mm
支架宽度	1200 ~ 1270mm
底板平均比压	1.32MPa

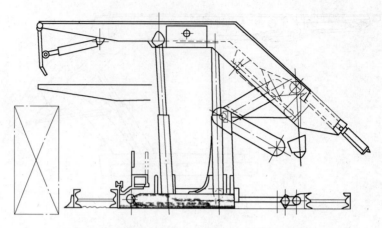

图 3 - 7　ZFQ2000/16/24 轻放支架配套断面图

侧护板形式	小侧护板
煤层倾角	≤15°
重　量	5500t

（2）采煤机主要技术参数：

型　号	FMG - 200W1
截　深	0.6m
采　高	1.4 ~ 3.0m
功　率	200kW
滚筒直径	1.4m
牵引速度	0 ~ 6.0m/min

（3）前刮板输送机主要技术参数：

型　号	SGZ - 630/220
能　力	450t/h
中部槽尺寸	1250mm × 630mm × 220mm
电机功率	2 × 110kW

（4）后刮板输送机主要技术参数：

型　号	SGZ - 630/220
能　力	450t/h
中部槽尺寸	1250mm × 630mm × 220mm
电机功率	2 × 110kW

3.3.2.4　第一代轻放装备工业性试验取得成功

A　试采工作面概况

轻型放顶煤开采工艺于 1996 年 1 月开始在峰峰羊渠河矿 6286 工作面进行工业性试验，一次试采成功。工艺试验采用的设备为峰峰集团开发的第一代轻放配套设备，支架为架宽 1.25m 的 ZFQ2000/16/24 型轻放支架，配套使用 MG200 - W 采煤机组和 SGZ630/220 刮板输送机。6286 工作面位于该矿 -110m 水平，走向长度 180m，倾斜长度 36 ~ 62m，平均 57m，倾角 8°，煤层厚度 6m，可采储量 8.9 万吨。工作面内有两条落差分别为 1.5m、1.2m 的断层。工作面顶板有 0.2 ~ 0.5m 炭质泥岩伪顶；直接顶为砂质页岩，厚 3.0 ~

5.0m；老顶为中粒砂岩，厚 11m；直接底为灰黑色砂质泥岩，厚 0.7 ~ 1.2m。

B 试采情况

羊渠河矿对轻放工作面首次开采试验高度重视，组成了试采领导小组，优选了有综采经验的技术人员和采煤队，并对参试人员进行了放顶煤工艺及新型支架的技术培训。按照轻放装备的使用要求，对采区巷道、工作面巷道、运输支架的轨道等系统进行了维修加固。工作面试采顺利，共生产 65 天，采出煤炭 7.07 万吨，工作面回收率 79.4%。

C 试采成果

验证了峰峰矿区大煤采用综采放顶煤的可行性。6286 工作面自开切眼推进 3m 时顶煤开始自行垮落，从支架尾梁放出，顶煤可放性好。自开切眼推进 6m 以后，直接顶板开始垮落，开采期间周期来压不明显，观测到的周期约在 25 ~ 35m。

验证了峰峰第一代综放配套设备的实用性。ZFQ2000/16/24 型轻放支架重量轻，外形尺寸较小，在老矿井的开拓巷道和采区上山运行顺畅。实测支架平均工作阻力为 1600kN，折算支护强度为 0.336MPa，支架工作阻力和支护强度满足支护工作面顶板的需要，支架稳定、移动顺畅。支架低位放顶煤机构设计合理，放顶煤操作简便，放煤效果好。

改变了峰峰矿区不适合使用综采的消极观念。峰峰矿区自 20 世纪 70 年代开始使用综采，到 90 年代中期，经历了曲折、漫长的历程，没有取得较好的技术经济效果。多次的挫折使一些管理人员产生了峰峰矿区地质条件复杂不适合使用综采的观念，生产一线人员对使用综采产生了畏惧心理。轻放工作面试采期间，峰峰薛村矿、牛儿庄矿、五矿等的生产矿长和采煤队长先后到试采工作面参观。轻放工作面的试采成功使各矿对使用轻放看到了综采的希望，各级领导和管理人员逐渐改变了峰峰矿区不适合使用综采的观念。自此峰峰各矿使用轻放的积极性高涨，争先使用轻放装备，并逐步发展，成功使用了不同型号的综采。轻放的试采成功，标志着峰峰综采徘徊不前的历史画上了句号。

试采也暴露了第一代轻放支架存在的问题。一是小侧护板对顶板的密闭性不好，架间漏煤较多；二是顶梁前端没有前探梁，对采煤机割煤后新暴露出的顶煤不能够及时支护，在顶煤比较破碎的地段容易发生架前顶煤漏冒；三是配套使用的 MG200 - W 采煤机满足小工作面生产需求，但在产量要求高的大工作面，功率偏小；四是轻放工作面上下端头多采用单体液压支柱配合金属铰接顶梁支护顶板，工人劳动强度大，费工费时，安全效果差。

3.3.2.5 轻放装备优化提高

A 轻放支架的优化

1997 年开始，轻型综采放顶煤工艺在峰峰局进一步扩大试用范围。2000 年全局形成了以轻型综采放顶煤工艺为主的采煤生产格局。根据第一代轻放支架使用情况和其他矿井不同工作面的使用要求，峰峰工程技术人员结合天择重型机械公司，对轻放支架在第一代架型的基础上，根据使用工作面的具体条件，优化成以较完善的 ZFQ2000/15/23 型为主要架型的轻放支架，如图 3 - 8 所示，表 3 - 1 为 ZFQ2000/15/23 型轻放支架的主要参数。还可以根据使用工作面具体条件"量体裁衣"做出具有个性化特点的优化方案。主要优化内容如下：

（1）加装了全长侧护板，便于调节支架间距和调整支架支撑角度，防止支架歪斜和倒架。

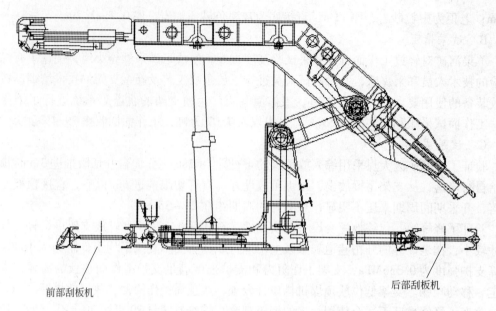

前部刮板机   后部刮板机

图 3 – 8   ZFQ2000/15/23 型轻放支架

表 3 – 1   ZFQ2000/15/23 型轻放支架主要参数表

名　称	参　数	备　注
型　号	ZF2000/15/23	
支撑高度	1500～2300mm	
支护强度	0.51MPa	
工作阻力	2000kN	
初撑力	1540kN	
支架中心距	1250mm	
支架宽度	1220～1270mm	
最低高度外形尺寸	4400mm×1500mm×1220mm	长×高×宽
底板平均比压	1.32MPa	
侧护板形式	全长侧护板	
重　量	6900kg	

（2）在顶梁前方加装了手套式外伸缩梁及能翻转 180°的护帮板，能够及时有效地支护支架前新暴露的顶煤，防止顶煤在架前冒落及煤壁片帮。

（3）在顶梁下、支架底座尾部分别增设了防倒防滑千斤顶连接装置，支架对大倾角煤层的适应性进一步增强。

（4）增大了立柱与单摆杆座之间的有效间隙，解决了支架在大倾角工作面使用时，立柱与摆杆座发生干涉致使立柱出现弯曲变形的问题。

（5）加大了供液管路直径，将原来的支架前后立柱和推拉刮板输送机千斤顶供液管路，由 ϕ10mm 改为 ϕ13mm，完成了快速移架系统的试验与应用。

（6）研制生产了用于工作面上下端头的 ZFG2600/16/24 型放顶煤过渡支架。工作面上下端头采用过渡支架支护后，不仅有利于安全生产，而且有利于提高顶煤回收率。

B 配套设备的优化创新

（1）采煤机实现了由 FMG200 – W 向 MG350 – W1 和 FMG150/375 – W 新型采煤机的更新。一是提高了采煤机电动机功率和稳定性，提高了工作面的生产能力；二是采煤机的电动机、截割部、牵引部由纵向布置变为横向布置，便于故障的排除和维修工作。

·（2）刮板输送机由单一的 SGZ630/220 型向 SGZ630/264 等多种型号发展，根据工作面需要选择配置。刮板机中部槽实现了由轧制型向铸焊结构型的过渡，提高了整体强度和耐磨强度，延长了使用寿命，减少了事故发生。

（3）工作面乳化液泵站供液系统，实现了由流量 125L/min 向 200L/min 的升级，有利于工作面设备的快速移设和生产能力的提高。

3.4 轻型综采放顶煤工艺

3.4.1 基本采煤工艺

（1）落煤方式：采用 MG200 – W 或 FMG150/375 – W 双滚筒采煤机双向割煤。

（2）装煤方式：采用采煤机螺旋滚筒装煤和前后部刮板输送机铲煤板装底煤，人工清理浮煤。

（3）运输方式：工作面前后部刮板输送机单独运煤至运输顺槽转载机，经胶带输送机运至煤仓。

（4）进刀方式：采用斜切进刀。

（5）支护方式：采用 ZFQ2000/15/23 型轻放支架支护顶板，上下端头初始采用双揿铰接顶梁单体液压支柱支护，中后期采用过渡支架支护。

（6）移架方式：采用追机作业、带压擦顶移架方式。移架步距 0.6m。

（7）推移前部刮板输送机：推移刮板输送机在移架后进行，采用自上而下或自下而上顺序，推移前部刮板输送机，推移步距 0.6m。推移刮板输送机在正常运转过程中进行，弯曲段长度不小于 12m。

（8）放顶煤：放顶煤操作采用支架尾梁摆动、插板伸缩放顶煤。根据煤厚情况确定放煤步距，一般采用 2 刀一放，根据顶煤和顶板赋存条件，分别采用单轮顺序放煤或多轮顺序放煤方式。

（9）拉后部刮板输送机：拉后部刮板输送机在放顶煤之后进行，采用自上而下或自下而上顺序拉移方式。

3.4.2 复杂条件工作面的轻放生产工艺

峰峰应用轻放工艺技术从 1996 年试用，经过推广发展，到 2003 年经历了 8 年。8 年的实践积累了较丰富的在复杂条件下的轻放工艺技术经验。对三软煤层、不规则工作面、安全有效过断层、过空洞，工作面调方向、快速安装、撤出工作面设备、工作面初采阶段的管理及工作面结束方式、提高煤炭资源回收率等方面均形成了一整套成功的技术工艺。

（1）"三软"煤层工作面轻放生产工艺。薛村矿大煤（2 号）煤层，是属于峰峰代表性的三软煤层，煤层硬度 $f = 0.5 \sim 0.8$，煤层顶、底板为粉砂岩，硬度 $f = 3 \sim 4$。因节理裂隙发育，采用综采和高档分层开采时，经常发生局部流砟、冒顶事故，严重制约了工作面生产能力的正常发挥。轻放工艺技术的应用，该矿针对"三软"煤层的特点，进行了多方面的探索与研究，采取了跟机伸出前探梁、护帮板紧贴煤壁、超前擦顶移架、加快推进速度等有效措施，取得了好效果。薛村矿轻放采煤队平均年产量在 60 万吨以上。最高年产量 100 万吨以上，创当年峰峰采煤队年产量最高水平。

（2）不规则轻放工作面延长、缩短时增减支架工艺。由于断层的切割及其他条件的限制，工作面往往呈不规则几何图形，生产过程中不可避免出现工作面延长或缩短。一般情况下，采取逐渐延长或缩短，在检修班即可完成，一次增加（减少）一个支架，延长（减少）前后刮板输送机。当工作面一次延长长度比较长时，可采取一次性对接延长。对接延长要根据现场情况作出设计，制定措施，薛村矿在 92101 轻放工作面，实施一次性对接延长 37m 仅用 24h，为工作面能力的发挥创造了条件，成为一项轻放工作面快速延长的好经验。

（3）轻放工作面无坑木撤出支架工艺。以往煤炭行业传统的方法是在综采、综放或轻放工作面回采结束之前，需用坑木支护顶板，以维护工作面拆除支架、刮板输送机等设备的运输通路和拆除支架期间的通风系统，不仅需用大量的坑木支护顶板，而且工序繁琐，工人劳动强度大。通过改进工艺采用金属双楔铰接顶梁代替坑木，金属双楔铰接顶梁可回收反复使用，不但简化了生产工艺，避免了使用坑木长短的多次替换，而且节省了大量的坑木，降低了生产成本。

（4）仰采和俯采工艺。小屯矿由于受断层地质构造的影响，工作面均为伪倾斜长壁式布置，为了减少生产过程中工作面顶底板水害的影响，采用仰斜开采，工作面仰角一般在 5° ~ 17°，局部地段达到 26°，地质构造比较复杂，而且是高沼气矿井，煤尘有爆炸危险性，煤炭有自燃发火倾向。依据仰采工作面易片帮，顶煤破碎，支架易向采空区下滑，煤炭回收率较低等问题，该矿采取煤壁锚固技术，带压擦顶移架，加大放煤步距和控制放煤速度等措施，使仰采工作面轻型支架放顶煤工艺应用获得成功，取得工作面单产达 4.7 万吨/（个·月）左右，效率达 26.5t/工的好成绩。轻放技术在俯采工作面的应用同样也取得了明显的效果。

（5）大倾角较薄厚煤层开采工艺。孙庄矿南翼大煤煤层（2 号）赋存厚度极不稳定，煤厚平均 3.5m，煤层倾角平均 30°，煤层硬度 $f = 1 ~ 1.5$。属大倾角较薄厚煤层，针对这一特点，该矿采取了支架前后安装防滑千斤顶，工作面下端头超前，工作面下三架支架连锁，以及自下而上单向推（拉）移前（后）部刮板输送机，及时调架等有效的防倒防滑措施，使轻放工艺技术在大倾角煤层同样获得好效果。黄沙矿大煤（2 号）煤层也属大倾角较薄厚煤层，轻放工艺技术的应用也收到好效果，单产、效率分别比高档工艺提高 1.0 万吨/月和 8.3t/工。

（6）轻放工作面提高煤炭回收率的措施。峰峰各矿在轻放工艺实践中总结出了一整套提高煤炭回收率的成功经验。根据各矿煤层自然条件的差异，研究、探索适合本矿的放煤工艺技术，从放煤步距、放煤形式（即单轮、多轮、顺序、隔架等方法）各有特色，均取得了好效果。为了精确工作面采出计量，工作面出煤系统安装了核子秤，同时也监控了煤炭回收率。小屯矿轻放工作面由于仰采，放煤过程中顶煤有向采空区方向移动的趋势，影响回收率的提高，为解决这一问题，该矿工程技术员研制成功了接煤器，试用后在全局推广,据统计,轻放工作面平均每月可多回收煤炭 4000t 左右。

新三矿大煤煤层由于成煤环境的不同,造成先天性煤层结构不均衡,煤质指标在不同层位差异很大,煤层顶部夹矸变厚,灰分将近 50%,采用高档工艺时煤质极差,没有销路,贮煤场爆满,积压大笔资金,损失惨重。后改为摸底留煤假顶开采,尽管煤质有所好转,但管理难度非常大,极不安全,峰峰集团严禁采用留煤假顶开采。采用轻放工艺技术一次采出全层煤厚,使煤质满足了要求,还可控制顶煤的放落量,满足用户对煤质的需求。新三矿如果用高档工艺,矿井寿命仅十年,若采用轻放工艺,可多采出煤炭 400 万吨,矿井寿命可延长 6 年,达到了资源的合理回收。

(7)煤层厚度变化大的工作面生产工艺。峰峰大煤(2 号)煤层在部分矿井厚度变化比较大,出现分岔现象(自然分层呈顶大煤、底大煤),采用综采或高档普采,在开采程序上很难掌握。采用轻放工艺工作面摸底开采较好地适应了煤层厚度变化,煤厚时可放顶煤开采,煤层变薄时可按小综采使用,非常方便快捷,即使出现断层或变薄带,只要煤层厚度在 1.6m 以上仍可使用。

(8)高瓦斯、煤层自燃发火期短矿井放顶煤开采的技术措施。为了有效控制有害气体——瓦斯对轻型综采放顶煤工作面生产的影响,在采取开采解放层、沿煤层顶板掘瓦斯抽放巷的基础上,又采取了生产过程中向采空区注盐水、注黄泥浆,工作面下端头采空区侧喷撒氯化镁溶剂等一系列技术措施,防治瓦斯和采空区自燃发火问题,较好地解决了高瓦斯、煤层自燃发火期短矿井放顶煤开采的技术难题。

3.5 提高顶煤回收率的措施

轻型综采支架放顶煤工艺,具有对地质条件适应性强、安装方便、操作简单、安全可靠、投资少、效益高等优越性,较好地解决了厚煤层分层开采和中小型矿井的采煤机械化发展问题,有利于实现矿井的高产高效和安全生产,该工艺和高档普采分层开采相比,具有万吨掘进率低、成本低、效益高等优点。

轻放工作面煤炭回收率的关键在于提高顶煤回收。峰峰各矿在工作面现场观察分析的基础上结合实验室模拟试验数据,从回采工艺入手,采用多种方式、多种途径,加强管理,提高了煤炭回收率。

对放顶煤工作面顶煤损失的分析认为,采空区煤炭损失主要由四部分构成:一是放顶煤过程中的煤与矸石的混合损失;二是工作面后部刮板输送机移设之后,放顶煤所造成的底三角煤损失;三是工作面上、下端头的顶煤损失;四是工作面初采、末采顶煤损失。

3.5.1 采取合理放煤工艺,减少放顶煤过程中的煤与矸石混合损失

在放顶煤过程中,由于顶煤和矸石在冒落下滑过程中势必造成煤与矸石的混合,当煤炭中混入的矸石超过一定量时则失去回收价值。为了减少放顶煤过程中因矸石混入所造成的煤炭损失,对放顶煤工艺进行了试验室模拟理论分析和现场观察统计分析,影响放顶煤过程中的煤与矸石混合的主要因素是放煤步距和放煤方式(顺序)。

3.5.1.1 放煤步距

放煤时,既要避免采空区后方的矸石先涌入放煤口,又要防止上部矸石先涌入放煤口。放煤步距太大(见图 3-9a),顶板方向的矸石将先于采空区后方的煤到达放煤口,

迫使放煤口关闭，增大脊背煤损；放煤步距太小（图3-9c），采空区后方的矸石先于上部顶煤到达放煤口，使部分上部顶煤被截断在采空区。合理的放煤步距应该是顶部矸石与采空区矸石同时到达放煤口（图3-9b），此时的放煤步距损失最小。

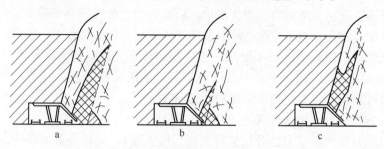

图3-9 放煤步距与煤炭损失

a—放煤步距过大；b—放煤步距合理；c—放煤步距过小

根据大淑村矿的煤层条件，按顶煤采放比1∶1.5，放煤步距0.6m，1.2m，1.8m（分别相当于"一刀一放"、"两刀一放"和"三刀一放"）的顶煤回收率进行模拟和计算。不同放煤步距的顶煤损失分布如图3-10所示，结果表明，在采放比1∶1.5情况下，采用"一刀一放"0.6m放煤步距顶煤回收率最高，分别较最低的"三刀一放"1.8m以及"二刀一放"1.2m放煤步距顶煤纯煤回收率提高24.72%和9.01%（见表3-2）。

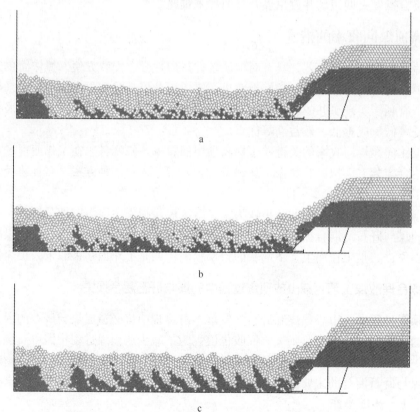

图3-10 采放比1∶1.5不同放煤步距顶煤损失状况

a—放煤步距 $L=0.6m$；b—放煤步距 $L=1.2m$；c—放煤步距 $L=1.8m$

表 3-2 采放比 1:1.5 不同放煤步距顶煤回收率的计算结果

放煤步距/m	0.6	1.2	1.8
顶煤纯煤回收率/%	83.69	75.50	58.97

3.5.1.2 放煤方式

A 目前比较典型放煤方式

对于不同赋存状况的煤层可以采取不同的放煤方式。目前比较典型的放煤方式主要有：单轮顺序放煤、多轮顺序放煤、单轮间隔放煤。此外，还有采用双口双轮等量交错放煤方式等，在一定具体条件下，也能取得较好的放煤效果。

单轮顺序放煤（图 3-11a）简便易行，单轮顺序放顶煤在顶煤较薄的情况下对回收率影响不大，但在顶煤较厚的情况下，一次下放顶煤的相对落差越大，煤炭与矸石接触的界面长，煤炭中混入矸石的量相对增加，由于上一放煤口上方即为放完煤的矸石漏斗，本架放煤时，易发生混矸；根据实测和试验室数据表明，单轮顺序放煤顶煤的回收率为 80.53%，含矸率为 9.37%。

多轮顺序放煤（图 3-11b）有利于减小对混矸层扰动的激烈程度，但这种方法需要多次重复，总放煤速度慢，且要求工人在没有监测手段的情况下，每次放出等量的顶煤，在技术上较难控制；实践表明，多轮顺序放煤是解决煤层厚度较大或易粘顶煤层顶煤回收率与含矸率问题的有效工艺措施。

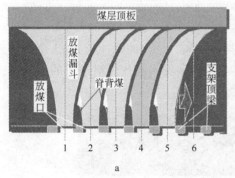 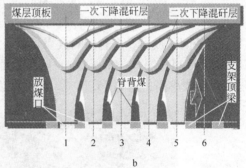

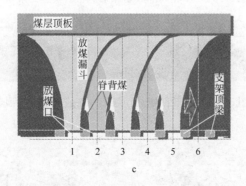

图 3-11 典型的放煤方式

a—单轮顺序；b—多轮顺序；c—单轮间隔

B　针对大淑村矿的煤层条件进行了放煤方式模拟试验

（1）间隔顺序放顶煤。间隔顺序放煤分为单轮间隔放煤和多轮间隔放煤两种。单轮间隔放煤是隔一架放一架，一次将顶煤放完，其优点是单轮间隔放煤易于掌握，放煤速度快，可实现多口放煤（如图3-12所示）。存在的问题是顶煤在下落时形成了间隔的大漏斗形状，这样使顶煤与矸石的接触面积增大，顶煤与矸石界面的接触面积越大，煤炭中混入矸石的几率就越高，且煤层越厚。所形成的漏斗越深，漏斗的边缘越陡，煤炭在下滑运动中混入矸石就越多。另外，当放煤到最后时，支架与支架之间底部容易丢脊背底煤（如图3-13所示），因此造成回收率低。

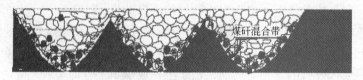

图3-12　单循环间隔放顶煤第一次放单号支架

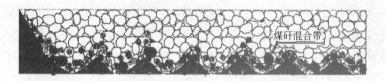

图3-13　单循环间隔放顶煤第二次放双号支架

（2）多轮间隔放煤。多轮间隔放煤是隔一架放一架，依次间隔往返2~3个循环放完顶煤（如图3-14~图3-19所示）。试验数据表明，多轮间隔放煤时顶煤的回收率比单轮间隔放煤回收率高，达到86.71%，含矸率为11.95%。

图3-14　多轮间隔放顶煤第一轮放单号支架顶煤

图3-15　多轮间隔放顶煤第一轮放双号支架顶煤

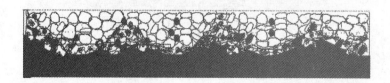

图3-16　多轮间隔放顶煤第二轮放单号支架顶煤后

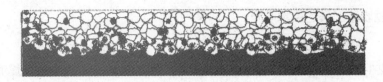

图 3 – 17　多轮间隔放顶煤第二轮放双号支架顶煤后

图 3 – 18　多轮间隔放顶煤第三轮放单号支架顶煤后

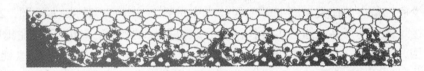

图 3 – 19　多轮间隔放顶煤第三轮放双号支架顶煤后

（3）多轮顺序放煤工艺。多轮顺序放煤是按支架的顺序依次多循环放煤，可使顶煤呈缓慢均匀下沉状态，这样，一是有利于减小煤炭与矸石界面的接触面积，从而减少煤炭与矸石的混合；二是有利于减小一次下放顶煤的落差，从而达到减少煤炭与矸石下落过程中相混合的目的（如图 3 – 20 所示）。试验数据表明，多轮顺序放煤顶煤的回收率比多轮间隔放煤高，达到 90.69%，含矸率为 8.2%。

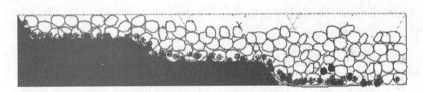

图 3 – 20　多轮顺序放顶煤

生产实践和试验室数据表明：采用多轮顺序放顶煤，比单顺序放顶煤回收率提高 10.16%，含矸率降低 1.17%；比间隔顺序放煤回收率提高 3.98%，含矸率降低 3.75%。

在总结生产实践和实验室数据分析对比的基础上，峰峰集团公司要求各矿推广多轮顺序放顶煤工艺，并要求顶煤厚度在 2.0m 以下的可采用两轮顺序放煤，煤层厚度在 2.0m 以上的放煤应采用三轮顺序放煤，第一轮粗放，第二、三轮细放，以达到提高煤炭回收率的目的。2004 年集团公司 9 个矿井的轻放工作面产量 684 万吨，煤层平均厚度 4.75m，平均放顶煤厚度 2.55m，顶煤放出量约 365 万吨，占轻放总采出量的 54%，因此，顶煤的回收率每提高 1%，集团公司可多回收煤炭 3.65 万吨。

3.5.2　提高回收率的其他技术措施

3.5.2.1　推广使用接煤器，减少煤层底板滞留三角煤的损失

在放顶煤生产过程中随着工作面的向前推进，每完成一个割煤、放顶煤循环，工作面的运输、支护设备向前移动一个循环步距，当后部刮板输送机向前移设后，其在原位置所占据的空间体积，主要靠上部冒落的顶煤来充填，当冒落的松散煤炭在底板堆积高度超过刮板输送机中部槽高度，达到 250mm 以上之后，再以安息角为 45°~70°继续向上堆积，形成一个断面下部为矩形，上部为三角形的滞留浮煤堆积体，即通常放顶煤工艺所说的底板三角煤。当底板三角煤堆积到一定高度时，继续冒落的顶煤才能进入后刮板输送机内回收出来，在放煤步距 0.5m 的情况下，底板三角煤的平均堆积厚度一般为 0.45m 左右，底板三角煤的厚度和损失量随着放煤步距的增大而增加。随着煤层厚度的增加，底三角煤损失量所占的比例相对减少，在峰峰矿区煤层厚度 4~6m 的情况下，底三角煤的损失量占 9%~6% 左右。

为减少底三角煤的损失，小屯矿工程技术人员针对底三角煤的损失问题，2002 年研制发明了接煤器专利产品，通过工业性试验后取得很好的效果，2003 年已在集团公司各矿推广应用，当年共有 24 个轻放工作面安装使用了接煤器，采煤面积达到 56.67 × $10^4 m^2$，多回收煤炭 25.5 万吨。2004 年集团公司轻放工作面全部使用了接煤器，回采面积 62.24 × $10^4 m^2$，多回收煤炭 28 万吨以上，使轻放工作面煤炭回收率提高 4%~5%。

3.5.2.2　改进端头支护形式，减少工作面上下端头的顶煤损失

工作面上下端头的支护形式，决定着端头顶煤能否安全回收。在复杂地质条件下工作面的上下端头支护，是一项较为普遍的难题。在上下端头采用单体液压支柱与金属铰接顶梁配合支护管理顶板的轻放工作面，为保证其上部顶板的稳定性，保证安全生产，工作面上下端头各 5~7m（包括上下两巷）范围采用铺顶网护顶煤措施，不回收顶煤，其顶煤损失量一般占 4%~6% 左右。

综采或综放工作面上下端头及过渡段控顶面积大，又是安全出口，在支护形式和支护质量上都要求非常严格，为了保证上下安全出口的支护质量，针对不同情况采取了不同的支护形式，并力求科学合理。

在工作面平面几何形状较规则，不延长缩短的尽可能采用过渡支架支护。为了有利于工作面的端头支护和顶煤回收，结合生产实际研制开发了工作面端头过渡支架，通过端头支架的使用加强了端头的顶板管理工作，既有利于安全生产，又可实施顶煤回收工作。端头支架先后在新三矿、黄沙矿、小屯矿等工作面使用（有的工作面只在下端头使用 2~3 架），累计走向推进长度 2600 多米，使工作面端头顶煤回收率提高 1%~2% 以上。

在平面几何形状不规则的工作面端头，采用长 π 钢梁支护。在顶板压力相对较小，顶板较完整稳定的工作面端头采用长 π 钢梁支护，这样既可保证对顶板支护的稳定性，又可进行顶煤的回收。如羊渠河矿先后在工作面长度较短的 8245、8247 轻放工作面等，端头使用长 3.2mπ 钢梁支护进行放顶煤，走向推进 980m，上下端头各放 4.0m，顶煤厚度 3.5m，顶煤回收率按 60% 计算，多回收 16464t，工作面顶煤回收率提高 2%~5%。

在工作面上下端头扩帮推进，使工作面刮板输送机尽可能向两端头延伸，缩短高档普采段支护长度，增加工作面支架支护长度，尽可能地多回收顶煤。万年矿、新三矿、九龙

矿等均在条件具备的工作面，采用上下两巷扩帮 1 ～ 2m 的措施多回收煤炭，使工作面端头顶煤回收率提高 0.5% ～ 1% 左右。

3.5.2.3 减少工作面初采期间和结束放顶前的顶煤损失

原峰峰矿务局制定的《轻型综采放顶煤管理规定》，为保证工作面初采期间和结束放顶回撤支架的安全，对工作面初采和结束前放顶煤做了严格规定："工作面初采期间即在工作面老顶来压之前不准放顶煤；工作面上网结束前 15m 不准放顶煤"。为了提高初采和结束放顶期间的煤炭回收率，我们通过矿压观测分析和生产实践的探索，在组织有关工程技术人员论证的基础上，对原规定进行了修改，根据顶板岩性、厚度以及顶煤、顶板垮落情况确定合理的放顶煤时机。

为了提高初采期间的顶煤回收率，通过分析认为多数矿井煤层直接顶随采随落，且直接顶冒落后的充填高度超过了支架的支撑高度，这样老顶初次来压不会对工作面造成冲击和安全威胁。为了使初采期间放顶煤工序的安全顺利实施，首先在生产条件较好的工作面进行初采期间的放顶煤试验，在试验的基础上逐步扩大应用范围，一般情况下，工作面推出开切眼后顶煤与直接顶能够冒落的，初采期间即可进行放顶煤。据统计，集团公司 2004 年有 24 个轻放工作面实施了初采期间放顶煤，多回收煤炭 5.3 万吨，回收率提高 0.8%。

在提高工作面结束前的顶煤回收率方面，通过生产实践，缩短了工作面结束放顶前沿走向的铺顶网长度，以前工作面上网结束至停采线 15m 停止放顶煤，现改为距停采线 7 ～ 8m 停止放顶煤开始铺顶网，这样，一是缩小了铺顶网面积，减少了顶网的使用量，降低了生产成本；二是可增加沿走向放顶煤 7 ～ 8m，使煤炭收率提高约 0.7%。

通过采取工作面初采期间放顶煤和减少工作面结束前的顶煤损失量，2004 年增加煤炭回收 9.7 万吨，使工作面回收率提高 1.5%。

3.5.3 提高回收率的管理措施

3.5.3.1 对工作面回采率的计算进行全过程监督控制

A 严格执行回采率的计算方法

规定工作面回采率计算方法，对计算公式中的每个参数都有严格的执行标准，在核定工作面动用储量中，坚持每周探一次煤，平均推进度 20m，点距 20m，对工作面煤厚进行网状控制，并采用加权平均值使得煤层厚度更加真实可靠，储量计算更加精确，每个工作面均在运输皮带上加装核子秤，统计产量准确无误，煤质部门的随机采样每班都有报表，各种改正量也相当准确，确保计算出的回采率的真实性。

B 严格进行回采管理

制订专门的回采率管理制度，煤厚数据直接决定综采队的工资单价，因而探煤厚时劳动部门、地质部门、采煤队三方相互合作，相互监督，避免了人为因素，核子秤由采煤队相互看管，对回采率的奖罚政策更为严厉，这一切都是提高回采率的管理措施。

3.5.3.2 逐步改进采煤工艺，减少工艺损失

在"综放"工作面损失率中，采煤工艺损失占有相当比重，要从设计入手，根据地质段块划分区段，尽量减少因地质单元不一样而造成的丢底煤损失，加大工作面几何尺寸，减少初末采损失，在回采中优化放煤顺序，减少落煤损失，改革端头支架，使端头也

能放煤，通过采煤工艺的优化，可以较为显著地提高回采率。

3.5.3.3　工作面回采率的计算方法及煤损分析

A　工作面回收率计算

采用准确的计量方式，在每个工作面下巷运输皮带上加装核子秤，准确计量工作面出煤量，工作面每周探煤一次，一般走向距离为 20m 左右，沿工作面第 20～30m 设一个点，探出的煤厚采用加权平均值，力争计算的准确性，煤质部门坚持每班采随机样及煤层样，依据煤质化验数据进行相应的灰分改正、准确计算回收率，其公式如下：

$$工作面回收率 = 采出量 \div 动用量 \times 100\%$$

$$采出量 = 核子秤统计产量 - 矸石改正量 - 灰分改正量$$

B　工作面损失率计算

采用大尾梁结构，工作面基本架与过渡段支架结构一样，取消端头高档段支护，解决了不规则综放面增减支架及过渡段高档支护问题，增加了放煤长度，提高了资源回收率。增加放煤长度 6m，提高煤炭回收率 2% 左右，日多回收煤炭 85.7t，提高煤炭回收率 2.4%。

3.5.4　煤炭回收率的对比分析

在采取上述综合技术措施的同时，加强了原煤生产计量管理，轻型综采支架放顶煤工作面全部采用了核子秤计量手段，每个班的生产进度效果都能随时反映出来，实行以煤量计资，与煤质联挂，相互制约，以达到进一步提高煤炭回收率的目的。

在采用轻型综采放顶煤工艺初期的 1996～1998 年，轻放工作面的煤炭回收率，一般在 75%～80%。

通过采用工作面端头过渡支架的逐步推广使用、放煤工艺的改进等技术的推广应用，工作面煤炭回收率 1999～2002 年提高到 80%～86%。

随着接煤器的推广使用，初采初放、结束放顶工序的改进，2003～2004 年轻放工作面的回收率达到 86%～91%。据统计 2004 年集团公司通过采取上述措施，与 2002 年前相比轻放工作面煤炭回收率提高 7%，多回收煤炭 46.8 万吨，不但取得巨大的经济效益，而且较好地解决了工作面采空区的煤炭自燃火问题。

3.6　轻型综采放顶煤技术的推广

轻放采煤工艺是在大型综采放顶煤工艺的基础上，研制开发出的适应于复杂地质条件下厚煤层开采的轻型综采放顶煤成套设备和采煤生产工艺，在峰峰矿区以及国内煤炭行业得到推广应用。截止到 2003 年，峰峰矿务局共有轻放支架 1776 架，可装备 16 个工作面同时生产，形成了以轻放工艺为主的生产格局。开滦、平顶山、鹤壁、邯郸、新汶、双鸭山、下花园、井陉等国有煤炭企业和河北省的观台、申家庄、河南省的济源，山西省的经坊、三荆沟、七一、雄山等一些地方煤炭企业到峰峰参观学习，并采用峰峰生产的轻放成套设备和轻放采煤工艺。实践证明轻放工艺及成套设备，具有较高的使用价值和广泛的推广应用前景。

3.6.1　推广范围

轻型综采放顶煤技术，适应于中厚煤层及厚煤层条件下的开采，特别是在地质构造较复杂的条件下，对不适合使用大型综采放顶煤设备的矿井，使用轻放设备有利于提高采煤机械化程度，有利高产高效矿井建设，提高单产和工效，降低生产成本，提高经济效益。

轻型综采放顶煤技术通过技术鉴定后，首先在集团公司内部矿井推广应用，峰峰集团公司的 9 个主要生产矿井的厚煤层开采全部采用了轻放工艺，有 13 个轻放工作面进行正常生产。轻型综采放顶煤技术，逐渐在河北开滦集团、井陉矿务局、张家口宣东煤矿、磁县申家庄矿、观台矿等 4 个国有重点煤炭企业和地方煤矿采用我公司的轻型综采放顶煤技术，占河北省地质条件适宜矿井的 70% 左右。在山西省的七一、三荆沟、雄山矿；黑龙江双鸭山矿务局、山东新汶矿务局、河南济源煤矿、陕西省澄河矿务局王村矿、山西的花宝沟等煤矿等 16 个煤炭企业推广应用。另外，河北、江苏、河南、山西、安徽等 30 多家煤炭企业，到峰峰集团公司学习轻型综采放顶煤生产工艺和现场管理经验。

3.6.2 推广方法

自轻型综采放顶煤试用成功后，应国家煤炭企业协会的邀请，峰峰集团公司多次在煤炭机械化协会组织的采煤机械化年会上，介绍使用轻型综采放顶煤技术的经验，2003 年的全国采煤机械化年会上，河南省济源矿在会上介绍了他们采用我集团公司轻型综采放顶煤技术的经验和效果，收到了协会领导和参会同志们的好评，使更多煤炭企业了解了轻型综采放顶煤技术的优越性，许多生产条件类似的煤炭企业不断来我公司参观学习，当年接待参观学习人员达 1000 多人次。峰峰集团公司的轻型综采放顶煤技术，无论在轻放工作面个数、年度轻放工艺总产量，还是在轻放成套设备制造等方面在全国均处于领先水平。

为了更好地发挥轻型综采放顶煤技术在煤炭生产中的优越性，峰峰集团在公司内部各矿广泛推广应用的同时，逐步向生产条件类似的煤炭企业推广应用。在推广轻型综采放顶煤技术上总的原则是先易后难，先集团公司内后集团公司外，先省内后省外，在公司内部推广先积极性高的，后积极性差的；首先选择在干部管理水平高，职工队伍技术素质好，井下生产环境较好的矿井推广应用，而后逐步扩大推广使用范围。轻型综采放顶煤技术推广的做法有以下几点：

（1）根据使用单位的煤田地质条件，协助其进行设备选型和设备制作。一些新的推广使用单位由于缺乏对轻型综采放顶煤技术的了解，用户提出的选型参数不当，不但易造成不必要的资金浪费，而且不利于现场使用。为了保证轻放设备的合理配套使用，我们在征求用户意见的基础上，选派精通生产技术、经验丰富的现场管理工程技术人员，了解考察用户的实际生产条件，根据实际提出设备选型配套方案和改进建议供用户参考。针对山西省部分矿井，井下生产地质条件好，矿山压力小，设计选用了 1.25m 宽的 ZFZ2000 - 15/23 型内伸缩梁支架，这种支架重量轻，操作更方便，且有利于放顶煤时的顶煤冒落。又如 2003 年针对山西雄山矿等，煤层赋存条件好，地质构造简单、矿山压力小，煤炭生产过程中出块率高的特点，设计了 ZF2600 - 16/24BA 型支架，该支架的特点：一是宽度 1.5m，比前两种型号的支架宽度增加了 0.25m，有利于减少工序提高效率；二是采用内伸缩前梁，重量轻，操作简单；三是大摆角、大尾梁有利于大块煤顺利放出，有利于提高出块率和经济效益，深受使用单位欢迎。

（2）根据推广使用单位的生产实际情况，确定合理的采煤工艺。峰峰矿区煤田地质条件非常复杂，断层、折曲、背斜、向斜等构造遍布整个煤田，给轻型综采放顶煤工艺的发展带来很多困难。采用轻型综采放顶煤技术的初期，首先是在生产条件相对较好的矿井或生产条件较好的生产地区。随着轻型综采放顶煤技术的大面积推广应用，矿井衰老、采深加大，生产地区条件越来越困难，如工作面过落差 2~7m 的断层、顶板破碎带，采取工作面超前处理、加强支护等措施。仰采（12°~25°）的工作面，应选用装有前伸缩梁和护帮板的支架，为了防止煤壁偏帮，顶煤冒落，采取及时移支架，煤壁打木锚杆或注聚氨酯等技术。在生产过程中经常遇到工作面延长或缩短等，我们经过多年的生产实践，不断探索改进生产工艺流程，针对不同的生产地质条件，集思广益，采取不同的生产工艺和特殊技术措施，通过多年的生产实践逐渐积累了较丰富的现场管理经验，不断总结推广好的经验，并及时吸取教训。

徐州煤业集团公司及山西的一些矿井，在工作面倾角 20° 左右情况下，对采用轻型综采放顶煤技术存有疑虑，通过参观我公司所采的倾角近 30° 的工作面，坚定了用好轻型综采放顶煤技术的信心。

（3）做好推广使用前的技术业务培训工作。为了使轻型综采放顶煤工艺在更多的煤炭企业推广应用，并获得成功，峰峰集团积极做好使用前的技术业务培训工作。采取首先在峰峰集团矿井现场培训，再去推广矿井现场指导的方法。凡是采用我集团公司轻型综采放顶煤成套设备的，我们都积极协助做好生产前的职工技术培训，安排到我集团公司与其生产条件相似的矿井进行现场培训，达到掌握轻放的生产工艺流程，并能独立操作的目的。培训前要签订师徒合同，其目的是做到包教包会，到期保证培训人员能够独立操作，并保证培训人员在培训期间的安全。期间先后有山东的济宁太平矿、崔庄煤矿、新汶翟镇矿，河北的井陉元北矿、张家口宣东 2 号井，山西的花宝沟矿，河南的济源矿，黑龙江双鸭山的新兴矿等，先后安排区、队管理人员，采支工、机电工 360 多人到峰峰集团的薛村、羊渠河矿、牛儿庄矿、小屯矿、新三矿、黄沙矿等进行了 1~3 个月的现场技术培训。

（4）推广现场技术指导。在推广矿井采用轻型综采放顶煤技术的初期，安排人员进行现场技术指导。我们派去的指导人员是有着多年现场经验的生产骨干，在推广现场既是指挥员，又是战斗员。自推广轻型综采放顶煤技术以来，先后安排数百人次到井陉元北矿、张家口宣东 2 号井、济宁太平矿、河南济源矿、双鸭山局新兴矿等进行现场指导，直至正常生产。

（5）撰写论文、经验材料、发表专刊或会议交流。在集团公司内部不断总结介绍轻型综采放顶煤技术的适应条件和所产生的经济效益，让更多的煤炭企业了解轻型综采放顶煤技术的先进性，应用轻型综采放顶煤技术。

（6）印制产品技术介绍手册，制作轻型综采放顶煤成套广告、加大宣传力度，推广应用峰峰集团生产制造的轻型综采放顶煤成套设备及生产工艺。逐步扩大轻型综采放顶煤技术的应用范围，使之产生更大的经济效益和社会效益。

3.6.3 推广效果

轻放技术的推广应用解决了矿井的厚煤层分层开采问题，可使 3~10m 厚的煤层一次全部采出。近两年来更多的煤炭企业，真正体会到了轻型综采放顶煤技术的优越性，特别是在一些中型矿井得到了较快地推广应用。

峰峰集团公司在 1996~1999 年推广应用轻型综采放顶煤技术的前 4 年中，轻型综采放顶煤工作面累计生产原煤 781.35 万吨，平均年产 195.33 万吨。在 2000~2003 年推广后的 4 年中，轻型综采放顶煤工作面累计生产原煤 2018.38 万吨，平均年产 504.6 万吨，是推广使用前的 2.6 倍。2003 年轻放工作面个数 10.7 个，产量达到 619.3 万吨，占集团公司原煤总产量的 56.96%，形成了以轻型综采放顶煤工艺为主的生产格局。

轻放工作面的最高年产量突破了 100 万吨，由于轻型综采放顶煤技术的推广应用，促进了峰峰集团公司原煤产量的提高。在部分矿井衰老减产的情况下，2003 年原煤产量完成 1180 万吨，创出了峰峰集团公司 50 多年来历史最好水平。

经过几年轻型综采放顶煤工艺的推广，在河北省的年产量达到 1300 多万吨，在条件适宜的厚煤层矿井中，有 70% 左右已采用了轻型综采放顶煤技术，约占全省原煤总产量的 23%，成为河北省复杂地质条件厚煤层开采主要生产工艺之一，是实现采煤机械化、高产高效的新途径。

峰峰集团公司生产的轻型综采放顶煤成套设备和工艺技术在山西、河南、山东及黑龙江、甘肃等省的 16 个煤炭企业的推广应用也取得了很好的效果。

3.7 轻放工艺的技术经济分析

3.7.1 峰峰集团轻放工艺技术效果

轻放工艺技术应用在峰峰集团从 1996 年试用、推广、全面发展到 2003 年经历了 8 年。实践证明，轻放工艺技术具有综采技术及高档普采工艺技术的优点，又克服了它们各自特有的缺点及不足，因此，在峰峰集团及类似复杂条件的中小型煤炭企业得到认可并广泛应用，收到了十分可喜的技术效果。

（1）轻放支架具有体积小、重量轻、适应峰峰矿井井型偏小、井巷断面小的特点，便于运输。峰峰矿区地质构造复杂，断层交错，工作面很难布置成大储量的正规形状，只能以断层为界限划分成不规则的几何图形，且储量偏小，回采时间短，轻放支架由于重量轻、搬家倒面方便，具有适应以上复杂条件的特点。

（2）轻放工艺技术易于掌握，适应性强。综采在峰峰的使用，经历了艰辛的历程，20 世纪 70 年代，曾在孙庄、牛儿庄、薛村等矿试用，但以失败告终。80 年代中期在羊渠河矿试用成功，之后万年、薛村、九龙等矿也使用了综采技术，但效果仍不太理想。1996 年，轻放工艺在羊渠河矿试用，一举成功，随后，五矿、牛儿庄矿、薛村矿、小屯矿、九龙矿、新三矿、孙庄矿均一次试用成功。其中薛村矿 903 采煤队创轻放工作面年产百万吨的好水平。尽管各矿情况各异，但轻放工艺技术均可适应，并取得好成绩。

（3）轻放工艺技术符合高产高效矿井建设要求。实践表明，轻放工艺技术是峰峰高产高效矿井建设的首选工艺，尽管一次投入比高档普采工艺高，但其高产出、用人少、材料消耗少，折旧、修理、电力、截齿、油脂等耗用均远远少于高档耗费，综合经济效益要大大好于高档普采工艺。作业环境得到改善，安全舒适，减轻了工人的体力劳动，这些是高档普采不可比拟的。在推广采取轻放工艺的 1996 ~ 2003 年期间，全局 10 个年产 40 万吨的采煤队中，轻放采煤占 80% 左右，为峰峰高产高效矿井建设做出了巨大贡献。

3.7.2 轻放工艺经济效益分析

3.7.2.1 产量高，经济效益好

从 1996 年初，峰峰集团在羊渠河矿 6286 工作面试用轻型综采放顶煤开采技术以来至

2003 年，轻放主要生产技术指标逐年提高。1996 年轻放工作面平均个数 0.58 个，平均月产量 2.45 万吨，年产量 17.12 万吨，占全局回采产量比重仅为 2.08%。到 2003 年轻放工作面平均个数达到 10.73 个，平均单产达 48659t/（个·月），效率达到 22.9t/工，产量达到 574.56 万吨，占全局回采产量比重达 56.99%。全年轻放工作面产量预计达 620 万吨以上。

　　1996～2003 年间，峰峰在轻放设备的购置上投入近 2 亿元，可满足 13～15 个工作面同时生产，全局九个矿井采用轻型综采放顶煤工艺技术，轻放工艺累计生产原煤 2799.73 万吨。采用轻放工艺与高档普采工艺相比，全局平均生产成本降低 11.99 元/t，累计创造经济效益 33568.6 万元，其中 2003 年轻放产量 619.3 万吨，创效 7425 万元以上，取得了重大的经济效益和社会效益。

3.7.2.2　工资费用降低

　　从采用轻放工艺的九个矿井看，吨煤工资费用与高档普采相比，薛村矿吨煤工资费用降低 8.8 元/t，牛儿庄矿降低 3.5 元/t，降低最少的孙庄矿，吨煤工资费用降低为 0.64 元/t。截至 2003 年，全局轻放工艺平均吨煤工资费用降低 4.26 元/t，仅工资一项可节约 11924.70 万元，见表 3-3。

表 3-3　轻放与高档普采工资用比较表

项　　目	1996～2003 年产量/万吨	轻放/元·t^{-1}	高档/元·t^{-1}	比较/元·t^{-1}	可节省资金/万元
小屯矿	284.33	3.94	6.81	-2.87	816.03
牛儿庄矿	332.68	6.40	9.90	-3.50	1164.38
孙庄矿	159.44	5.82	6.46	-0.64	102.04
五　矿	131.36	3.09	5.29	-2.20	288.99
九龙矿	298.76	5.54	8.59	-3.05	911.22
羊渠河矿	238.84	7.40	9.04	-1.64	391.70
薛村矿	715.17	4.25	13.05	-8.80	6293.50
新三矿	303.91	5.00	7.5	-2.5	759.78
黄沙矿	131.28	8.33	10.83	-2.50	328.20
万年矿	173.38			-4.26	738.60
大淑村矿	30.58			-4.26	130.27
合　计	2799.73			-4.26	11924.70

3.7.2.3　材料消耗降低

　　高档普采开采时，每一分层都需要维护工作面的坑木、塘材、网等，而轻放工艺一次采出全层，可节省 1/2～2/3 的材料费用。从全局轻放工作面与高档普采工作面材料费消耗统计看，薛村矿轻放比高档普采吨煤材料费降低 3.41 元/t，新三矿吨煤降低 2.48 元，牛儿庄矿、九龙矿、小屯矿、黄沙矿轻放吨煤材料消耗比高档也降低 1.0 元/t 以上。

　　轻放工艺技术开采，一次可采全层对于高档普采分层开采，采煤机、刮板输送机、带式输送机及其他辅助设备开动运行时间要大大减少、这就减少了电力消耗。从部分使用轻放开采的矿井统计看，轻放工艺技术开采比高档普采分层开采吨煤电耗可降低 1/2 左右。

轻放开采与高档普采分层开采同样开采大煤煤层（2号煤），轻放一次采全高，而高档要分2~3层开层。显然轻放开采要比高档开采耗时减少许多，由于采煤机、刮板输送机及带式输送机等机电设备运行时间减少，设备配件、油脂消耗、采煤机截齿也相应降低。综合经济效益十分显著。

3.7.2.4　生产成本降低

由于巷道掘进率的降低、材料消耗降低、用工减少、效率提高、单产提高等，通过峰峰集团的各矿统计，全局1996~2003年轻放比高档普采吨煤直接成本平均降低9.23元，可节省资金25848.39万元，见表3-4。

表3-4　轻放与高档普采吨煤直接成本比较表

项　目	产量/万吨	轻放/元·t⁻¹	高档/元·t⁻¹	比　较	可节省资金/万元
小屯矿	284.33	6.1	10.91	-4.81	1367.63
牛儿庄矿	332.68	14.01	28.36	-14.35	4473.96
孙庄矿	159.44	21.78	20.21	+1.57	-250.32
五　矿	131.36	23.67	27.5	-3.83	503.11
九龙矿	298.76	8.17	12.19	-4.02	1201.02
羊渠河矿	238.84	24.35	31.22	-6.87	1640.83
薛村矿	715.17	13.62	30.68	-17.06	12200.80
新三矿	303.91	8.54	13.47	-4.93	1498.28
黄沙矿	131.28	14.29	22.14	-7.85	1030.55
万年矿	173.38			-9.23	1600.30
大淑村矿	30.58			-9.23	282.25
合　计	2799.73			-9.23	25848.39

3.7.2.5　设备租赁、折旧、修理费用基本持平

从采用轻型综采支架放顶煤工艺的九个矿井看，轻放应用效果好的矿井，设备租赁、折旧、修理费用比高档普采费用减少许多，个别轻放效果差的矿井，这项费用反而比高档普采费用高一些。从全局轻放工作面整体讲，设备租赁、折旧、修理费用基本持平略有节余，见表3-5、表3-6。

表3-5　轻放与高档普采设备租赁、修理费用比较表

项　目	轻放/元·t⁻¹	高档普采/元·t⁻¹	比　较
小屯矿	0.73	2.83	-2.10
牛儿庄矿	7.16	10.22	-3.06
孙庄矿	8.60	5.02	+3.58
九龙矿	7.52	5.78	+1.74
羊渠河	7.04	7.41	-0.37
薛村矿	2.81	11.89	-9.08
黄沙矿	2.00	6.07	-4.07
平　均	5.12	7.03	-1.91

表 3 - 6 轻放与高档普采设备折旧费用比较表

项　目	轻放/元·t⁻¹	高档普采/元·t⁻¹	比　较
牛儿庄矿	1.83	3.51	-1.68
孙庄矿	1.05	1.83	-0.78
九龙矿	2.58	3.03	-0.45
羊渠河矿	0.74	0.74	0
薛村矿	0.76	1.20	-0.44

3.7.2.6 工作面搬家费用略有节余

轻放工艺开采 2 号煤，采一个工作面（采全层）只需衔接一次（包括工作面安装及拆除），高档普采开采 2 号煤，采一个工作面全层煤需衔接 2 ~ 3 次，根据全局统计，轻放开采搬一次家平均费用 19 万元左右，而高档普采搬一次家平均费用在 10 万元左右。这样，一个工作面采完全层的搬家费用，轻放与高档普采基本持平或略有节余，见表 3 - 7。

表 3 - 7 轻放、高档普采搬家费用比较表

项　目	轻放/元	高档普采/元	比较/元
小屯矿	171793	108659	63134
牛儿庄矿	199690	395963	-196273
九龙矿	165277	89493	75748
羊渠河矿	58074	128586	-70512
薛村矿	193362	388000	-194638
黄沙矿	98733	112150	-13417
新三矿	61150	130500	-69350
平　均	135439	193335	-57896

3.7.2.7 采煤工作面单产高、效率高、用人减少

到 2002 年，全局九个矿井采用轻型综采放顶煤工艺技术，从各矿轻放与高档普采的对比中可以看出，采用轻放开采，比高档开采工作面单产有明显提高，全局平均提高 3084t/（个·月），其中新三矿提高 30307t/（个·月），薛村矿提高 16945t/（个·月），黄沙矿提高 15065t/（个·月）。全局采煤工作面效率提高 3.09t/工，其中牛儿庄矿提高 10.71t/工，黄沙矿提高 8.34t/工，新三矿提高 8.00t/工。全局采煤队人数减少 1722 人，其中薛村矿减少 440 人，牛儿庄矿减少 380 人，其他矿也有不同程度的降低。见表 3 - 8。

表 3 - 8 轻放（2002 年）与高档普采（1996 年）工作面技术经济分析表

项　目	工作面个数/个			单产/t·（个·月）⁻¹			效率/t·工⁻¹			采煤队人数/人		
	1996 年	2002 年/轻放	比较	1996 年	2002 年	比较	1996 年	2002 年	比较	1996 年	2002 年	比较
五　矿	2.83	3.20/0.00	0.37	21091	14849	-6242	7.49	8.56	+1.07	636	428	-208
牛儿庄矿	3.00	2.00/0.96	-1.00	20357	29129	+8772	10.52	21.23	+10.71	771	381	-390
小屯矿	1.98	1.95/1.00	-0.03	23270	35305	+12035	12.44	15.74	+3.30	371	243	-128

项　目	工作面个数/个			单产/t·(个·月)⁻¹			效率/t·工⁻¹			采煤队人数/人		
	1996 年	2002 年/轻放	比较	1996 年	2002 年	比较	1996 年	2002 年	比较	1996 年	2002 年	比较
羊渠河矿	4.92, 其中轻放 0.58	3.34/0.00	-1.58	22529	28616	+6087	8.06	8.15	+0.09	1166	901	-265
薛村矿	3.00	2.59/2.11	-0.41	29883	46828	+16945	13.13	18.92	+5.79	1041	601	-440
孙庄矿	2.00	2.42/0.3	+0.42	22412	18897	-3515	10.41	7.67	-2.74	593	297	-296
九龙矿	2.85	3.27/1.0	+0.42	39934	34681	-5253	18.00	15.86	-2.14	712	749	+37
新三矿	1.48	1.29/1.29	-0.19	15073	45380	+30307	6.81	14.81	+8.00	277	242	-35
黄沙矿	0.84	1.62/0.55	+0.78	15891	30956	+15065	5.05	13.39	+8.34	294	297	+3
合　计	17.98	21.68/8.66	+3.70	25962	29046	+3084	10.96	14.05	+3.09	5861	4139	-1722

4 大尾梁支架放顶煤技术

峰峰集团有限公司煤层储存地质条件复杂，在机械化发展的道路上通过不断的研究和探索，轻型综采放顶煤工艺得到了很大的发展和应用，形成了具有峰峰特色的轻放综采成套设备和生产工艺，达到了国内轻放设备及工艺的先进水平。但仍存在着配套性能不足，生产能力偏小的问题，如：前后部刮板机头尾与过渡段轻放支架的配套问题、采煤机功率偏小及结构落后等问题，制约了工作面单产和效率的进一步提高。因此需要探寻研究一种新型轻型综放支架及其配套设备，以解决以上问题，全面提升轻放装备水平，实现高产高效新工艺。

为解决以上问题，适应矿井主采煤层高效开采的需要，峰峰集团 2004 年开始研发大尾梁轻型综采放顶煤支架。2005 年 2 月开始至 9 月，在大淑村矿 172104 工作面进行了 ZF2600/16/24 大尾梁轻型综采放顶煤工艺的工业性试验，并一次试采成功。支架为架宽 1.5m 的 ZF2600/16/24 大尾梁综采放顶煤支架，配套使用 FMG150/375 – W 采煤机和 SGZ – 630/220 铸焊结构双速启动刮板输送机。2007 年分别在九龙矿、薛村矿推广应用。

4.1 大尾梁轻型放顶煤支架设计

4.1.1 大尾梁轻放支架设计思路

国内外放顶煤工作面的过渡段支护多选择专用的过渡支架，过渡支架不能和基本支架更换位置，限制了在不规则工作面支架的增减，因此工作面设计均是倾斜长度相等的矩形，大大减小了放顶煤工艺在地质条件复杂地区的使用范围。而峰峰集团矿井地质条件复杂，工作面多布置在受到断层切割的不规则块段内，因而倾斜长度变化较大，在这种条件下，为便于工作面延长或缩短时增加或减少支架数量，轻放工作面的端头过渡段支护方式原来多采用单体液压支柱配合长钢梁或铰接顶梁支护，这种支护方式显然与综采工作面不配套，因此需要研制适合以上复杂条件的新型支架。峰峰集团研制大尾梁轻放支架的设计思路是：新型支架既是工作面基本支架，也可用做过渡支架使用，一种支架可实现从机头到机尾全工作面布置，便于在不规则工作面根据工作面的长短变化增加或撤减支架，解决不规则工作面机头和机尾过渡段的支护难题。

工作面采用较大功率的 MG – 350W 型采煤机和铸造刮板机与大尾梁支架实现三机配套，全面提高轻放配套装备水平和生产能力。

4.1.2 ZF2600 –16/24 型大尾梁放顶煤液压支架设计

4.1.2.1 设计原则

ZF2600 –16/24 型大尾梁放顶煤液压支架是在单摆杆低位轻型放顶煤液压支架的基础

上研制的，进行大尾梁放顶煤液压支架的研究和试制时，重点考虑了以下原则：

（1）支架采用四柱支撑掩护式低位放顶煤形式，中心距加大至1.5m。

（2）采用大尾梁结构，工作面基本架与过渡段支架结构相同。

（3）支护强度0.5MPa，工作阻力2600kN，对底板比压不大于1.5MPa，总重不超过9t。

（4）采高控制在1.6~2.4m。

（5）采用200L/min大流量乳化液泵快速移架系统，提高支护效率。

（6）加大推移溜的能力，采用ϕ140mm推溜千斤顶。

（7）适应煤层倾角≤30°。

4.1.2.2　主要技术参数

支架型号：ZF2600-16/24型大尾梁放顶煤液压支架

架型：四柱单摆杆放顶煤支架　　　　支架中心距：1500mm

支撑高度：1600~2400mm　　　　　　支架宽度：1400~1570mm

初撑力：1700~2087kN　　　　　　　适用倾角：0°~30°

工作阻力：2396~2706kN　　　　　　伸缩梁长度：600mm

支护强度：0.43~0.51MPa　　　　　　前溜推移行程：700mm

泵站压力：31.5MPa　　　　　　　　支架运输长度：4300mm

操作方式：本架　　　　　　　　　　支架重量：9010kg

ZF2600-16/24型大尾梁放顶煤液压支架的横断面图见图4-1。

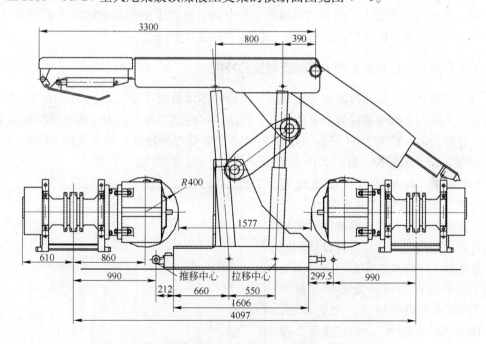

图4-1　ZF2600-16/24型大尾梁放顶煤液压支架横断面图

4.1.2.3　ZF2600-16/24型大尾梁放顶煤液压支架的特点

（1）采用大尾梁结构，工作面基本架与过渡段支架结构一样，解决了不规则综放面增减支架难题，改善了端头作业环境，保证了上下端头支护质量和安全环境。

（2）增加了工作面过渡段的放煤长度，可提高工作面资源回收率。

（3）采用大尾梁、大插板结构，减去掩护梁结构，尾梁摆动角度大，升到最高点与顶梁水平位置角度将近10°。增大了放煤口的面积，放煤效率比原有支架提高30%以上，块煤回收率高。

（4）摆杆设计在底座中部，使支架后部空间增大，有足够的通风断面和行人空间，维修后部刮板输送机极为方便。

（5）采用长顶梁结构，顶梁长度约为3300mm，比一般支架长600mm，增大了前端空间，基本架从机头布置到机尾，可以代替过渡支架，且受力状况良好，切顶力强。

（6）设计配备了大流量快速移架系统，满足快速移架的要求。

（7）使用端头过渡支架，取消了高档段，端头处理由原来的一端每班6~8人减少为2人，工人劳动强度和安全隐患大幅度降低，为多循环作业创造了良好的安全技术条件。

4.1.3　关键技术创新

（1）工作面基本架与过渡段支架结构一样，全部采用大尾梁结构。

（2）工作面支架布置从机头到机尾架型相同，解决不规则轻放面增减支架及过渡段支护和放顶煤问题，提高了回收率。

（3）进行了支架与铸造刮板运输机 MG350 - W 采煤机的三机配套研究，全面提升装备水平和生产能力。

（4）大尾梁支架加大了后部放顶煤的支架空间，改善了工作面空间的作业环境及人、机、环的关系，在不增加投入的情况下，提高了劳动效率。

4.1.4　工作面顶煤自承能力和大尾梁支架受力特征

为了实现基本支架和过渡支架架型统一，峰峰集团研制开发了 ZF2600 - 16/24 大尾梁轻放支架，适应了峰峰矿区复杂地质条件，解决了不规则工作面使用过渡支架时增减架的难题。分析大淑村矿 172104 轻放工作面大尾梁支架受力的特征，结果表明 ZF2600 - 16/24 大尾梁支架受力状况良好，切顶力强。

4.1.4.1　放顶煤工作面通过支架的作用，改善顶煤"自承能力"

放顶煤工作面顶煤运移规律、支架围岩关系，对放顶煤支架合理设计和使用有重要意义。综放工作面顶煤冒落的第一个原因是因为顶煤失去了"自承能力"，因此，研究通过支架的作用，改善顶煤"自承能力"，确定顶煤失稳的原因。

图 4 - 2 所示为通过有限元计算得出的工作面的支架 - 围岩关系应力线的关系。图 4 - 2 中的零应力线可以明确

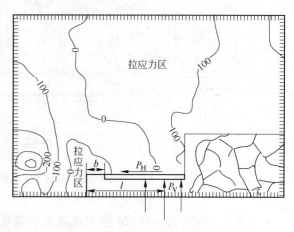

图 4 - 2　松软顶煤内 σ_3 拉应力区的分布图

地区分顶板中存在压应力区和拉应力区，压应力区的顶煤可视为稳定的区域。由于顶煤在煤壁前方已被破坏，不能承受拉应力，拉应力区顶煤则不稳定，易冒落。拉应力区分上下两个区，煤壁前方的下拉应力区对端面顶煤控制有重要影响，在煤壁前方的下拉应力区顶煤和煤壁的隔角处应力集中，这往往是端面冒顶和煤壁片帮的首发区。在支架后方的拉应力区，顶煤失去支架的支撑时因自重而产生冒落，这就是在支架后方可以进行放顶煤的机理。拉应力区越大，顶煤控制的难度越大，强度低的煤壁前方的顶煤破坏较严重，出现拉应力区就大，当上下拉应力区贯通时，工作面将引发切顶事故。

工作面前方煤体在支撑压力作用下，从峰值点开始，逐步向采空区移动，在移动过程中，产生和发育着主要方向为平行于工作面煤壁的裂隙。在邻近工作面煤壁（自由面）的区域，由于煤壁向自由面变形，顶煤下沉，出现垂直于水平方向（平行于层面）的变形，顶煤产生离层。工作空间上方，离层会急剧扩大。顶煤将被主要为两个方向的裂隙所切割，容易产生冒顶。

放顶煤液压支架的基本性能要求就是要有足够的支护强度和护顶能力，控制顶煤下沉量，既要能够控制支架前方的下拉应力区发生端面冒顶，防止上下拉应力区贯通引发工作面切顶事故，又要能够在支架后方将失去支架支撑而冒落的顶煤顺利放出。

4.1.4.2 阻止"关键石"失稳

图4-3表示顶板受平行于煤壁的裂隙和离层切割后，会出现大头向下的楔形（三角形或倒梯形）顶煤（岩）岩块A、B，这些楔形顶煤（岩）块是顶煤出现局部冒落的"关键石"，随着这些顶煤岩块的失稳冒落，与之相邻的顶煤块会向冒落空间移动，并随之继续冒落，扩大冒落空间，并继续形成更大的冒顶。"关键石"是经常存在的，特别是在顶板拉应力区的"关键石"冒落的可能性是很大的。如果"关键石"不冒落，顶板将具有自承能力，保持顶板完整和稳定。在交叉裂隙表面提供压力将遏制裂隙继续扩张的趋势和增加裂隙表面的摩擦力，并可能阻止"关键石"坠落。由于"关键石"往往存在于端面顶板，端面顶板又往往是无支柱区，是支撑薄弱区，因此必须改善支架设计，增加对端面顶板的支撑，才能保持"关键石"的稳定，并阻止"关键石"失稳后向下移动，亦可防止周边岩石连锁失稳冒落。因此，使支架封闭顶板也就是阻止"关键石"冒落的有

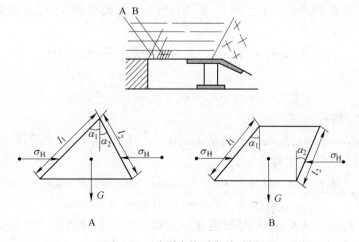

图4-3 破裂岩块平衡关系图

效措施。

由于顶板冒落存在"时间效应"，从"关键石"悬露、失稳、到往下移动（冒落）之间有一个过程，及时封闭"关键石"也是防止"关键石"完全冒落的重要措施，即要求顶板在悬露后应得到"及时支护"。增加水平力 σ_H 是维持顶板岩块不冒落，发挥岩石自承能力的关键。

4.1.4.3 大尾梁综放支架顶梁受力特性

峰峰大尾梁支架的工作原理和受力情况示意图见图 4 − 4。

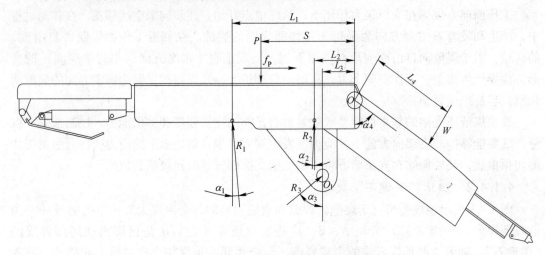

图 4 − 4   大尾梁综放支架受力示意图

R_1—前排立柱支撑力合力；α_1—R_1 力与垂直线的夹角；L_1—R_1 力在顶梁上的作用点与 O 点的水平距离；
R_2—后排立柱支撑力合力；α_2—R_2 力与垂直线的夹角；L_2—R_2 力在顶梁上的作用点与 O 点的水平距离；
R_3—单摆杆支撑力；α_3—R_3 力与垂直线的夹角；L_3—R_3 力的作用点与 O 点的水平距离；P—顶煤垂直作用于顶梁的外载荷合力；f_P—顶煤作用于顶梁的水平载荷；f—比例系数，在极限情况下，f 等于顶梁与顶煤间的滑动摩擦系数；W—作用在尾梁上的外载荷的合力；$L_4 − W$ 力对尾梁的瞬时运动中心 O_1 的力臂；α_4—尾梁与垂直线的夹角；S—P 力对 O 点的力臂

对支架的工作原理和受力示意图 4 − 4 进行分析。取尾梁和顶梁为隔离体，
由 $\sum Y = 0$，得：

$$R_1\cos\alpha_1 + R_2\cos\alpha_2 - P + R_3\cos\alpha_3 - W\sin\alpha_4 = 0 \qquad (4-1)$$

由式 4 − 1 得：

$$P = R_1\cos\alpha_1 + R_2\cos\alpha_2 + R_3\cos\alpha_3 - W\sin\alpha_4 \qquad (4-2)$$

由 $\sum M_0 = 0$，得：

$$L_1 R_1\cos\alpha_1 + L_2 R_2\cos\alpha_2 - L_3 R_3\sin\alpha_3\tan\alpha_3 - L_3 R_3\cos\alpha_3 - SP + L_4 W = 0 \qquad (4-3)$$

将式 4 − 2 代入式 4 − 3 得：

$$S = \frac{L_1 R_1\cos\alpha_1 + L_2 R_2\cos\alpha_2 - L_3 R_3\sin\alpha_3\tan\alpha_3 - L_3 R_3\cos\alpha_3 + L_4 W}{R_1\cos\alpha_1 + R_2\cos\alpha_2 + R_3\cos\alpha_3 - W\sin\alpha_4} \qquad (4-4)$$

式 4 − 2 中 $R_1\cos\alpha_1 + R_2\cos\alpha_2$ 是所有立柱支撑力的垂直分力所产生的支架承载能力，也是支架承载能力的主要组成部分。由于立柱多呈倾斜布置，而倾角（α_1，α_2）随着支

架的高度而变化，所以支架的这部分承载能力是随支架的高度而变化的。同时（α_3，α_4）可随 W 变化，有利于支架的稳定。尾梁上的外载荷 W 不再出现正四连杆低位放顶煤支架那样使得支架承载能力降低的情况。在分析综放支架受力状况和支架工作的稳定性时，最恶劣的工况往往是掩护梁上不受外载荷。由前面分析可知，即使尾梁上外载荷 W 为零（顶煤已放空而直接顶又没有及时冒落填充支架后部空间），使控顶区顶煤在采空区侧的水平约束力减至零，顶梁外载荷合力作用点随之向煤壁方向转移，单摆杆结构的存在（$R_3\cos\alpha_3$ 可以是正值，也可以是负值）将避免出现支架后排立柱处于受拉工作状态的不利局面。

单摆杆和尾梁通过自身转角的调节，即（α_3，α_4）的变化能基本实现平衡，可近似得到：

式 4-2 中
$$R_3\cos\alpha_3 - W\sin\alpha_4 \approx 0$$

式 4-4 中
$$-L_3R_3\sin\alpha_3\tan\alpha_3 - L_3R_3\cos\alpha_3 + L_4W \approx 0$$

根据以上分析，将式 4-2 简化为：

$$P = R_1\cos\alpha_1 + R_2\cos\alpha_2 \tag{4-5}$$

将式 4-4 简化为：

$$S = \frac{L_1R_1\cos\alpha_1 + L_2R_2\cos\alpha_2}{R_1\cos\alpha_1 + R_2\cos\alpha_2} \tag{4-6}$$

由式 4-5 和式 4-6 消去 R_2 后得

$$P = \frac{L_1 - L_2}{S - L_2}R_1\cos\alpha_1 \tag{4-7}$$

由式 4-5 和式 4-6 消去 R_1 后得

$$P = \frac{L_1 - L_2}{L_1 - S}R_2\cos\alpha_2 \tag{4-8}$$

前排立柱额定工作阻力的合力 $R_1 = R_{1max}$，后排立柱额定工作阻力的合力 $R_2 = R_{2max}$（如果后排立柱能够承受拉力，其额定抗拉工作阻力的合力 $R_2 = -R'_{2max}$，大尾梁综放支架通过单摆杆承受部分拉力）。

根据式 4-7 式 4-8 可以得到两排立柱分别处于额定工作阻力时的 $P_c - S$ 关系式为

$$P_c = \frac{L - L_2}{S - L_2}R_{1max}\cos\alpha_1 \tag{4-9}$$

$$P_c = \frac{L_1 - L_2}{L_1 - S}R_{2max}\cos\alpha_2 \tag{4-10}$$

$$P_c = \frac{L_1 - L_2}{S - L_1}R'_{2max}\cos\alpha_2 \tag{4-11}$$

式 4-9~式 4-11 都是双曲函数，其绘成的平衡区如图 4-5 所示。由图可以看出，当后排立柱只能受压不能受拉时，支架顶梁平衡区位于前后排立柱之间。也就是当外载荷合力作用在平衡区以外时，支架不能平衡。当后排立柱不仅能受压而且也能受拉时，则从顶梁前端到 S_{a_2} 点由式 4-11 以及从 S_{a_2} 点到 L_1 点由式 4-9 所画出的曲线构成了顶梁的另外一部分平衡区。

由式 4-9 和式 4-10 可求得 S_{a_1} 点的坐标为：

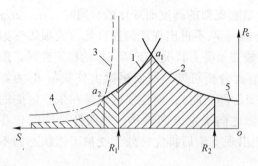

图 4 - 5　大尾梁综放支架顶梁平衡区分布形式

$1—P_c = \dfrac{L - L_2}{S - L_2} R_{1\max}\cos\alpha_1$；　$2—P_c = \dfrac{L_1 - L_2}{L_1 - S} R_{2\max}\cos\alpha_2$；

$3—P_c = \dfrac{L_1 - L_2}{S - L_1} R'_{2\max}\cos\alpha_2$；　$4—P_c = \dfrac{b_2}{b_1 + b_2} P_{cL_1}$；

$$5—P_c = \dfrac{b_2}{b_1 + b_2} P_{cL_2}$$

$$S_{a_1} = \frac{L_1 R_{1\max}\cos\alpha_1 + L_2 R_{2\max}\cos\alpha_2}{R_{1\max}\cos\alpha_1 + R_{2\max}\cos\alpha_2}$$

S_{a_1} 点支架的承载能力为：

$$P_{ca_1} = R_{1\max}\cos\alpha_1 + R_{2\max}\cos\alpha_2$$

$S = L_1$ 处支架的承载能力为：

$$P_{cL_1} = R_{1\max}\cos\alpha_1$$

$S = L_2$ 处支架的承载能力为：

$$P_{cL_2} = R_{2\max}\cos\alpha_2$$

当支架后排立柱不能承受拉力时支架顶梁平衡区宽度为 $L_1 - L_2$。

由式 4 - 9 和式 4 - 11 可求得 S_{a_2} 点的坐标为：

$$S_{a_2} = \frac{L_1 R_{1\max}\cos\alpha_1 + L_2 R'_{2\max}\cos\alpha_2}{R_{1\max}\cos\alpha_1 + R'_{2\max}\cos\alpha_2}$$

以 $S = S_{a_2}$ 代入式 4 - 11 得该点支架的承载能力为：

$$P_{ca_2} = R_{1\max}\cos\alpha_1 - R'_{2\max}\cos\alpha_2$$

在大尾梁综放支架实际工作过程中，构成支架外载荷的顶板压力却是受多种因素影响而随时变化的。当顶板的合力作用点处于支架顶梁平衡区之外，但在"短时"的失稳过程中（抬头或低头），同时大尾梁和单摆杆也具有调节作用（R_3，α_3，α_4 变化），顶煤也可能将对顶梁产生一个附加力，若形成的附加力与原来处于平衡区以外的顶板压力合成后的总合力位于平衡区内，则支架仍将处于平衡状态。

图 4 - 6 所示为顶板压力合力 P'_c 不在平衡区的三种情况。

图 4 - 6a 中顶板压力合力 P'_c 作用在平衡区之外支架顶梁的前部，与前柱窝相距 b_1，产生的附加载荷为 P_f。P'_c 与 P_f 的合成必须与 P_{cL_1} 相平衡，根据力的平衡关系得

$$P'_c + P_f = P_{cL_1}$$
$$P'_c b_1 = P_f b_2$$

由上两式整理得

$$P_{cL_1} = \left(1 + \frac{b_1}{b_2}\right) P'_c \qquad (4 - 12)$$

可见 b_1 / b_2 越大，也就是原顶板压力 P'_c 的作用点离前柱越远，而顶梁与顶煤的最后接触点离前柱越近，则保证支架平衡所允许的顶板压力越小。如 $b_1 : b_2 = 1 : 5$，则 $P_{cL_1} = 1.2 P'_c$，支架受到的外载荷要比原先的顶板压力高 20%。松软顶煤工作面不同程度上存在图 4 - 6a 中所示的情形。

图 4 - 6b 中顶板压力合力 P'_c 作用在平衡区之外顶梁的后部，其作用原理同图 4 - 6a。这种情况在综放工

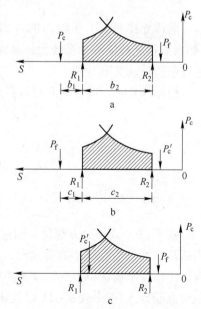

图 4 - 6　大尾梁综放支架顶板压力
超过平衡区的三种情况

作面中比较少见，一般在工作面端部有较大范围冒顶时出现。

图 4-6c 表示顶板压力 P'_c 超过支架前柱的承载能力，这时支架前柱安全阀将开启，以实现支架与顶板压力新的平衡。工作面顶板来压期间常有类似现象发生。

此时，将式 4-12 改写成

$$P'_c = \frac{b_2}{b_1 + b_2} P_{cL_1} \tag{4-13}$$

如果已知式 4-13 中 b_2 值，就可画出 $P_c - b_1$ 曲线（双曲线函数），由此可得到另外一个附加载荷平衡区，如图 3 中的点划线部分的面积。当顶板压力 P'_c 作用在附加力平衡区范围内时，在液压支架上测得的外载荷合力为 P_{cL_1}，$P_c - b_1$ 曲线对应点的 P_c 值与 P_{cL_1} 之差即为附加载荷 P_f。

所以，只要顶板压力位于附加力平衡区内，大尾梁综放支架也能稳定地工作。附加力平衡区的大小取决于顶煤的状态以及支架与顶煤间的接触状况。只有在顶板压力超出附加力平衡区范围时，支架才会失去平衡。

综上所述，大尾梁综放支架顶梁受力特性如下：

（1）在顶梁平衡区内，支架承载能力按双曲线函数变化，在两条曲线的交点 a_1 处达到最大值，a_1 点的位置取决于前柱和后柱额定工作阻力的比值。如前柱额定工作阻力大于后柱，则 a_1 点向前偏移，反之则向后偏移。

（2）在顶梁平衡区两端（若后柱不能承受拉力时，如正四连杆低位放顶煤支架），支架的承载能力相当于在该位置的一排立柱的额定工作阻力。如果两排立柱的工作阻力相等，则相当于支架额定工作阻力的 1/2。这一点在选取放顶煤液压支架参数时必须考虑，若选取不当，将导致支架利用率降低。

（3）在外载荷大小一定时，支架的承载能力随外载荷作用位置而改变，也就是说，支架的承载能力并非定值，在 a_1 点时才能获得最大的承载能力。在其他情况下支架的承载能力都要降低。

（4）大尾梁综放支架可以由单摆杆代替后排立柱承受拉力，同时可平衡尾梁承受煤矸的部分重力，实现了顶梁平衡区向前扩展，有利于增加支架的稳定性。

（5）由于支架顶梁上方顶煤"松软"的力学特性，综放支架的额定工作阻力并不能真实反映支架承载能力随外载荷合力的作用位置而变化的情况。要全面了解支架的力学特性，必须研究支架顶梁附加力平衡区。

4.1.4.4 172104 轻放工作面顶煤运移规律模拟

以大淑村矿 172104 轻放工作面的围岩条件为原型，计算机模拟选用平面应变模型，计算平面沿工作面推进方向布置，煤层呈水平状态。主要研究了放顶煤工作面的顶煤，在顶板的不同运动阶段的应力及下沉情况，反映顶煤和岩层的运动及应力分布规律。

A 应力分布规律

顶煤中支撑压力随工作面推进距离 L 的形成过程为：随着工作面的推进，采场前方支撑压力 σ_y 出现了形成、发展和稳定的动态变化过程。随着工作面自切眼推进，峰值压力逐渐增大，支撑压力的峰值距煤壁的距离和支撑压力的影响范围也在同步增加，根据现场观测以及万年矿近似条件下的实测，确定工作面推进约 80m 后，支撑压力趋于稳定，支撑压力的峰值在工作面前方 6m 左右。概括地说，采场前方移动支撑压力形成和发展与采场后方覆岩破坏的范围和运动规律密切相关，两者实质上为一因果关系（覆岩破坏和运动随时间和空间的发展变化决定了支撑压力的动态变化过程）。随工作面的推进，支撑压力逐渐形成，顶煤的压裂范围增加；同时由于顶煤逐渐接近煤壁，其应力状态也不断变化，即由三向应力状态逐渐过渡为双向或单向应力状态，随围压的减少，煤的承载能力不断降低，显然，支撑压力的增加和顶煤应力状态的不断调整，对顶煤破坏的发展是十分有利的。煤层在超前支承压力的作用下发生强度破坏，随支撑压力的增加，煤的破坏将不断发展。

当支架阻力为 0.3MPa 时，工作面前方 2m 处沿顶煤厚度 H 方向的应力 σ（水平应力和剪应力）分布情况如图 4 – 7 所示。由图 4 – 7 可知，顶煤和直接顶的水平应力增长较快，应力变化较大，在直接顶和老顶交界部位形成较为明显的凸点。剪应力在厚度方向上，自上而下逐渐增加，在顶煤与直接顶处剪应力最大。由于煤体的抗剪强度较低，因此可以认为顶煤的破坏首先发生在煤壁前方的顶部。

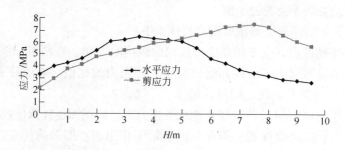

图 4 – 7　顶煤及直接顶应力的变化

一般地，直接顶的强度大于煤体，即煤体发生破坏时直接顶尚处于弹性变形阶段，这时煤体的破坏不断发展，而直接顶则出现弹性卸载，这种情况下直接顶仅仅出现损伤而未发生宏观破坏，易出现应力集中现象。由于煤、直接顶的力学性质不同，即变形具有不协调性，煤与直接顶的层面将产生滑动，由此造成煤与直接顶的离层，随工作面推进，煤与直接顶组合体受到顶板回转及支架的反复支撑作用，直接顶以下的顶煤易于破碎和垮落，这时直接顶则以悬臂梁的形式存在，悬臂梁若能及时破断冒落，并且块度适宜，则有利于减小老顶来压时的顶板下沉量和避免出现动压冲击。

当支架阻力由 0.1MPa 变化为 0.3MPa、0.5MPa 时，工作面后方 1.0m 处的沿顶煤厚度 h 方向的支撑压力 σ_y、水平应力 σ_h 及剪应力 τ 的变化情况分别见图 4 – 8a ~ c。

由图 4 – 8 可见，随支架工作阻力的增加，顶煤和直接顶的各种应力均在增加。因此，增加支架的工作阻力有利于顶煤的破碎。

轻放开采时，顶煤的破碎是在支撑压力、顶板回转和支架反复支撑的共同作用下逐渐发展的。支撑压力使顶煤产生预破坏，也是顶煤实现破碎的关键，顶板的回转可加剧顶煤的破碎，支架的反复支撑则仅仅对 2 ~ 3m 范围内的顶煤具有明显的作用。支架阻力的变化仅仅对顶煤的应力分布和变形具有明显影响，而对直接顶的应力分布和变形影响不大。

B　顶煤中位移的分布规律

模拟了超前压力趋于稳定后，工作面继续往前推进 30m 的过程中，顶煤与顶板的垂

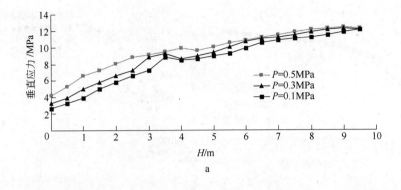

a

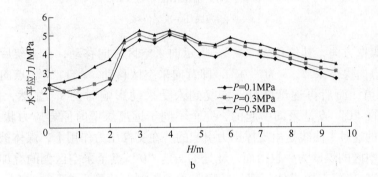

b

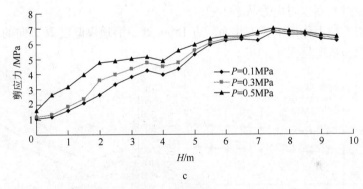

c

图 4-8　顶煤中应力场随支架阻力的变化

a—垂直应力；b—水平应力；c—剪应力

直位移 w 和水平位移 s 见图 4-9。

　　由图 4-9a 可见，对于不同层位岩层的垂直位移都自煤体深部向采空区方向逐渐增大，在工作面前方 7m 左右垂直位移开始显著增大，越靠近采空区，曲线越陡。直接顶的垂直位移增加量在工作面前方 2m 左右明显小于顶煤的位移增加量，表明此时直接顶已与顶煤开始发生离层，并且越靠近采空区这种趋势越明显。同时，由图 4-8 可知，剪应力在顶煤中最大，最易发生剪切破坏并且离层又发生在顶煤与直接顶处，因而，当顶煤一旦失去支架的支撑作用便能顺利冒落。

　　在图 4-9b 中，顶煤与直接顶的水平位移 s 的变化规律是一致的，与垂直位移 w 的分布不同，它不是单调增加的，而是在工作面前方一定距离内（4m 左右）存在 s 零位移点。

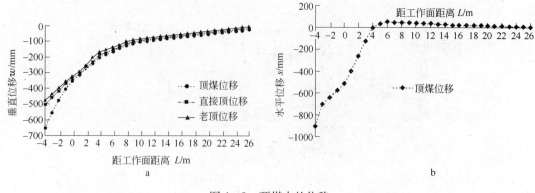

图 4 - 9　顶煤中的位移

a—垂直位移；b—水平位移

自"0"点向煤壁方向，其位移为"－"，表示向采空区方向移动，在支架后方达到最大值。自"0"点向煤体深部，s 为"＋"，即背向采空区移动。s 自"0"点向煤体深部先逐渐升高至峰值，而后再逐渐降低，恢复到未受采动影响时的 s。显然，作为"＋"、"－"分界点的"0"点是采动引起的，完全不同于远离煤壁时原岩应力状态下的"0"位移点。煤体的这种 s 曲线是由支撑压力引起的。在支撑压力作用下，煤体被压缩向两边膨胀，由于采空区的煤壁为一自由面，此处的 s 是"0"点至采空区侧的叠加，因而采空区侧 s 最大，而"0"点向煤体深部，其膨胀受到限制，达到平衡后，此时"＋"最大，然后逐渐衰减，过渡到原岩应力状态。

在不同支架支撑力作用下，工作面后方 1.0m 处，沿顶煤厚度 H 方向的顶煤的垂直位移 w 和水平位移 s 情况见图 4 - 10。

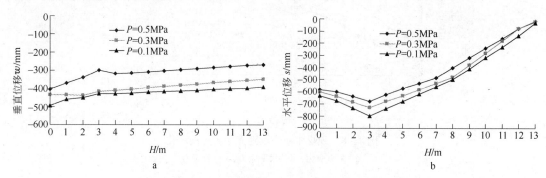

图 4 - 10　支架阻力与顶煤垂直位移关系

a—垂直位移；b—水平位移

由图 4 - 10a 可见，垂直位移表现为随 P 的增大，支架的控顶能力明显增强，顶煤、直接顶和老顶的垂直位移明显减小。支护阻力对顶煤、直接顶和老顶的影响都比较大，$P = 0.1MPa$ 时，其顶煤的垂直位移为 495mm，直接顶 430mm，而当 $P = 0.5MPa$ 时，顶煤为 405mm，直接顶为 320mm。

由图 4 - 10b 可见，水平位移表现为顶煤上部（与直接顶交界部位）的水平位移较大，这是由于支架的反复支撑作用使顶煤受到挤压作用的结果。支架的支撑力越低，其水平位移越大，但影响并不明显。当 $P = 0.5MPa$ 时，最大位移为 680mm。$P = 0.1MPa$ 时，最大位移为800mm，约增加17.6%，且主要表现在顶煤和直接顶中。

4.1.5 主要结论

（1）支撑压力的形成有一过程，在工作面推至80m左右时，趋于稳定，峰值在工作面前方6m左右，支撑压力对顶煤的移动、破碎有着十分重要的影响。

（2）顶煤的破碎是支撑压力、顶板回转和支架反复支撑共同作用的结果。以支撑压力作用最为重要；支架支撑仅对直接顶下部2~3m的顶煤有影响；直接顶的厚度及物理力学性质对顶煤的移动、破碎和放出有重要影响。

（3）顶煤的垂直位移在工作面前方6m左右增加变快，越靠近采空区变化越快，在工作面前方顶煤的上部位移大于下部，而在支架的上方，顶煤与直接顶交界处位移较大，出现离层现象，加大支架的支撑力可以限制顶煤的垂直位移，同时防止工作面前方直接顶和老顶的离层。

（4）水平位移在工作面前方4m左右有位移"0"点，自此向采空区方向，水平位移增加较快，在支架后方达到最大值，在支架前方26m左右为顶煤的原岩应力状态下的"0"位移点。

4.2 工作面回采工艺

4.2.1 大淑村矿煤层地质条件

4.2.1.1 含煤地层

井田属半隐蔽式煤田，地表大都被第四系覆盖，积岩只在北部、东部丘陵及深沟谷中零散出露。发育地层从老到新依次为奥陶系、石炭系、二叠系、三叠系、第三系、第四系。

大淑村矿含煤地层属华北型石炭二叠系含煤建造。煤系地层总厚208.4m，含可采煤层七层，由下而上依次为2、4、5、6、7、8、9号煤，煤层总厚13.71m，含煤系数6.58%。煤系地层柱状图如图4-11所示，可采煤层特征如表4-1所示。

表4-1 可采煤层特征表

煤层名称	煤层厚度/m 最薄~最厚 平均	至上煤层间距/m 最近~最远 平均	夹石层数	稳定性 可采性	煤的体积质量 /t·m⁻³	顶底板岩性	
						顶板	底板
大煤	$\dfrac{5.0 \sim 6.0}{5.5}$	$\dfrac{(下)\ 30 \sim 35}{33}$	3	II类 II类	1.35	页岩	页岩
野青煤	$\dfrac{0.9 \sim 1.6}{1.2}$	$\dfrac{(上)\ 37 \sim 44}{30}$	0	II类 II类	1.32	灰岩	细粒砂岩
山青煤	$\dfrac{1.2 \sim 1.7}{1.3}$	$\dfrac{(上)\ 28 \sim 32}{30}$	1	II类 II类	1.37	灰岩或页岩	页岩

4.2.1.2 地质构造

井田位于鼓山复背斜的东翼，地层走向总趋势由偏北转向以北系为主，倾向东至北

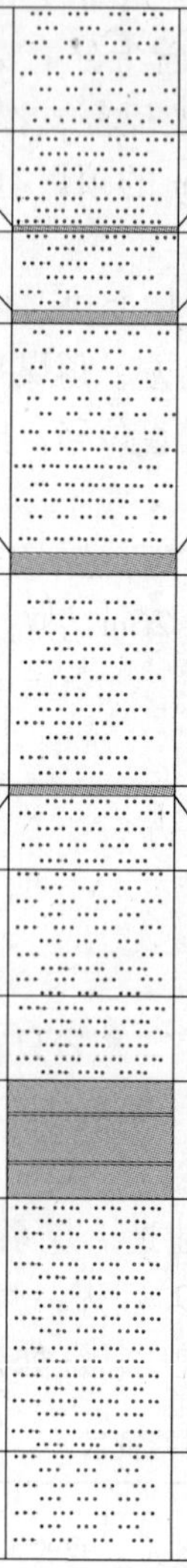

地层单位			地层厚度 /m			岩石柱状 (1:200)	岩 性 描 述
界	系	组	间层距	累计	分层		
古	二 迭 系	山 西 组					**Px** 细——粗粒砂岩 浅灰色小型斜层理和水平纹状层理发育，层面含较多的炭屑。上部多钙质细粒硬砂岩，下部多粗粒硬砂质岩石英砂岩，并见石英细砾岩，本层厚度、岩性均有较大变化
				4.50	4.50		深灰色粉砂岩与细砂岩，局部为泥岩有植物化石
					0~0.25		煤——极不稳定
				8.50	4.00		深灰色粉砂岩与砂质泥岩夹有细砂岩
					0~0.55		煤——极不稳定
				20.0	11.50		灰色厚层状中细粒石英砂岩，具小型斜层理及水平层理，夹有含炭粉砂条带。局部变为粉砂岩，并交极不稳定的煤线，含植物化石
					0~1.00		煤——不稳定、层位、厚度与上下岩层关系均变化较大，局部为炭质泥岩
				31.0	11.0		深灰色粉砂岩，含泥质较高，局部变为泥岩和细砂岩，含植物化石
					0~0.45		煤——不稳定，不可采，与2号煤间距变化较大
				35.0	4.00		粉砂岩，深灰色，含泥质较高，局部为细砂岩
				41.0	0~20.0 / 6.0		细砂岩 浅灰——深灰色，水平层理为主，成分主要为石英，也有少量云母和暗色矿物，据镜下定名为凝灰质砂岩，局部变为砂质胶结的中粒砂岩夹粉砂岩薄层
				45.0	4.00		深灰色粉砂岩，含丰富的科达木化石为特征
			50.6	50.6	3.42~6.88 / 5.60		2号煤，为本区含煤地层中厚度变化较大，含硫分最低，最稳定的可采煤层。夹石2~3层，厚度0.05~0.2m，本区东部的局部地带见有火成岩侵入煤层和底板中
				62.6	12.0		深灰色粉砂岩，具水平和断续水平层理，夹浅灰色细砂岩条带和透镜体。层面上有较多的炭屑和炭化植物化石碎片，局部含泥质较高，2号煤下5m与11m处各有一层似层状菱铁矿质结核，有方解石脉
	P₁	P₁S	17.0	67.6	5.00		细砂岩，灰色，具断续状水平层理。夹粉砂岩条带，可见植物化石碎片。镜下鉴定含石英50%~70%、岩屑34%~20%、长石11%~7%，钙与炭胶结，为长石硬砂岩

图 4-11　大淑村矿煤系地层柱状图

东，形成以南北较短、东西较长的向东倾伏的平缓背斜。地层倾角一般为10°~20°，局部变大。

井田内构造形式以断层和次级褶曲为主。断裂以北东东向张扭性正断层最为发育，其中落差大于100m的有9条，落差为30~100m的有8条，落差小于30m的有8条。断层的破坏使地层形成一系列近东西向的地垒、地堑、阶梯式台阶，主干断层F9、F14把井田分割为三大块段，构成自然采区边界。

4.2.1.3　矿井水文地质条件

按含水性及其对开采的影响，井田主要含水层分为3组：（1）石盒子沙岩含水层组，它位于煤系地层的上部，底部含水层在采动影响下可直接充入矿坑，是目前矿井充水的主要来源；（2）煤系地层薄层灰岩含水层组，是各煤层的直接顶板，在采动中需逐步疏干，目前因揭露面积小、揭露层数少、富水性弱，是矿井充水的次要来源；（3）煤系地层基底奥陶系巨厚石灰岩含水层组，它是区域性含水层组，是影响峰峰煤层开采的最主要含水层，具有富水性强、水利连通性好、分均质各向异性、随埋藏深度增加富水性而减弱等显著特点，是矿井防治水工作的重点防范对象，通常采取以防为主的措施。目前无奥灰水直接充入矿井。

据《大淑村矿专题水文地质报告》，在开采 2 号、4 号煤期间，预计矿井正常涌水量 $6.6m^3/min$，最大涌水量 $13.6m^3/min$。目前矿井实际最大涌水量 $1.8m^3/min$，正常涌水量 $1.4m^3/min$，主要水源为井筒淋水、2 号煤老空水、4 号煤顶板石灰岩疏干水。

4.2.1.4 矿井瓦斯

《矿井地质报告》提供矿井瓦斯相对涌出量为 $30.14m^3/t$，2002 年 12 月抚顺煤科院鉴定结果为 $24.11m^3/t$。矿井绝对瓦斯涌出量为 $16.81m^3/min$，该矿井为高瓦斯矿井。

4.2.1.5 煤尘爆炸性

根据煤炭科学研究总院抚顺分院完成的煤尘爆炸性取样实验分析，化验分析报告结论为：煤尘无爆炸性。

4.2.1.6 煤层自燃发火性

根据煤炭科学研究总院抚顺分院完成的煤炭自燃倾向性取样实验分析，化验分析报告结论为：自燃倾向等级为三类不易自燃。

4.2.2 工作面条件

172104 工作面位于东一采区上山东北侧，四周大煤均未开采，其正下方为 174104 野青保护层工作面采空区和局部未采段。工作面地表为大淑村矿工业广场东侧的农田，平均埋深 622m。

工作面地质构造比较简单，工作面横跨在工业广场东侧，一条向北倾伏的背斜上，背斜轴向 NE10°，煤层倾角 8°~15°。煤层直接顶为 6.28m 厚的粉砂岩，老顶为 10m 厚的细砂岩，直接底为 10m 厚的粉砂岩，老底为 5m 厚的细砂岩。

工作面煤层赋存比较稳定，煤层厚度 4.9~6.3m，一般为 5.5m，煤层倾角平均为 8°，煤层硬度 $f = 1.5$，煤层属三类不易自燃发火煤层，煤尘无爆炸性。工作面走向长度 880m，倾斜长度 135m，可采储量 105 万吨。172104 工作面参数如下：

工作面走向长度	880m
工作面倾斜长度	135m
煤层厚度	4.9~6.3m
采放比	1:1.45~1:2.15
煤层倾角	8°
老顶	细砂岩，厚 10m
直接顶	粉砂岩，厚 6.28m
直接底	粉砂岩，厚 10m
地质储量	105 万吨

4.2.3 主要配套设备

4.2.3.1 ZF2600 – 16/24 型大尾梁综放支架

架型：四柱单摆杆放顶煤支架　　　　支架中心距：1500mm
支撑高度：1400 ~ 1600mm　　　　　支架宽度：1400 ~ 1570mm
初撑力：1700 ~ 2087kN　　　　　　适用倾角：0 ~ 25°
工作阻力：2396 ~ 2706kN　　　　　伸缩梁长度：600mm
支护强度：0.43 ~ 0.51MPa　　　　　前溜推移行程：700mm
泵站压力：31.5MPa　　　　　　　　支架运输长度：4300mm
操作方式：本架　　　　　　　　　　支架重量：9010kg

4.2.3.2 FMG150/355 – W 型液压无链牵引采煤机

适用高度：1.5 ~ 2.95m　　　　　　整机功率：150kW × 2 + 55kW = 355kW
煤层倾角：≤30°　　　　　　　　　牵引方式：齿轮 – 销排，无级调速
煤层硬度：硬或中硬　　　　　　　　牵引速度：0 ~ 6m/min
滚筒直径：φ1400mm　　　　　　　牵引力：350kN
滚筒类型：强力滚筒　　　　　　　　机面高度：1234mm
机体重量：26t

4.2.3.3 前部、后部输送机：SGZ – 630/220 型刮板输送机

电机功率：110kW × 2　　　　　　　电机型号：YBKYSS – 55/110
电压：660/1140V　　　　　　　　　减速机型号：M3RH70EA
启动器：QJZ – 200/1140/660　　　　传动比：1 : 31.047
刮板链形式：中双链　　　　　　　　电机转速：1480r/min
刮板链速：双速 1.03/0.52m/s　　　　紧链装置：闸盘紧链
出厂长度：150m　　　　　　　　　输送能力：450t/h

4.2.3.4 工作面设备配套

表 4 – 2 所示为工作面设备配套表。

表 4 – 2　工作面设备配套表

设 备 名 称	型　号	数 量	功率/kW	备　注
液压支架	ZF2600 – 16/24	90		
采煤机	FMG150/355 – W	1	355	
刮板输送机（前）	SGZ – 630/220	1	2 × 110	
刮板输送机（后）	SGZ – 630/220	1	2 × 110	
转载机	SGB – 630/150	1	150	
皮带机	DSS1000/2 × 75	1	75 × 2	
乳化泵站	MRB – 200/31.5	1（套）		
移动变电站	KBSGZY – R – 630/6	2		

4.2.4 工作面生产能力

采煤机截深 0.6m，采高 2.3m，放煤高度 3.2m，一采一放，采煤机往返一次进两刀

为一个循环,每刀进度 0.6m,循环进度 1.2m。采用三八制作业,两采一准,采煤班每班完成 1 个循环,日循环数为 2 个。

工作面每循环产量为:

$$Q = 2 \times (工作面煤壁长 \times 机采采高 \times 循环进度 \times 体积质量 \times 割煤回采率) +$$
$$2 \times (放顶煤长度 \times 放顶煤高度 \times 放煤步距 \times 体积质量 \times 放顶煤回采率)$$
$$= 2 \times (135 \times 2.3 \times 0.6 \times 1.55 \times 98\%) + 2 \times [(140 - 8) \times 3.2 \times 0.6 \times 1.55 \times 80\%]$$
$$= 1195t$$

$$工作面日产量 = 1195 \times 2 = 2390t$$

4.2.5 采煤工艺

具体如下:

(1) 割煤。采用端头斜切进刀方式,双向割煤,采煤机往返一次进两刀,循环进度 1.2m。

(2) 移架。采用本架操作追机移架,及时支护,要求采煤机割煤后及时伸出护帮板护顶帮,移架滞后采煤机 3 架,追机作业,当顶板破碎时停机移架及时护顶,煤壁片帮处要及时超前支护,移架操作顺序为:清理活煤→降柱→移架→升架→伸出护帮板。

(3) 移前溜。滞后采煤机后滚筒 6~10m 推移。

(4) 放顶煤。根据采放比和工作面走向倾角,确定为"一采一放",即机组割一刀煤后放一次顶煤,放顶煤步距 0.6m。

采用多轮顺序放煤,利用收插板,摆尾梁放煤。第一、第二轮放煤为粗放,第三、第四轮为细放,两个端头的 2~3 架要反复多次放煤,放净顶煤。

(5) 拉后溜。放顶煤单向顺序拉后溜。

(6) 工艺流程(一个循环)。下行割煤→移架→推前溜子→放煤→拉后溜子→上行割煤→移架推前溜子→放煤→拉后溜子。

4.2.6 劳动组织与生产效率

4.2.6.1 劳动组织

工作面作业形式为两采一准,即中、夜班出煤、放顶,早班检修,人员安排如表 4 - 3 所示。循环方式采用正规循环作业,每个循环包括割煤 2 刀,移架 2 次,推移前溜 2 次,放顶煤 2 次,拉后溜 2 次,循环进度 1.2m。

表 4 - 3 工作面劳动组织表

序 号	工 种	早 班	中 班	夜 班	合 计
1	班 长	1	1	1	3
2	支架工	2	4	4	10
3	机组司机	2	3	3	8
4	放煤工		4	4	8
5	输送机司机	2	2	2	6
6	机电维修工	3	3	3	9

序　号	工　种	早　班	中　班	夜　班	合　计
7	浮煤清理工	2	2	2	6
8	泵站司机	1	1	1	3
9	两巷维护工	6			6
10	验收员	1	1	1	3
11	区管人员	2	2	2	6
12	其他人员	8	4	4	10
合　计		30	27	27	78

4.2.6.2　生产效率

在工作面生产过程中，与现有轻放设备相比，机电事故明显减少，生产效率提高20%，主要表现在以下几点：

（1）在现有管理条件和职工素质条件下，使用1.25m宽支架需108架，使用1.5m宽支架需90架，减少18架，减少了操作人员，减少了17%支架检修量和检修成本，同时提高了工作效率。

（2）将基本支架经过简单改造用做端头过渡支架，降低了技术操作难度，改善了端头作业环境，保证了上下端头支护质量和安全环境，有较强的现实意义。

（3）使用端头支架，取消了高档段，由原来的一端每班6~8人减少为2人，生产效率提高20%，工人劳动强度和安全隐患大幅度降低，为多循环作业创造了良好的安全技术条件。

（4）使用端头支架，工作面放顶煤长度增加了6m，提高了煤炭回收率。

（5）支架初撑力和工作阻力，分别达到1700kN和2396kN，保证了顶板支护强度和稳定性，周期来压显现不明显，改善了工作面的安全状况。

（6）支架采用大尾梁高摆角设计，后溜位置空间高度可保证1.3~1.6m，增大了后溜及支架检修和处理事故空间，并且加大了放煤口断面，有利于放净顶煤，提高回收率。

（7）采煤机各部件采用独立动力源电机，减少关联事故发生，检修处理操作简便。

（8）采用150kW大功率截割电机和强力滚筒，增强煤壁切割强度，一定程度上简化了复杂煤层和局部构造段的生产技术管理。

（9）输送机槽为整体铸造结构，强度高，事故少，减速机稳定可靠，性能优越。

（10）输送机电机采用高低双速启动，性能可靠，简化操作，便于控制煤量，大大减少了工作面和转载机的压溜事故和烧电机事故，为持续、稳定、均衡生产创造良好设备技术条件。

（11）支架采用中间片阀集中控制操作阀组，简化了供液方法，减少了操作阀组的故障和维修。

（12）供液管路由 $\phi13$mm 变为 $\phi16$mm，供液流量大，增强了支护强度，提高了移架速度。

4.3 172104 放顶煤工作面矿压观测

4.3.1 支架工作阻力观测

4.3.1.1 观测方法

172104 综放面每隔五个支架安装一台数显式综采测压表，分别安装在支架前后柱下腔管路上，以显示支架的工作阻力。数显综采测压表分别安装在 3 号、8 号、43 号、58 号、78 号、83 号支架上。

4.3.1.2 观测内容

每组测站观测前、后柱工作阻力最大值、平均值。为了便于统计，有针对性地选择 3 号、8 号、58 号、83 号支架矿压数据进行分析。

4.3.1.3 观测结果

安装数显综采测压表的 3 号、8 号、58 号、83 号支架阻力曲线图分别如图 4 - 12 ~ 图 4 - 15 所示。

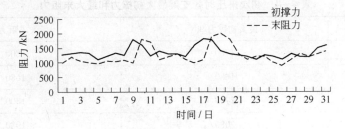

图 4 - 12 3 号架阻力曲线

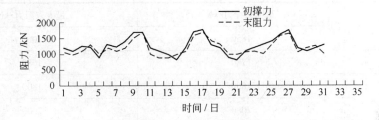

图 4 - 13 8 号架阻力曲线

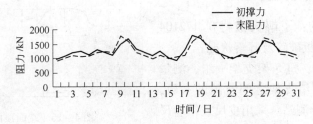

图 4 - 14 58 号架阻力曲线

本工作面自 2005 年 3 月 1 日开采，2005 年 3 月 10 日初采结束。工作面初次来压不明显，实际工作面初次垮落是：工作面除上下两端 20m 外，中部推进 9m 全部垮落，推进

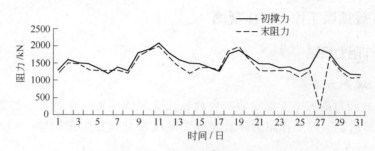

图4-15 83号架阻力曲线

13m后，工作面上下两端也全部垮落。原因是工作面推进5.5m后，对采空区顶板实施了退锚技术，起到了很好的效果。

通过分析，初次来压时各支架最大初撑力和最大末阻力如表4-4所示。周期来压时各支架最大初撑力和最大末阻力如表4-5所示。

表4-4 初次来压时各支架最大初撑力和最大末阻力

支 架 号	最大初撑力/kN	最大末阻力/kN
3	1780	1800
8	1680	1680
58	1700	1800
83	2080	1980

表4-5 周期来压时各支架最大初撑力和最大末阻力

支 架 号	最大初撑力/kN	最大末阻力/kN
3	1850	2000
8	1780	1680
58	1800	1800
83	2080	2000

4.3.2 工作面端面顶板稳定性观测

（1）观测目的：了解大淑村矿172104工作面端面区域顶板破碎及冒落状况。

（2）观测方法：每5架支架一组，测量每组第5架与下一组支架之间空隙的参数，沿工作面布置25个测站。采用皮尺或钢卷尺目测读取测量值（见图4-16）。

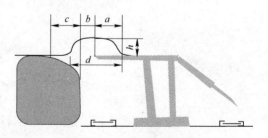

图4-16 端面顶板破碎度

（3）顶板破碎度是一个工作面顶板管理的综合评价指标。顶板破碎度测量内容为：每五架测定一个剖面，分组取平均值，绘出回归曲线，计算折合到端面距为1m时的顶板破碎度 η，当 $\eta<10\%$ 时，可以认为顶板控制效果好。

$$\eta\% = d/(a+b+c)\%$$

式中　η——顶板破碎度;

　　　a——顶煤第一接触顶点与梁端的距离;

　　　b——支架端面距;

　　　c——片帮深度;

　　　d——顶板冒落宽度。

$$S = a + b + c$$

图 4 – 16 中 h 为冒落高度（冒高小于 100mm 不计）。

4.3.3　上覆岩层移动观测

为了解上位岩体由于煤炭采出后岩体损伤和破坏的结果,掌握整个采动岩体的活动规律,在轨道巷向工作面方向打深基孔（见图 4 – 17）。

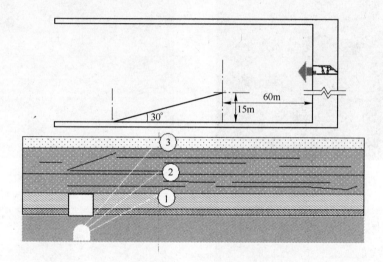

图 4 – 17　深基点观测图

测站布置参数如下（见表 4 – 6）:

α—与巷道轴向夹角;β—与水平方向的夹角（仰角）;L—钻孔长度。

为了测试深基孔的位移,需在每个深基孔下设置基准点。

表 4 – 6　深基孔参数表（回风巷道）

参　数	①号钻孔 （与煤层底板垂高 5.5m）	②号钻孔 （与煤层底板垂高 10m）	③号钻孔 （与煤层底板垂高 15m）
α	30°	30°	30°
β	12°	20°	29°
L	30.7m	31.9m	34m

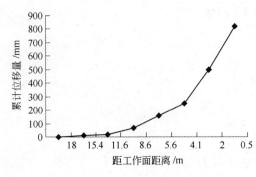

图 4 – 18   顶煤位移曲线

图 4 – 18 为顶煤位移曲线，在工作面前方 15.4 ~ 18m 处，顶煤开始向采空区方向有微量的位移产生，当工作面推到 4.1m 时，顶煤位移显著增加，达到 60mm/m，当工作面推进到距离测点 0.5m 时，位移增量达 162mm/m，此时顶煤已开始碎裂成散体。

图 4 – 19 所示为距工作面不同距离时，对顶煤裂隙的观测结果。

通过分析矿压数据及现场情况得出：工作面周期来压步距最大 15m，最小 8m，一般为 9 ~ 12m。通过综合分析得出支架的综合支护效果，如表 4 – 7 所示。

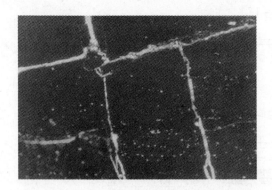

距工作面 100m

距工作面 60m

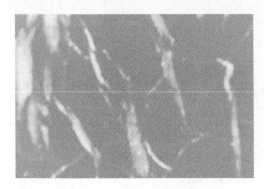

距工作面 30m

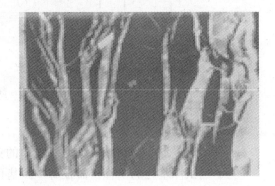

距工作面 20m

图 4 – 19   距工作面不同距离顶煤裂隙的观测结果

表 4 – 7   支架综合支护效果

项　目		单　位	最大值	最小值	平均值
顶　板	压　力	MPa	0.384		0.08
初次来压	支护强度	MPa	0.254		0.098
	步　距	m	10	9	9.5

项　目		单　位	最大值	最小值	平均值
周期来压	支护强度	MPa	0.384		0.08
	步距	m	15	8.0	11.5
顶板初次垮落	支护强度	MPa	0.254		0.098
	步距	m	12.5	9	10.75

总之，本支架在生产过程中，实测各项技术指标均符合支架本身技术参数，能够满足生产的需要。

4.4 大尾梁综采技术经济分析

4.4.1 试验成果

172104 工作面，于 2005 年 2 月开始生产至 9 月，平均月产 90450 万吨，最高月产 105000 万吨，平均回采工效 48.3t/工。逐月生产情况汇总表见表 4 - 8。

表 4 - 8　172104 工作面逐月生产情况汇总表

时　间	当月产量/t	最高月产/t	当月效率/t·工⁻¹	最高效率/t·工⁻¹	月推进度/m	备　注
2005 年 2 月						试生产
2005 年 3 月	103000		56.875		85	
2005 年 4 月	101000		55.770		81	
2005 年 5 月	105000	105000	57.979	57.979	84	
2005 年 6 月	95026		32.147		76	
2005 年 7 月	79283		52.091		65	
2005 年 8 月	74865		50.043		60	
2005 年 9 月	74976		44.260		60	

实践表明，配套设备选择合理，充分显示了综放设备在提高资源回收率、降低劳动强度等方面的优越性，实现了安全生产和高产高效。

采用大尾梁结构，工作面基本架与过渡段支架结构一样，取消端头高档段支护，解决了不规则综放面增减支架及过渡段高档支护的问题，改善了工作面端头工作安全环境，增加了工作面放煤长度，提高了资源回收率。

实现了工作面上下端头采煤机自开缺口的工艺，减少了端头辅助作业时间，增大了放煤口的宽度，提高了放煤效率。

4.4.2 经济效益

综合经济效益 2230.3 万元/年，其中：

（1）煤炭回收率提高 5% 左右，年创效益 2178 万元；

（2）工作面全部使用综放支架，节省用工 21 工/天，年节省用工工资 37.8 万元。

（3）降低成本，年创效益 14.5 万元。

4.4.3　社会效益

（1）煤炭回收率提高，意味着煤炭资源有效利用率提高，对国家建设有重大意义。

（2）增强了端头支护强度和稳定性，减少了劳动作业中的不安全因素，为职工创造了良好的工作环境。

4.4.4　结论

该套设备整体配套合理，技术先进，从开采工艺上首次解决了峰峰轻放工作面上下端头过渡段支护难题，实现了基本架和过渡架的同一架型，提高了煤炭资源回收率、采煤工作面的单产和效率，是符合峰峰矿区煤层条件的技术装备，是实现轻放升级换代的方向。

5   薄煤层综采自动化技术

随着我国煤炭开采业的不断发展，中厚煤层所占的比例在逐年减少，地质条件复杂的薄煤层、极薄煤层开采渐渐成为各大煤炭集团的主攻方向之一。据资料显示，我国煤炭资源的薄煤层储量约占20%，特别是峰峰矿区老矿井，煤炭资源的60%~70%为薄煤层。因此，薄煤层开采是影响煤炭工业全局和资源国策的大问题。20世纪80~90年代，峰峰集团生产矿井薄煤层主要采用高档普采生产。峰峰矿区还有极薄煤层储量在5000万吨以上，由于没有适合的机械化采煤设备长期处于呆滞状态。

近几年采煤机械化装备以及新技术、新工艺有了长足发展，开采极薄煤层已成为可能。结合峰峰矿区极薄煤层的赋存特点，峰峰集团与有关单位共同研制与峰峰地质条件相适应的薄煤层综采自动化配套设备，实现了薄煤层和极薄煤开采综合机械化的新突破，对提高资源利用率和高瓦斯矿井加快解放层开采速度，提高薄煤层工作面单产和效率，减轻工人劳动强度，做到薄厚煤层合理配采，实现安全生产有重要意义。

5.1   我国薄煤层和极薄煤层开采技术现状

5.1.1   概况

煤炭是我国国民经济和社会发展的基础，一直以来其在我国一次能源生产和消费结构中始终占据70%左右。由此可见，在未来相当长的一个时期内，煤炭仍将是我国的主要能源之一。

根据煤层厚度划分，厚度0.8~1.3m属于薄煤层，厚度低于0.8m属于极薄煤层。我国煤炭赋存多样化，部分省区薄煤层储量见表5-1，其中薄与极薄煤层的可采储量约为60多亿吨，约占全国煤炭总储量的20%，而产量只占总产量的10.4%，远远低于储量所占的比例，并且产量的比重还有进一步下降的趋势，薄煤层的开采问题越来越突出，已是无法回避的现实。

表5-1   我国部分省区薄煤层储量统计表

地　　区	河北	山西	内蒙古	辽宁	吉林	黑龙江	徐州	山东	大屯	湖南	贵州	安徽	河南	四川
薄煤层储量/亿吨	3.27	13.8	1.97	1.98	0.65	0.441	1.78	5.54	1.15	0.41	4.64	1.21	5.24	14.8
薄煤层所占比重/%	16.8	17.6	15.1	12.9	18.3	1.35	34	43.9	31.6	28.9	37.2	72	12.3	51.8

近些年来厚及中厚煤层高产高效开采技术的发展有了较大提高，而薄煤层开采因设备不配套，开采技术水平相对较低。随着厚及中厚煤层资源的减少和一些矿井开采顺序的发展，我国将逐步加大薄煤层的开采。

薄煤层属难采煤层，由于受到工作面条件复杂、空间狭小、地质条件变化大等因素的限制，从整体水平上远远落后于中厚及厚煤层开采水平。

我国薄煤层的开采经历了几个发展阶段，20 世纪 50 年代薄煤层开采主要使用炮采工艺；60 年代开始使用深截煤机掏槽，爆破落煤；70 年代薄煤层采煤机组开始得到发展，分别研制出不同类型的刨煤机，包括钢丝绳牵引刨煤机、全液压驱动刨煤机和刮斗刨煤机等。

在机采工作面中采煤机是所有配套设备中的关键设备，要使薄煤层工作面技术经济指标接近或达到中厚煤层工作面的水平，就要在采煤机上下大功夫。80 年代以前，薄煤层采煤机可选机型少，可靠性差，功率低，单产低，使我国薄煤层产量逐年减少，弃采严重，资源浪费大。1984 年研制成功 BM - 100 型薄煤层滚筒采煤机曾经在峰峰使用过，因功率小没有得到推广。从 80 年代开始，薄煤层采煤机从无到有得到稳定发展，随着薄煤层采煤机的推广应用，适用工作范围扩大，也暴露了许多缺陷和不足，限制了使用效果。近年来，根据薄煤层开采的需要，新一代大功率薄煤层采煤机已广泛应用。90 年代，天府矿务局和徐州矿务局，分别从俄罗斯和乌克兰引进了螺旋钻采煤机，2003 年新汶矿业集团也引进了三钻头的螺旋钻采煤机，用于薄与极薄煤层的开采，使一些用传统采煤工艺不能开采的薄煤层、极薄煤层得到有效开采利用。

我国薄煤层现在采用的主要机械化开采方法有三种，即电牵引采煤机综采、刨煤机开采及螺旋钻采煤机开采。

5.1.2 刨煤机开采

刨煤机是集采煤和运输于一体的开采装备，从技术角度看，它是最适合于薄煤层的采运装备，其开采技术不仅可用于普采，而且可用于综采。现代刨煤机集合了机械、液压、电子、网络控制等多学科专业领域的科技成果，技术含量高，但研制难度很大，我国在刨煤机产品开发和制造方面虽然取得了某些研究成果，但总体进步缓慢，与国际先进水平相比差距很大。目前，自动化刨煤机组是国外厂商的一统天下，国产刨煤机总体技术仅相当于国外 20 世纪 80 年代的水平，图 5 - 1 所示为刨煤机工作面设备布置图。

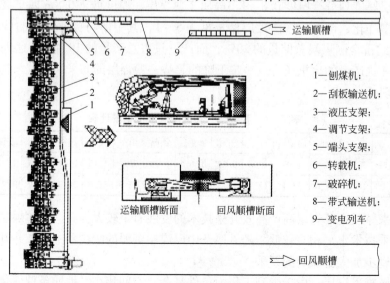

图 5 - 1 刨煤机工作面设备布置图

刨煤机开采的特点如下:

(1) 适应采高更低。刨煤机的截割部件——刨头位于输送机溜槽的煤壁侧,其刨头高度即开采厚度,刨头可以设计得很低,可以预计,采用刨煤机开采低于800mm煤层是有可能的。

刨煤机的结构类型决定采高范围,滑行刨煤机结构稳定,牵引功率大,但滑架高度较高,可满足中厚煤层下限和薄煤层上限的开采要求;拖钩刨煤机在采空侧牵引,煤壁侧装载高度与溜槽高度相同,与滑行刨煤机相比刨头可设计得更低,很适于极薄煤层的开采。

(2) 易于实现开采自动化。刨头运行中具有固定的采高和稳固的导向,可以实现刨煤机工作面采煤→运输→推溜→支护→拉架操作的自动化循环作业,从技术角度分析,刨煤机是适宜于极薄煤层开采的设备之一。

刨煤机在生产过程中存在的主要问题有:机头机尾体积大,重量大,端头支护困难,巷道变形严重,造成机头机尾易被压死;顶板状况不好时,支护工序繁杂,作业人员劳动强度大,影响生产效率;机头机尾处装煤效果差,需人工清理,由于刨头在采面高速往返,人员在此作业易发生安全事故,同时也是造成机头机尾推移困难的原因之一。

全自动刨煤机技术在国内尚不成熟,进口设备价格昂贵,性价比差。刨煤机和普通液压支架配套使用,虽不能实现全自动,但可实现快速移架、移溜,减少工序占用时间,充分发挥刨煤机多循环生产的优势,其投入相对于引进全自动刨煤机,经济性较好。

刨煤机开采技术的适用条件为:应用刨煤机应慎重考虑地质条件,对于顶板破碎、两巷压力大的工作面,因其支护工艺复杂、端头维护困难,无法发挥刨煤机多循环生产的优势,则不宜上刨煤机;如果采煤工作面有较大的断层和褶曲构造则会使刨头上下运行严重受阻;因刨头刨煤时紧触顶板刨煤,对煤炭粘顶牢固的煤层也不宜使用刨煤机。

5.1.3 螺旋钻采煤机开采

螺旋钻(图 5-2)采煤是利用螺旋钻杆钻入煤层采煤,并通过钻杆将采落的煤运出,钻具部分可安装 1 个、2 个或 3 个钻头,可以根据煤层的厚度选用不同直径的钻头。在钻机推进过程中,通过通风和喷水系统将风和水随钻杆注入钻孔内,使孔内的瓦斯浓度和粉尘量达到标准。

螺旋钻采煤机的螺旋钻具按煤层厚度采用不同直径(< 625mm,<725mm 或 <825mm)的钻头。

螺旋钻机开采有如下优点:实现了回采工艺的单一化,螺旋钻采煤机无人工作面开采极大地改善了工人的劳动条件和劳动环境,工人无需进入工作面,而是在巷道中操纵机械,劳

图 5-2 螺旋钻采煤机
1—螺旋转杆;2—中间通风管;3—轴承座;
4—钻头;5—变速器;6—控制箱

动强度小,劳动生产率高,经济效益好。钻采孔内不进入工作人员,实现了无人工作面采煤,杜绝了占煤矿事故达 40% 的顶板事故,提高了矿井安全生产程度。

螺旋钻机存在的主要问题是:装卸钻杆速度慢,产量低,回收率低,巷道工程量大。钻头的过煤岩能力需要提高以更好地解决夹矸煤层的开采问题。

5.1.4 滚筒采煤机

滚筒采煤机对地质构造适应性强，是当前地质条件复杂薄煤层的首选采煤机，近年来我国滚筒式采煤机及其采煤技术得到了很大的发展。

5.1.4.1 薄煤层滚筒采煤机的基本要求和类型

薄煤层工作面采高低，要求采煤机机身矮，且要有足够的功率，通常功率不应低于100~200kW、机身尽可能短，以适应煤层的起伏变化、要有足够的过煤和过机空间高度、尽可能实现工作面不用人工开切口进刀，有较强破岩过地质构造能力、结构简单、可靠，便于维护和安装。根据这些要求，薄煤层采煤机分为骑输送机式和爬底板式两类。骑输送机式采煤机由输送机机槽支撑和导向，只能用于开采厚度大于0.8~0.9m的煤层。爬底板式采煤机机身位于滚筒开出的机道内，机面高度低，当采高相同时，与骑输送机式相比，过煤空间高，电机功率可以增大，具有较大生产能力，并且工作面过风断面大，工作安全，可用于开采0.6~0.8m的煤层。

5.1.4.2 薄煤层滚筒采煤机的发展现状

现状如下：

（1）1K103型电牵引采煤机。1985年我国引进前苏联1K103型电磁调速外牵引采煤机10台，后由辽源煤矿机械厂仿制2台，在徐州、开滦、鸡西、双鸭山、七台河等矿务局使用，成套设备试验未获预期效果。

（2）MG344-PWD型电牵引采煤机。MG344-PWD型采煤机是原煤炭工业部重点科研项目，由煤炭科学研究总院上海分院和大同矿务局共同承担。该机借鉴EDW300-LN机型，总体布置采用爬底板方式，交流变频调速（非机载），这是我国的第一种交流变频电牵引采煤机。1991~1994年在大同矿务局共采5个工作面，平均日产量1090t，最高日产量2400t。

（3）MG200/450系列电牵引采煤机。该机型是原煤炭工业部重点科研项目，由煤炭科学研究总院上海分院和大同矿务局共同承担，该机采用截割电机布置在摇臂煤壁侧的总体结构。1997~2004年在大同矿务局共采13个工作面，累计产量5.3Mt。2003年生产298天，平均日产量3410t，最高日产量6766t，开机率达89.8%。

（4）MG250/550系列电牵引采煤机。采用了截割电机布置在摇臂煤壁侧的总体结构，因不适应易垮落顶煤及伪顶，后改为双截割电机布置在摇臂采空侧的总体结构，550系列采高下限1.5m，不属于极薄煤层采煤机，但是它对450系列的发展有一定的启迪作用。

（5）MGN132/316型电牵引采煤机。该机在现有的国产极薄煤层采煤机中，机身长度最短，结构最紧凑，由4条扁拉杆将3段机身连成一体。其中采煤机电磁调速技术是原国家经贸委立项的科研项目，由河北金牛能源股份有限公司和中煤装备集团公司承担，2003年金牛公司四象限运行电磁调速技术通过鉴定，现已用于倾角达50°的工作面。在采高1.39m的工作面最高日产达4395t，平均日产1334t。西安煤机厂、鸡西煤机厂等单位有同类产品。

（6）MG132/320型电牵引采煤机。该机型采用中压机载开关磁阻电机调速，2003年、2004年先后由鸡西煤机厂、无锡煤机厂研发。

国产薄煤层电牵引采煤机，主要技术参数见表5-2。大部分采煤机实际使用的滚筒直径比表 5-2 中最小直径大 1 挡，大部分工作面的平均采高为 1.3m。

表 5-2 薄煤层滚筒采煤机主要技术参数

型 号	截高范围/m	煤层倾角/(°)	机面高度/mm	过煤高度/mm	滚筒直径/mm	摇臂长度/mm	截割功率/kW	牵引功率/kW	装机功率/kW	牵引力/kN	牵引速度/m·min⁻¹	重量/t
MG344FWD	1.0~1.7	≤15	656/721	340	1.0~1.4	1061~1200	300	2×22	344	440	0~6	19
MG200/450	1.1~1.8	≤15	862	319	1.1~1.4	1640	200	2×25	450	440	0~6	21
MG200/456	1.1~1.8	≤55	853	310	1.1~1.4	1932	200	2×25	455.5	440	0~6	22
MG132/316	1.1~1.9	≤30	853	336	1.1~1.15	1277	132	2×22	313.5	350	0~6	17
MG132/315	1.0~1.7	≤35	830	275	0.95~1.1	1652	132	2×22	313.5	280	0~6.2	15.6
MG2×65/312	1.1~2.3	≤25	856			1805	130	2×22	311.5	312	0~6/12	16
MG132/320	1.2~2.8	≤25	969		1.25~1.6	1700	132	2×22	315.5	312	0~7.3	21
MG132/320	1.1~1.7	≤25	850		1.0~1.25	1725	132	2×22	319	360	0~7.5	18

5.1.4.3 薄煤层电牵引采煤机技术发展趋势

（1）降低采高下限。采高下限≥1m 的薄煤层电牵引采煤机发展较快，继续采用传统的内牵引；采高下限≤1.0m 的薄煤层电牵引采煤机发展相对较少，因此需要进一步降低采高下限，以适应极薄煤层的开采条件，这是薄煤层采煤机重要的研发方向。

（2）加大功率和功率密度。截割电机的功率和功率密度是极薄煤层采煤机的技术瓶颈，截割功率/装机总功率：344 型为 300/344kW，国内最大的 450 系列为 200/456kW。

（3）提高薄煤层采煤机的牵引速度，以便提高薄煤层工作面的生产能力。

（4）研发开采大倾角极薄煤层的采煤机。采用机载中压能量回馈型四象限运行方式，实现分段遥控，以避免司机在工作面爬上爬下，降低司机的劳动强度。

（5）提高设备成套性。薄煤层及极薄煤层采煤机、输送机、支架应增强配套性。如降低输送机中部槽高度和机头机尾高度，使采煤机机身顶面和支架顶梁底面平行，改进液压支架人行道以便于通行等，都应有整体的考虑。

（6）提高自动化程度。利用煤岩识别技术，自动调整截割高度；利用交流变频电牵引技术，自动调整牵引速度；利用红外技术和电液阀技术，引导液压支架和工作面输送机自动推移；顺槽集中控制站与采煤机、液压支架、输送机、顺槽设备以及地面调度室的双向远程通讯；顺槽集中控制站、地面调度室对采煤机等工作面设备的远程集中控制。

（7）提高薄煤层采煤机的装煤效率。薄煤层工作面高度低，采煤机摇臂下的过煤高度低，影响装煤效率，因此需要设法提高装煤效率。

5.2 峰峰矿区薄煤层和极薄煤层基本情况

5.2.1 煤层赋存情况

5.2.1.1 煤层赋存情况

峰峰矿区赋存的上组煤层中仅有大煤（2 号）煤厚为厚煤层，其他煤层均为薄煤层和极薄煤层。其中野青（4 号）煤厚 0.23~1.30m，平均煤厚 1.0m，为薄煤层，煤层顶板为石灰岩，厚度 0.6～3.5m，底板多为砂岩。山青（6 号）煤厚 0.59～1.4m，平均煤厚 1.1m，为薄～中厚煤层，顶板为薄层石灰岩，局部相变为砂岩或砂质泥岩，底板为泥岩或砂质泥岩。

峰峰矿区有 2 层极薄煤层：2 上煤俗称小煤，煤厚 0～0.96m，平均煤厚 0.6m，为极薄煤层；3 号煤俗称一座煤，煤厚 0～0.96m，平均煤厚 0.61m，为极薄煤层。

峰峰矿区下组煤有小青、大青、下架均为薄～中厚煤层，目前深部山青煤和小青、大青、下架为受奥灰水水害威胁煤层，不能正常开采，其储量列为暂不能利用的远景储量。

5.2.1.2　资源储量

目前峰峰集团薄煤层储量 7588 万吨，实际可采储量 3245 万吨，另有极薄煤层储量约 5000 万吨，为表外（呆滞）储量。

5.2.2　薄煤层综采可行性分析

野青煤层和山青煤层是峰峰集团矿井的主要配采煤层，长期以来峰峰集团薄煤开采主要是采用高档普采或炮采，该工艺不但技术落后、工人劳动强度大、顶板管理难度大、安全性差、生产成本高，且生产能力较低，所用设备功率小，结构强度也不过关，事故率较高。特别是在遇到断层时开采设备损坏严重，不能适应生产日益发展的需要。研发实用的薄煤层综采自动化装备是提高薄煤层生产能力，改善工作面安全生产条件的有效途径。

峰峰集团开发应用综采装备开采极薄煤层的主要目的有两个：一是增加稀缺煤种资源量，提高煤炭储量利用率，延长矿井的服务年限；二是高瓦斯矿井开采薄煤层可以作为主采煤层大煤的保护层。在此根据相关规范，对极薄煤层综采的可行性进行分析。

（1）黄沙矿 2 上煤层赋存情况。黄沙矿 2 上煤层厚度为 0.6～0.9m，平均厚度为 0.75m。煤层厚度较稳定，无夹矸，煤质良好，属肥煤。煤层直接顶板为 4.0～5.0m 粉砂岩，属于一类顶板，$f=3.0$ 左右。底板为 3.0～4.0m 粉砂岩，$f=3.0$ 左右。岩层倾角：17°～24°，平均 20°。黄沙矿 2 上煤层工业储量 626 万吨，预计可采储量 346 万吨。2 上煤层和 2 号煤层间距大约为 20m，可利用现有的开拓系统，开采 2 上煤层作为大煤工作面的配采面。

（2）薛村矿一座煤（3 号）赋存情况。薛村矿一座煤（3 号）煤种属贫煤，在薛村井田内发育普遍，煤层结构简单，厚度稳定，一般厚度在 0.25～0.85m，平均厚度 0.6m。地质储量 648.1 万吨，预计可采储量 536.7 万吨。

一座煤上距大煤 20～32m，下距野青煤 4～8m。直接顶板为深灰色粉砂岩，一般厚度在 5.5～7.4m，节理发育，易冒落，属于一类顶板，$f=3.0$ 左右，局部地段有 0.4m 的炭质泥岩伪顶。间接顶板为灰黑色细砂岩。底板为深灰色粉砂岩，一般厚度在 2.2～4m，$f=3.0$ 左右。层理发育，含植物化石与菱铁质结核。

根据《国家煤、泥炭地质勘查规范》中煤炭资源量估算分类标准，黄沙矿 2 上煤层、薛村矿一座煤（3 号）未列入可采煤层。

（3）极薄煤层开采的可行性。随着煤炭科学技术日新月异的发展，装备水平和支护技术的不断提高以及煤炭资源深加工技术的发展，使原先一些不可采煤层，逐步成为可采煤层和可利用资源。对于 0.6m 左右的极薄煤层在目前还没有最佳开采设备，而综采工作面采用大功率采煤机打底开采的话，采高 0.9～1m 是可行的。

黄沙矿利用现有的开拓系统开采 2 上煤层，可以提高该矿的稀缺煤种优质肥煤的利用率，可以延长黄沙矿的服务年限。

薛村矿一座煤位于大煤下 20～32m，结构简单、厚度变化不大，平均厚度 0.6m，瓦斯含量小。一座煤层是大煤的最佳保护层，一座煤层工作面开采后，被保护层大煤则处于一座工作面采空区裂隙带内，有利于释放被保护范围大煤煤层的瓦斯，解决大煤工作面防治煤与瓦斯突出问题，保证被保护范围内大煤的正常开采。

（4）开采的经济性。黄沙矿 2 上煤层为优质肥煤，属于稀缺煤种，生产出的原煤灰分在 32%～35% 之间，可作为入洗原煤。

薛村矿建有矸石电厂，所需煤矸混合物热量为 2200～2700cal/kg（1cal≈4.18J），日需煤量 900t，一座煤开采半煤岩混合物的热量为 3170cal/kg（采高按 1.0m 计算），产量为 700t，分装升井后可为薛村矿矸石电厂燃料发电使用，回采工作面日产量可满足电厂需求，不存在销售问题。

综上所述，从目前在技术、经济、安全条件下对黄沙矿 2 上煤层开采、薛村矿一座煤（3 号）作为大煤（2 号）的保护层进行开采是可行的，特别是可以有效解决薛村矿部分地区野青煤（4 号）开采困难，不能解放主采的突出煤层大煤（2 号）的问题，大大提高了矿井生产安全保障能力，同时增加了矿井可采储量，延长了矿井服务年限。

因此在充分论证的基础上，冀中能源峰峰集团决定在黄沙矿 2 上煤层、薛村矿一座煤层开展极薄煤层综采自动化技术工业性试验。首选在条件比较简单的黄沙矿 112 上 89 工作面进行。

5.3 薄煤层综采配套设备研究与选型

5.3.1 薄煤层综采装备选型和配套的原则

峰峰集团开展极薄煤层综采设备的选型与配套研究，确定了以下薄煤综采的设备选型原则：

（1）液压支架：薄煤层工作面空间狭窄，环境差，要求选用的支架具有较高的可靠性。支架的最低使用高度要与开采煤层厚度相匹配，工作阻力及支护强度等参数要满足薄煤层矿压要求，同时要保证最小过机空间和三机配套的参数合理。

（2）采煤机：选用先进的大功率交流变频电牵引采煤机，机面高度要充分保证在开采较薄地段时有足够的过机空间，要求功率大、体积小、稳定性好。破顶、底割矸石的能力强，整机性能稳定、故障率低、可靠性高。

（3）刮板输送机：选用双中链封底结构的铸焊中部槽，降低中部槽的高度，降低机头高度和卸载高度，以适应极薄煤层开采的需要。选用高效减速机，实现双速启动、机头尾可互换。加大电机功率，实现启动平稳、工作可靠、事故率低、寿命长。

5.3.2 薄煤层液压支架设计

5.3.2.1 液压支架设计主要原则

根据峰峰矿区薄煤层顶底板条件，结合"围岩类型及支架选型的建议"，选用基本支架架型为二柱掩护式、双伸缩立柱、电液阀操作方式。

在液压支架的结构设计上，充分考虑了薄煤层开采时的技术特点及空间狭小的实际情况，结合薄煤层的地质条件，以重点降低整体配套高度、保证良好工作性能为目标，满足三机配套技术要求。

薄煤层开采对液压支架设计的主要技术要求如下：

（1）支架结构力求合理、可靠，技术性能指标先进。在满足薄煤层综采设备的配套及支架强度要求的前提下，通过优化设计，改善结构件的力学特性，优化支架梁体截面筋板配置和焊缝设计，合理选用高强度板材，减小支架重量和顶梁厚度。在保证支架高可靠性的前提下，满足尺寸小、重量轻等要求。

（2）支架的连杆机构要有高可靠性。在支架的机构设计上，运用计算机辅助设计手段，对支架四连杆机构各项参数进行优化设计，严格进行结构强度校核。为增大两柱掩护式支架顶梁和掩护梁之间的调节能力和强度，采用较大直径的平衡千斤顶机构，以满足支架高可靠性要求。

（3）支架要有较大的推拉力和移动速度。为了保证支架具有较大的推拉力和移动速度，选用大直径的推移千斤顶和快速移架系统，保证支架的运行速度和推拉力，选用先进的电液操作系统，保证快速跟机作业和支护自动化。

（4）薄煤层工作面空间小，该综采设备要确保必要的通风断面和梁端距。最大限度的加宽人行道宽度，尽量方便人员行走。

（5）薄煤层工作面空间小，设备运输和设备检修受空间限制。液压支架液压系统是最容易出问题的部分，为了尽量减少设备的维护和更换备件时间，提高液压系统的可靠性和使用寿命，选用密封性能好，耐用的聚氨酯密封件和不锈钢液压阀。

（6）液压支架按现行中国煤炭行业标准 MT 312—2000《液压支架技术条件》等标准进行设计，保持支架的适应性及可靠性，要求设计的支架达到国内外同行业技术领先水平。

5.3.2.2　薄煤层液压支架计算机辅助设计方法

根据峰峰集团薄煤层地质条件和生产条件以及满足高产高效和安全生产要求，应用模糊数学和最优化方法，开发出薄煤层液压支架总体结构参数的模糊聚类分析和优化程序（图 5 - 3），对液压支架进行优化设计，采用有限元方法对支架结构进行模拟试验分析，应用参数可视化技术实现支架动态仿真（图 5 - 4），最终确定支架合理参数，并建立了薄煤层液压支架 CAD 系统（图 5 - 5）。

5.3.2.3　支架主要技术参数确定

具体如下：

（1）支架工作阻力。支架工作阻力大小直接影响支架的支护能力，选择较大工作阻力有利于提高支架的适应能力及可靠性，考虑支架中心距 1500mm 及立柱缸径 230mm，在立柱安全阀合理开启压力范围内，确定支架名义工作阻力为 3300kN（安全阀开启压力39.7MPa）。

（2）支架中心距。液压支架中心距有三种：1.75m、1.5m、1.25m。其中：1.75m 中心距多用于高度 5m 以上的高大型综采支架，1.25m 中心距多用于轻型综采支架。本薄煤层液压支架按 1.5m 中心距进行选取。

（3）推移步距。在顶板条件允许的情况下，增大截深可有效地提高每一循环的产量，

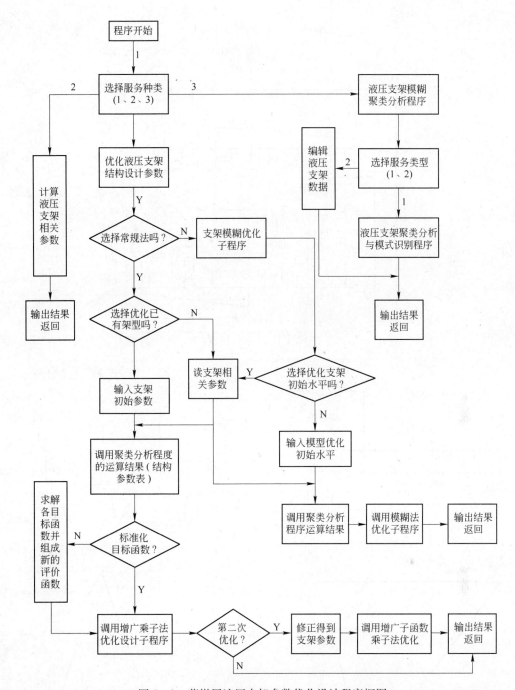

图 5-3　薄煤层液压支架参数优化设计程序框图

提高生产率。但截深过大，将造成对架前顶板的支护能力减小。根据采煤机截深确定为
0.6m，本支架移架步距与采煤机截深相匹配；确定为 0.6m。

（4）顶梁前后比。立柱作用点到顶梁前端长度与作用点到顶梁后端长度之比值称为
顶梁前后比。顶梁前后比直接影响支架顶梁载荷分布及支架承载能力。此值越大顶梁前端
承载能力越小，顶梁前后比过小时将严重影响支架前端支护能力，甚至造成支架顶梁抬

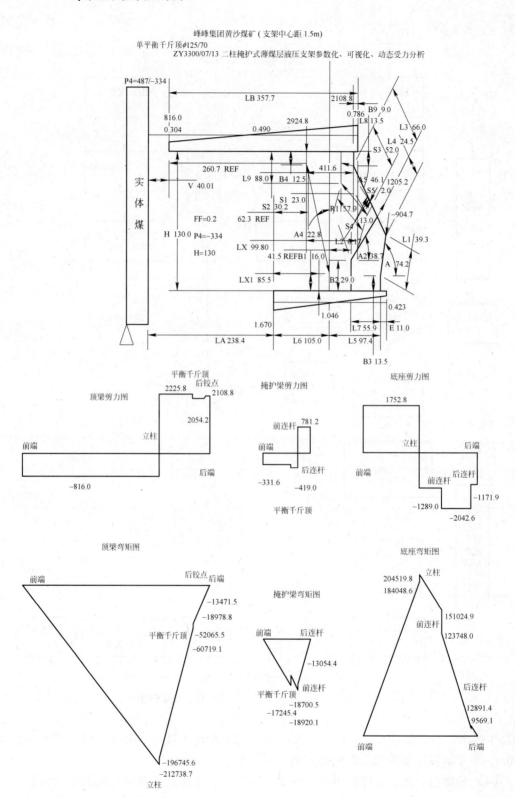

图 5 – 4 ZY3300/07/13 掩护式薄煤层液压支架参数化分析模型

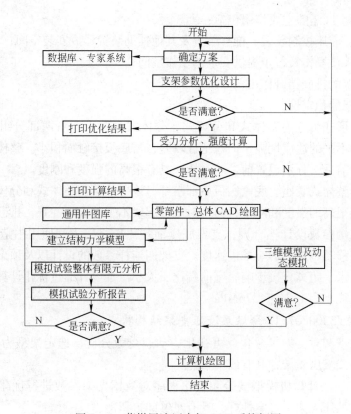

图 5-5 薄煤层液压支架 CAD 系统框图

头，移架困难，最终使支架丧失支护能力。本支架顶梁前后比为 2.6∶1，能够很好地满足支架设计需要。

（5）底座前端比压。支架设计应尽量减小底座对底板的比压，支架顶梁合力作用点到底座前端的有效水平距离直接影响底座前端比压大小，支架设计中应尽量加大底座前端长度，并采取措施使支架合力作用点后移，在满足其他要求前提下，立柱倾角应尽量小。除此之外，采用大缸径平衡千斤顶，增大平衡千斤顶拉伸能力是使支架合力作用点后移、也是减小支架前端比压的一种有效方法。本支架对底板比压为 1.74～1.76MPa，满足使用条件的要求。

5.3.2.4 液压支架主要结构形式

具体如下：

（1）顶梁结构形式。顶梁是支架的重要结构件，选择合理的顶梁结构对支架支护效果有重要的作用。现有顶梁结构形式主要有整体刚性顶梁、铰接分体顶梁两种。

铰接分体顶梁前端与顶板接触效果较好，支架整体运输长度小。但铰接分体顶梁支架前端支撑力小，不利于维护顶板以及抑制煤壁片帮。

根据峰峰矿区薄煤生产技术条件，本架型选用整体刚性顶梁形式，结构简单、可靠，支架前端支撑力大。

（2）底座形式及前端比压的确定。底座是将顶板压力传递到底板并稳定支架的部件，除了满足一定的刚度和强度要求外，还要求对底板起伏不平的适应性要强，底座前端对底板接触比压要小。底座的主要作用包括：

1）为立柱、液压控制装置、推移装置及其他辅助装置形成安装空间；

2）为工作人员操作及行走提供安全的工作空间；

3）具有一定的排矸挡矸作用；

4）保证支架的稳定性。

底座的结构形式可分为整体式和分体式，分体式底座由左右两部分组成，排矸性能好，对底板起伏不平的适应性强，但稳定性较差，与底板接触面积小。整体式底座是在底座左右两部分的前后，分别设置前、后过桥，具有很高的强度和刚度。

本支架选择整体式底座，底座底板后部敞开，该形式兼有整体式和分体式底座的综合优点，不仅具有很高的强度和刚度，而且对底板起伏不平的适应性强，排矸性能好。受结构限制，如果结构参数设计不合理，支架底座前端比压将较大，使用中造成支架前端扎底，严重时支架移动困难，影响推进速度。支架四连杆参数的设计以及顶梁合力作用点到底座前端的有效水平距离直接影响底座前端比压大小。本设计通过优化计算，使得该支架的底座前端比压较小为 1.74~1.76MPa。

5.3.2.5　ZY3300/07/13 薄煤层液压支架结构特点

经计算机优选和对支架参数化、可视化、动态受力分析，选定架型为 ZY3300/07/13 薄煤层两柱掩护式液压支架，其有以下特点：

（1）采用先进的计算机模拟试验和优化程序对液压支架参数进行优化设计，支架架型为两柱掩护式液压支架，稳定性好，具有足够的抗扭能力。

（2）支架采用电液控制，技术先进，安全可靠，支护、推溜、移架机构完善，人行通道较为畅通。

（3）顶梁为整顶梁结构，对支架前部顶板的支撑效果好，不设活动侧护板，通风断面大；为尽可能少漏矸，顶梁宽度加大到 1450mm。

（4）顶梁较短，控顶距小，因而对顶板反复支撑次数少，减少对直接顶的扰动破坏。

（5）前后连杆均采用双连杆结构，结构件采用高强度钢板，保证有足够的强度。

（6）底座采用整体式刚性底座，底板后部敞开，可保证推移机构顺利排出浮煤。

（7）为尽可能加大接底面积，减少对底板比压，支架底座加宽到 1350mm 并适当向前加长，可防止支架陷底难移。通过优化计算，当摩擦系数 $f = 0.2$ 时本支架前端最大比压为 1.76MPa。

（8）推移为短推杆机构，结构可靠、拆装方便、移架力大，可实现快速移架。

（9）平衡千斤顶采用 1 个 $\phi125$mm 缸径千斤顶，增加平衡千斤顶对顶梁合力作用点的调节范围大，支架受力稳定性较好，能自动适应顶板压力变化。

（10）采用大流量电液控制系统，提高降、移、升速度。

（11）较重要销轴均采用 30CrMnTi 棒材，销轴、导杆均要求镀锌、热处理。

5.3.2.6　支架参数

ZY3300/07/13 型支撑掩护式液压支架见图 5-6。

ZY3300/07/13 薄煤层液压支架主要参数见表 5-3。

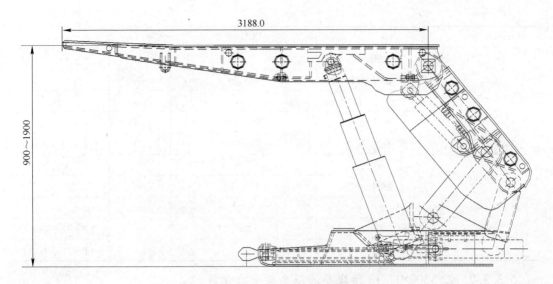

图 5 - 6　ZY3300/07/13 型支撑掩护式液压支架

表 5 - 3　ZY3300/07/13 薄煤层液压支架主要参数表

序　号	项　目		参　数	单　位	附　注
1	支　架	高　度	700～1300	mm	
		中心距	1500	mm	
		宽　度	1450	mm	
		初撑力	2618	kN	$P = 31.5$MPa
		工作阻力	3300	kN	$P = 39.7$MPa
		支护强度	$0.42～0.48\ (f = 0.2)$	MPa	
		底板比压	前端比压 1.74～1.76	MPa	
		泵站压力	31.5	MPa	
		操纵方式	电液控制		
2	立　柱	形　式	双伸缩		2 个
		缸　径	230/180	mm	
		柱　径	220/160	mm	
		行　程	444	mm	
		初撑力	1309	kN	$P = 31.5$MPa
		工作阻力	1650	kN	$P = 39.7$MPa
3	推移千斤顶	形　式	差动		1 个
		缸　径	125	mm	
		杆　径	85	mm	
		行　程	700	mm	
		推　力	178	kN	
		拉　力	207	kN	

序 号	项 目		参 数	单 位	附 注
4	平衡 千斤顶	形 式	普通		1 个
		缸径/杆径	125/70	mm	
		行 程	208	mm	
		推力/拉力	386/265	kN	$P = 31.5 \text{MPa}$
		推力/拉力	486/334	kN	$P = 39.7 \text{MPa}$
5	调底 千斤顶	形 式	普通		1 个
		缸径/杆径	100/70	mm	
		行 程	145	mm	
		推 力	246	kN	$P = 31.5 \text{MPa}$
		拉 力	126	kN	$P = 31.5 \text{MPa}$

5.3.2.7 ZY3300/07/13 薄煤层液压支架受力分析

该液压支架应用参数化可视化动态仿真进行优化设计,同时采用有限元方法对支架结构进行模拟试验分析,支架受力分析结果见表 5 – 4 和图 5 – 7 ~ 图 5 – 13。

表 5 – 4 支架受力分析表

支架高 H/cm	梁 端 距 V/cm	支 护 强 度 Q/MPa	前 端 比 压 P_{b1}/MPa
130	40.01	0.490	1.670
120	37.36	0.484	1.749
110	35.63	0.471	1.791
100	34.35	0.452	1.799
90	33.32	0.423	1.768
80			
70			

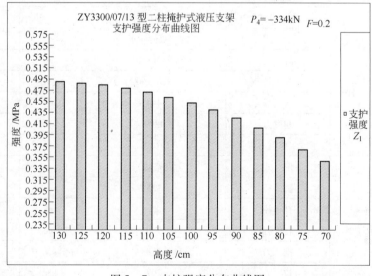

图 5 – 7 支护强度分布曲线图

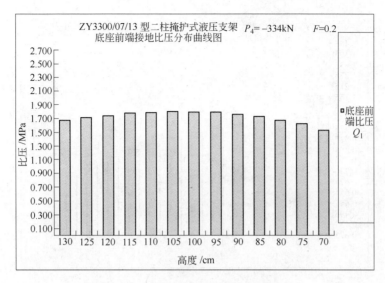

图 5-8 底座前端接地比压分布曲线图

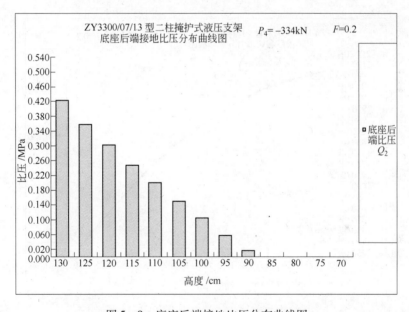

图 5-9 底座后端接地比压分布曲线图

5.3.2.8 液压支架对峰峰矿区薄煤层的适应性

根据多年矿压观测资料，峰峰矿区薄煤层野青（4号煤）工作面，以及极薄一座煤层的顶板压力为 0.28 ~ 0.35MPa，低于 ZY3300/07/13 型支架的支护强度 0.42 ~ 0.48MPa，ZY3300/07/13 型两柱掩护式液压支架工作阻力 3300kN，能够满足支护顶板的要求。煤层底板抗压强度大于 3MPa，大于 ZY3300/07/13 型两柱掩护式液压支架的底板最大比压 1.76MPa。支架高度与薄煤层采高相适应。ZY3300/07/13 型两柱掩护式液压支架通风断面为 3.9m^2，可通过风量为 936m^3/min，能满足工作面通风要求，各主要参数均较理想，

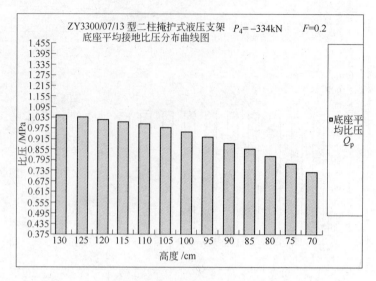

图 5-10 底座平均接地比压分布曲线图

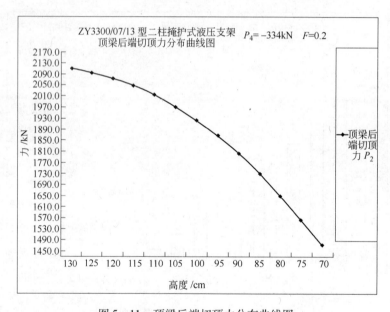

图 5-11 顶梁后端切顶力分布曲线图

因此，该型支架适用于峰峰薄煤层采煤工作面。

5.3.3 薄煤层工作面采煤机的选择和改进

近几年来，国内外电牵引采煤机已得到了广泛应用，调速形式主要有：变频调速、开关磁阻电机调速、交流电机牵引调速、电磁滑差调速等几种方式。电牵引采煤机以其结构简单、维护方便、费用低、故障率低、故障易判断处理等优点正逐渐代替传统液压牵引采煤机的使用。

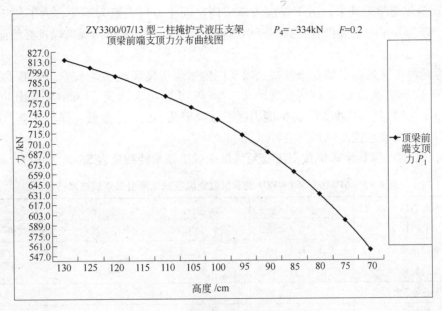

图 5-12 顶梁前端支顶力分布曲线图

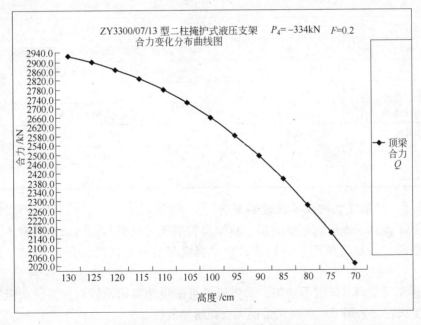

图 5-13 支架合力变化分布曲线图

5.3.3.1 薄煤层工作面对采煤机结构的要求

（1）薄煤层开采的配套特点要求采煤机机身厚度要薄，机身尽可能短以适应煤层薄、工作面起伏变化的特点，保证实现采高在 0.9m 时三机配套高度的需要。

（2）薄煤层综采的开采，存在着采煤机在切割顶底板时带来的振动和冲击。因此，对整机的功率（特别是切割功率要大）、重量、强度和稳定性都有很高的要求。

（3）薄煤层综采开采，由于煤层较薄架内空间小，行人极为不便，为了便于采煤机司机的操作和开采时采煤机有较高的牵引速度，实现高产，要求薄煤采煤机必须能够离机控制。

根据峰峰矿区薄煤层赋存条件特点以及国内采煤机发展现状及水平，选用了 MG160/360 - WD 型非机载交流变频薄煤采煤机，该机切割功率达到了 320kW，比功率达到 296kW/m²，该机具有功率大、切割能力强、故障率低、机身高度低、保护齐全、重量大、稳定性好、可实现遥控离机操作的特点。

MG160/360 - WD 型非机载交流变频薄煤采煤机技术特征见表 5 - 5。

表 5 - 5　MG160/360 - WD 型非机载交流变频电牵引采煤机技术特征

项　目	单　位	技　术　特　征
型　号		MG160/360 - WD 型非机载交流变频采煤机
采高范围	m	0.9 ~ 1.6
煤层倾角	(°)	≤35
煤质硬度系数 f		≤4 ~ 5
滚筒转速	r/min	64.36
滚筒直径	mm	900 ~ 1200
机身厚度	mm	380
机面高度	mm	711
卧底量	mm	230（配薄型刮板机 SGZ630/220）
牵引方式		非机载交流变频牵引方式
牵引力	kN	260
牵引速度	m/min	0 ~ 6.68 ~ 13.6
总装机功率	kW	360
供电电压	V	1140
机器总重	t	19.6

5.3.3.2　对采煤机的技术改进和创新

（1）为了提高采煤机的装煤效果，减少煤岩堆积对设备的损害，在摇臂下方滚筒和刮板机之间滞留区加装犁型装煤装置，犁型装置与前进方向的夹角小于煤与金属的摩擦角。

（2）由于煤层薄且厚度不均匀，采煤机不可避免地要切割岩石，为使截齿与岩石的摩擦不产生火花，采用了大簇激光熔覆无火花耐磨截齿。

5.3.4　薄煤层工作面刮板输送机

薄煤层工作面选用 SGZ - 630/220 整体铸焊结构刮板输送机，该型刮板机输送能力 400t/h，可以满足薄煤层工作面产能的需要，整体铸焊结构溜槽强度高，可以减少设备故障。根据实际在采高 0.9m 煤层条件下使用的配套要求，对输送机的结构进行了特殊设计，即在保证可靠性的前提下，压低溜槽的高度、降低输送机机头的卸载高度、修改对轮联接罩的形式、采用高效减速器等。目的就是增加刮板机的强度，提高工作性能，减少故障，实现三机整体配套设备在采高 0.9m 煤层条件下的配套要求和安全生产。

5.3.4.1 SGZ-630/220 型刮板输送机的技术特征

SGZ-630/220 型刮板输送机的技术特征如表 5-6 所示。

表 5-6 SGZ-630/220 型刮板输送机的技术特征

项 目	单 位	SGZ-630/220
出厂长度	m	150
输送量	t/h	400
装机总功率	kW	2×110
刮板链速	m/s	1.03
紧链方式		闸盘式
牵引方式		齿轮—销轨式
减速器型号		6JS-110
圆环链规格	mm×mm	φ26×92-C 双中链
启动方式		双速启动
中部槽规格	mm×mm×mm	1500×585×208
中部槽结构形式		铸焊封底结构式

5.3.4.2 刮板机输送机结构的改进

为了搞好薄煤综采工作面设备配套，对刮板机主要影响整体配套的一些具体尺寸提出了要求：第一，降低中部槽的高度；第二，降低刮板机的卸载高度；第三，减小刮板机对轮联接罩的直径；第四，机头尾可以互换；第五，选用高效减速机减小机头尾的宽度；第六，采用双速启动方式；第七，具有适应高产的运输能力；第八，整机强度要好，性能可靠。为此，峰峰集团对刮板机在以下几个方面进行了改进设计。

根据总体配套，要求能够在采高 0.9~1.3m 时实现综采设备的正常配套和生产，因此，首先要求刮板机中部槽既要保证强度，又要尽可能降低高度，只有实现了中部槽高度的降低，才能实现三机配套，特别是采煤机和刮板机配套后的机面高度的降低，且有利于装煤效果的提高，通过修改设计和强度计算，中部槽的高度降低到了 208mm。

薄煤层综采开采，工作面上下端头的高度较低，极易造成支架压住工作面刮板机头、机尾，造成工作面刮板机头机尾不能前移，影响生产，为此设计和改进了刮板机的卸载高度和机头尾的高度以及对轮联接罩的直径，选用进口减速机。实现了卸载高度 460mm，机头机尾最高 720mm，机头尾链轮中心到减速机中心宽度 910mm，在同类刮板机中高度最低，机头尾宽度最小。

运输机采用了封底式的中部槽结构形式，降低了刮板链和煤层底板的摩擦阻力，减少了拉回煤现象，提高了运输效率。

总装机功率提高到了 220kW，采用了双速电机的启动方式，实现了低速启动，高速运行，加大了启动时的力矩，减少了启动时对运输机的振动和冲击，防止了在重载启动时"压车"现象的发生。

通过以上设计和修改，刮板机达到了薄煤综采配套要求的效果，同时提高了设备的可靠性。

5.3.5 薄煤层综采成套设备的三机配套

根据黄沙矿的具体条件以及综采机械化装备选型、配套要求，通过对支架、采煤机、刮板输送机选型改造和对三机配套的合理设计，确定了配套设备，如表 5 - 7 所示。

表 5 - 7 薄煤层综采三机配套设备

序 号	名 称	规 格 型 号	备 注
1	液压支架	ZY3300/07/13D	
2	采煤机	MG160/360 - WD	
3	刮板机	SGZ - 630/220	
4	乳化液泵站	MRB200/31. 5	
5	胶带输送机	SDJ800/40/80	

通过对以上设备的选型设计和改进，结合地质条件，对配套参数进行了认真协调和研究，使其达到了优化组合，具体配套参数如表 5 - 8 所示。

表 5 - 8 三机配套参数

参 数	数 值
支架高度	0. 7 ~ 1. 3m
支架宽度	1. 45m
支架中心距	1. 5m
推移步距	600mm
输送机中部槽高度	208mm
过煤高度	226mm
铲间距	230mm
滚筒直径	900mm（1000mm）
卧底量	156mm
机面高度	711mm

进行薄煤层三机配套，首先考虑的是三机配套后要满足最小采高的要求，即在 0. 9m 的采高情况下能够实现采煤机的安全运行，并且要有足够的过机空间高度，降低刮板机中部槽的高度，降低机头尾的卸载高度，保证足够高的过煤高度等，为此在以下几个方面进行了优化配置，以降低机面高度，实现 0. 9m 采高的生产和安全。

（1）选用整体机身的电牵引采煤机，使机身厚度降低。

（2）采用铸焊结构封底中部槽的刮板输送机，对中部槽和机头尾进行了特殊设计，在保证强度的情况下，尽最大努力降低中部槽的高度，实现了 SGZ - 630/220 刮板机铸焊结构中部槽高度降到 208mm，卸载高度降到 460mm，机头尾高度降到 710mm。

（3）过煤高度实现了 226mm，基本满足了生产过程中煤和矸石块度的要求。

总之，通过不断优化三机配套参数实现了机面高度 711mm，保证采煤机的过机空间，支架顶梁厚度占用的空间，使三机配套高度实现了最低采煤厚度在 0. 9m 情况下实现正常生产。

支架、采煤机、刮板机三机配套图，如图 5-14 所示。

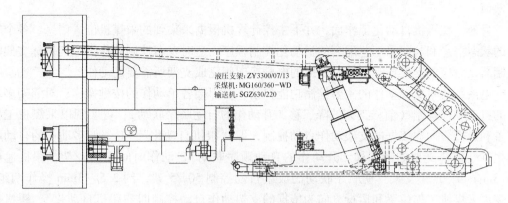

图 5-14 薄煤综采三机配套图

5.4 薄煤层综采自动化

5.4.1 薄煤层综采自动化必要性和目标

由于极薄煤层所处的环境复杂，地质情况变化较多，工作面采高低，人员不能直立作业，其至无法进入，加之煤尘大，能见度低，易发生安全事故。而电液控制系统为薄煤层安全高效开采，实现工作面操作自动化创造了良好的条件。

薄煤层综采工作面自动化系统可以达到以下目标：

（1）综采支架的自动推移、升降，顶板压力的检测监控与显示；

（2）采煤机位置的确定、截割高度与运行速度的控制、远距离遥控操作与程序运行；

（3）刮板输送机链条的自动张紧、恒力运转以及减速机的状态监测与故障诊断等。

5.4.2 薄煤层综采自动化监控系统

薄煤层综采工作面监测监控系统，从层次结构上可以分为三层，该系统为仪表、继电器与通信技术相结合的系统。其中地面检测站为最顶层，井下巷道内的检测站为中间层，采煤工作面安装在液压支架上的若干测控分站为最底层。

工作面配套设备采用可远程遥控的 MG160/360-WD 变频电牵引采煤机，ZY3300/07/13 两柱掩护式整体顶梁液压支架，配置天玛6功能电液操作系统。该系统主要由支架控制器、电液换向阀组、电磁阀驱动器、隔离耦合器、压力传感器、行程传感器、红外线接收传感器、井下主控计算机等组成。

支架控制器为系统的核心部件，是一个高度集成化的微小型煤矿专用控制计算机，它接收操作人员或系统的自动化控制指令，根据传感器采集到的支架状态信息和已经设计好的自动化控制程序，控制目标支架的液压油缸的动作，从而实现降架、拉架、升架、推溜等操作。

带电磁先导阀的电液换向阀组是关键执行部件，实现电信号对液压回路的开关控制的转换。井下主控计算机是可选项，选用时其可与各个支架上的支架控制器进行数据通讯，收集各个支架的状态信息并以图形方式予以显示,必要时还可以通过网络系统将数据传送到地面。

另外,在跟机自动化工作面,井下主控计算机根据采集到的采煤机位置信息、各个支架的状态信息和与回采工艺配套的自动化控制程序,适时发布控制动作指令到目标支架的控制器,对应的支架控制器控制相应的电磁换向阀完成支架所需要的动作。

电液系统对支架动作的主要控制功能包括:对邻架各单动作的按键操作;对邻架多动作的自动顺序控制(前移支架的降、移、升动作的自动顺序联动);可实现以采煤机工作位置和运行方向为依据的支架动作自动控制,即"跟机自动化"。对邻架多动作的自动顺序控制(前移支架的降、移、升动作的自动顺序联动),动作时间 6 ~ 8s/架,跟机速度 2 ~ 3m/min;成组支架自动顺序联动的成组自动控制 50s/5 架,约 2.5 ~ 3min 操作两组,实现以采煤机工作位置和运行方向为依据的支架动作自动控制即"跟机自动化",跟机速度可达 5 ~ 6m/min。

5.5 极薄煤层综采的工业试验

在充分论证的基础上,冀中能源峰峰集团决定在黄沙矿 2 上煤层、薛村矿一座煤层开展极薄煤层综采自动化技术工业性试验。

根据《国家煤、泥炭地质勘查规范》煤炭资源量估算分类标准,黄沙矿 2 上煤层、薛村矿一座煤(3 号)未列入可采煤层。随着煤炭科学技术日新月异的发展,装备水平的不断升级,支护手段的提升,煤炭资源深加工技术的发展,原先一些不可采煤层,逐步成为可以开采的煤层、可以利用的资源成为可能。从目前在技术、经济、安全条件下对黄沙矿 2 上煤层开采、薛村矿一座煤(3 号)作为大煤(2 号)的保护层进行开采是可行的,特别是可以有效解决薛村矿部分地区野青煤(4 号)开采困难不能解放主采突出煤层大煤(2 号)的问题,能够大大提高矿井生产安全保障能力,同时增加了矿井可采储量,延长矿井服务年限。

5.5.1 试采工作面条件

黄沙矿试验工作面选在 112 上 89 工作面,工作面地面位于南黄沙村南,申家庄矿北部的丘陵地带,地面标高最大 + 183m,最小 + 148m。工作面走向长度 902m,倾斜长度 50m。工作面煤层厚度最大 0.9m,最小 0.6m,平均 0.75m。煤层厚度较稳定,只有局部煤层变薄。

(1) 112 上 89 工作面煤层赋存参数见表 5 – 9。

表 5 – 9　112 上 89 工作面煤层参数

项 目	单 位	最 大	最 小	平 均	备 注
地面标高	m	+ 183	+ 148	+ 165.5	平均
底板标高	m	– 120	– 99	– 109.5	平均
埋藏深度	m	303	247	275	平均
走向长度	m	905	899	902	平均
煤层倾角	(°)	26	21	23	加权平均

项 目	单 位	最 大	最 小	平 均	备 注
煤层厚度	m	0.9	0.6	0.75	加权平均
倾向长度	m			50	加权平均
采 高	m			0.95	
体积质量	t/m³			1.65	
可采储量	t			71438.4	

（2）地质构造。据巷道实际揭露资料分析，工作面构造较为简单。工作面揭露断层 8 条，均为正断层，其中落差较大的 $H=3.0m$ 断层位于运料巷上帮，$H=20.0m$ 断层位于溜子道下帮，对工作面回采影响不大。

（3）煤层及煤质。工作面煤层厚度最大 0.9m，最小 0.6m，平均 0.75m；煤层厚度较稳定，无夹矸，煤质良好，属肥煤。煤质特征见表 5-10。

表 5-10 煤质特征

M	A	V	Q	FC	S	Y	工业牌号
2.5	19	27	29MJ/kg	60	0.45	31	肥煤

（4）围岩性质。工作面直接顶为粉砂岩，厚度 3.7m，老顶为中细砂岩。直接底板为粉砂岩厚度 4.0m。岩性特征见表 5-11。

表 5-11 煤层顶底板岩性特征

顶底板名称	岩石名称	厚度/m	岩 性 特 征
老 顶	中细砂岩	13.0	灰白色，含石英、长石，层面含炭质
直接顶	粉砂岩	3.7	浅灰色，含少量植物根化石，黄铁矿
直接底	粉砂岩	4.0	深灰色，含大量植物根化石，黄铁矿
老 底	中砂岩	6.8	灰白色，层面含炭质

（5）瓦斯、煤尘和自燃发火倾向。

1）瓦斯绝对涌出量为 0.2m³/min。

2）煤尘爆炸指数为 24.26%，属强爆炸危险煤尘。

3）本煤层属三类不易自燃煤层。

（6）水文地质情况及防治水措施。该工作面回采过程造成危害的主要含水层为 2 上煤层顶板砂岩水，随着 2 上煤层顶板垮落，顶板砂岩水得以释放，预计正常涌水量为 0.2m³/min 左右，最大涌水量为 0.4m³/min，回采前溜子道低洼处已提前安装好足够的排水设施，并保证排水管路畅通，防止水淹事故发生。

5.5.2 采煤工艺

5.5.2.1 采煤方法

工作面采用走向长壁后退式采煤法、采煤机落煤，一次采全高，全部垮落法管理顶板。

5.5.2.2 工作面支架及主要配套设备技术特征

A　工作面支架：ZY3300/07/13 型掩护支架

支撑高度：700 ~ 1300mm

支架中心距：1500mm

工作阻力：3300kN

初撑力：2618kN

支护强度：0.42 ~ 0.48MPa

泵站压力：31.5MPa

操作方式：电液操作

支架重量：8600kg

B　采煤机：MG160/360 – WD 电牵引采煤机

适用高度：900 ~ 1600mm

煤层倾角：≤35°

煤层硬度：f≤4 ~ 5

滚筒直径：900mm

滚筒类型：强力滚筒

滚筒中心距：9055mm

整机功率：$2 \times 160kW + 2 \times 15kW + 10kW = 360kW$

牵引方式：齿轮—销排无链牵引

牵引速度：0 ~ 6.68 ~ 13.6m/min

牵引力：260kN

机面高度：711mm

卧底量：156mm

过煤高度：226mm

C　工作面刮板输送机：SGZ630/220 可弯曲刮板输送机

电机功率：110kW

电机型号：YBS – 110

电压：660/1140V

减速机型号：6JS（Ⅱ）– 110

刮板链形式：中双链

刮板链速：1.01m/s

输送能力：400t/h

传动比：1 : 29.362

电机转速：1475r/min

紧链装置：盘闸紧链

5.5.2.3 回采工艺

（1）落煤方式：使用 MG200/360 – WD 型电牵引双滚筒采煤机落煤，中部斜切式进刀方式。

（2）装煤方式：采煤机自行装煤。

（3）运煤方式：使用 SGZ – 630/220 型刮板输送机配合 SGB – 40T 型刮板输送机和 DSJ80/40/80 型胶带输送机连续运煤。

（4）支持方式：工作面采用 ZY3300/07/13 型掩护式液压支架，及时支护方式；上、下端头采用金属双销铰接顶梁配合单体液压支柱支护。

（5）回采工艺流程：工作面较短，采用中部斜切进刀方式。

（6）作业方式："三八"制作业，两班出煤，一班检修准备，昼夜多循环，循环进度 0.6m，即割一刀煤，移一次架，为一个循环。

（7）劳动组织形式：工作面采用综合作业队组织形式，分段作业，全空间管理。机电、运输、检修采用专业队形式。

5.5.2.4　112上89薄煤综采工作面系统图

112上89薄煤综采工作面系统图见图5-15。

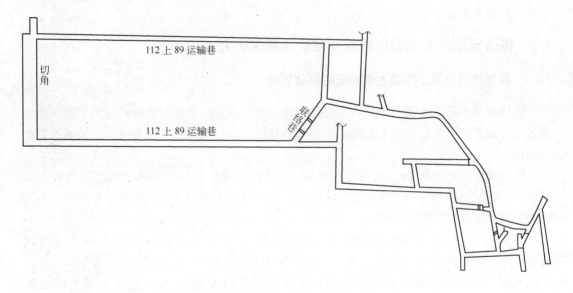

图5-15　112上89工作面巷道布置平面图

5.5.3　工业试验情况

5.5.3.1　极薄煤层综采试验成果

（1）黄沙矿112上89薄煤综采工作面从2009年1月1日开始分2班安装，1月13日安装完毕。初采长度为50m，共安装支架31架。支架安装之前先铺设工作面刮板输送机，并进行调直调平定位，支架在切眼内运输采用绞车无轨拖运，采用绞车的微动牵引和单体液压支柱顶移完成支架调向和就位。

工作面从2009年1月15日开始初采，至2009年4月15日结束。平均日进达到10m，日产原煤720t，最高日进17m，日产原煤1224t。最高月产达36720t，2009年1月15日至2009年4月15日共生产原煤68295t，具备年产40万吨的生产能力。

（2）薛村矿开采的一座煤层931302工作面，工作面走向长度470m、斜长86m，煤厚0.6m，于2011年4月正式生产，平均月推进度78m。

使用综采后保证了安全生产，降低了工人的劳动强度，还使薄煤工作面生产能力大幅度提高，生产效率得到了大幅度提升，为薛村矿薄煤综采积累了宝贵的经验。

5.5.3.2　极薄煤层开采试验解决的主要技术问题

（1）改进了薄煤层综采的三机配套，研制了适应于薄煤层的综采液压支架和采煤机，扩大推广应用范围。薄煤层的开采范围已扩大到平衡表外的 1 号和 3 号煤层中，提高了矿井的资源回收率。

（2）通过进行工作面数字化、自动化平台建设，增加了视频监控功能，完善了自动化系统，提高了薄煤层开采安全性和适应性，大幅度提高工作面单产和效率，实现了薄煤层的高效开采。在此基础上为实现监测、监控与故障诊断相结合的智能化无人工作面打下基础。

（3）开展了与薄煤层开采密切相关的理论研究，包括工作面上覆岩层移动规律研究、工作面矿压观测等。

5.6　极薄煤层采面围岩运移规律及矿压观测研究

5.6.1　极薄煤层综采工作面上覆岩层的移动规律

煤体被采出后，上覆围岩宏观的活动规律，在一定意义上具有普遍性。为了更全面地从各个方面研究薄煤层综采工作面的岩层移动及应力分布规律，采用 UDEC 对采场围岩进行模拟。

模拟煤层厚度为 0.8m，开采厚度 0.95m，模拟控顶距为 3m。模拟对煤层、顶板的不同位置进行了位移和应力的变化曲线的记录，对围岩的主应力分布、水平应力分布、垂直应力分布、位移矢量进行了研究。

图 5-16～图 5-18 所示分别为水平应力、垂直应力及剪应力等值线图。从图中可以看出，在工作面前方 0～6m、上方 3m 附近为水平应力集中区，在工作上方 10m 层位、工作面前后 6m 范围为另一水平应力集中区。工作面前方 3～6m 范围为垂直应力集中区。

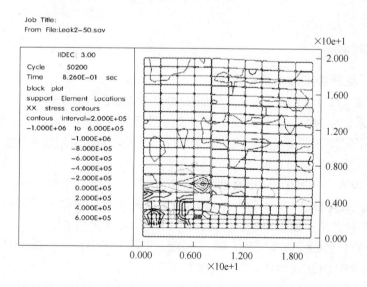

图 5-16　厚 0.95m 极薄煤层开采围岩水平应力等值线图

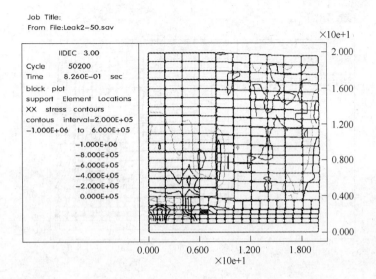

图 5-17　厚 0.95m 极薄煤层开采围岩垂直应力等值线图

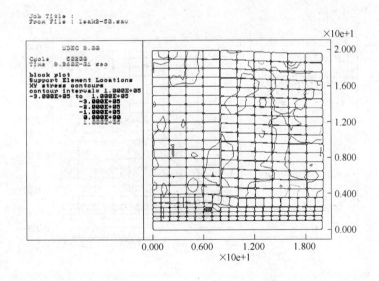

图 5-18　厚 0.95m 极薄煤层开采围岩剪应力等值线图

图 5-19 所示为位移矢量图，在工作面采后 6m 位移矢量开始明显增加。图 5-20 所示为主应力矢量图，可以明显看出，在工作面上方，存在一个主应力传递拱，传递角度大约在 40°~70°之间，采空区结构的传力在工作面前方 3m 以外。

从模拟结果可以看出，极薄煤层开采采场与中厚煤层开采相比，其平衡结构的层位下移在距煤层顶板 10.5m 的位置，似平衡结构的厚度在 3~6m。

极薄煤层开采的数值模拟结果表明，上覆岩层的稳定结构层位很低，这也就是说，极薄煤层开采，工作面支护更加安全。

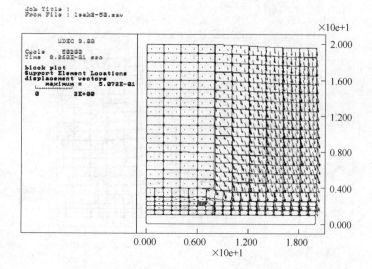

图 5-19   厚 0.95m 极薄煤层开采围岩位移矢量图

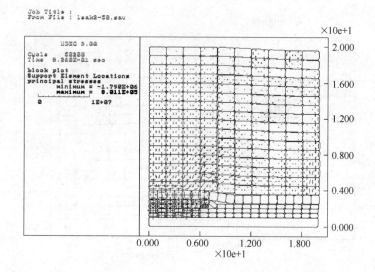

图 5-20   厚 0.95m 极薄煤层开采围岩主应力矢量图

5.6.2   工作面矿压观测及分析

5.6.2.1   观测方法

工作面支架电液控制操作系统设置了支架测压装置，支架测压装置通过测量记录支柱液压缸内液压对支架的初撑力和工作阻力实现随时监测。

5.6.2.2   观测结果分析

观测结果见表 5-12、图 5-21。

表 5-12 112 上 89 薄煤综采工作面矿压观测资料表

时间	工作面进度/m		观测各点阻力情况/MPa										平均阻力/MPa	采空区垮落情况
	当班	累计	1	2	3	4	5	6	7	8	9	10		
3.15 中	上 0.5	0.5	20	19	20	18	20	15	14	14	17	18	19	无动静
	下 0.5	0.5												
3.15 夜	上 1.0	1.5	20	21	19	22	19	20	20	21	19	21	20	无动静
	下 1.0	1.5												
3.16 中	上 1.0	2.5	21	22	19	18	21	22	23	19	20	19	20	无动静
	下 1.0	2.5												
3.16 夜	上 1.5	4.0	23	20	22	20	21	22	20	22	24	20	21	无动静
	下 1.5	4.0												
3.17 中	上 2.0	6.0	21	20	22	21	21	19	19	20	20	19	20	无动静
	下 2.0	6.0												
3.17 夜	上 2.0	8.0	22	21	24	23	23	24	22	20	19	21	22	无动静
	下 2.0	8.0												
3.18 中	上 2.5	10.5	16	30	36	36	22	30	38	24	24	34	29	无动静
	下 2.5	10.5												
3.18 夜	上 2.5	13.0	34	30	30	20	19	20	40	24	36	20	27	无动静
	下 2.5	13.0												
3.19 中	上 2.5	15.5	28	25	28	23	30	26	26	26	30	32	27	1~9 号架部分垮落
	下 2.5	15.5												
3.19 夜	上 3.0	18.5	26	29	28	26	25	26	30	31	31	23	28	1~13 号架部分垮落
	下 3.0	18.5												
3.20 中	上 3.0	21.5	28	40	34	38	34	33	36	18	36	30	33	1~23 架全部垮落
	下 3.0	21.5												
3.20 夜	上 3.0	24.5	30	40	39	38	40	38	38	39	14	35	35	1~23 架全部垮落
	下 3.0	24.5												
3.21 中	上 0.5	25.0	33	36	30	38	34	28	36	18	40	30	33	全部垮落
	下 2.0	26.5												
3.21 夜	上 0.5	25.5	33	23	38	37	38	26	27	28	24	36	31	随采随垮
	下 2.0	28.5												
3.22 中	上 0.5	26.0	25	33	27	34	27	31	28	24	28	29	29	随采随垮
	下 1.5	30.0												
3.22 夜	上 2.5	28.5	25	27	37	27	30	38	25	37	30	28	30	随采随垮
	下 2.5	32.5												
3.23 中	上 2.0	30.5	30	29	28	34	28	31	34	26	28	30	30	随采随垮
	下 2.0	34.5												

时间	工作面进度/m		观测各点阻力情况/MPa										平均阻力 /MPa	采空区 垮落情况
	当班	累计	1	2	3	4	5	6	7	8	9	10		
3.23 夜	上 2.5	33	37	28	38	33	38	26	27	23	24	36	31	随采随垮
	下 2.5	37												
3.24 中	上 3.5	36.5	30	25	28	27	30	38	25	37	27	37	30	随采随垮
	下 3.5	40.5												
3.24 夜	上 3.0	39.5	28	26	28	34	30	31	34	29	28	30	30	随采随垮
	下 3.0	42.5												
3.25 中	上 2.0	41.5	27	33	25	28	27	31	28	24	34	29	29	随采随垮
	下 2.0	44.5												
3.25 夜	上 5.0	46.5	28	30	34	26	28	31	34	28	30	29	30	随采随垮
	下 5.0	49.5												
3.26 中	上 5.5	52.0	27	30	28	25	30	38	25	37	27	25	30	随采随垮
	下 5.5	55.0												
3.26 夜	上 5.5	57.5	33	23	38	37	38	26	27	28	24	36	31	随采随垮
	下 5.5	60.5												

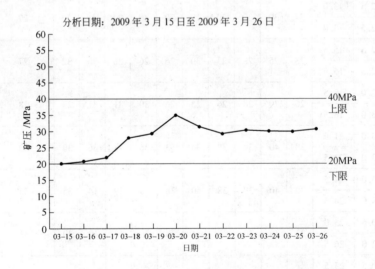

分析日期：2009 年 3 月 15 日至 2009 年 3 月 26 日

图 5 – 21　黄沙矿 112 上 89 工作面矿压曲线图

（1）由观测图表可知工作面的直接顶初次垮落步距为 15 ~ 25m，工作面初次来压时，支柱液压缸内液压平均值为 25MPa，折算支架工作阻力 2078kN。

（2）工作面周期来压支柱液压缸内液压最大值 35MPa，最小值 19MPa，平均值为 27MPa。折算支架工作阻力最大值 2903kN，最小值 1579kN，平均值 2244kN。

（3）112 上 89 薄煤工作面周期来压步距 8 ~ 12m。周期来压不强烈，顶底板移近量为 80 ~ 100mm，采空区顶板呈随采随落状态。

（4）以上观察数据证明 ZY3300/07/13 型支撑掩护式液压支架，工作阻力 3300kN 可以满足 112 上 89 薄煤综采工作面支护顶板压力的需要。

5.7 经济效益分析

5.7.1 直接经济效益

5.7.1.1 按不开采 2 上煤层计算

该薄煤综采工作面平均日进达到 10m，日产原煤 720t，最高日进 17m，日产原煤 1224t。最高月产可达 36720t，具备年产 40 万吨的生产能力；2009 年 1 月 15 日至 2009 年 4 月 15 日共生产原煤 68295t，工作面煤层厚度 0.75m，采高 0.95m，工作面割底砟 0.2m 左右，原煤灰分为 32% ~ 35%，市场平均销售价 700 元/t；吨煤成本 279 元。

试验期新增产值：68295t × 700 元/t = 4780.65 万元

试验期新增利润：68295t × (700 元/t − 279 元/t) = 2875 万元

直接经济效益：按试验期间效益推算预计每年实现利润 11500 万元。

5.7.1.2 同使用高档普采工艺开采 2 上煤层比较取得的经济效益

A 同比增加产值、利润

该薄煤综采工作面平均日进达到 10m，日产原煤 720t，最高日进 17m，日产原煤 1224t。最高月产可达 36720t，具备年产 40 万吨的生产能力；2009 年 1 月 15 日至 2009 年 4 月 15 日共生产原煤 68295t，工作面煤层厚度 0.75m，采高 0.95m，工作面割底砟 0.2m 左右，原煤灰分为 32% ~ 35%，市场平均销售价 700 元/t；吨煤成本 279 元。

使用高档普采，为保证工作面工作人员有足够的活动空间，采高至少要达到 1.2m，工作面采煤割底砟厚度 0.45m，日进 6m，日产原煤 360t，月产量为 10800t，因割底砟较厚，原煤灰分达到 39%，市场销售价为 390 元/t，吨煤成本 279 元。

试验期间增加产值：68295t × 700 元/t − 10800t × 3 × 390 元/t = 3517.05 万元

试验期间增加利润：68295t × (700 元/t − 279 元/t) − 10800t × 3 × (390 元/t − 279 元/t) = 2515.58 万元

B 同比节支

节省用工：同等条件下，采用高档普采工艺生产班每班出勤需 35 人左右，而采用薄煤综采工艺需 17 人，这样两个生产班比高档普采工艺共少用 36 人。每人每工平均 120 元。

$$年节省工资 = 120 × 36 × 360 = 155.6（万元）$$

C 同比增加的消耗

支架投入费用、电液控制系统费用及调研资料费用，共计

$$444 + 249.6 + 20 = 713.6（万元）$$

D 取得的直接经济效益：新增利润 + 同比节支 − 同比增加的消耗

$$10062.32 + 155.6 − 713.6 = 9504.32（万元）$$

与使用高档普采工艺开采 2 上煤层比，按试验期间增加的效益推算每年增加经济效益为 9504.32 万元。

5.7.2 安全效益

（1）薄煤层使用综采支架，提高了工作面支护的安全系数，同高档工艺相比，简化了操作工序，降低了作业风险，避免了顶板事故的发生，实现了安全生产。

（2）支架安装了 PM32 型液压支架电液控制系统，实现了移架、移输送机自动化；采煤机安装了远程遥控操作装置，使移架、移输送机、割煤等工序操作实现远距离操作，提高了安全生产本质化程度。

（3）充分开采保护层，可解决因瓦斯超限造成的安全隐患；降低了顶板及煤壁的管理难度，保证了工作面的正规循环，加快了开采的推进度，降低了老空区煤炭自燃的危险，实现无火花切割岩石。

（4）薄煤层使用综采支架，增强了对地质条件的适应性，解决了高档工艺过断层时的支护难题。

（5）使用新型环保极索 MS 液压支架浓缩液，避免了电液控制系统堵塞现象，避免了事故，促进了生产。

5.7.3 社会效益

通过薄煤层开采增加了矿井可利用的资源量，特别是稀缺的焦煤资源量，提高资源回收率，延长矿区的服务年限，且在高瓦斯和煤与瓦斯突出矿井开采薄煤层作为主采煤层的保护层，解决了瓦斯突出问题。

5.8 薄煤层自动化开采前景

2011 年峰峰集团薄煤层开采推广到了煤层厚度 0.6m 的极薄煤层，2011 年 1 ~ 9 月，峰峰集团薄煤层开采产量为 145 万吨。

2012 ~ 2014 年峰峰集团已经或即将安排黄沙矿、薛村矿、羊渠河矿、大淑村矿、孙庄矿、小屯矿、牛儿庄、大力公司等矿井的薄煤层开采。薄煤层开采比重 2009 年为 7.5%，到 2012 年已增加到 13%。

薄煤层作为大煤的保护层进行开采，有效解决了主采煤层的瓦斯抽放和煤与瓦斯突出问题，提升了矿井生产安全保障能力。峰峰矿区薄煤层煤炭高效开采规划的实施，可使 17459 万吨薄煤层表外储量得以开采，预计采出量可达到 8378 万吨，提高矿区煤炭资源回收率 4%；村庄煤柱的薄煤层多回收煤炭 4173 万吨，提高矿区资源回收率 2% 左右，可延长矿区开采年限 5 年左右。

我国煤炭赋存多样化，其中薄煤层资源丰富，分布广泛。资料显示在已勘探或开发的矿区中，84.2% 的矿区均有薄煤层赋存，据统计我国近 80 个矿区中的 400 多个矿井中，探明的薄煤层可采储量 60 多亿吨，占可采储量的 19%。大力推进薄煤层综合机械化开采对于节约和利用煤炭资源，延长矿井开采年限和实现高效开采都具有重要意义。

6 薄煤层综采可视远程控制
自动化工作面采煤技术

液压支架电液控制的发展起源于解决薄煤层开采这一难题。薄煤层工作面工人需在极低的工作面空间条件下跟机作业，这是困扰安全生产、产量和效率的重要问题。随着近年来电子计算机和自动控制技术的发展，采煤技术设备的自动化也日趋成熟。液压支架电液控制系统的出现和采煤机远程控制技术的发展，使井下采煤实现了由机械化向自动化的转变，从根本上改变了薄煤层工作面的生产条件，并为煤炭生产减人提效、安全生产奠定了基础，被称为采煤技术的第二次重大改革。

为推进煤矿综采自动化进程，提高煤炭储量利用率，延长矿井的服务寿命，降低工人劳动强度，保障安全生产，冀中能源峰峰集团有限公司决定进行薄煤层"薄煤层综采可视远程控制自动化工作面采煤技术"的研究和应用。

2011 年 12 月份在薛村矿 94702 野青工作面推广应用了薄煤综采自动化采煤技术，获得成功，次年 1 月份创出了月进 358m，产煤 11.7 万吨的集团公司薄煤综采新纪录，取得了可喜的成果。

6.1 概况

6.1.1 实现无人采煤工作面是采煤行业的迫切需要

随着我国国民经济的持续快速发展，对能源的需求量也越来越大。近年来，煤炭产量一直保持着快速增长局面，2010 年全国煤炭总产量达到了 32.4 亿吨，2011 年超过 35 亿吨。煤炭在国民经济发展中起着举足轻重的作用。

与我国煤炭需求的发展形势相对应，我国煤矿采掘技术装备水平仍显落后，与国外发达国家还有一定差距，表现为：

(1) 煤矿生产的机械化、集约化程度低，采矿方法落后，开采效率低；

(2) 缺乏高危资源开采中的关键技术，资源的开采不均衡，回收率较低、浪费严重；

(3) 生产效率低、劳动强度大、工作环境差、安全事故率高。

上述问题已成为制约我国煤炭行业可持续发展的瓶颈。为此，降低工作面劳动强度，提高人员的安全系数；推进综采自动化进程，提高生产效率，研究高危资源开采中采煤新工艺、新技术，开发高效智能煤机装备，减少井下作业矿工人数，最终实现井下综采自动化采煤技术，已成为国内外采煤行业的迫切需要和研究方向。

国家"863"计划项目"煤矿井下采掘装备遥控关键技术"，是以突破采煤过程和掘进过程中遥控设备的关键技术为核心，开发具备可视化遥控技术和远距离控制装置的煤岩巷道掘进机、采煤机，从而更加直观、便捷、高质量地满足我国煤矿井下采掘装备远距离遥控和安全作业的需要。

　　冀中能源峰峰集团有限公司研究与应用采煤装备自动化和远程监控核心技术，提高煤矿井下自动化装备水平，实现煤矿综采工作面自动化、无人或少人开采，提高煤炭资源开采效率、避免或减少煤矿井下重大人员伤亡，对于保障煤矿安全、促进煤炭资源开发的可持续发展具有重要的现实和战略意义。

6.1.2　国内外发展趋势

　　20世纪80年代，随着电子技术的飞速发展，国外发达国家的一些煤炭企业就进行了自动化采煤的探索，运用计算机、电牵引采煤机、电液控制支架和软启动刮板输送机等新技术，率先进行了采煤工作面三机自动化控制和信息监测的尝试，并取得了一些经验；到20世纪90年代，国外开始研究远程遥控采矿技术，并制定了新的矿山研究发展战略，进一步向实现自动化、智能化和无人化矿山方向开展研究。

　　我国在自动化采煤技术研究上起步相对较晚，进入21世纪以来，国内一些科研单位相继开展了这方面的技术研究和应用，并在一些煤矿应用取得了一定的成效。2004年7月，山东新汶矿业集团从国外引进螺旋钻机采煤新工艺，实现了工作面的无人操作。2005年5月，大同煤矿集团从国外引进一套自动刨煤机，实现了国内首个薄煤层刨煤机综采无人工作面。2007年3月，我国首个具有自主知识产权的自动化、信息化采煤工作面在山东兖矿集团正式投产，标志着国内煤炭行业建设进入高产、高效新阶段。

　　目前，我国采煤机装备水平在经过几十年的技术引进、消化吸收后，科技水平和研发水平均得到了全面提升，大功率、大采高、高可靠性、智能化、自动化、数字化、网络化的综采机械和装备不断研制成功，大大缩短了与国外先进水平的差距，极大地提高了我国煤炭综采装备自动化程度，安全、高效的开采薄煤层已经成为可能。

　　冀中能源峰峰集团有限公司生产矿井薄煤层煤炭储量5000万吨以上，为促进薄煤层开采技术进步，推进薄煤层综采自动化进程，提高薄煤层储量利用率，延长矿井的服务寿命，降低工人劳动强度，保障安全生产，冀中能源峰峰集团有限公司研究决定进行薄煤层"薄煤层高产高效可视远控自动化综采配套技术"的研究和应用。

6.2　薄煤可视远控自动化综采技术特征及可行性

6.2.1　技术特征

　　峰峰集团综采可视远控自动化采煤技术，结合峰峰矿区煤层赋存情况，针对薄煤层工作面的开采特点，在技术方案设计上本着简洁、可靠、实用的原则，体现先进性和实用性，适应当前峰峰集团发展的需求。

　　综采可视远控自动化采煤技术主要包括两个方面内容：

　　（1）生产设备的自动化。工作面采煤机、液压支架和刮板输送机三机具有自动化和智能化控制功能，自动完成割煤、装煤、移架、移刮板输送机和顶板支护等生产流程，是实现工作面无人化的基础。

　　（2）生产现场的无人化。建立工作面集中监控平台，集通讯网络、视频监视和远程操作控制于一体，通过自动协调匹配或人工远程干预方式，在工作面现场操作无人条件下实现"采、掘、运"生产工艺流程。

涉及的技术内容主要包括：采煤机运行状态检测技术、采煤机记忆截割自动调高技术、采煤机自动控制技术、液压支架电液控制技术、采煤工作面视频监视技术和综采工作面"三机"协调及远程控制技术等。

6.2.2 可行性

近20年来，以微电子技术和信息技术为先导的高新技术正广泛应用到煤炭行业，依托这些先进的技术，将综采工作面综合信息处理与综采工艺过程控制相结合，综采工作面无人化开采正在变成现实。

采煤机作为工作面的核心设备，现在普遍具备交流变频电牵引、系统参数显示、参数记忆、负载保护和一定的故障诊断等基本的智能化功能；在此基础上需进行技术改造的内容包括：增加煤岩识别、位置检测、远程通信和控制等功能。煤岩识别技术选择应用最多、技术最成熟的记忆截割自动调高技术；采煤机位置检测通过光栅编码器和软件容错技术来实现；远程数据通信采用抗干扰性强、通信距离远的 CAN 局域网总线技术，由此满足无人工作面对采煤机的控制要求。

液压支架电液控制技术采用北京天玛 SAC 电液控制系统，具有成组控制、邻架控制和远程操作控制等功能，通过远程主控计算机还可以对工作面液压支架进行监控，通过液压支架与采煤机相配合，实现液压支架的跟机自动移架和推进等控制。

综采工作面视频监视系统由工业以太环网和网络摄像仪组成，摄像仪采用低照度、红外增强成像技术，其最低照度仅为 0.001Lux，解析度可以达到 570 线的高清晰画面效果，实现工作面全长煤壁侧无盲区视频监控，可对生产现场工况进行随时瞭望和异常查看。

CAN 总线技术属于现场总线的范畴，是专为在强电磁干扰环境下可靠工作而设计的一种串行通信网络，具有优良的抗干扰性能；CAN 总线通信速率最高可达 1Mbps，直接通信距离最远可达 10km，且仍可提供高达 5kbps 的数据传输率，非常适合工作面设备与监控中心的数据传输。

煤矿用隔爆型工业计算机采用基于 X86 构架的高性能工控计算机，可以运行 WindowsXP 或 Linux 系统，完全支持组态王等控制软件，为灵活、方便的开发自动化集中控制系统提供了保障。

综上所述，针对薄煤层赋存地质条件，通过综合运用远程通信、设备定位、视频监视和自动化控制等技术，实现薄煤可视远控自动化综采工作面采煤是可行的，可有效解决薄煤层开采中由于场地、空间狭窄而造成的劳动强度大、安全状况差的局面，为提升冀中能源峰峰集团有限公司薄煤层工作面装备技术水平和安全系数开创新途径。

在充分论证的基础上，冀中能源峰峰集团有限公司决定在薛村矿 94702 工作面开展薄煤可视远控自动化综采工作面技术工业性试验。

6.3 三机设备选型及配套

6.3.1 设备选型和配套原则

薄煤可视远控自动化综采工作面设备选型应符合以下原则：

（1）液压支架。采用两柱双伸缩掩护式短顶梁支架的形式，工作阻力及支护强度等参数要满足薄煤层矿压要求，最低采高实现 0.8m，同时要保证最小过机空间和三机配套的参数合理。考虑到薄煤层工作面空间狭窄环境差，要求选用的支架具有较高的可靠性。

（2）采煤机。选用大功率的交流变频电牵引采煤机，机面高度要充分保证在开采较薄地段时有足够的过机空间，要求功率大、体积小、稳定性好、破顶、底割矸石的能力强，即整机性能稳定、故障率低、可靠性高。

（3）刮板输送机。选用双中链封底结构的铸焊中部槽，降低中部槽的高度，以适应薄煤层开采的需要。降低机头高度和卸载高度，选用高效减速机，实现双速启动、机头尾互换。加大电机功率实现启动平稳、工作可靠、事故率低、寿命长。

6.3.2　采煤机选型

6.3.2.1　机型确定

根据薛村矿薄煤层赋存条件特点以及国内采煤机发展现状及水平，我们选用了MG160/360 - BWD 型非机载交流变频调速采煤机，切割功率 2×160kW，总装机功率达到361kW。该机具有功率大、切割能力强、故障率低、机身高度低、保护齐全、稳定性好、控制功能齐全的特点，并可方便增加智能截割和远程通信等功能。

6.3.2.2　采煤机技术特征

采煤机技术参数如表 6 - 1 所示。

表 6 - 1　MG160/360 - BWD 型采煤机技术参数

项 目	单 位	技 术 指 标
产品型号		MG160/360 - BWD
采高范围	m	0.8 ~ 1.8
煤层倾角	(°)	≤16（<30 四象限）
煤质硬度系数 f		≤4
滚筒转速	r/min	87.59
截 深	mm	630
机面高度	mm	678
滚筒直径 ϕ	mm	800，900，1100
最大截高	mm	1642，1692，1792
下切深度	mm	106，156，256
调速方式		机外载、交流变频
牵引力	kN	261
牵引速度	m/min	0 ~ 6.68
总装机功率	kW	361
截割功率	kW	2×2×80
牵引功率	kW	2×15
供电电压	V	1140
机器总重	t	20

6.3.2.3 采煤机新型结构摇臂

薄煤采煤机摇臂进行了优化设计，增强了薄煤采煤机摇臂的过煤空间，提高了装煤的能力，特别是对于滑靴骑铲板式的薄煤采煤机，更是显著增强了采煤机的装煤效果。

6.3.3 液压支架选型

6.3.3.1 架型确定

经计算机优选和对支架参数化、可视化、动态受力分析，选定架型为 ZY3300/07/13D 薄煤层两柱掩护式液压支架，其有以下特点：

（1）采用先进的计算机模拟试验和优化程序对液压支架参数进行优化设计，支架架型为两柱掩护式液压支架，稳定性好，具有足够的抗扭能力。

（2）支架采用电液控制，技术先进，安全可靠，支护、推溜、移架机构完善，人行通道较为畅通。

（3）顶梁为整体短顶梁结构，对支架前部顶板的支撑效果好，而且加大了采煤机的过机高度和能力，不设活动侧护板，通风断面大；为尽可能少漏矸，加大顶梁宽度到 1450mm。

（4）控顶距小。顶梁较短，因而对顶板反复支撑次数少，减少了对直接顶的破坏。

（5）前后连杆均采用双连杆结构，结构件采用高强度钢板，保证有足够的强度。

（6）底座采用底封式刚性底座，可保证推移机构顺利排出浮煤。

（7）为尽可能加大接底面积，减少对底板加压，支架底座加宽到 1350mm，并适当向前加长，可防止支架陷底难移。

（8）推移千斤顶为短推杆机构，结构可靠、拆装方便、移架力大，可实现快速移架。

（9）平衡千斤顶采用一个 $\phi125$mm 缸径的千斤顶，增加平衡千斤顶对顶梁合力作用点的调节范围，支架受力稳定性较好，能自动适应顶板压力变化。

（10）采用大流量电液控制系统，提高降、移、升速度。

6.3.3.2 支架特征

支架技术参数如表 6-2 所示。

表 6-2 ZY3300/07/13D 型液压支架的技术参数

项 目		参 数	单 位	备 注
支 架	高 度	700~1300	mm	
	中心距	1500	mm	
	宽 度	1450	mm	
	初撑力	2618	kN	$p=31.5$MPa
	工作阻力	3300	kN	$p=39.7$MPa
	支护强度	0.42~0.48（$f=0.2$）	MPa	
	底板比压	1.2	MPa	
	泵站压力	31.5	MPa	
	操纵方式	电液控制		

项　目		参　数	单　位	备　注
立　柱	形　式	双伸缩		2 个
	缸　径	230/180	mm	
	柱　径	220/160	mm	
	行　程	444	mm	
	初撑力	1309	kN	$p = 31.5\text{MPa}$
	工作阻力	1650	kN	$p = 39.7\text{MPa}$
推移千斤顶	形　式	差动		1 个
	缸　径	125	mm	
	杆　径	85	mm	
	行　程	700	mm	
	推　力	178	kN	
	拉　力	207	kN	
平衡千斤顶	形　式	普通		1 个
	缸径/杆径	125/70	mm	
	行　程	208	mm	
	推力/拉力	386/265	kN	$p = 31.5\text{MPa}$
	推力/拉力	486/334	kN	$p = 39.7\text{MPa}$
调底千斤顶	形　式	普通		1 个
	缸径/杆径	100/70	mm	
	行　程	145	mm	
	推　力	246	kN	$p = 31.5\text{MPa}$
	拉　力	126	kN	$p = 31.5\text{MPa}$

6.3.4　刮板运输机选型

6.3.4.1　机型确定

采用河北天择重型机械有限公司生产的 SGZ – 630/220 整体铸焊结构刮板输送机。为了增加刮板机的强度，提高工作性能，减少故障，实现三机整体配套设备在采高 0.8m 煤层条件下的配套要求和安全生产，根据实际配套的要求，在保证可靠性的前提下，压低整体溜槽的高度；降低输送机机头的卸载高度；修改对轮连接罩的形式，采用高效减速器。

6.3.4.2　刮板输送机技术参数

刮板输送机技术参数如表 6 – 3 所示。

表 6 – 3　SGZ – 630/220 型刮板输送机的技术参数

项　目	技　术　参　数
产品型号	SGZ – 630/220
出厂长度	150m

项 目	技 术 参 数
输送量	400t/h
装机总功率	$2 \times 110kW$
刮板链速	1.03m/s
紧链方式	闸盘式
牵引方式	齿轮-销轨式
减速器型号	6JS-110
圆环链规格	$\phi26mm \times 92mm - C$ 双中链
启动方式	双速启动
中部槽规格	$1500mm \times 585mm \times 208mm$
中部槽结构形式	铸焊封底结构式

6.3.4.3 电缆槽设计

在采煤机上、下运行中，由于随机拖放电缆和水管较多，弯曲半径增大，极易造成线缆脱出电缆槽，造成挂拉而损坏，这就要求电缆槽有足够的空间容纳弯曲的电缆。

原电缆槽的宽度为180mm，此次设计的电缆槽宽度为700mm，其中有约400mm的宽度部分设计成铰接型式，正常工作时可以放平，与主体电缆槽在工作状态时相同。当需要检修过人时，此部分可以逆时针旋转102°，以让出400mm左右的空间作为人行道。电缆槽设计如图6-1所示。

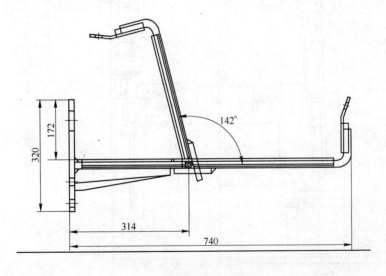

图 6-1 电缆槽示意图

6.3.5 三机配套参数

根据薛村矿的具体条件以及综采机械化装备选型、配套要求，通过对支架、采煤机、刮板输送机选型改造和对三机配套的合理设计，确定了配套设备，如表6-4所示。

支架、采煤机、刮板机三机配套图如图6-2所示。

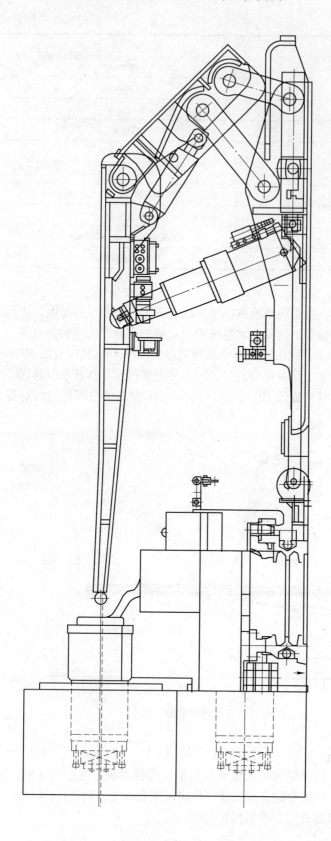

图 6-2 三机配套图

配套设备：输送机：SGZ630/220；采煤机：MG160/360-BWD；基本架：ZY3300/07/130

表6-4 三机配套设备表

序 号	名 称	规 格 型 号
1	液压支架	ZY3300/07/13D
2	电液控系统	SAC
3	采煤机	MG160/360-WD
4	刮板机	SGZ-630/220
5	乳化液泵站	BRW200/31.5
6	胶带输送机	SJ-80

通过对以上设备的选型设计和改进，结合薛村矿的地质条件，对配套参数进行了认真协调和研究，使其达到了优化组合，具体配套参数如表6-5所示。

表6-5 支架、采煤机、刮板机三机配套参数

项 目	参 数
支架高度	0.7~1.3m
支架宽度	1.45m
支架中心距	1.5m
推移步距	600mm
输送机中部槽高度	208mm
过煤高度	226mm
铲间距	230mm
滚筒直径	900mm
卧底量	156mm
机面高度	711mm

6.4 工作面远程控制技术

6.4.1 概述

薄煤层数字化无人工作面监控技术，集自动化控制、工业以太网、视频、通讯于一体，综采设备联机集中控制，生产过程实现连续、高效、自动化运行；同时监控系统具备人工远程干预功能，使工作面生产现场操作无人化，仅当设备检修、维护时，工作人员才会到达工作面，确保高产、高效和安全。

系统包括多个子系统，基本组成为：采煤自动控制系统，液压支架电液控制系统，刮板机控制系统，三机联动控制系统，三机故障诊断系统，视频监视系统和矿用以太网系统等。

可视远控工作面系统结构见图6-3。

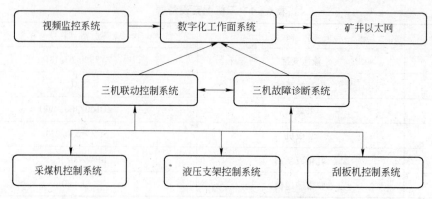

图 6 - 3   可视远控工作面系统结构图

6.4.2 采煤机自动控制技术

6.4.2.1 采煤机位置检测技术

采煤机位置检测可通过光栅位移检测技术实现。光栅位移检测系统一般由光栅传感器和信号处理单元组成。两重叠光（主、指示光）在相干光源的照射下，形成莫尔条纹。光电元件接收莫尔条纹信号并经过转换后形成两个相互正交的正弦或方波电压信号。这两个电压即成为数显处理的基础信号。通过传感器调理电路对获取信号进行处理，从而实现对采煤机位置的检测。

6.4.2.2 记忆截割自动调高技术

采煤机记忆截割的原理是：司机操纵采煤机沿工作面煤层先割一刀，将采煤机的位置、牵引方向、牵引速度、左截割摇臂位置、右截割摇臂位置、采煤机横向倾角、采煤机纵向倾角等参数存入计算机，以后的截割行程由计算机根据存储器记忆的参数自动调高。如煤层条件发生变化，通过视频监测，通过人工干预方式进行调高，同时自动记忆调整过的参数，作为下一刀调高的依据。

假设在第 i 个工作循环中（$i = 0$），使采煤机处于手动操作状态，采煤机司机操纵采煤机先割一刀，控制系统将采煤机的参数以矩阵形式存入计算机，其格式为：

$$B = [x, y_1, y_2, v, d, \omega, \theta_1, \theta_2]$$

式中　x——采煤机在工作面上的位置，以装在刮板输送机上的销轨为基准，通过采煤机
　　　　　　行走部齿轮上编码器的转数定位；

　　　　y_1——前滚筒最高点相对于销轨的高度，m，$y_1 = H + L\sin(\alpha) + \dfrac{D}{2} + f_1(\theta_1) +$

　　　　　　$f_2(\theta_2)$；

　　　　y_2——后滚筒最低点相对于销轨的高度，m，$y_2 = H - L\sin(\beta) - \dfrac{D}{2} - f_1(\theta_1) - f_2(\theta_2)$；

　　　　v——牵引速度，m/min；

　　　　d——牵引方向；

　　　　ω——滚筒转速，r/min；

　　　　θ_1——采煤机横向倾角，（°）；

　　　　θ_2——采煤机纵向倾角，（°）；

$f_1(\theta_1)$——采煤机横向倾斜的高度补偿，m；

$f_2(\theta_2)$——采煤机纵向倾斜的高度补偿，m；

　　H——采煤机摇臂回转中心至销轨的垂直距离，m；

　　L——摇臂长度，m；

　　α——摇臂摆角，$\alpha = f(l)$；

　　l——调高油缸伸缩量，m；

　　D——滚筒直径，m。

　　若采煤机记忆截割的采样周期过短，庞大的矩阵序列将导致控制器的处理速度下降，但采样周期过长则会使误差增加。通过对比研究，采样周期取为0.1s。在第 $j = i + 1$ 及其以后的工作循环中，使采煤机处于自动控制状态。采煤机根据所在位置 x_j 调节调高油缸伸缩量和牵引速度，使其跟踪采煤机在前一刀行程的截割轨迹。若在 x_k 处碰到矸石，且 $y_k > 0.95y_1$ 或 $y_k < 0.95y_2$，则选择躲避截割的策略，通过多传感器数据融合系统检测并修改本周期的矩阵序列，否则强行截割过矸。

　　采煤机记忆截割原理如图6-4a、b所示。

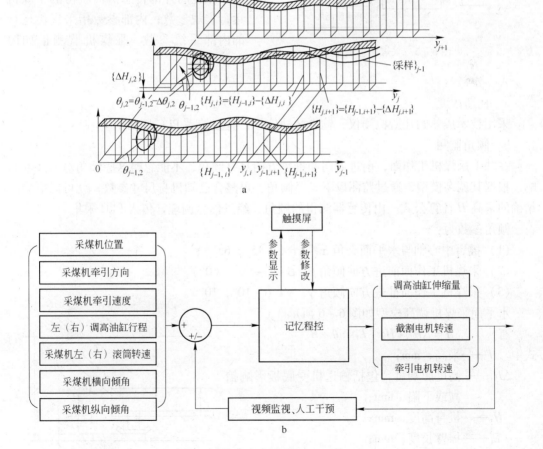

图6-4　记忆截割原理

a—记忆截割的原理图；b—记忆截割的原理框图

6.4.2.3　采煤机运行状态实时监控

采煤机是煤矿井下的重要设备之一，它的运行状况正常与否直接影响着整个煤矿的经济效益，因此要求采煤机必须具有很高的可靠性和较长的使用寿命。为了提高采煤机的可靠性和使用寿命，除需要不断改进产品本身的制造质量外，更主要的就是对采煤机的运行状态进行实时监控、实时显示并及时对故障进行诊断和预报，以便根据运行情况对采煤机进行实时调节，使采煤机经常处于最佳运行状态。这样就可大大提高采煤机的可靠性和开机率，并降低操作人员的劳动强度。

电牵引采煤机要监测的参数分为外部参数和内部参数。外部参数是指需要加装相应的外部传感器而获得的采煤机运行宏观参数；内部参数指采煤机运行的内部系统参数。采煤机监测量如图6-5所示。

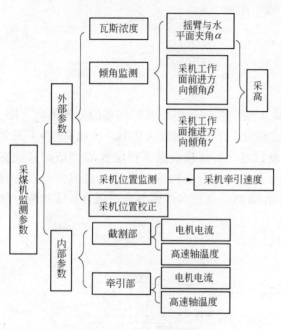

图6-5　采煤机监测量

A　外部参数

a　瓦斯浓度

采用技术成熟的瓦斯检测仪，输出脉冲信号，直接接入 PLC 控制器中。

b　倾角监测

在井下采煤机工作面，前进方向和推进方向具有倾角，不能忽略这些倾角对采高的影响。根据其调高模型，通过监测以下3个倾角，再整合已知机身尺寸参数，就可以推导出精确的采高 H 计算公式。由传感器测得的倾角，经过信号调理，传入 PLC 采集。

倾角参数为：

（1）摇臂中心轴与水平面夹角 α，$\alpha \in (-45°, 65°)$；

（2）采煤机工作面前进方向倾角 β，$\beta \in (-60°, 60°)$；

（3）采煤机工作面推进方向倾角 γ，$\gamma \in (-10°, 10°)$。

水平面采煤机调高模型如图6-6所示。

有　　　　$H = \Delta H_1 + H_1 + L_1 \sin\theta + R$

式中　H——采高，mm；

ΔH_1——高度影响量，包括输送机受底板影响抬高或下陷，mm；

H_1——机身高度，mm；

L_1——摇臂长度，mm；

θ——摇臂与水平摆角，（°）；

R——滚筒半径，mm。

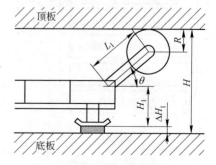

图6-6　水平状态调高模型

由于实际工作面底板都带有一定的倾角 β（见图 6-7）。又因为很难测得 θ 值，根据实测值 α，摇臂在上时 α 取正值，在下则取负值，则有 $\alpha = \theta + \beta$，即 $\theta = \alpha - \beta$。采高表达式修正为

$$H = \Delta H_1 + H_1 + L_1 \sin(\alpha - \beta) + R - [L_1 \sin(\alpha - \beta) + \Delta L]\tan\beta$$

式中　ΔL——支腿中心到摇臂在机身连接点的水平距离，mm。

采煤机在推进方向也会存在倾角 γ，即俯采（ - ）或仰采（ + ），$\gamma \in (-10°, 10°)$，该倾角也会影响采高，如图 6-8 所示。

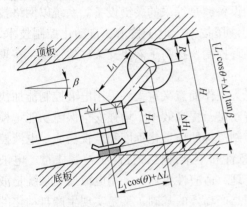

图 6-7　倾斜状态调高模型

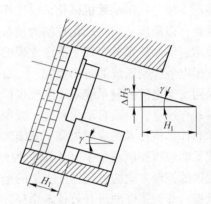

图 6-8　采煤机沿工作面推进方向仰采侧面图

所以，最终采高表达式为

$$H = \Delta H_1 + H_1 + L_1 \sin(\alpha - \beta) + R - [L_1 \sin(\alpha - \beta) + \Delta L]\tan\beta - B_1 \tan\gamma$$

式中　B_1——支腿中心到滚筒端面水平距离，mm。

说明：

（1）H_1、L_1、ΔL、R、B_1 均为采煤机组固定结构，因采煤机型各异，ΔH_1 一般可取为零；

（2）角度 α、β、γ 可取正负值，通过传感器实测均相对地标水平测量。

c　采煤机位置检测

通过牵引电机驱动，采煤机牵引力矩通过多级齿轮传动作用到行走齿轮，并通过行走齿轮与输送机上安装的齿条啮合实现行走。所以在采煤机牵引减速箱的输出轴安装防爆绝对型编码器，检测行走轮在齿条上转过的圈数，再根据行走齿轮的分度圆周长，计算出采煤机行走的距离，最后根据液压支架间距来计算采煤机相对液压支架的工作面位置。

B　内部参数

a　电机电流

如果截割部、牵引部电机电流在一段时间内保持较高值，很可能因为电流热效应而烧毁，因此在采煤机截割、行走过程中检测电机电流是必要的。截割电机及牵引电机电流通过输出 0~10V 的标准电流互感器检测到模拟量，经模数转换模块 A/D 转换后输入 PLC 进行运算处理。

b　高速轴轴温

截割部、牵引部主电机提供动力，该电机功率大、空间小，使得电机轴承温度很高，

而温度过高则可能直接导致电机轴承烧坏,故必须对高速轴的温度进行检测。

采煤机关键参数检测具有可操作性,可实现对井下电牵引采煤机的动态检测,解决了以往仅仅检测采煤机启停状态的局限性。该方法可对瓦斯浓度、采煤机倾角和工作面位置等外部参数,以及截割部和牵引部的电机电流、高速轴温等内部参数进行有效检测,为制定采煤机远程监控系统的整体方案奠定了基础。

6.4.3　液压支架电液控制技术

液压支架是煤矿综采机械化采煤工作面支护设备,是综采的关键设备。系统以网络技术为基础,以液压支架自动化控制为核心,利用液压技术、电子技术、自动化控制技术、通信技术、监测技术等实现了液压支架的自动循环控制,提高了液压支架移架速度,实现液压支架电液控制系统的自动控制。

采用支架电液控制系统对于实现煤矿井下无人工作面意义重大:采用电液控制能加快支架的动作速度,提高自动化程度,减少操作劳动量,提高效率,增强安全保障功能。检测技术和计算机技术的应用提高了支架工况和控制过程的信息化程度和监视功能。电液控制取代手动液压控制减少了(人工)控制的随意性和不准确性,提高了控制质量。电液控制提供的控制方式的可调性使支架的动作更合理,适应性更强。采用电液控制系统是液压支架提高移架速度的最有效技术途径,是实现高产高效的基础,又是实现生产自动化的技术基础,支架电液控制系统已经成为煤矿采煤工作面生产技术水平的重要标志。

6.4.3.1　支架电液控制技术发展概况

A　国外综采支架电液控制技术发展概况

液压支架电液控制的发展起源于解决薄煤层开采这一难题,薄煤层采煤机作为薄煤层开采机械,由于受其本身结构的限制,0.8m 已是其开采下限,而且维修、操作不便,工人需在极低的工作面空间条件下跟机作业,支护问题一直是困扰薄煤层工作面安全生产、产量和效率的重要问题。液压支架电液控制系统将原来的手工操作改为自动控制、程序化操作,它按采煤工艺实现对综采工作面液压支架的监测和控制,使液压支架与其他机采设备协调运行,充分发挥机采的生产效率,因此,电液控制支架成为薄煤层的主要采煤设备。在 20 世纪 50 年代,世界主要产煤国就开始开展电液控制技术研究。20 世纪 70 年代中期,英国煤炭局首先提出研制电子控制液压支架。1981 年澳大利亚的科里曼尔煤矿最先将电子控制的液压支架用于长壁综采工作面。1983 年底英国原道梯公司又为美国坎赛尔煤矿制造了两台按钮式微机控制的液压支架,1984 年投产。英国原伽立克公司于 1983 年 3 月研制出 "ELECTROFLEX" 电液控制系统,在 "HemHeath" 煤矿投入试验。1985 年底英国原道梯公司又研制出第二代全工作面集中电液控制系统。该系统的主控制台及电源均布置在工作面运输巷内,可实现全工作面集中控制。

德国于 20 世纪 80 年代初开始大力发展液压支架电液控制技术。威斯特伐利亚公司与西门子公司于 1978 ~ 1984 年间合作研制出德国第一套支架电子控制装置——Pmlermatic - E 系统,于 1986 年又研制出 Panemlatie - S5 支架电液控制系统。该系统的特点是具有灵活的编程能力,采用专门的 CPU 处理机和性能较高、能耗较低的 MCS - 80C 单片机,操作面板采用全塑密封、轻触按键,LCD 参数、故障显示。1987 年威斯特伐利亚公司与 MARCO 公司合作研制出 PM2 电液控制系统,其基本功能与 P - 55 系统类似,但 PM2 电液控制系统采用了 5 行 10 列的寄存器组和 16 位字符显示器来进行支架运行参数的显示和辅助功能的置入，并可通过操作面板的 4 个功能键随意显示支架参数或调用辅助功能。1990 年又研制出更为先进的 PM3 支架电液控制系统，技术上已相当可靠，在全世界广泛推广应用。20 世纪 90 年代后期威斯特伐利亚公司自行改进推出 PM4 电液控制系统，而 MARCO 公司则改进推出 PM31 电液控制系统。

美国于 1984 年在西弗吉尼亚州拉弗里吉煤矿装备了第一个使用原英国道梯公司制造的装有电液控制系统的液压支架的高产高效工作面，并取得成功。至 1994 年，全美国 81 个综采工作面中已有 73 个装备了电液控制的液压支架，占全部综采工作面的 90% 以上，至 1996 年，上升到 92.7%。目前，国外液压支架电液控制技术已发展到相当成熟的阶段。美国、澳大利亚、南非等国的煤矿新装备的综采工作面几乎全部采用电液控制的液压支架。

目前，液压支架的自动控制技术已日趋完善，德国、英国等国已研制出多种形式和功能齐全的支架电液控制系统。研究支架电液控制系统起步较晚的国家（如波兰等国），则在本国积极研究开发推广自己的支架电液控制系统。

B　国内综采支架电液控制技术发展概况

我国自 20 世纪 80 年代中期开始研制液压支架电液控制系统。1991 年北京煤机厂研制出第一套 BMJ2 - Ⅰ 型支架电液控制系统，在晋城古书院煤矿进行了井下工业性试验，在此基础上改进的第二代 BMJ2 - Ⅱ 型支架电液控制系统（20 架），于 1992 年 12 月至 1995 年 5 月在井下进行工业性试验，但自此即被搁置一边。郑州煤机厂于 1991 年 5 月研制支架电液控制系统。煤炭科学研究总院太原分院于 1996 年研制了 YLT 型支架电液控制系统。

目前，国内支架电液控制系统研制较为成功的企业是北京天地玛珂电液控制系统有限公司。该公司与 Marco 公司合作，在国内推广应用了近 60 套电液控制系统。2006 年，北京天地玛珂电液控制系统有限公司研制出 SAC 型液压支架电液控制系统，并于同年 10 月份进行了井下工业性试验。系统在井下的 4 个工作面中使用 2 年多，取得了较好的效果。2008 年 9 月 10 日，SAC 型支架电液控制系统在宁夏石沟驿煤业有限公司投产，工作面共安装 143 架；2008 年 9 月 16 日，SAC 型支架电液控制系统在神华宁夏煤业集团汝箕沟矿投产，工作面共安装 147 架。经过上述两个工作面的应用，各项功能逐步完善，其中，石沟驿矿完成了工作面支架电液控制系统的单架单动作控制，单架自动移架控制，成组伸缩梁控制，成组推溜和拉溜控制，以及自动补压等各项功能的应用，汝箕沟矿完成了井下工作面顺槽集中数据管理与数据上传到地面，在地面服务器数据上进行集中管理等功能。

6.4.3.2　液压支架电液控制系统

A　支架电液控制系统组成及其工作原理

支架电液控制系统由支架控制器、人机操作界面、压力传感器、行程传感器、角度传感器、红外传感器、隔离耦合器、电源箱、连接器、电磁先导阀、主阀、电源电缆、网络变换器、数据转换器、主控计算机、地面计算机等组成。支架电液控制系统工作原理如图 6-9 所示。

控制系统中的压力传感器、行程传感器、倾角传感器分别检测液压支架的立柱压力、移架步距和平衡倾角，并将检测数据报送到控制器。控制器通过判断这些反馈信息决定支架控制的动作，实现支架动作的自动控制。

B　液压支架控制单元

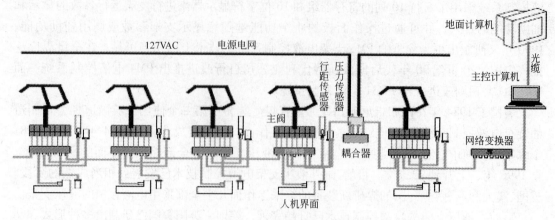

图 6-9 液压支架电液控制系统原理图

支架控制单元是综采工作面液压支架电液控制系统的最小单元，包括人机交互部分（人机界面）、支架动作执行部分（支架控制器及电磁先导阀和液控主阀组成的阀组）和检测部分（各种传感器）组成。

（1）支架控制器硬件。支架控制器是支架电液控制系统的核心部件。支架控制器主要功能包括支架动作控制、支架状态监测、通信。控制器单元硬件部分设计主要由通信模块、数据采集模块、电磁驱动模块、数据存储模块及电源管理模块组成。

（2）支架控制器电源。电源是干扰的入侵路径，系统中许多干扰是从电源引入的，在支架控制器电源设计中为解决电源线干扰，在电源线入口处安装了滤波元件，防止电源干扰进入支架控制器。为适应煤矿井下生产的特殊使用环境，控制器电源设计需具有高效率、高精度、低噪声、本质安全的特点。

（3）支架电磁驱动控制器。支架控制器电磁驱动模块是控制器硬件设计的核心。当支架控制器收到本架或相邻架控制器发出的动作命令后，支架控制器通过电磁驱动模块控制电磁先导阀动作，从而实现液压支架动作。

6.4.4 低照度视频监视技术

视频监控在获取图像过程中会引入噪声，特别是高斯加性噪声。同时由于低照度视频曝光不足，当客观环境亮度降低时读出噪声会随之增大。因此快速有效地滤除这些噪声，将图像中不易察觉的细节实时呈现出来，对视频监控尤为重要。

低照度视频增强针对夜间视频亮度低、噪声大、图像细节可视性差等特点进行增强，使得部分隐含在暗区域图像的细节能够较清晰地呈现出来，并且降低噪声的影响。

6.4.4.1 低照度视频增强的基本原理

根据虚拟曝光模型，从时间域上对视频帧（图像序列）进行曝光补偿，首先采用自适应时空域累积滤波方法降低噪声，再使用色调映射函数进行亮度调节。低照度视频增强处理的流程如图 6-10 所示。

6.4.4.2 自适应时空域累积滤波

自适应时空域累积滤波方法是基于经典的双边滤波而提出的。对当前像素点 s，计算

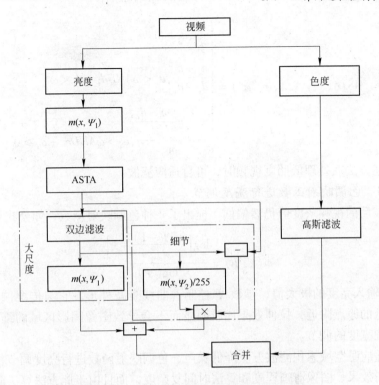

图 6-10 低照度视频增强处理的流程示意图

双边滤波中的亮度相似度因子 g_2 的灰度差 $D(p, s)$，如下式所示：

$$D(p,s) = I_p - I_s$$

$$N_s = Kernel = \begin{vmatrix} p_x = [s_x - k, s_x + k] \\ p_y = [s_y - k, s_y + k] \end{vmatrix}$$

其中 p 为像素点 s 的邻域，如果仅仅作简单相减，很难克服散粒噪声的影响。因此对 $D(p, s)$ 作了改进，如下式所示：

$$D(p_{xyt}s_{xyt}) = \frac{\sum\limits_{x=sx-n}^{sx+n} \sum\limits_{y=sy-n}^{sy+n} g(\|x-p_x, y-p_y\|, \sigma_e) |I_{x,y,pt} - I_{x,y,st}|}{\sum\limits_{x=sx-n}^{sx+n} \sum\limits_{y=sy-n}^{sy+n} g(\|x-p_x, y-p_y\|, \sigma_e)}$$

这里的标准差 σ_e 可根据不同的噪声程度取值。

视频在滤波前，先定义了一个带有增益因子 λ 的全局阈值 ω，如下式所示：

$$\omega = \lambda * g(0, \sigma_h) * g(0, \sigma_i)$$

这里的因子 $g(0, \sigma_h) \times g(0, \sigma_i)$ 可以看做是对一个像素点的定义，ω 用以决定所需像素点的数量。接着对当前像素点 (x, y, t) 分别在时间域、空间域上进行双边滤波，如下式所示：

$$\frac{n_t}{d_t} = \text{temporalbilateral}(x, y, t, \sigma_h, \sigma_i)$$

$$\frac{n_s}{d_s} = \text{spatialbilateral}(x, y, t, \dot{\sigma}_h, \dot{\sigma}_i)$$

其中 n、d 分别表示滤波结果的分子、分母。最后得到每个像素点的滤波结果如下式：

$$ASTA(x,y,t,\lambda,\dot{\sigma}_h,\dot{\sigma}_i) = \begin{cases} \dfrac{n_t}{d_t}, & d_t \geqslant \omega \\[2ex] \dfrac{n_t+n_s}{d_t+d_s}, & d_t < \omega\ AND\ d_t+d_s < \omega \\[2ex] \dfrac{n_t+n_s\dfrac{\omega-d_t}{d_s}}{\omega}, & d_t > \omega\ AND\ d_t+d_s \geqslant \omega \end{cases}$$

使用上述方法在处理低照度视频时，可自适应滤波。

6.4.4.3 色调映射函数进行亮度调节

由于滤波后的视频灰度值仍然偏低，提出了一种色调映射函数，如公式 6-1 所示：

$$m(x,\varPsi) = \frac{\log\left[\dfrac{x(\varPsi-1)}{x_{\max}}+1\right]}{\log(\varPsi)} \tag{6-1}$$

式中，$x_{\max}$ 为输入亮度的极大值，参数 $\varPsi$ 控制着曲线衰减外形。它与传统伽马函数相比，在亮度值较低的原点附近，拉伸效果比较明显而不会导致图像阴影区域的细节严重丢失，从而达到视频亮度的调节。

通过自适应时空域累积滤波方法降低噪声、色调映射函数进行亮度调节，不仅兼顾了图像去噪平滑效果、图像清晰程度和算法时间复杂度，而且由于此方法算法简单，不需要繁杂的迭代，用 VC 可以轻松实现，从而实现综采设备运行状况和工作面煤岩界面监视。

6.4.5 网络和总线传输技术

实现薄煤可视远控自动化综采技术需要通过数字化通信技术对工作面的关键生产设备进行远程监控，其监控过程和数据通信采用 CAN 总线传输技术。

CAN 总线传输技术具有良好的抗干扰性能，通信速率最高可达 1Mbps，直接通信距离在最远 10km 时仍可提供高达 5kbps 的数据传输率，非常适合工作面设备与监控中心的数据传输。

图 6-11 CAN 总线拓扑结构

6.4.5.1 CAN 总线的基本工作原理

CAN 总线的拓扑结构如图 6-11 所示，它是一个典型的串行总线的结构形式。

当 CAN 总线上的一个节点（站）发送数据时，它以报文形式广播给网络中所有节点。对每个节点来说，无论数据是否是发给自己的，都对其进行接收。每组报文开头的 11 位字符为标识符，定义了报文的优先级，这种报文格式称为面向内容的编址方案。在同一系统中标识符是唯一的，不可能有两个站发送具有相同标识符的报文。当几个站同时竞争总线读取时，这种配置十分重要。当一个站要向其他站发送数据时，该站的 CPU 将要发送的数据和自己的标识符传送给本站的 CAN 芯片，并处于准备状态；当它收到总线分配时，转为发送报文状态。CAN 芯片将数据根据协议组织成一定的报文格式发出，这时网上的其他站处于接收状态。每个处于接收状态的站对接收到的报文进行检测，判断这些报文是否是发给自己的，以确定是否接收它。由于 CAN 总线是一种面向内容的编址方案，因此很容易建立高水准的控制系统并灵活地进行配置。我们可以很容易地在 CAN 总线中加进一些新站而无需在硬件或软件上进行修改。当所提供的新站是纯数据接收设备时，数据传输协议不要求独立的部分有物理目的地址。它允许分布过程同步化，即总线上控制器需要测量数据时，可由网上获得，而无须每个控制器都有自己独立的传感器。

6.4.5.2　基于 CAN 总线通信技术的远程监控系统

A　系统结构模型的提出

系统结构由两层构成，即控制层和设备层。控制层由各类功能节点组成，利用 CAN 总线技术实现各设备节点的信息互连。控制层网可以根据需要分为主干网和若干子网，以解决局部较为集中设备节点的控制问题。对于一些较为重要的环节，如环境安全、煤炭运输等设备节点一般直接挂在主干网上。对于节点间超过 10km 的控制网络，采用中继器进行信号延伸。设备层是处于网络控制层底层的智能信息处理单元，由智能传感器、执行机构等组成，完成所控设备的数据采集，用于底层设备的低成本、高效率信息集成，达到减小费用和方便安装的功效。

B　系统构成概述

按节点类型分，本系统由以下几部分组成：

（1）主控制节点，位于地面调度室，负责整个生产监控系统的协调工作，根据情况，向其他所有节点传送人为指令，并接收汇总各节点信息。

（2）环境安全监控节点，包括瓦斯监测节点、给排水节点、通风机节点和电网供配电节点。由于涉及井下工人的生命安全，这些节点数据具有较高的优先级，一旦发生紧急情况，节点本身可以自主采取应急措施，起动备用设备，同时向总线发送紧急状态警报。这些节点施行无人值守，全自动运行。

（3）生产设备监测节点，主要分布在生产现场，如采煤、掘进工作面，对这些节点只实现总线监测功能，并施行远程集中控制。

（4）运输监控节点，主要包括各类运输皮带，这类节点施行地面集中监控。

（5）总线监听节点，由于煤矿井下环境恶劣，任何节点都有可能发生故障而与总线中断联系。监听节点主要负责总线上各类功能节点与总线联系正常与否的巡回监测，并形成监测报告随时向总线公布。

C　各节点的软硬件配置

监控中心控制节点采用 PC 机实现，PC 机通过 RS232/CAN 适配器接入 CAN 总线网络。集中控制中心通过屏幕显示设备及报警设备，以利于对总线各节点的监视和故障分析。

其余各现场节点采用可编程序控制器（PLC）实现。对于带有 CAN 接口协议的 PLC 可以直接接入网络，从而达到对工作面的视频检测以及采煤机、液压支架等工作设备的检测控制，实现综采工作面数字化自动监视和控制系统。

6.5　薛村矿薄煤可视远控自动化综采工作面控制系统

6.5.1　自动化监视和控制的基本方案

采用数字化控制技术，建立薄煤综采工作面远程监控系统平台，对关键设备及工况进行远程监视、三机联机控制、故障保护和联锁，完成割煤、推溜、移架、装煤、拖缆和运输等自动化生产流程，实现薄煤综采工作面无人化开采，确保井下生产高产、高效和安全生产。图6-12为综采工作面控制系统示意图。

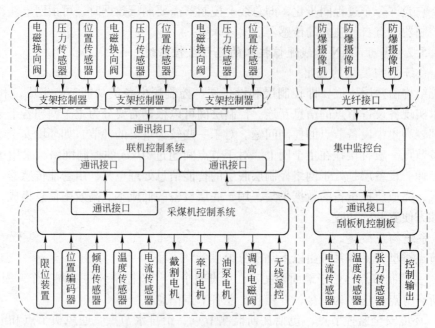

图6-12 综采工作面控制系统示意图

自动化监视和控制的基本方案如下：

（1）采煤机智能控制技术。对变频调速电牵引采煤机进行技术改造，增加记忆截割、自动调高控制和位置姿态检测功能，实现采煤机远程集中监测和自动控制，满足无人工作面对采煤机的控制要求。

（2）液压支架电液控制技术。采用SAC液压支架电液控制系统，通过多传感器位置识别系统、采煤机位置识别系统、网络和总线连接装置、信息通讯传输技术，实现液压支架远程控制和自动跟机移架。

（3）综采工作面可视化监视技术。采用超低照度摄像技术、多画面分割、跟机视频切换技术，实现综采设备运行状况和工作面煤岩界面监视。

（4）综采设备集中协调控制技术。通过光缆和CAN总线通信技术相结合的综合传输网络，将设备运行参数和现场视频图像集中显示在监控台上，由操作人员对综采工作面三机参数匹配性进行分析，协调综采工作面三机运行控制。

6.5.2 采煤机智能控制系统

本远程控制系统是针对MG160/360-BWD型交流电牵引采煤机而设计。通过修改可适用其他机型的采煤机，具有广泛的可移植性。

该系统采用PLC与矿用隔爆兼本安型工业控制计算机相结合的控制方式，按照采煤工艺要求，对采煤机进行远程监测及控制，并以友好的图形界面动态显示采煤机的工作过程，对关键点的数据进行记录以便实现记忆截割。系统具有手动、自动定高和记忆截割三种控制模式。用户可以根据实际情况进行选择。工业控制计算机与下位机（PLC）通过稳定可靠的 CAN 总线进行通信。

6.5.2.1 系统组成及功能

A 系统组成

整个系统分为两部分：监控中心部分和采煤机端。监控中心的设备主要有：隔爆兼本安工控机、通讯模块等。采煤机端的设备主要有：3 路检测摇臂和机身倾角的倾角仪、1 个监测采煤机位置的编码器、2 个接近开关、通讯模块、PLC 和扩展模块等。采煤机端通过 CAN 总线与监控中心双向通信。图 6 - 13 为采煤机控制系统原理图。

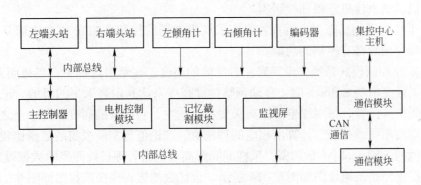

图 6 - 13 采煤机控制系统原理图

B 系统功能

系统功能有：

（1）控制模式：在原有就地手动控制的基础上，添加远程自动和手动相结合的控制模式。

（2）远程监控功能：监控中心实时显示采煤机各项工况参数、采煤机的工作状态等。通过组态软件实现。

（3）增加远程定高功能：采煤机摇臂能够按照设定的高度割煤，如需人工调整，调整后的高度会替代当前的设定值。

（4）增加采煤机的记忆截割功能：通过位置编码器检测机身位置、通过倾角计检测摇臂角度信号，机身位置与摇臂角度数据一一对应，从而记忆截割曲线。将传感器信号直接采集到 PLC，通过 PLC 的输出来驱动调高电磁阀动作，实现记忆截割功能。

（5）在监控中心对整个系统增设一个主启按钮和急停按钮，当遇突发事件时，可紧急切断采煤机电源。

（6）将采煤机控制系统、支架 SAC 电液控制系统和视频监测系统的主要硬件设备放置在监控中心，操作人员在监控中心对采煤机、刮板机、支架全面控制。

6.5.2.2 控制系统

原 MG160/360 - BWD 采煤机由松下 FP - Σ 系列的 PLC 控制，能够实现采煤机的手动和遥控操作，原有系统也能够把采煤机的运行状态由触摸屏显示，原有遥控距离可达到 10m 左右，能实现离机操作的目的。为了能够更远距离的信号采集和控制，并实现采煤参数数字化和记忆截割的功能，我们做了如下改造：

（1）机身和左右摇臂各设置一个倾角传感器检测机身纵横向倾角和摇臂的摇摆倾角，

结合机身长度、宽度和摇臂长度等参数计算出滚筒的高度，从而把采高参数数字化采集到PLC做控制或监视用。

（2）机身位置编码器采用隔爆型脉冲式编码器，编码器每秒输出 1024 个脉冲，根据测速轴最大转速 273r/min 和最大牵引速度 6.68m/min 关系，计算出机身的相对位移，从而确定机身的相对位置，为对应的采高提供了 x 轴的位置参数。

（3）倾角传感器采用 RS485 信号输出形式，在原有系统的基础上添加了一个通道RS485，一个通道 RS232。RS485 通道用于采集三个倾角传感器的角度数据；RS232 通道转成 CAN 总线传输到工控机，再由 CAN 转 RS485 模块转成 RS485 信号，经本安隔离栅后输入工控机，供上位机监视和控制用。

（4）上位机采用组态王，远程控制把采煤机现场的控制按钮在 PLC 内部并接一组软接点来实现，两者都有控制的功能。

（5）定高控制模式是预先设置好左右滚筒的高度，在牵引过程中，当地面发生变化、采高超过了设定值的 ±50mm 时，自动调整摇臂高度来达到定高采集的目的。记忆截割模式，是按照机身位置，每隔固定的距离采集相应的左、右摇臂的高度，两个点之间位置与高度的对应按照线性处理，计算出相应的理论值，理论值与实际采集的数据比较，高于或低于理论值的 ±50mm 时再做调整，采样间隔距离可以由管理员按照经验数据设定。

采煤机远控系统原理图如图 6-14 所示。记忆截割模式程序流程图如图 6-15 所示。

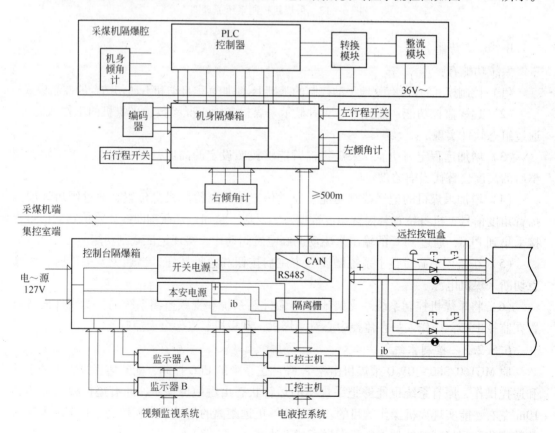

图 6-14 采煤机远程控制系统原理图

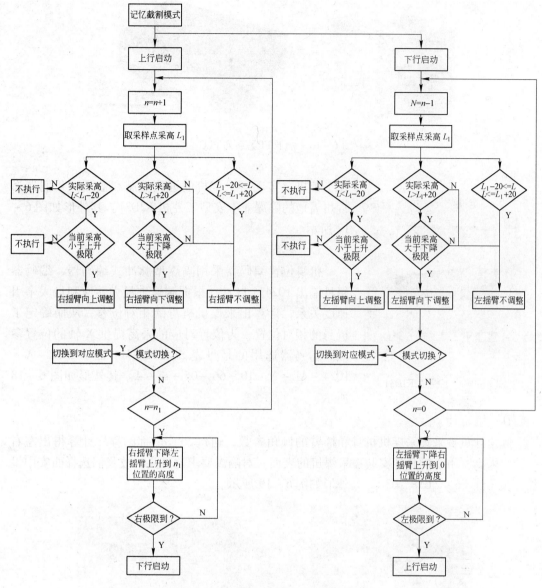

图 6 – 15　记忆截割模式程序流程图

6.5.2.3　主要部件选型

A　PLC

根据系统的控制要求和安装空间的限制，采煤机选择松下公司的 FP∑系列可编程控制器（PLC）来作为主控器。FP∑系列小型 PLC，无论是独立运行，还是相连成网络，皆能实现复杂控制功能，适用于各行各业、各种场合中的检测、监测及控制的自动化。控制部分以 PLC 和继电器为硬件平台，在 PLC 内部编制相应的控制程序，从而完成采煤机工作时的各种操作和监视要求。其外形如图 6 – 16 所示。

B　工控计算机

PLC 跟工控机之间通过 CAN 总线进行通讯。上位机采用组态软件编程，使操作人员

图 6 - 16　松下 FP∑ 系列 PLC

图 6 - 17　工控机 KJD31

在工控机上实现对采煤机的远程控制和监测。我们选择常州天地的隔爆兼本安型工控机 KJD31。其外形如图 6 - 17 所示。

C　编码器

机身位置编码器采用隔爆型脉冲式编码器，编码器每秒输出 1024 个脉冲，根据测速轴最大转速和最大牵引速度关系，计算出采煤机机身的相对位移，从而确定了机身的相对位置，为位置对应的采高提供 X 轴的位置参数。编码器选用的是丹麦 SCANCON 产品 REXM - A - 1024 - AL - N - 10 - 66 - 05 - ss - A。其外形如图 6 - 18 所示。

D　倾角计

倾角计负责采集采煤机机身和摇臂的倾角参数，通过 PLC 内部的程序计算得出左右摇臂的采高。由于倾角计安装在采煤机的表面，对隔爆要求比较高，故我们选择西安中星隔爆倾角计 CS - 2TAS - 03d。其外形如图 6 - 19 所示。

图 6 - 18　SCANCON 编码器

图 6 - 19　倾角计 CS - 2TAS - 03d

6.5.3　SAC 液压支架电液控制系统

6.5.3.1　综采支架电液控制系统构成

A　工作面系统

工作面系统包括单个支架控制单元系统及将所有支架上的单元系统通过必要的共用或

附加设备联接起来的控制网络。

每个支架控制单元包括支架控制器1个，支架人机操作界面1个，推移千斤顶行程传感器1个，立柱矿用压力传感器1个，红外线接收器1个，以及将上述设备连接在一起的连接器、固定安装所需的附件等。

支架控制单元之间靠架间连接器相连，4个芯线分别是+12V电源，地线，邻架间通信线（CANBIDI）和全工作面通信总线（CANBUS）。支架控制单元电源由矿用隔爆兼本质安全型稳压电源提供，每路电源可向4个支架控制单元供电；邻架通讯线（CANBIDI）是支架与左右两侧邻架进行通信的数据传输通道，用来传输实现邻架操作、成组操作功能的数据；工作面通信总线（CANBUS）是贯穿整个工作面的数据总线并兼作硬件急停线，用来传输工作面的信息及工作面控制单元与顺槽监控主机之间通讯。

B 顺槽监控主机系统

顺槽监控主机系统由井下防爆监控主机、主机数据转换器和矿用隔爆兼本质安全型稳压电源等组成，顺槽监控主机到工作面各元件之间的数据通讯电缆由连接器连接。

顺槽监控主机系统收集、显示、存储工作面系统的监测信息，具有保护系统及控制软件，顺槽监控主机系统具有多种标准数据通讯接口，可与第三方设备进行数据通讯并具备各种井上下通讯解决方案接口，具备标准的以太网接口，保证与井下以太网对接。

C 采煤机位置监测系统

在采煤机上安装有红外线发送器，发射数字信号，每台支架上安装1个红外线接收器，接收红外线发射器发射的数字信号，来监测煤机的位置和方向信息，实现支架跟机自动化。工作面电液控系统结构如图6-20所示。

6.5.3.2 电液控制系统特点

电液控制系统的特点为：

（1）SAC型电液控制系统是对液压支架实施多功能、高效率、自动化控制的成套设备。

（2）具有分体设计的支架控制器和支架人机操作界面，在支架上的布置更加灵活，适应不同型式的液压支架，采用两体分开式结构，可有效减少由于设备故障产生的维修和更换成本。

（3）支架控制器、支架人机操作界面、隔离耦合器采用不锈钢外壳，内部电路板整体注胶处理，具有优异的防护性能，可达IP68防护等级，满足最恶劣的井下使用环境。

（4）系统功能丰富、操作简便、操作界面清晰明了，菜单层次分明，全中文显示，且控制器具有快捷键，易于掌握操作。

（5）SAC型电液控制系统是一个多层次多计算机集成的网络控制系统，系统的规模和配置有灵活的可选择性和可扩展性，监控功能具有较强的适应性和可延伸性。用户可以根据需要选用自动化程度由低到高的各种控制功能。

（6）SAC型系统是一个集散型控制系统，采用CANBUS和CANBIDI双总线的通信方式，而非主从型控制系统，所有控制功能的实现都可以由工作面支架控制器完成，当工作面控制系统与监控主机连接器联接出现故障时，工作面的控制动作不受影响，仍能完成除跟机自动化功能外的各种操作功能和操作模式设置。

（7）工作面控制系统有两种运行方式，在网络通信系统正常的情况下，所有控制功

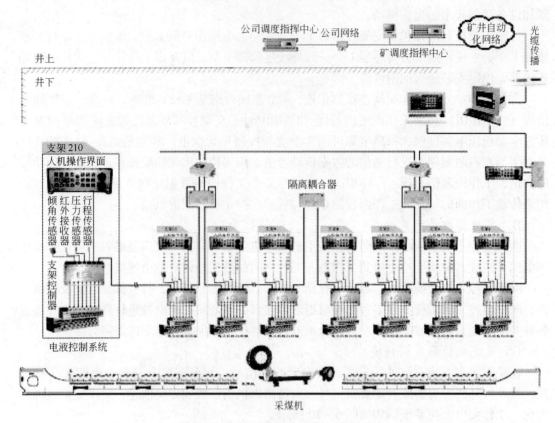

图 6-20 工作面电液控系统结构图

能都能实现。当工作面由于某个架间连接器出现通信故障造成网络不完整时，控制系统自动进入应急工作状况，工作面分成两个网段继续工作，并在控制器上自动指示故障位置，网络恢复后自动进入正常状态。

（8）当某一支架上的支架控制器、传感器出现故障时，只会影响本架动作，而对其他支架无影响。

（9）控制系统由于采用 CANBUS 和 CANBIDI 两路总线，在网络系统完整时由 CANBUS 总线实现硬件急停，工作面急停响应时间不大于 300ms；当网络出现故障时，由 CANBIDI 通信进行软急停。

（10）能够脱离井下监控主机实现跟机自动化。

（11）创新利用智能耦合器解决 CAN 总线节点数限制，可达 300 个节点。

（12）电控系统具有可靠的 conm 四芯高压胶管铠装连接器，可减少系统故障率。

6.5.3.3 电液控制系统功能

电液控制系统的功能有：

（1）具有邻架手动、自动操作功能，能实现本架电磁阀手动按钮动作功能。

（2）支架可实现成组程序自动控制，包括成组自动移架、成组自动推溜、成组自动伸伸缩梁、成组自动收伸缩梁。

（3）具有与采煤机机载位置监测系统通讯和红外线两种方式获取采煤机位置，实现支架根据采煤机位置和方向的自动动作功能。

（4）电液控制系统设有声音报警、急停、本架闭锁及故障自诊断显示功能，可以方便地查找故障状况和故障点。

（5）具有立柱的自动补压功能。

（6）具有现场在线程序装载功能，可以在现场方便地更新程序和修改参数。

（7）能够实现任意截深自动推溜。

（8）电液控制系统对立柱的工作压力、推移千斤顶的行程、煤机的位置、方向进行监测，能将数据传输至井下电液控制系统主机显示并存储。

6.5.4 综采工作面视频监视系统

6.5.4.1 系统概述

针对薄煤层工作面的现场情况，设计低照度、高清晰度的综采工作面可视化远程监视方案，对综采工作面设备工况及煤壁进行实时监视，提供远程操控的视频支持，从而提高采煤自动化程度，提高生产效率，降低劳动强度，提高安全系数，实现真正意义上的无人工作面作业。

（1）摄像仪安装在液压支架上，随着采煤机的行走位置，跟踪切换摄像仪进行实时监视。

（2）现场工作环境中，摄像仪可分辨煤岩界面、采煤机截齿动作状况、支架顶梁的异常状况等。

（3）可实现对工作面全长煤壁侧无盲区视频实时监视，图像显示流畅、无阻滞、无延时，画面清晰，无几何失真。

（4）摄像仪镜头采取主动防尘措施，可以在采煤工作面很强的煤尘环境里保持正常的监视效果。

6.5.4.2 技术方案设计及选型参数

A 系统结构及组成

视频监视系统由液压支架视频系统、采煤机视频系统和监控中心组成。系统结构如图6-21所示。

（1）液压支架视频系统。液压支架视频系统包括网络摄像头、视频监视器和视频操作台。每4个支架安装1台网络摄像头，安装在支架的顶梁上，照射方向与工作面平行。

网络摄像头的视频数据通过工业以太网网络传输到视频监视器予以显示；工作面顺槽设置1台视频监视器，进行视频显示，可以同时显示4路摄像头；并可跟随采煤机运动，显示采煤机附近4个点的视频。

（2）采煤机视频系统。采煤机视频监视系统主要由网络摄像头、视频监视器、视频操作台、安装电缆及附件等组成。网络摄像头的视频数据通过工业以太网传到监控中心采煤机视频监视器显示。监视器显示1路采煤机滚筒前的摄像头，用以识别煤岩。

（3）监控中心。在顺槽监控中心分别设置液压支架远程控制台和采煤机远程控制台各1台。监控中心工作人员可以依据液压支架视频系统远程控制支架各种动作。监控中心工作人员可以通过采煤机视频系统远程控制采煤机，调整滚筒及牵引等动作。

B 系统主要设备简介

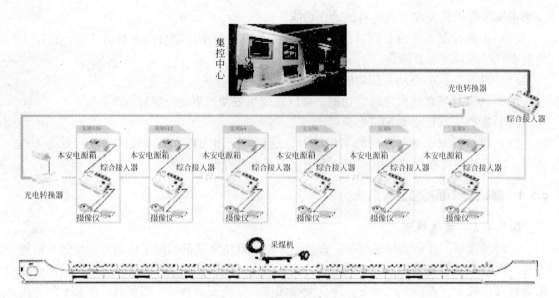

图 6-21 视频系统结构示意图

图 6-22 矿用本安型摄像仪

（1）矿用本质安全型摄像仪 KBA12（图 6-22）。该产品主要用于视频摄像，采集工作面或顺槽视频信息，压缩编码，并打包成 IP 报文的形式发布到以太网上，供显示器解码显示。该产品结构小巧、重量轻，具有安装布置灵活、低照度、高分辨率、可靠性高等特点。其小巧的结构使得其可以安装在薄煤层工作面上。

主要参数为：

工作电压：12V DC；

工作电流：不大于 500mA；

防爆类型：本质安全型；

防护等级：IP67；

通信接口：以太网接口，10/100M 自适应；

照度：0.001Lux；

有效照射距离：0~20m；

图像格式：D1/CIF，可设置；

分辨率：720×576。

（2）矿用本质安全型综采综合接入器 KJJ 18（图 6-23）。该产品简称综合接入器，主要用于工作面综合信息接入，包括工业以太网接入、网络摄像仪接入、无线 WiFi 接入、数据接入、语音喊话等功能，沿工作面每隔 4~8 个支架布置一台，它们的环网口之间通过 8C 型护套连接器串联，端头、端尾各通过光电转换器将电信号转成光信号后再经过光缆连接，从而闭合成工作面工业以太环网。该产品具有结构紧凑、功能强大、防护等级高、可靠性高的特点。

主要参数为：

工作电压：12V DC/12V DC；

工作电流：900mA/900mA；

防爆类型：本质安全型；

防护等级：IP67；

环网接口：2 路 10/100M 自适应；

环网冗余：SW – Ring，自愈时间 <20ms；

通信接口：1 路单线 CAN，2 路 RS232，3

路 10/100M 自适应网口，

　　　无线 WiFi，802.11b/g，54M；

二层协议：IEEE 802.1Q Static VLAN and VLAN Tagging

　　　IEEE 802.3 × Flow Control

　　　IGMPv2/v3 snooping；

喊话响度：不小于 100dB；

模拟量输入信号：1 路，0.50 ~ 4.94V，转换误差 ≤ ±2.5%；

频率量输入信号：1 路，10Hz ~ 2MHz；

开关量输入、出信号：6 路，电平信号，低电平 ≤ 0.5V，高电平 ≥ 2.8V。

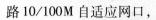

图 6 – 23　KJJ 18 矿用本安型综合接入器

（3）矿用本安型监视器 XH18（图 6 – 24）：该产品主要用于视频显示，实时接收视频摄像仪发布在网络上的视频数据流，动态解码、实时显示。该产品具有高分辨率、高实时性、低功耗等特点。

主要参数为：

工作电压：12V DC/12V DC；

工作电流：1500mA/1000mA；

防爆类型：本质安全型；

防护等级：IP54；

通信接口：以太网口，10/100M 自适应；

屏尺寸种类：17 英寸液晶屏；

分辨率：720 × 576；

显示延迟：<1s。

图 6 – 24　XH18 本安型监视器

（4）矿用本质安全型操作台 TH12（图 6 – 25）：该产品主要用于在顺槽监控中心远程操作工作面上的设备，可在综采自动化系统及电液控制系统中通用，在综采自动化系统中可远程操作视频监视器显示内容、显示方式；在电液控制系统中可远程控制支架动作；该产品还可以远程控制采煤机。该产品外形美观，键位布局符合人机工程学原理，操作方便，接口丰富，可交互性强等特点。

主要参数为：

工作电压：12V DC；

工作电流：不大于 500mA；

防爆类型：本质安全型；

防护等级：IP54；

通信接口：双线 CAN，RS485，RS232，以太网。

6.5.4.3　采煤工作面摄像仪防尘风罩

设计了一种视频摄像仪的防尘装置（图 6 - 26）。利用压缩空气在摄像仪防护玻璃前形成气幕屏障，隔断防护玻璃与污染源。同时，压缩空气在摄像仪防护玻璃前形成一个正压区，致使气流继续向前方流出，进一步驱散前方粉尘、颗粒及水滴，达到完美的防尘效果，尤其是能在高粉尘环境中保证视频摄像仪镜头不被污染。

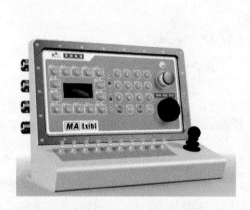

图 6 - 25　TH12 矿用本质安全型操作台

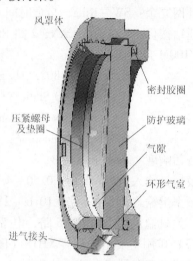

图 6 - 26　防尘风罩结构图

6.5.5　集中控制中心

6.5.5.1　概述

集中控制中心主要由操作台、采煤机工控机和键盘、电液控制主机和键盘、视频监视主机、采煤机和运输机操作按钮及信号灯等组成。控制柜的设计要满足以下要求：

（1）控制台设计要符合电气控制柜的规范，要有足够的空间，有良好的散热条件。

（2）接线要牢靠、美观，并且标识明确，以便于维护。

（3）操作面板上布置要合理，符合一般的操作习惯，以免误操作。

集中监控台布局如图 6 - 27 所示。

6.5.5.2　远程控制软件界面及操作模式

A　登录界面

系统启动后，鼠标点击欢迎界面的任何位置，即弹出登录菜单，选择用户名，输入正确口令即可进入操作状态。登录画面如图 6 - 28 所示。

B　主控制界面

点击登录界面上的主画面按钮，进入主控制界面。主控制界面的布局如图 6 - 29 所示。

板块划分为：截割曲线栏，运动状态指示栏，中间信息栏，主控按钮栏，模式切换栏，报警、参数设置栏，退出。另附有主要快捷键说明。

图 6 - 27　集中监控中心布局

图 6 - 28　登录界面

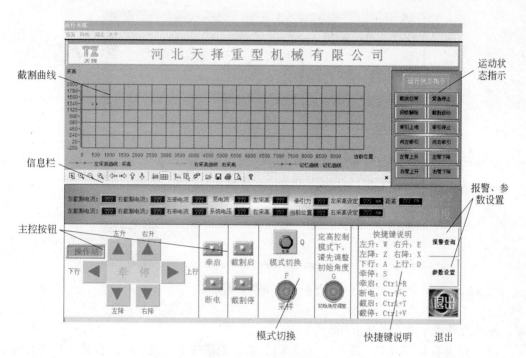

图 6 - 29　主控制界面

C　参数设置界面

点击主控制界面上的参数设置按钮,弹出参数设置界面,如图 6 - 30 所示。

厂家可根据实际情况对采煤机的机身宽度修正值、机身长度修正值、滚筒半径和采样间隔进行设置。正常操作无需设置,采用默认值即可。

D　报警查询界面

报警查询界面如图 6 - 31 所示,可实时记录系统的各项报警信息。

6.5.5.3　远程控制操作模式

远程控制操作模式主要分以下几个方面。

图 6-30 参数设置界面

A 远程手动操作

操作人员远离工作面，在监控中心实施远程手动。顺序如下：

（1）按压监控中心旁绿色主启按钮；采煤机上电，右截割及泵电机启动；

（2）点击截启（或 Ctrl + T），左截割电机启动；截割启动指示灯变绿；

（3）4s 以后，点击牵启（或按 Ctrl + R），牵引上电；牵引上电指示灯变绿；

（4）10s 以后，点击左升（或 W）或左降（或 Z），左截割滚筒上升或下

图 6-31 报警查询界面

降；左臂上升或左臂下降指示灯变绿；

（5）点击右升（或 E）或右降（或 X），右截割滚筒上升或下降；右臂上升或右臂下降指示灯变绿；

（6）点击上行（或 D）或下行（或 A），控制采煤机上行走或下行走。向右牵引或向左牵引指示灯变绿；按住上行按钮，采煤机上行加速或下行减速；按住下行按钮，采煤机下行加速或上行减速；

（7）点击牵停（或 S），牵引停止，牵引停止指示灯变绿；

（8）采煤机割煤结束时，点击截停（或 Ctrl + V），左端截割电机断电，截割启动指示灯还原红色；

（9）点击断电（或 Ctrl + C），牵引断电；

（10）点击退出（或 Ctrl + shift + End），退出操作系统；

（11）按压监控中心旁红色主停（即急停）按钮，采煤机断电。

B 远程定高操作

采煤机按照指定高度割煤。定高模式下，请先调整初始角度。

操作顺序如下：

（1）模式切换默认为定高模式；

（2）点击左升（或 W）或左降（或 Z），调节左截割滚筒到合适高度；

（3）点击右升（或 E）或右降（或 X），调节右截割滚筒到合适高度；

（4）点击上行（或 D）或下行（或 A），采煤机便自动在设定高度下牵引行走。

C 记忆截割

先远程手动割一刀煤，主控器记忆采煤机的行走曲线。后续采煤机的割煤过程按照预先记忆的曲线进行。操作顺序如下：

（1）点击下行（或 A），使采煤机回到零点位置；

（2）点击采样（或 F），开始采煤机截割曲线的采样；

（3）点击上行（或 D），在适当的牵引速度下，根据煤岩的实际情况，人工远程手动调节右滚筒高度，系统自动记忆下截割曲线；

（4）当采煤机接触到限位开关自动停止时，点击下行（或 A），使采煤机空刀回到下行零点位置；

（5）点击模式切换（或 Q），切换到记忆截割；

（6）点击上行（或 D），采煤机牵引行走过程，滚筒根据记忆的曲线自动记忆截割；

（7）当采煤机接触到限位开关自动停止时，点击下行（或 A），使采煤机空刀回到下行零点位置。

表 6-6 为快捷功能键列表。

表 6-6 快捷功能键列表

序 号	功 能 键	快 捷 键	序 号	功 能 键	快 捷 键
1	左升	W	9	牵启	Ctrl + R
2	左降	Z	10	截停	Ctrl + V
3	右升	E	11	断电	Ctrl + C
4	右降	X	12	模式切换	Q
5	上行	D	13	采样	F
6	下行	A	14	初始角度调整	G
7	牵停	S	15	退出	Ctrl + shift + End
8	截启	Ctrl + T			

6.6 采煤方法和采煤工艺

6.6.1 工作面概况

6.6.1.1 工作面位置

薛村矿 94702 地表位于香山水库北部，地势西北高，东南低，为耕地和果园，无地面水体。工作面地面位置多为耕地和果园，无建筑及其他设施，因此回采对地面设施无影响。

94702 工作面位于七盘区上部,东为七盘区改造平石门及 94704 野青工作面(已采),南为 94705 野青工作面(已采),西为三水平南正巷、南付巷及南正巷转移大巷,北为七盘区改造平石门(见表 6-7)。

表 6-7   工作面位置及井上下关系表

水平名称	三水平		采区名称	七盘区	
地面标高	+203 ~ +209m		井下标高	-235 ~ -290m	
地势	地表地势西北高,东南低,为耕地和果园,无地面水体				
回采对地面设施的影响	94702 工作面地面位置多为耕地和果园,无建筑及其他设施,因此回采对地面设施无影响				
井下位置及相邻关系	94702 工作面位于七盘区上部,东为七盘区改造平石门及 94704 野青工作面(已采),南为 94705 野青工作面(已采),西为三水平南正巷、南付巷及南正巷转移大巷,北为七盘区改造平石门				
走向长度/m	890	倾斜长度/m	140(平均数)	面积/m²	124600

6.6.1.2   煤层条件

94702 工作面所采煤层为 4 号(野青)煤。工作面走向长度 890m,倾斜长度 140m(平均),面积 124600m²,煤层厚度平均 1.3m,工业储量 291564t,可采储量 282817.08t;煤层倾角 0°~30°,平均 16°;煤层直接顶为石灰岩,厚度 1.4m,直接底为细砂岩,厚度 2.7m,煤层赋存稳定,结构简单,煤层厚度变化不大(见表 6-8)。

表 6-8   煤层情况表

煤层厚度/m	1.2 ~ 1.4	体积质量 /t·m⁻³	1.8	回采率/%	97	煤层倾角 /(°)	0 ~ 30
	平均 1.3						平均 16
开采煤层	4 号煤层	可采指数	1	稳定程度			稳定
煤层情况描述	工作面煤层赋存稳定,结构简单,煤层中含有黄铁矿结核,煤层厚度变化不大						

6.6.1.3   煤种、储量及服务年限

煤种:贫煤(PM)为优质动力煤(见表 6-9)。

储量:工业储量为 291564t;可采储量为 282817t。

表 6-9   煤质参数表

	硬度 M	灰分 A	挥发分 V	发热量 Q	固定碳 FC	硫分 S	工业牌号
煤质情况	0.2%	10.9%	14%	22MJ/KG	22%	0.3%	PM
	工作面过断层期间,破底或破顶,增加灰分						

6.6.1.4   地质构造及开采技术条件

A   地质构造

本工作面为单斜构造,岩层走向为 NE 向,岩层倾向为 NW 向,岩层倾角 0°~30°,平均 16°。掘进巷道共计揭露 11 条断层,断裂构造发育。其中对工作面回采有影响的断层为 11 条(见表 6-10)。

表6-10 断层情况表

构造名称	走 向	倾 向	倾 角	性 质	落差/m	对回采的影响程度
F1	N48°E	138°	75°	正断层	0.15	小
F2	N51°E	141°	75°	正断层	0.1	小
F3	N42°E	132°	70°	正断层	0.2	小
F4	N34°E	304°	60°	正断层	0.3	小
F5	N34°E	304°	80°	正断层	0.35	小
F6	N63°E	334°	80°	正断层	1.3	大
F7	N34°E	124°	70°	正断层	0.25	小
F8	N26°E	116°	75°	正断层	1.3	大
F9	N22°E	293°	78°	正断层	1.5	大
F10	N16°E	286°	85°	正断层	1.7	大
F11	N0°	270°	80°	正断层	0.3	小

B 瓦斯、煤尘爆炸危险性、自燃倾向性

瓦斯、煤尘爆炸危险性、自燃倾向性详见表6-11。

表6-11 瓦斯、煤尘爆炸危险性、自燃倾向性表

瓦 斯	回采期间总绝对瓦斯涌出量3~4m³/min
煤尘爆炸指数	根据抚顺煤科院鉴定,煤尘无爆炸性
煤的自燃倾向性	根据抚顺煤科院鉴定,煤自燃倾向性检验报告,4号煤层为Ⅲ类不易自燃煤层
瓦斯赋存情况	经鉴定,无突出危险性
地温危害	无
冲击地压危害	无

C 煤层及顶底板

煤层及顶底板特征见表6-12。

表6-12 煤层及顶底板特征

名 称	岩石名称	厚度/m	普氏硬度f	特 征
直接顶	石灰岩	1.4	3~4	深灰色,厚度不稳定,含动化石
煤	4号煤	1.3	1.8~2	
直接底	细砂岩	2.7	4~5	灰色,中部为中粒状薄层,以石英长石为主,含植物根化石

6.6.1.5 94702工作面巷道布置

94702工作面为单一长壁工作面,位于七盘区上部,东为七盘区改造平石门及94704野青工作面(已采),南为94705野青工作面(已采),西为三水平南正巷、南付巷及南正巷转移大巷,北为七盘区改造平石门。

工作面输送机巷与七盘区集中皮带机巷连接,回风运料巷分别与七盘区正巷和专用回风巷连接,形成工作面生产系统。工作面巷道均为摸野青煤层顶板的半煤岩巷道。

6.6.2 采煤方法和回采工艺

（1）采煤方法：工作面采用走向长壁后退式采煤法，机械化采煤，一次性采全高，上摸顶，下摸底，全部垮落法或缓慢下沉法管理顶板。

（2）回采工艺：采用 MG160/360 - BWD 型双滚筒采煤机沿底板双向割煤和扫浮煤，二刀一个循环。采煤机端头斜切式进刀，双向割煤，往返一次进两刀。

（3）装煤及运煤方式：用采煤机螺旋滚筒配合工作面刮板输送机铲煤板装煤，由工作面刮板输送机运煤到顺槽输送机，集中外运。

（4）支护形式：工作面采用 ZY3300/07/13D 型掩护式液压支架跟机移架支护方式支护顶板，上下端头及安全出口内采用戴帽单体液压点柱支护。

（5）工艺流程：割煤→移架→推溜→斜切进刀→割煤→移架→推溜→斜切进刀。

6.6.3 主要设备和控制系统技术特征

该工作面从 2011 年 10 月开始安装，11 月 25 日安装完毕，工作面初采长度为 150m，共安装支架 100 架。50 台矿用本安型摄像仪分两组（采煤机视频和支架视频），均布安装在液压支架上；监控中心设在运煤石门附近，通信电缆和光缆分别敷设在运输道和通风道上与工作面设备相连。

6.6.3.1 主要设备配置

主要设备配置见表 6 - 13。

表 6 - 13 设备明细表

名 称	数 量	项 目	数 据 特 征	备 注
采煤机	1	型 号	MG160/360 - BWD	无链牵引
		截 深	630mm	
		采 高	1.0 ~ 1.8m	
		滚筒直径	0.95m	
		功 率	361kW	
		牵引速度	0 ~ 5.77m/min	
		电 压	1140V	
		牵引力	262kN	
刮板输送机	1	型 号	SGZ - 630/220	中双链
		链 速	1.01m/s	
		电机功率	2×110kW	
		电 压	1140V	
		运输能力	400t/h	
		中部槽尺寸	1500mm×630mm×220mm	
转载溜子	3	型 号	SD - 150	边双链
		链 速	0.86m/s	
		电 压	1140V	

名 称	数 量	项 目	数 据 特 征	备 注
转载溜子	3	运输能力	150t/h	边双链
		中部槽尺寸	1500mm×620mm×180mm	
		链 速	0.86m/s	
		电机功率	75kW	
顺槽皮带机	2	型 号	SJ-80	
		带 速	2m/s	
		电机功率	2×40kW	
		运输能力	400t/h	
		电 压	1140V	
		带 宽	800mm	
乳化液泵	2	型 号	BRW200/31.5	两泵一箱
		工作压力	30MPa	
		额定流量	200L/min	
		电机功率	125kW	
		电 压	1140V	
回柱机	2	型 号	JHMB-14	上下巷各一台
		牵引力	100~140kN	
		绳 速	0.09~0.148m/s	
		电机功率	18.5kW	
		电 压	660V	

6.6.3.2 自动控制系统主要技术特征

自动控制系统主要技术特征见表6-14。

表6-14 控制系统主要技术特征表

名 称	项 目	数 据 特 征	备 注
采煤机控制系统	截割高度控制最大误差	<0.1m	
	通信接口	CAN总线/20kbps	
	远程控制最大距离	1000m	
	控制命令响应时间	<1000ms	
	系统抗振性能	优于50m/s^2	
	系统粉尘环境适应性	优于200mg/m^3	
	系统防护性能	优于IP54	
	操作系统	Windows XP	
	工控软件	组态王6.53	
	工控机显示屏	15in(1in=2.54cm)	
	工作电源	127V AC	

名　称	项　目	数　据　特　征	备　注
采煤机控制系统	外壳防护等级	IP 65	
电液控制系统	额定工作流量	400L/min	
	额定工作压力	31.5MPa	
	控制压力	大于10MPa;	
	网络节点数	300	
	主阀相应时间（开/闭）	40/120ms	
	急停命令相应时间	300ms	
	工控机显示屏	17in	
	额定电压	12V DC	
	外壳防护等级	IP 65	
视频监视系统	图像质量	不低于4分	
	图像分辨率	720×576	
	图像画面灰度	不低于7级	
	摄像仪最低照度	0.001Lux	
	监视器显示屏	17in	
	环网接口	10/100自适应	
	环网冗余	SW-Ring,自愈时间<20ms	
	防爆类型	本安型	
	系统电源	12V DC	

6.6.3.3　试验期间生产情况（2011年11月~2012年2月）

工作面日进度最高13.5m（早班12刀，中班3刀，夜班12刀）。日产最高4400t，月进度358m，产量117000t，如表6-15所示。

表6-15　工作面产量效率统计表

项　目	2011年11月	2011年12月（生产5天）	2012年1月	2012年2月
产量/t	117000	3675	117280.8	26055
效率/t·工$^{-1}$	42.9	12.17	43.4	17.65

回采期间总绝对瓦斯涌出量3~4m³/min，实际配风量1500m³/min。

6.6.3.4　生产班人员配备

生产人员配备情况见表6-16。

表6-16　94702工作面自动化采煤生产班人员配备情况表

工　种	人　数	工　作　内　容
自动化操作工	3	自动化操作室内负责采煤机、液压支架和工作面刮板输送机的远程操作。其中2人操作，2人监护
端头支护工	7	负责工作面上、下端头放顶、电缆、管线外移，工作面支架间及巷道内活煤清理。其中上、下端头各1名班长，上端头共3人，下端头共4人

工　种	人　数	工　作　内　容
输送机司机	5	负责溜子道各部输送机的开车
电修工	1	负责自动化系统及机电设备的维护和故障处理
合　计	16	

6.6.3.5　高产高效组织措施

高产高效组织措施如下：

（1）自动化操作工的培训。安排操作人员到北京天玛电液控厂家学习电液控操作和液压支架远程操作；安排操作人员到天择重型机械厂学习采煤机远程自动化操作。厂家现场安装自动化设备期间，安排单位操作工现场学习安装，掌握自动化系统的安装程序和布置原理。联系采煤机和液压支架厂家技术人员在井下现场对自动化操作工进行现场培训、讲解、演练，保证每名操作工人人达到能够熟练掌握自动化操作要领和日常故障的排查和处理的能力。

（2）采煤机远程自动化。根据工作面顶板完整、煤层稳定、采高变化不大的有利地质条件，生产过程中，充分发挥自动化设备人工远程控制或"记忆截割"两大性能。"记忆截割"功能是由采煤机司机先割一刀煤，采煤机远程控制主机设定记录下滚筒的截割曲线，然后采煤机可根据所记录的曲线进行"记忆截割"，如中途工作面情况发生变化，可以人为调整，采煤机可按照新记录的曲线进行截割。下一次割煤时，采煤机就可以根据"记忆截割"采集的数据，自动调整上下滚筒的高度，自行割煤，无需调控采高，充分发挥了采煤机的效率，牵引速度达到了6m/min的最高速度。

（3）跟机自动化。主要通过红外线传输，采煤机机身上安装了红外线发射器，工作面每架液压支架上安装一个红外线接收器。预先将各种参数设定后，开启跟机自动后，工作面将完成自行割煤、移架、顶溜等工序。

（4）工作面上下两巷的超前支护和处理工作。工作面上下两巷超前支护工作由每天的检修班（中班）完成，超前支护使用戴帽单体支柱支护，超前支护长度自煤壁不少于35m，从而保证生产班的推进度。上下两巷的放顶工作由生产班当班端头支护工完成，工作面每推进1m，放一次顶，端头工并负责巷道内的活煤清理工作。

（5）检修班加强对自动化系统的线路排查和维护工作。从自动化操作室开始，对自动化系统的每趟线路进行一次全面的检查维护工作，尤其是各个线路接头部位，重新进行连接紧固。工作面内的所有电缆等管线做好捆绑，支架的完好状态逐架进行细致排查，采煤机各部位螺栓进行重新紧固。机电工长亲自验收检修质量，所有设备进行重负荷试车，确保了正常生产。

（6）提升设备工作效率。采煤机使用上海山特维克集团U82型高强度截齿，增强了截齿的耐磨程度，减少了截齿的更换频率，大大提高了采煤机的割煤效率。转载溜子使用自移式桥式转载机，和转载机固定为一体的回柱绞车与皮带机尾前方的滑轮组相互用力，生产班可自行快速拉移转载机8~10m。

（7）工作面实行三八制作业。早班6：00~14：00、夜班22：00~6：00为生产班，中班14：00~17：30生产、17：30~22：00检修。充分发挥自动化设备的高效性能，实现了跟机自动化，大大缩短了检修时间，为工作面实现高产高效奠定了坚实基础。

6.7　控制系统试验与验证分析

薄煤层高产高效可视远程自动化综采工作面在峰峰集团薛村矿94702综采工作面得到了很好的应用，实现了采煤机记忆截割及远程控制、自动移架及推溜和全景动态视频监控等功能。其电气控制系统稳定、可靠，视频系统图像清晰、流畅。

6.7.1　自动化远程操作系统设备情况

自动化远程操作系统共有5台主机组成：

第一台是电液控主机，它的主要功能是显示工作面液压支架的整体状态，由五部分组成。第一部分显示的是工作面所有液压支架推移顶镐的行程；第二部分是工作面推进度示意图；第三部分显示的是工作面所有液压支架的初撑力；第四部分显示的是采煤机在工作面的位置；第五部分显示的是工作面液压支架的工作状态。电液控主机开启跟机自动化后，可实现自动跟机移架、顶溜等工序。

第二台是数据集成主机，它的主要功能是显示液压支架综合接入器和摄像头的工作状态。其中第一排显示的是接入器的工作状态，第二排显示的是工作面人行道的视频状态，第三排显示的是工作面煤壁的视频状态。当接入器和摄像头出现故障时，会显示红色，方便故障排查和维修。

第三、第四台是自动化视频主机。其中第三台显示的是工作面人行道画面，第四台显示的是工作面煤壁画面。工作面摄像头和照明每间隔4架安装一组，通过键盘可以快速切换。配合视频主机的有两个操作台，第一个操作台是视频切换操作台，可以快速找到所要查看的视频画面；第二个操作台是液压支架远程单架控制操作台。

第五台是采煤机远程控制主机。采煤机远程控制有两部分组成，第一部分是控制采煤机开关停送电和控制工作面刮板输送机的启动和停止的面板，上方有急停按钮，遇紧急情况时，可立即停止采煤机和刮板输送机运转。第二部分是采煤机远程控制主机，采煤机上电后，先启动截割电机，调整好采煤机上下滚筒的高度，再启动牵引电机，就可以上行或下行割煤了，当电机启动后，运行状态栏会变成绿色。采煤机远控有两大功能，远程人工操作和实现自动"记忆截割"。

前四台主机主要是通过三层交换机完成数据上传和远程命令发送。采煤机远程控制主机是通过CAN线进行数据上传和远程命令发送。

6.7.2　控制系统试验验证

6.7.2.1　采煤机远程通信验证

采煤机PLC与监控中心工控主机采用CAN总线通信，通信介质采用MHYBVP矿用屏蔽通信电缆，通讯波特率为20kbps，最大传输距离为1km。

验证条件，采煤机端CAN发送ID为0x0000，数据为0x01、0x02、0x03、0x04、0x05、0x06、0x07、0x08的扩展帧，10ms发送1000帧，工控主机端完全接收到这1000帧，通信完成。试验结果：通信距离为1km、波特率为20kbps时，采样点>95%，容差性较好。

经综采工作面实际工作环境验证，通信顺畅、可靠，无明显延时现象，通信效果达到系统主要技术指标的要求。

6.7.2.2　记忆截割自动调高功能分析

在薛村矿 94702 进行试验，工作面有效长度 150m，平均采高 1.3m，卧底量 156mm，选择记忆截割的采样间隔 1m，共选取了 150 点进行试验；试验过程中的人工采样和记忆截割两组数据由工控计算机单独保存，统计数据分析，记忆跟踪误差范围在 $^{+35}_{-26}$mm，达到了设计指标，能够满足该工作面的要求。

6.7.2.3　摄像仪视场分析与验证

实现对工作面全景动态视频监视，镜头视场角是极为重要的参数，在工作面现场对镜头视场角、镜头焦距及照明效果进行匹配。现场实际观察验证，工作面摄像仪可以观察采煤机、液压支架、电缆槽、刮板机和工作面煤壁全程，辨识煤壁煤岩分界情况，满足无人化开采的要求。

6.7.2.4　验证结论

通过对薄煤可视远控自动化综采工作面技术的研究和实践，可以得出以下结论：

（1）薄煤层工作面三机配套设备功能齐全、安全可靠，综合性能得到进一步优化，适应最低采高 1.0m 薄煤层无人开采的需要。

（2）针对 MG160/360 - BWD 采煤机研究开发的记忆截割自动调高技术的成功应用，突破了薄煤型采煤机的自动化瓶颈，提高了综采工作面自动化水平。

（3）采用 CAN 总线通信技术和组态软件监控技术，实现了采煤机的远程控制与通信，扩展了采煤机远程控制功能，解放了薄煤开采现场的操作人员。

（4）运用低照度、红外增强视频图像技术，实现了工作面全景、动态、实时的可视化视频监视，改善了薄煤工作面复杂环境操作人员的工作环境和安全状况。

（5）采用矿用摄像仪防尘罩专利技术，有效隔离和阻断煤尘对摄像仪镜头污染途径，减少人工维护量，彻底改观了视频效果。

（6）建立集中监控中心，将采煤机、液压支架和刮板机三机运行监控及图像监视融合为一体，实现了工作面工况的集中监视和三机设备的控制。

（7）设计了犁型辅助装煤装置，提高了薄煤层综采设备的装煤效果；设计新型电缆槽结构，改善了薄煤层采煤机拖缆的挂、拉问题。

6.7.2.5　自动化开采存在的问题及解决方案

问题一：自动化远程操作主要通过光纤传输数据，工作面在生产期间，光纤移送过程中，易发生折曲，造成光纤折断，导致数据无法传输、远程无法操作。

解决方案：光纤在移送过程中，必须由班工长在现场指挥移送，保证光纤不和其他线路缠绕，单独移送，光纤不得出现弯曲或挤压。

问题二：采煤机割煤过程中，拖带的管线较多，易掉出线槽，移架时挤坏，造成影响生产的事故。

解决方案：生产过程中，煤壁侧视频监控主机主要观察采煤机割煤情况，工作面液压支架人行道视频监控主机主要观察采煤机后方管线和支架的移架、顶溜状态，发现情况，立即停车处理。

6.8 经济效益与社会效益

94702 工作面 2011 年 8 月 11 日开始安装，9 月 25 日调试完成，10 月 1 日开始初采。

6.8.1 经济效益

该工作面煤层平均长度 140m，平均采高 1.3m，煤的容量 1.8t/m³，工作面回采率为 97%。该综采无人工作面，日进度最高达到 13.5m（早班 12 刀，中班 3 刀，夜班 12 刀），日产原煤最高 4400t，最高月进度 358m，总产量达 348700t。具备年产 140 万吨的生产能力。

原煤按市场平均销售价 700 元/t；吨煤成本 238 元。

（1）试验期新增产值：348700t×700 元/t = 24409 万元。

（2）试验期新增利润：348700t×（700 元/t - 238 元/t）= 16109.94 万元。

（3）经济效益：按试验期间效益推算预计每年实现利润 64500 万元。

（4）节省用工：同等条件下，采用普通综采工艺生产，每班出勤需 38 人左右，而采用无人化综采工艺需 18 人，这样两个生产班比普通综采工艺共少用 40 人，每人每工平均 200 元。

年节省工资 = 200×40×360 = 288 万元。

（5）同比增加的消耗。

控制系统费用、电液控系统费用、视频系统费用及调研资料费用为：

调研费、资料费：25 万元；电液控系统：249.6 万元；采煤机自动化系统：76.16 万元；视频监视系统：31.5 万元；集中监控系统：2.5 万元；装煤和线缆拖放装置：2.7 万元；合计：387.46 万元。

取得的经济效益：年增利润 + 同比节支 - 同比增加的消耗 = 64500 万元 + 288 万元 - 387.46 万元 = 64400.56 万元。

6.8.2 社会效益

（1）数字化无人开采技术的运用和推广，对提高我国煤炭资源的开采效率和回收率，促进煤炭综采装备自动化进程，促进煤炭资源开发的可持续发展，具有重要的现实意义和长远的战略意义。

（2）改善了煤矿开采的安全现状，工作面能够"无人或少人化"生产，大大提高了煤炭资源的开采效率，避免或减少了煤矿重、特大事故的发生，提高了安全生产本质化程度，促进了煤矿安全生产。

（3）采用先进的自动化控制技术，实现了薄煤综采工作面的生产过程自动化和无人化，自动完成割煤、移架、推溜和顶板支护等生产流程，确保了高产、高效和安全生产。

（4）改善了作业环境，降低了劳动强度，减少了煤尘对人员健康的危害，防范职业病的发生，极大地解放了一线生产人员。

（5）首次采用摄像仪防尘风罩，可以直接隔离和阻断粉尘，彻底避免视频摄像仪镜头污染，使用方便，结构简单，免维护，降低了劳动强度。

（6）采用了适应于薄煤层采煤机的双向犁型装煤装置和电缆拖放装置，提高了装煤效果，改善了电缆拖放效果，减少了辅助人员数量和人工维护工作量。

7　大角度厚煤层智能综采技术

冀中能源峰峰集团万年矿是该集团下属的一座大型无烟煤现代化矿井，2007年核定年生产能力为200万吨。

大煤为矿井主采煤层，平均厚度为4.5m，煤层倾角16°～36°，平均为25°，属于大角度厚煤层。煤种为老年性无烟煤，发热量33.5kJ/kg，煤层坚硬系数 $f = 4 ～ 6$，顶板和底板为粉砂岩或砂质泥岩，破碎易落。长期以来主要采用高档普采分层开采或轻型综采放顶煤采煤工艺。由于煤层倾角大，煤硬而顶底板破碎且相对较软，高档普采分层开采及轻放工艺均达不到理想的效果。根据万年矿的煤层赋存条件和矿井生产能力发展的需求，峰峰集团在万年矿率先应用了一次采全高智能化综采设备，在13266工作面投产。

为了智能化综采能够在该矿大采高、大倾角、硬煤层、较软顶底板条件下顺利实施，峰峰集团和万年矿做了大量的调查和研究工作。智能工作面从方案论证、安装到开始回采，及智能采煤设备选型和设备管理均顺利进行，工作面设计及回采工艺合理，工作面制定的支架及刮板机、采煤机防倒防滑措施有效。实现了在大倾角、硬煤层条件下厚煤层综采工作面的智能回采，达到日产煤量7000t，月产量可达21万吨，具备年产250万吨生产能力的理想效果。

7.1　国内外大角度厚煤层开采技术现状

7.1.1　概况

煤炭是我国国民经济和社会发展的基础，据国家能源部门预测，到2010年煤炭还将在我国一次能源生产和消费结构中占60%左右，在未来相当长的一个时期内，煤炭仍将是我国的主要能源之一。

根据煤层厚度划分，厚度1.3～3.5m属于中厚煤层，大于3.5m属于厚煤层。我国煤炭储量丰富，厚煤层储量占总储量的43%，厚煤层矿井的产量一般为总产量的40%～50%。厚煤层开采在保障煤炭生产供应能力中占有重要地位。目前我国年产600万～1000万吨，具有国际领先技术水平的高产高效矿井且综采工作面都是在厚煤层开采条件下实现的。我国很多矿区赋存3.5～5.0m厚的煤层。这类煤层在峰峰、神东、邢台、开滦、徐州、龙口、兖州、淮北、阜新、双鸭山、义马、西山、铜川、阳泉等矿区均为主采煤层。国内外研究和生产实践表明，煤炭生产的高产高效和现代化是当今国际煤炭工业的发展方向，这就要求大力发展厚煤层综合机械化采煤。

对于煤层倾角小于30°的厚煤层开采，国内外的开采方法有沿倾斜方向分层开采、一次采全高整层开采、放顶煤开采等方法。过去我国厚及特厚煤层普遍推行分层开采，取得了较好的效果。但与一次采全高相比，分层开采效率低，成本高，厚煤层的资源优势未能充分发挥。大采高综采是指对 3.5～7.0m 厚的煤层一次采全高的综合机械化开采，是在中厚煤层综采的基础上，研制适应采高增大的成套设备和工艺技术后逐步发展形成的。

对于煤层倾角小于 30°的厚煤层开采，大采高综采与放顶煤采煤法相比具有下列优点：煤炭资源回收率高；煤炭含矸率低；采煤工作面煤尘少、自燃发火和瓦斯涌出安全性好等；对于 3～4m 不适宜放顶煤开采的厚煤层，大采高具有工效高、成本低等优点。大采高综采与分层开采相比，具有下列优点：大采高综采工作面生产能力大，工作面产量和效率有大幅度提高；回采巷道的掘进量比分层减少了一半，并减少了铺设金属网假顶的工序；减少综采设备搬家次数，节省搬家费用，增加了生产时间。

大采高综采所具有的优势使得它在国内外被广泛地采用，现已成为国内外厚煤层综采的主要发展方向之一。

随着近年来电子计算机和自动控制技术的发展，采煤设备的自动化也日趋成熟，液压支架的电液控制也随之发展起来，并在厚煤层开采中得到了广泛应用。由于厚煤层所处的环境复杂，地质情况变化较多，井下能见度低，易发生安全生产事故，而电液控制系统为厚煤层安全高效开采，实现工作面操作自动化创造了良好的外部条件。

综采使煤矿实现了由手工操作向机械化的变革，电液控制系统使井下采煤实现了由机械化向自动化的革命。

7.1.2　大采高液压支架研究现状

7.1.2.1　大采高液压支架国外研究现状

国外自 70 年代中期开始发展大采高液压支架，1980 年前西德赫姆夏特公司开发 G550 – 22/60 掩护式支架，最大高度 6m，采用三伸缩立柱，工作阻力 4500kN，支护强度 0.7～0.8MPa，伸缩梁长 650mm，前端支撑力 517kN，可翻转护帮板长达 1.5m，端部支撑力可达 20kN，支架装备初撑力自保先导阀，四连杆机构的前连杆用两个液压短柱代替，可防止大采高支架在各种过载工况下构件损坏。

近年来，德国的大采高支架技术又有了较大发展，支架结构进一步完善，采用了高可靠性设计和先进的电液控制技术。1995 年，我国神府矿区大柳塔煤矿引进了德国威斯特伐利亚公司生产的 WS1.7 – 6750/21/45 两柱掩护式大采高支架，最大高度 4.5m，工作阻力 6750kN，中心距 1.75m，采用电液控制系统。

20 世纪 70 年代末波兰设计开发了 PIOMA 系列二柱掩护式大采高液压支架，高度 2.4～4.7m，工作阻力 4000kN。近年来，波兰主要液压支架生产厂 FAZOS 开发了 FAZOS – 22/45 – POZ、FAZOS – 21/53 – 02、FAZOS – 28/60 – 02 型大采高液压支架，最大高度达 6m，支护强度 1.6MPa。

美国 3m 以上厚煤层探明储量 1130 亿吨，主要分布在西部各州，1983 年开始在怀俄明州卡帮县 1 号矿用长壁综采开采 Hanna No.80 特厚煤层，顶板为炭质页岩，抗压强度 25MPa，煤层抗压强度 9.5MPa，煤层厚度 7.6m，倾角变化较大，工作面长 183m，走向长 2130m，采高 4.5～6.0m，使用德国克昌克纳 – 贝考立特公司的二柱掩护式支架，高度 2.3/4.7m，工作阻力 4.9MN，整体顶梁带侧护板和护帮板，顶梁前端支撑力可达 500kN。采煤机为美国乔伊公司生产的 2LS 型电牵引采煤机，装机功率 420kW，采高 2.2～4.5m，滚筒尺寸 ϕ2.13m×0.99m，实际截深 0.86m。该工作面每班配套 10 个工人。单班生产日产量 3600t，两班生产日产量为 5000t，工作面工效达 210~360t/工。1990 年 10 月底，怀俄明州舒舒尼矿开始使用英国安德森公司生产的 Electra-1000 电牵引采煤机和 K-B 公司生产的二柱大采高掩护式支架，开采 4.5m 煤层，实现了高产高效。

法国洛林矿区著名的拉乌费矿，1986 年 6 月开始在 Albert 厚煤层进行一次采全高综采，采高 4.3m，工作面倾角 5°~15°，工作面长 200m，使用 MFI 公司生产的二柱掩护式大采高支架，高度 1.6~4.5m，采用双伸缩立柱，顶梁带伸缩梁和护帮板，配套 SAGEM 公司的熊猫牌液压无链牵引采煤机，电机功率 500kN，最大采高 4.4m，摇臂长 2250mm，滚筒直径 $D = 2.3 \times 0.75$m。输送机为 Gerlech 公司的 2×315kW 输送机，运输能力 1750t/h。1988 年该大采高工作面平均日产 6165t，最高日产 17000t。

除上述各国外，南非、澳大利亚等主要采煤国都进行了大采高综采试验，取得成功。所有的大采高支架多数是引进德、英等国的产品。

目前，国外厚煤层大采高液压支架的最大支撑高度已达 7m，采煤机最大采高已达 5.4m。各国的生产实践表明，在一些良好的地质和生产技术条件下开采较硬的煤层。大采高综采实现了高产高效、高安全、高回收率和高经济效益的目标，但大采高综采开采缓倾斜厚煤层的经济效益从总体上来看仍需继续提高。

国外一般认为：设备重型化和尺寸加大、煤体片帮与顶板冒落、高架稳定性、大断面顺槽开掘与支护、采面运输等都是限制大采高综采取得显著经济效益和推广应用的障碍。因此，世界主要产煤国至今仍在积极地改进、完善大采高液压支架，并不断进行现场实践和扩大大采高综采的应用范围。

7.1.2.2 大采高液压支架国内研究现状

我国是世界上厚煤层储量最大的国家之一，在全国统配煤矿中，厚度在 3.5m 以上的煤层约占总储量的 43%，山西、山东、河北、河南、辽宁、内蒙古等矿区，平均厚度 3.5~5m 的煤层为主采煤层。我国于 1978 年引进德国赫姆夏特公司 G320-23/45 型掩护式大采高液压支架及相应的采煤、运输设备，在开滦范各庄矿 1477 综采工作面开采 7 号煤层，开采效果良好。

研制适应这种厚煤层一次采全高的大采高液压支架及配套设备，研究大采高工作面支护技术、生产工艺以实现安全高产高效生产成为我国煤炭技术的一项重要的课题。"七五"计划以来，组织了较大规模的技术攻关，取得了重要成果。1985 年在西山矿务局官地矿首次进行国产 BC520-25/47 型支撑掩护式大采高液压支架试验，开采的 8 号煤层平均厚度 4.5m，倾角小于 5°，在采高 4.0m 及 Ⅱ级 3 类顶板条件下，支架经历了仰斜、俯斜和斜推使用，综采工作面 3 个月产煤 11.2 万吨。1986 年我国研制的 BY3200-23/45 型掩护式支架在邢台矿务局东庞矿试验成功，配套西安煤机厂制造的 MXA-300 型双滚筒采煤机和西北煤机厂制造的 SG2-730/320S 刮板输送机等设备在 2214 工作面进行了工业性试验。该工作面煤层厚度 4.4~5.2m，倾角 9°~12°，顶板为粉砂岩，底板为砂岩，试验期间平均月产达 80485t，最高月产 135146t。1987 年东庞矿又与北京煤机厂合作研制了改进型 BY3200-23/45 型和 BY3600-25/50 型掩护式大采高液压支架，并成功地应用于东庞矿 2 号煤开采。3 个月平均月产 104355t，最高月产 142211t，最高日产 94997t，工作面工效 197t/工，达到当时我国综采的最好水平。

开滦矿务局林南仓矿采用 BY3200-23/45 型掩护式支架在 1182 综采工作面开采 8—1

煤层，支架在煤层倾角6°~38°（平均倾角22°）及Ⅱ级2类顶板条件下，经历了过老巷、断层和无煤柱等恶劣条件的考验，工作面平均月产煤炭4万余吨。西山矿务局官地矿、西铭矿及双鸭山局新安矿使用BC480-22/42型支架，总体效果良好。义马矿务局耿村矿选用QY350-25/47型二柱掩护式支架，并于1987年10月在12061工作面安装投产，总体来看义马煤田厚煤层的工程技术条件能适应4~5m厚煤层综采一次采全高的技术要求。此外，徐州矿务局权台矿在"三软"（顶软、底软、煤层软）煤层，大同矿务局在"三硬"煤层条件下，分别研制了端面支撑力大、底座比压小的ZYR3400-25/47型短顶梁插腿掩护式液压式支架及支撑能力大、切顶性能强、整体稳定性好的TZ10000-29/47型支架。

经过多年的发展，我国研制和生产的大采高液压支架已有10余种架型，支架结构高度最高达到7m以上，支架工作阻力达14000kN/架以上。架型有二柱掩护式和四柱支撑掩护式，前梁有挑梁式和伸缩梁式两种。底座有插腿和非插腿两种，推移机构有长、短框架和带移步横梁的多种，护帮板长度从0.8m增加到2.2m。近年来，我国先后在开滦、西山、邢台、阳泉、铜川、徐州、兖州、义马、阜新、龙口、双鸭山等矿务局使用大采高综采采煤法，使用效果大致可分为三类：

(1) 架型与煤层赋存条件相适应，现场生产技术管理水平较高，使用效果良好；

(2) 架型参数与煤层赋存条件不适应，现场生产技术管理不当，使用效果不佳；

(3) 实际采高低于4.0m或3.5m（视不同架型定），未显示出大采高综采特点。

北京开采研究所为铁法矿务局设计了ZZ5600/25/47型支撑掩护式支架，在大兴煤矿使用，取得了良好效果，平均月产15~20万吨以上，使用实践证明工作阻力偏低，后又设计了ZZ6400/24/47支架。样机通过20000次耐用试验，在铁法矿务局晓南煤矿使用，月产达到20万吨以上，实现了高产高效。

北京开采研究所为神华集团东胜矿区祁连塔煤矿设计了ZY6000/25/50型掩护式大采高支架，配套世界最先进的采煤机和运输能力最大的工作面刮板输送机等先进设备，生产能力日产1.5万吨。为沈阳、双鸭山设计制造的ZZ6000/25-50型支撑掩护式支架均实现了高产高效的目标。郑州煤机厂为大同所设计的ZZ9900/29.5/50型支撑掩护式支架，山西晋城的ZY7600/23/47型掩护式支架都取得了很好的效果。

7.1.3 大角度煤层开采防滑研究现状

我国煤层分布类型和开采条件差异巨大，随着经济的发展，倾角较小的易采煤层逐渐减少，大角度煤层的开采量逐渐增加，对这类煤层进行长壁开采，采场覆岩活动剧烈，顶板不易管理，采区设备也容易发生下滑和倾倒。其中：支护系统（液压支架）的稳定性对整个工作面的稳定起着决定性作用。只有液压支架能够站稳、撑牢，其他设备才能正常工作，才能实现综采工作面的高产高效。

7.1.3.1 大角度煤层开采支架防滑技术

大角度煤层主要是指倾角在20°~55°的煤层。采空区冒落矸石的自然安息角为35°。当煤层倾角大于破坏矸石的自然安息角时，支架会向下滑移，而且随着顶板的破碎，滑移区还可能向上蔓延。

大角度煤层综采中，工作面倾向方向上各个位置的受力不同导致了支架的不稳定，工作面推进过程中，由于工作面倾角大，支架降架前移时，会因失去支撑点而偏斜。

当支架支撑在顶底板之间时，支架不存在下滑问题。支架出现倒架，大多是支架上方冒空，顶板局部失去完整性，上部顶板有向下移动的空间，当顶板垮落时，这个倒向力的显现使支架倾倒。支架防滑技术问题，基本上是当支架脱开顶板（降柱移动过程）时出现的，所以应重点研究支架前移过程中防滑问题。

支架在前移过程中是否会下滑，关键在于支架下滑力与支架摩擦力相互作用的结果，如果下滑力大于摩擦力则支架下滑，否则不下滑。

支架下滑极限角为25°，一般来说，工作面倾角大于25°就要采取防滑措施。减少支架下滑的措施通常有：

（1）将工作面布置为伪斜，减小工作面实际倾角。

（2）推移杆全程导向，推移杆和底座间隙控制在10～20mm（单侧）。推移杆在任意位置，推移杆和底座间间隙不变，控制输送机下滑。

（3）控制输送机的位置。由于支架推移杆是和输送机连在一起的，输送机和支架连接的耳子控制支架位置。输送机下滑必然带动支架下滑，同样输送机上窜也带动支架上窜。使用中，可以通过控制推输送机的顺序来调整输送机的位置，先推机头，可以使输送机上窜，先推机尾可以使输送机下滑。

（4）相邻支架底座之间设置防滑千斤顶，以有初撑力的支架为支点，可以调整相邻支架的位置。

（5）在输送机和支架间设置防输送机下滑装置，每隔5架一组，推移输送机时，通过控制防滑千斤顶动作，牵动输送机上移。

7.1.3.2 大角度煤层开采支架防滑措施

大角度煤层开采支架防滑措施如下：

（1）伪斜开采。为了防止支架下滑，可将采面布置成下端超前的伪斜采面，可有效防止支架下滑。但随着采高增大，支架倾倒歪斜的几率增多，如采用伪斜开采，必须及时调架，否则架间距离不均，将使支架歪斜恶化。

（2）安装活动侧护板。带有活动侧护板的掩护型支架顶梁和掩护梁上的活动侧护板可以起到导向、调架、防倒、防滑的作用。当倾角较大时，需要加大活动侧护板的液压推力，并要采取两侧可活动的结构。

（3）安装导向杆、导向腿、导向轨等机械导向装置。导向杆装在支架的底座上，移架时进行导向，防止走偏，同时，利用相邻支架装设的调架千斤顶，可在移架过程中进行架间调整。

导向腿装在相邻支架的底座之间，与输送机或推移梁相连，用以保持支架间距和限制支架的移动方向，并具有一定的防滑作用，多用于整体移动的支架。

导向轨装在底座间，移架时和装在支架上的调架千斤顶一起，起到导向防滑和调架的作用。

但要注意的是，在煤层倾角较大时，这几种装置不能完全消除走偏现象，其工作情况取决于导向装置的配合间隙，常需配合液压调架装置使用，才能获得较好的效果。

（4）安装防倒防滑千斤顶。这类装置是利用支架上装设的防倒或防滑千斤顶，在移架时产生一定的推力，以防止支架下滑，倾倒，并进行架间调整。另外，在掩护支架上装设的可活动侧护板，除了用于架间防矸外，也具有一定的防倒、调架作用。

（5）利用锚固站防倒防滑。这类装置可用于倾角为40°的煤层条件。调架千斤顶推力为：

$$P_1 = G(\sin\alpha - f\cos\alpha) + fW$$

式中　　G——支架重量；

α——煤层倾角；

f——支架与顶底板间的摩擦系数；

W——垂直于支架顶梁和掩护梁的力。

支架在移架时防倒拉力为：

$$P_2 = \frac{G(b\sin\alpha - d\cos\alpha) + W(fh - d)}{a\cos\beta / d\sin\alpha}$$

式中　　h——支护高度；

a——防倒千斤顶上铰点至底板的距离；

b——支架重心至底板的距离；

β——防倒千斤顶拉力与煤层走向之间的夹角；

d——支架中心线距倾倒回转中心的距离。

（6）使用3架一组支架。这种支架依靠一个独立的移步横梁迈步前移，它适用于煤层倾角小于55°，老顶来压明显的破碎或中等稳定顶板。为了防止倒架，该支架在侧护板上装有双推千斤顶，可保持支架中心距基本不变。在前梁端装有伸缩梁，借此超前支护。后端装有防护板，用以遮挡采面上方滚落的煤块、矸石。在移步横梁上，装有便于行走的台阶和扶手栏杆，在其前方装有防输送机下滑的千斤顶。

（7）排头支架固定。利用一个斜拉千斤顶防止最下端支架在移架时倾倒，底座的前后各装一个千斤顶防止支架下滑和歪斜。

7.1.4　电液控制系统的研究现状

7.1.4.1　液压支架电液控制的特点

采煤工作面支护问题一直是困扰安全生产、产量和效率的重要问题。液压支架电液控制系统的出现和发展，从根本上改变了井下工作条件，并为煤炭高效高产的迅速提高奠定了基础。随着近年来电子计算机和自动控制技术的发展，采煤设备的自动化技术也日趋成熟，液压支架的电液控制也随之发展起来，并在厚煤层开采中得到了很大的应用。

液压支架电液控制系统使井下采煤实现由机械化向自动化的转变，被称为采煤技术的第二次重大改革。液压支架具有特殊的工况特点。其介质黏度低、工作压力高、流量大、工作环境恶劣、介质污染较严重等特点决定了液压支架的发展方向，使其向高压、大流量和采用电液控制方向发展。煤矿综采液压支架电液控制系统的应用，大大地加快了工作面的移架、推溜速度，改善了采煤工作面顶板的支护状况，使工作面产量成倍增加，直接功效大幅度提高，安全状况明显改善，吨煤成本大幅度下降，为煤矿生产的高效、安全和煤矿工人劳动环境的改变提供了基础条件。

液压支架的电液控制系统是当前国内外工作面支护技术发展的主要方向之一，主要具有如下优点：

（1）可以将支架的降架、拉架、升架、推移前部输送机、拉后部输送机、收护帮板、伸护帮板、喷雾洒水及放顶煤等动作由原来的人工手动操作改为电液自动控制、程序化操作，能够与高效采煤机相匹配加快工作面推进速度，显著提高采煤工作面的生产效率。

（2）可以实现跟机自动化作业、降低工人的劳动强度，改善工人的劳动条件，减少工作面的操作人员，改变煤矿生产落后危险的社会形象。

（3）可以解决特殊地质条件和困难生产条件下的生产工艺问题。例如在薄煤层工作面人员无法在工作面内操作的条件下，采用电液控制可以实现无人化工作面需与刨煤机系统配合使用。

（4）可实现多架同时推移输送机并可定量推进，保证输送机缓慢弯曲，避免中部槽连接处产生过大应力，延长输送帆的寿命，同时可以保护工作面输送机的平直性，实现工作面的平直推移。

（5）易于实现带压移架，对于保护顶板的稳定性和防止冒顶事故非常有利。

（6）可以较好地控制支架初撑力，显著地改善支护效果和工作面管理水平。

7.1.4.2 国外液压支架电控技术的发展及现状

A 研发过程和技术水平

国外在20世纪70年代开始开发研制液压支架用的电控系统，80年代进入实质性应用阶段，90年代液压支架电液控制技术已经成熟，工作性能和可靠性已能满足使用要求。

目前综采液压支架电液控制系统已经达到如下控制功能：在井下开采工作面实行自动控制，通过在支架上安装的电液控制器、压力传感器、行程传感器、电液控制阀，实现液压支架的自动移架、自动推移输送机、自动放煤、自动喷雾等成组或单架控制，也可以实现对支架的单个功能进行控制。美国、德国、波兰等国家的液压支架电控技术走在世界前列，其液压支架电液控制系统配置有故障诊断预警装置，可实现液压支架与采煤机、刮板输送机联动和远程控制。

B 主流控制器

液压支架电液控制系统已成为先进产煤国家综采工作面液压支架的标准控制装备，在美国、澳大利亚、德国等国家已经普遍应用。此外，中国、斯洛文尼亚、南非、俄罗斯、波兰、墨西哥、加拿大等国家也已大量使用。

当前国际上主流的液压支架电液控制器主要有：德国DBT公司的PM4型控制器、德国MARCO公司的PM31和PM32型控制器和美国JOY公司的RS20型3种控制器。这3种控制器占总数的90%以上。此外还有德国EEP公刊的PR116型控制器和蒂芬巴赫的ASGS型控制器等。

C 井下主控机与支架控制器的技术特点

井下主控计算机是电液控制系统的核心控制部分，通过网络与每个支架控制器建立联系。井下主控计算机作为支架控制器的上一级控制机，其主要功能是：可以方便地监控、查看井下工作面的支架、输送机和采煤机等一系列设备的工作运行情况；汇集并存入工作面支架控制器传来的数据，可在屏幕上显示数据信息，可设置输入控制参数，可发出命令控制工作面支架，可紧急停止支架的动作，配合支架控制器实现支架方便的操作、可靠的安全保障、支架控制的自动化、众多支架间的协调配合关联动作。

地面主控计算机是比井下主控计算机更高一级的控制机，与井下主控计算机互传数据信息，从而在地面可监视工作面支架的状况，存储信息资料，参与支架的控制。主控制器可设置和输入控制参数，发出控制命令，可实现采煤机位置检测及以采煤机运行位置为依据的支架自动控制，还可以承担工作面区域内的其他测控任务，并具备向更高一级或其他计算机通信的接口。通过电话网或因特网实现对系统的远程维护。主流支架控制器的主要技术特点如表 7-1 所示。

表 7-1 主流控制器的技术特点

项 目	PM4	PM32	RS20
控制器外壳	控制装置封装在非常结实的不锈钢外壳里，可适应井下各种不同的采煤条件	坚固、轻便，安装于钢制的固定外框架	整体钢墙有外壳，防护性好
传感器	配有的传感器：液压缸的高可靠性压力传感器。测控杆的接触传感器。接近传感器。红外线接收器、电磁倾角仪	通过传感器读取数据，如：千斤顶压力、推移油缸行程、输送机位置和倾斜度、顶梁倾斜度、岩石压力、采煤机或刨煤机位置等数据	通过传感器接受各种数据，例如压力传感器、红外线传感器等
主控计算机和各个控制器	没有主控台（MCU）可以实现双向邻架单控制，自动排序、成组控制、成组推移、组合功能等	没有主控台可以进行邻架手动单动作操作和邻架自动移架等自动动作	没有主控台可以进行邻架单动作操作
软件升级	系统软件升级简单，在一台控制装置上即可刷新全工作面控制装置的程序	系统软件升级容易	系统软件升级容易
连接电缆	网络内的通信和电源的供应通过一条四芯电缆与相邻支架的连接来实现	网络内的通信和电源的供应通过一条四芯电缆与相邻支架的连接来实现	网络内的通信和电源的供应通过一条 19 芯电缆与相邻支架的连接来实现
键盘和显示	25 个控制键的键盘，设计了字母数学大型电子显示器	25 个带有显示灯的控制键，显示屏可显示 16 个字符屏	25 个按键的键盘，液晶显示屏

D 电液控制阀的功能和结构

电液控制阀是支架电液控制系统的核心，取代了传统液压系统中的操纵阀，由电控系统控制，也可以手动直接控制，是电控系统执行元件。目前几家大公司生产的控制系统均采用电磁先导阀控制的电液控制阀组。以德国 MARCO 生产的电液控制阀组为例介绍其结构：主控阀组采用整体插装结构，由电液先导阀、电磁线圈驱动器、回液单向阀、过滤器、回液安全阀、DN20 二位三通阀芯组件、DN12 二位三通阀芯组件、主阀体组成。

电液控制阀是支架电液控制系统的关键元件之一，电液控制阀动作频繁，对工作可靠性和寿命要求很高，与其配合的其他部件也需要很高的可靠性。目前国外电液控制阀及其配套器件的可靠性虽然比较高，但售价也很高。

液压支架的电液控制系统是由先进的电子计算机技术与液压阀等液压元器件相结合组成的，是控制液压支架实现其自动化运转的核心。它代替了一般的液压支架手动液压操纵阀控制系统，从而使液压支架的操作更加灵活、快捷。液压支架电液控制系统主要由电液控制阀组、支架控制器、传感器、电源箱、插座和电缆等组成。

电控阀组中的电磁先导阀用于将电信号转换为液压信号，控制主控阀和常闭截止阀，主控阀则将先导阀发出的液压信号经液压放大后，控制各油缸的动作。

支架控制器根据预定的程序和各个传感器反馈的信号，向各个先导阀发出电信号控制先导阀的动作。传感器有压力传感器、位移传感器和红外传感器。压力传感器用于检测立柱升降时的压力，位移传感器用于检测移架步距，红外传感器用于检测采煤机的位置。电源箱具有防爆、本安、过压、短路、过载保护等功能。如图7-1所示是电液控制系统网络结构框图。

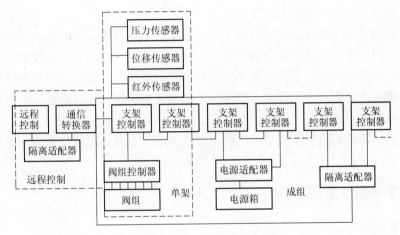

图7-1 电液控制系统网络结构框图

对单台支架来说，首先根据采煤工艺的要求，通过支架控制箱选择好控制方式，然后发出相应控制命令（即给出电信号），使对应的电液控制阀组内的电磁先导阀动作，控制主阀开启，向所连接的液压缸供液，使支架作相应的动作。支架工作状态由压力传感器或位移传感器反馈回控制箱，控制箱再根据传感器提供的信号决定支架的下一个动作。这就是电液控制系统的工作原理，见图7-2。

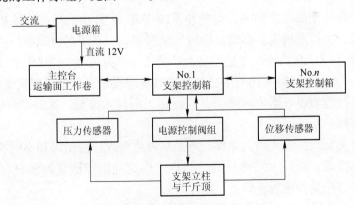

图7-2 电液控制系统的工作原理

7.1.4.3 国内液压支架电控技术的发展及现状

1991年北京煤机厂研制了全国首批支架电液控制系统，并在井下进行了工业性试验，但没有投入工业化生产。郑州煤机厂也在 1991 年研制支架电液控制系统并于 1992 年井下进行工业性试验，改进后通过鉴定。1996 年煤炭科学研究总院太原分院研制的支架电液控制系统进行了国内第一个全套工作面井下工业性试验，于 1997 年 7 月通过鉴定。

20 世纪 90 年代末，煤炭科学研究总院天地科技股份有限公司与德国玛珂公司合资成立了天地玛珂电液控制系统公司，成为国内从事煤矿液压支架电液控制系统研究和开发的专业性公司，其技术与产品在中国得到了应用。2007 年我国出现了多个研发团队研制液压支架电液控制系统。2008 年 1 月平顶山煤矿机械有限责任公司和中国矿业大学联合研制的液压支架计算机电液控制系统试验成功。此外还有郑州煤矿机械集团和某高校合作研发，同时其他科研机构也在努力研发。

我国研制的支架电液控制系统结合了中国煤矿开采的具体情况，控制器的菜单完全中文化，并且采用了多行形式，更加便于操作。液压支架电液控制器主要发展趋势是：操作软件向智能化方向发展；井下计算机和地面计算机形成网络，通过总线传输数据，进行远程控制，实现工作面无人操作或少人操作；控制器和先导阀功耗将向更低方向发展，井下的电源将大量减少，使系统整体结构简单化。

可以预测，随着我国科技水平的不断提高，液压支架电液控制技术会逐渐趋于成熟并推广使用。

7.2　万年矿智能工作面概况

7.2.1　万年矿概况

冀中能源峰峰集团万年矿是冀中能源峰峰集团下属的一座大型无烟煤现代化矿井，位于河北省武安市磁山镇，行政区划属武安市管辖，距离邯郸西 40km，紧邻京深高速公路和 107 国道，京广、邯济（邯郸—济南）、邯长（邯郸—长治）铁路经此穿过，向北可通往山西省大同市和北京市，向东可通往济南市和天津市，向西可通往太原市和吕梁市，向南可通往郑州市，交通较为便利，产品除供邯峰电厂、聊城电厂和其他当地用户外，还远销全国各地。

万年矿是一座采用斜井开拓的大型矿井，1985 年 12 月正式投产。该矿原设计年生产能力为 150 万吨，经过对机电、运输、通风、洗煤等四大系统进行改造，矿井的综合生产能力进一步提升，2002 年以来矿井生产能力达到了 200 万吨/年，2007 年核定年生产能力为 200 万吨/年。为完成峰峰集团有限公司的战略发展规划，万年矿煤炭资源储量较丰富，各生产系统的生产能力也有增加的潜力，经过适当的技术改造，矿井 2009 年扩能技改后可以达到 300 万吨/年。

万年矿矿井主要产品为优质无烟煤，产品品种为混煤、洗精煤和不同粒度级块煤。其产品具有低灰、低硫、低磷、发热量高的特点，广泛应用于冶金、建材、电力和生活民用，是城市发展洁净煤的理想燃料。

为确保 300 万吨原煤生产任务的完成，万年矿技术部门成功地掘出走向长度达 1500m 的超长工作面，并积极采用现代化大型综采设备，提高了安全系数，保证了回采期间的安全生产。根据矿井新产能的需求，万年矿领导班子科学摆布生产地区，优化工作面设计，确保了地区的有序衔接。

7.2.2 智能工作面概况

2009 年，冀中能源峰峰集团在万年矿率先应用了厚煤层智能化综采设备，在 13266 工作面投产。13266 综采工作面位于三水平北三皮带下山采区，工作面走向长度 1400m，倾斜长度 140m。所采煤层为 2 号煤层，煤层平均厚度是 4.5m，属于厚煤层，工业储量是 176.4 万吨，可采储量是 164.6 万吨。工作面采用 ZY5800 - 20/42D 型液压支架，MG500/1140 - WD 型采煤机，SGZ900/800 型可弯曲刮板输送机，PCM200 型锤式破碎机，SZZ800/315 型转载机，ZY2300 型皮带自移机尾。液压支架采用电液控制，采煤机采用遥控操作，破碎机、转载机电动机启动采用集中控制，是一个机械化、自动化程度高的现代化综采工作面。

13266 工作面是冀中能源峰峰集团第一个智能化综采工作面，针对新设备，矿抽派技术骨干先后到山西焦煤集团、重庆大江、上海创力、北京天玛公司、金牛集团东庞煤矿、张家口煤机厂等单位参观学习；在工作面安装和初采阶段，各生产厂家派技术人员现场指导，矿举办各类培训班，严格考试制度，科学组织管理，针对新设备开展技术攻关，认真研究新设备的结构和使用维修知识，逐步摸索出适合万年矿煤层条件的综采操作工艺：13266 综采工作面实现了"三高"（高起点、高标准、高效益），日产已超过 7000t，实现了大角度智能化高产、高效的综采工作面。

7.2.2.1 开采范围及赋存状态

万年矿井田可采煤层 6 层，即 2 号大煤、4 号野青煤、6 号山青煤、7 号小青煤、8 号大青煤、9 号下架煤，总厚度 9.63m。2 号大煤为矿井主采煤层，平均厚度为 4.5m。顶板伪顶为碳质页岩，厚为 0 ~ 1.2m，一般为 0.4m，破碎易落，直接顶为粉砂岩，个别相变为中细砂岩，一般为 4.15m，底板为砂质泥岩，厚为 4.0m。该煤层现为矿井主采煤层。

13266 工作面的开采范围及赋存状态如表 7 - 2 所示。

表 7 - 2　13266 工作面的开采范围及赋存状态

项　目	单　位	最　小	最　大	平　均	备　注
地面标高	m	+ 215	+ 235	+ 225	
工作面标高	m	- 320	- 390	- 355	
埋藏深度	m	535	625	580	
走向长度	m	1400	1400	1400	
倾向长度	m	128	138	140	
煤层倾角	(°)	16	36	25	
煤层厚度	m	0	5.78	4.5	全层
体积质量	t/m^3			2	
地质储量	t			1764000	
可采储量	t			1646000	95%

7.2.2.2 地质构造

13266 工作面所在区域构造发育，影响回采的断层主要有 10 条，如表 7 - 3 所示。

表7-3 工作面断层情况表

构造名称	走向/(°)	横向/(°)	倾角/(°)	性 质	落差/m	对回采影响程度
F_a	114	24	65	正断层	1.5~2.0	影响很大
F_b	138	48	60	正断层	1.2	影响较大
F_c	122	32	60	正断层	1.0	有一定影响
F_d	54	324	60	正断层	0.5	影响不大
F_e	34	124	60	正断层	1.4	影响较大
F_f	155	245	65	正断层	1.0	影响不大
F_g	53	143	60	正断层	1.0	有一定影响
F_h	37	127	60	正断层	1.6	影响较大
F_i	306	216	60	正断层	1.2	有一定影响
F_j	122	212	60	正断层	0.5	影响不大

7.2.2.3 煤层特征

煤层产状：13266工作面煤层走向为163°~176°，煤层倾向为73°~86°，煤层倾角为16°~36°，平均为25°，属于大角度煤层。

煤层：本区煤层基本稳定，全层厚度为0~5.78m，平均为4.5m，大部分为3.5~4.5m，属于厚煤层。含两层夹矸，夹矸岩性为粉砂岩。断层附近煤层局部变薄且倾角较大。

13266工作面原煤属高发热量无烟煤，煤质指标如表7-4所示。

表7-4 工作面煤质指标表

$M/\%$	$A/\%$	$V/\%$	$Q/J \cdot g^{-1}$	$F_c/\%$	$S/\%$	Y	工业编号
1.87	18.11	5.34	33545	79.09	<0.5	1	无烟煤
大煤：煤质硬，燃点高，发热量大，低硫、磷，质优							

7.2.2.4 围岩性质

13266工作面围岩特征如表7-5所示。

表7-5 工作面围岩特征表

项 目	名 称	厚度/m	岩 性 特 征
老 顶	中砂岩	14.0	灰白色、致密、坚硬；节理、裂隙发育
直接顶	粉砂岩	4.0	灰黑色，含大量植物叶部化石，局部含页岩夹层
伪 顶	伪 顶	0.2	黑色、松软、破碎，含大量植物化石
直接底	粉砂岩	5.0	灰黑色，含植物根部化石及黄矿石结核
老 底	细砂岩	6.3	灰白色，以石英、长石为主，钙质胶结

7.2.2.5 同一煤层相邻工作面矿压参数

同一煤层临近工作面的矿压参数对本工作面有重要参考价值，根据观测资料13266工作面同煤层的相邻工作面矿压参数如表7-6所示。

表 7-6　相邻工作面矿压参数表

项　目		单　位	最　大	最　小	平　均
顶板压力		MPa	0.45	0.25	0.35
直接顶初次垮落	压　力	MPa	0.31	0.25	0.28
	距　离	m	10	6	8
初次来压	强　度	MPa	0.45	0.40	0.425
	步　距	m	30	20	25
周期来压	强　度	MPa	0.45	0.35	0.4
	步　距	m	18	12	15

7.2.2.6　水文情况

影响 13266 工作面所在区的水源主要为大煤顶板砂岩含水层、大煤底板砂岩含水层。顶、底板砂岩含水层在本区尚未疏干，且具各向异性，含水不均一，工作面回采过程中，在低洼处、顶底板裂隙发育处及断层附近会出现淋流水现象。随工作面的推进，顶板砂岩水受老顶周期来压的影响而发生变化，从老空帮流出，工作面正常涌水量为 $0.3m^3/min$，最大涌水量为 $1.5m^3/min$。

7.2.2.7　瓦斯、煤尘及自燃发火情况

瓦斯：13266 工作面的瓦斯绝对涌出量为 $0.24m^3/min$，属于低瓦斯地区。

煤尘：工作面无煤尘爆炸性，煤尘爆炸指数为 2.54% ~9.12%。

煤的自燃倾向性：工作面无自燃发火现象。

地温：属于地温正常区域，在正常通风情况下，地温对回采无影响。

地压：工作面地压较大，应加强顶底板和煤壁管理。

7.2.3　工作面综采自动化

由于厚煤层所处的环境复杂，地质情况变化较多，井下能见度低，易发生安全生产事故，采用电液控制系统为厚煤层安全高效开采，实现综采工作面操作自动化创造了良好的条件。

13266 工作面引进的综采工作面自动化监测监控系统，从层次结构上可将系统分为三层，是仪表、继电器与通信技术相结合的系统。其中地面检测站为最顶层，井下巷道内的检测站为中间层，采煤工作面安装在液压支架上的若干测控分站为最底层。

综采工作面自动化系统的实现可以达到以下目标：（1）综采支架的自动降架、移架、升架，顶板压力的检测监控与显示；（2）采煤机位置的确定、截割高度与运行速度的控制、远距离遥控操作与程序运行；（3）刮板输送机链条的自动张紧、恒力运转以及减速机的状态监测与故障诊断等。

配套设备为 MG500/1140-WD 变频电牵引采煤机，SGZ-900/800 输送机，ZY5800/20/42D 两柱掩护式液压支架高度为 2.0~4.2m，电液操作系统主要由支架控制器、电液换向阀组、电磁阀驱动器、隔离耦合器、压力传感器、行程传感器、红外线接收传感器、井下主控计算机等组成。支架控制器为系统的核心部件，是一个高度集成化的微小型煤矿专用控制计算机，它接收操作人员或系统的自动化控制指令，根据传感器采集到的支架状态信息和已经设计好的自动化控制程序控制目标支架的液压油缸的动作，从而实现降架、

拉架、升架、推溜等操作。带电磁先导阀的电液换向阀组是关键执行部件，实现电信号对液压回路的开关控制的转换。井下主控计算机是可选项，选用时其可与各个支架上的支架控制器进行数据通讯，收集各个支架的状态信息并以图形方式予以显示，必要时还可以通过网络系统将数据传送到地面。另外，在跟机自动化工作面，井下主控计算机根据采集到的采煤机位置信息、各个支架的状态信息和与回采工艺配套的自动化控制程序，适时发布控制动作指令到目标支架的控制器，对应的支架控制器控制相应的电磁换向阀完成支架所需要的动作。

电液系统对支架动作的主要控制功能包括：对邻架各单动作的按键操作；对邻架多动作的自动顺序控制（前移支架的降、移、升动作的自动顺序联动）；可实现以采煤机工作位置和运行方向为依据的支架动作自动控制即"跟机自动化"。对邻架多动作的自动顺序控制（前移支架的降、移、升动作的自动顺序联动）动作时间 8 ~ 10s/架，跟机速度 2 ~ 3m/min；成组支架自动顺序联动的成组自动控制 50s/5 架，约 2.5 ~ 3min 操作两组，跟机速度 5 ~ 6m/min，实现以采煤机工作位置和运行方向为依据的支架动作自动控制即"跟机自动化"跟机速度可达 6m/min 以上。

7.3 模拟研究

为了更全面地从各个方面研究大采高工作面的岩层移动及应力分布规律，采用 UDEC 及 FLAC 对采场围岩进行了模拟研究。

7.3.1 采场 UDEC 数值模拟

基于基岩厚度、覆盖层厚度、开采条件，运用 UDEC 软件对大采高工作面采场进行数值模拟。模拟煤层厚度为 4m，开采厚度为 4m，模拟控顶距为 5m。对围岩的主应力分布、水平应力分布、垂直应力分布、位移矢量进行了研究分析。

图 7 - 3 为垂直应力分布图，从图中可以看出，在顶板之上的 12m 处，上覆岩层形成

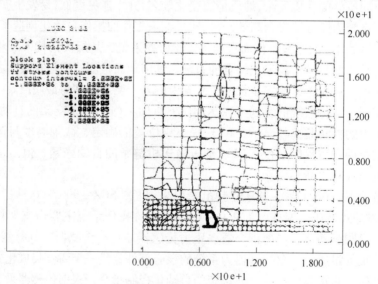

图 7 - 3 围岩垂直应力分布图

了似平衡结构，所谓似平衡结构就是这种结构并不一定是绝对稳定的，在一定的条件下可能转化为不平衡岩体，而在之上3m的岩层以大变形梁的形式出现，是有序平衡。这种平衡一定会出现在采场上覆岩层中，只是层位不同，具体的形式不同，但其作用是相同的，就是在下位岩层下沉卸压后，这种结构将其之上或自身的重量通过结构传至煤壁前方岩体或后方压实的岩体上。

在工作面前方14m垂直应力达到峰值，在顶板之上30m，垂直应力达到次峰值，而在支架上方，由于支架的卸压，而使其上方至平衡结构之间形成低应力区。

图7-4为主应力分布图，从图中可以看出，采空区上方的岩层的自重应力通过平衡结构，特别是有序平衡结构指向工作面前方煤体和岩体。

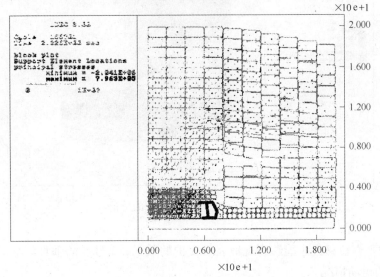

图7-4　围岩主应力分布图

图7-5所示为水平应力分布图，从图中可以看出，在工作面前方18m，煤体中的水平应力达到峰值，而在距工作面13m处，顶板的水平应力达到峰值，这两个峰值连成了一个区。

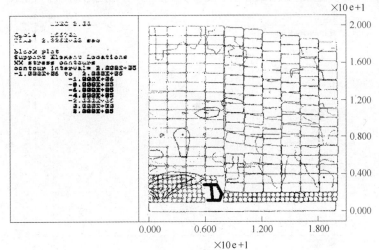

图7-5　围岩水平应力分布图

7.3.2 FLAC 采场围岩运移规律模拟

根据回采工作面地质和煤岩等条件在回采工作面倾斜方向建立工作面的二维计算机模型进行模拟，在计算时分别记录如图 7-6 所示的 1 号点及 2 号点的垂直位移，1 号点及 2 号点的位置如图 7-6 所示。

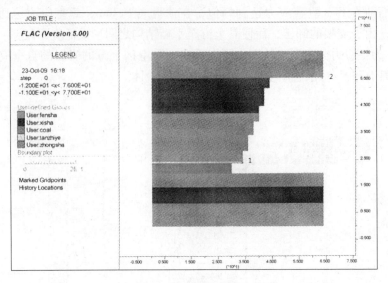

图 7-6　1 号点及 2 号点的位置

1 号点的垂直位移大小能够直观地表示支护的效果，2 号点的垂直位移能够直观地表示上覆岩层的运动情况。

7.3.2.1 低支护载荷模拟

图 7-7、图 7-8 为低载荷支护条件下 FLAC 模拟图。模拟结果可以看出：在低载荷支护条件下，工作面和上覆岩层都产生了较大的位移，1 号点的垂直位移为 1.6m，2 号点的垂直位移为 7.5m。速度矢量图说明上覆岩层的运动趋势是指向采空区的。

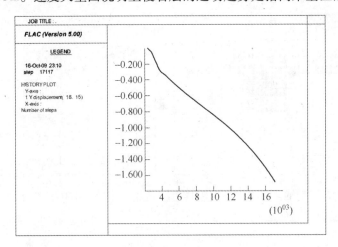

图 7-7　低载荷支护 1 号点垂直位移图

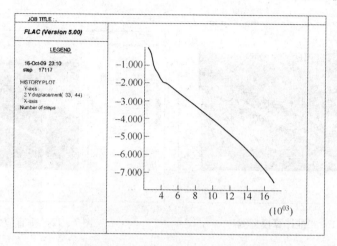

图 7-8 低载荷支护 2 号点垂直位移图

7.3.2.2 高支护载荷模拟

图 7-9、图 7-10 为高载荷支护条件下 FLAC 模拟图。模拟结果可以看出：高载荷支护与低载荷模型相比，工作面和上覆岩层产生的位移显著减小。1 号点的垂直位移为 0.4m，2 号点的垂直位移为 3.5m。位移矢量图与速度矢量图的最大值明显小于低载荷模型。因此，高载荷的支护效果明显要比低载荷好。

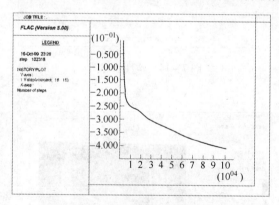

图 7-9 高载荷支护 1 号点垂直位移图

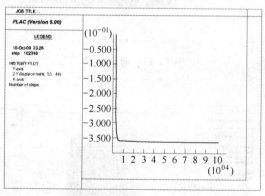

图 7-10 高载荷支护 2 号点垂直位移图

7.3.3 沿工作面倾斜方向围岩运移规律 FLAC 模拟

根据回采工作面地质和煤岩等条件在回采工作面推进方向建立工作面的二维计算模型，煤层及其顶板和底板等岩层均按实际厚度进行模拟。根据 13266 工作面煤层顶底板的围岩力学特征分析，二维计算模型如图 7-11 所示。

由模拟结果可知，图 7-12 垂直应力图说明应力集中出现在工作面的上下端头。图 7-13 剪应力图表明较大的剪应力集中出现在下端头上方，因此下端头容易出现剪切破坏。图 7-14 塑性图显示工作面 15m 到 20m 范围的岩层塑性破坏严重。图 7-15 位移速度矢量图表明工作面上方的岩层有较大的下降趋势。图 7-16 最大主应力分布图表明，工作面上部煤体与下部煤体都存在着高主应力区。

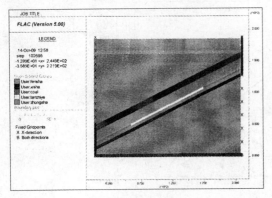

图7-11 二维计算模型图

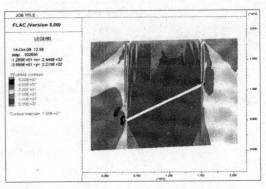

图7-12 垂直应力图

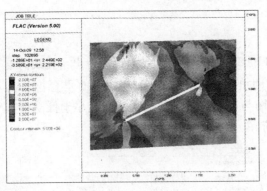

图7-13 剪应力图

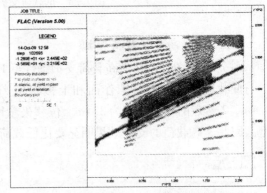

图7-14 塑性状态图

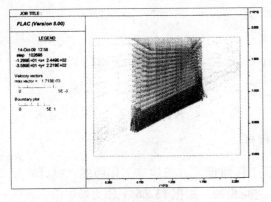

图7-15 速度矢量图

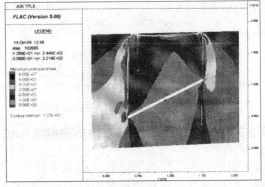

图7-16 最大主应力图

7.4 液压支架稳定性研究

7.4.1 液压支架稳定性

支架的稳定性包含支架沿工作面倾斜方向的下滑和倾倒，由于液压支架自身重量和顶板施加在支架上的压力，支架工作过程中必然有下滑或者倾倒的趋势，支架的静态稳定性随支架与顶底板摩擦系数的增大而提高。

7.4.1.1 支架高宽比与支架稳定性

如果不考虑采煤机、输送机及相邻支架间的相互挤压，单个支架的静态稳定性随支架宽度的增大而提高，随支架高度的增大而降低，在支架前移过程中，动态稳定性主要与支架自身的宽度、高度有关，支架高宽比是决定支架倾倒与否的重要因素之一。

在工作面倾角一定的情况下，液压支架在接触顶板前，或者是脱离顶板后，其倾倒趋势只和支架自身的宽度和重心位置有关。在支架不接顶时，支架开始倾倒的高宽比随角度的增加而变小，即高宽比不变时角度越大，支架的稳定性越差。

7.4.1.2 支架的静态下滑影响因素

在不考虑工作面溜子、采煤机作用等因素的影响下，当支架下滑力大于支架的最大摩擦力时，支架产生下滑的趋势。

A 支架不接顶的下滑分析

不接顶时支架是否下滑仅与支架与底板的摩擦系数有关，与支架重量、结构形式无关。摩擦系数 f 并非固定值，取值范围最大可达 0.222 ~ 0.819，相对应的临界角为 12.5° ~ 39.3°。临界角的范围是很大的，根据实际经验，一般当煤层埋藏倾角大于 35°时，走向长壁（倾斜布置）工作面支架均有出现下滑和倾倒的可能。由于回采工作面生产条件的复杂性及多变性，导致不同的工作面支架与底板摩擦系数不同，即使在同一工作面，不同的管理水平、顶板压力的变化，均可能影响到摩擦系数的变化。精确地测定摩擦系数在实践中困难很大，摩擦系数值与以下几个因素有关：

（1）底板岩性及力学性质。不同岩性底板及平整程度的摩擦系数不同，对于平整坚硬的底板可以比较容易地测定摩擦系数，但对于软底板特别是遇水泥化的底板，摩擦系数不仅与支架自重及载荷有关，同时与泥化程度有关，其值是变化的。理论上，底板变软后，相当于在底座与底板之间增加了一层软垫层，起到了润滑作用，f 值相应降低，实践中，在强大的顶板压力作用下，支架可能压入底板，从而使 f 值又增大，精确地测定这种变化对 f 值的影响有一定困难。

（2）浮煤的影响。开采过程中的浮煤是影响 f 值的又一因素，浮煤的厚度、干燥程度均影响 f 值。

（3）水的影响。开采中，工作面涌水、乳化液排放是影响 f 值的重要因素，即使对于坚硬、完整的底板，当表面有水后，摩擦系数将降低，一些岩石遇水还产生底鼓，水使工作面的浮煤变成稠度不同的煤浆，降低了 f 值。

（4）架型及重量的影响。研究表明，单排立柱掩护式支架由于支架工作阻力作用点靠近底座前端，底板与底座之间接触比压的分布也集中在底座的前部，而四柱式支架底座压力分布特点是工作阻力的作用点靠近中部，不同压力的分布形式导致底座与底板的接触程度不同，其 f 值也不相同，在软底情况下，这种影响最为明显。

综上所述，在评价下滑特征时，应参照相邻条件的工作面分析影响摩擦力的主要因素，必要时进行现场的摩擦系数测定工作。

B 支架接顶时的下滑分析

单架接顶时的下滑临界角 α 不但与支架对底板的摩擦系数有关，同时与支架载荷有关。

（1）不论支架承载情况如何，随 f 值增大，临界角 α 增大，设法增大 f 值能有效防止下滑。

（2）随顶板压力增大，临界角 α 增大，但并不是按线性比例增大，顶板压力越大，增加幅度越小。

（3）支架的滑动易发生在降架过程中，当顶板压力为 0 时，最易滑动。因此，带压移架是防滑的重要措施，压力越大，防滑效果越好。在破碎顶板工作面，极有可能出现顶板冒空的情况，此时支架最易滑动和翻倒。

（4）多架支架与单架支架下滑的不同点是支架下滑受到上下邻架挤靠力的作用，因此在一定倾角范围内，工作面整体下滑易控制；工作面支架的下滑是个别支架下滑引发的其他支架下滑。

7.4.2　大角度工作面沿水平方向顶板活动的特征

大角度开采工作面上覆岩层沿倾斜方向有向采空区方向的矢量作用，但运移总体规律与沿煤层走向推进的工作面相同。

工作面推进，支架后方顶板垮落后，直接顶板将不规则垮落，并膨胀体积，充填采空

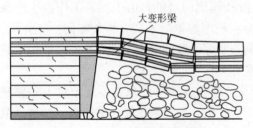

图 7 - 17　上位岩层平衡结构及
其对采场矿压显现的影响

区。上部较稳定的基本顶板将随着直接顶的垮落而弯曲、旋转，有规则地（岩块之间互相咬合）下沉，直至接触、压实不规则垮落的岩石，形成一个处于暂时平衡的岩梁（板），并阻止以上岩层自由垮落，有条件地承担上覆岩层的重量，保护工作空间，使其处于减压带（区）内，这就是基本顶形成的平衡结构。结构以大变形梁的形式表现出来，如图 7 - 17 所示。

采场围岩运移是一个动态的过程，此动态过程有两层内容：一是随着时间变化的动态过程，二是随支护力不同而变化的动态过程。图 7 - 18 为合理支护条件下围岩运移状态，平衡结构下方岩层厚度较大，距离支架较远，支架上方顶板发生离层的可能性较小，采场处于安全状态。图 7 - 19 所示为低支护载荷条件下围岩运移状态，支护顶板距平衡结构较近，平衡结构对采场的影响较大，由于支护力过小，顶板易发生离层，支护状态差。

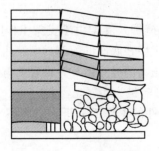

图 7 - 18　合理支护条件下
围岩运移状态

图 7 - 19　低支护载荷条件下
围岩运移状态

合理的支架工作支护力首先应该保证上覆岩层不离层，平衡结构在安全距离之上。在实际确定支护载荷时，一般情况下以开采高度 6 倍以上来计算支护载荷比较安全可靠。考虑到结构的传压特性及垮落角，合理支护载荷应该大于这一倍数，最好是支护 20 ~ 30m 顶板岩层重量。

7.4.3 13266 工作面支架受力分析

13266 工作面采用的是 ZY5800/20/42D 型掩护式液压支架，如图 7 - 20 所示。图 7 - 21 所示为 ZY5800/20/42D 型支架的简图。

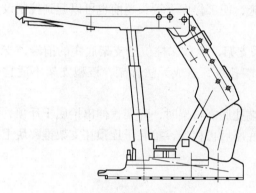

图 7 - 20　ZY5800/20/42D 型
掩护式液压支架

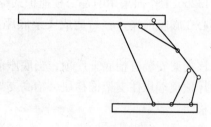

图 7 - 21　ZY5800/20/42D 型
掩护式液压支架简图

顶板施加于液压支架的载荷通过支架的顶梁来传递，顶梁与顶板的接触状态，直接影响到支架的受力载荷方式。

当支架顶梁与顶板接触较好时，支架就会受到连续性的载荷作用，这一载荷可以是均布载荷，也可以是梯形分布载荷，还可以是一种函数形式的载荷。

由于工作面的地质条件复杂多变，也就造成了支架在工作过程中的承载状态的复杂性和不确定性，对于支架影响较大的外载荷状态主要有对称和非对称集中载荷两种。由于工作面顶板的起伏不平，且支架顶梁有浮矸存在时，常造成支架顶梁与顶板之间单点接触或单线接触，使得支架受载状态恶劣。另一种对称状态下的集中载荷为支架顶梁与顶板为两点或两线接触，这在发生冒顶的工作面是常见的。

在大倾角煤层，易造成支架顶梁与顶板的不对称接触，造成支架承受偏载，如图 7 - 22 所示，使支架处于承受恶劣的非对称集中载荷状态。在此状态下，支架的结构不仅承受垂直的纵向载荷，还要承受横向和扭转载荷的作用，极易造成支架的破坏。

大采高支架的稳定性是使用过程中出现问题比较严重的环节，也是重点要考虑的问题之一。而根据具体煤层开采条件，包括直接顶的变形运动规律对大采高支架的适应性也有很大的影响。液压支架稳定工作的必要条件是作用在顶梁上的外载荷的大小和位置必须在支架的力平衡区范围内。

13266 工作面使用 ZY5800/20/42D 掩护式综采支架，高

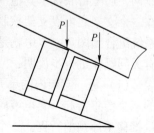

图 7 - 22　支架受偏载作用

度达到 4.5m，切眼煤层倾角达到 25°~32°，支架自重大。初次开采时局部支架出现严重咬架和下躺现象，采取措施为：支架防倒、防滑及侧护板加装闭锁装置，以五个支架为一组，每组使用长链条、千斤顶将支架原前防倒部位与隔二个支架的马鞍桥孔相联，该方法效果明显，解决了大角度工作面的支架防倒防滑问题。

综采支架推移块的长度约 3m，位于支架底座的中央，对于控制工作面输送机下滑有很好的效果；工作面输送机溜槽为封闭式，减少了底链对底板的反冲力，控制输送机下滑；通过在支架推移块十字头与上二个支架马鞍桥间联接链条和千斤顶，在输送机机头与运输巷下帮间支设戗柱，控制工作面输送机下滑；采煤机单向割煤，自下而上顶移输送机可控制输送机下滑；另外工作面采取调斜措施，使工作面下端头超前也可以起到控制设备下滑的作用。

13266 工作面采用的是二柱掩护式综采支架，承载二柱位于支架底座的前端，支架受力重心在底座前端，容易造成支架底座前端扎底，造成无法移架，该型支架不适宜松软底板。

该支架安装有抬底千斤顶，当底座前端扎底需移架时，降架，伸出抬底千斤顶，使抬底千斤顶顶端压住支架推移块，抬高支架底座后再移架，抬底千斤顶在支架推移块上滑行实现移架。

7.5 电液控制系统

万年矿综采工作面选用的型号是 ZY5800/20/42D 掩护式液压支架，其操纵控制选用的电液控制系统，能够实现液压支架的单动作和成组控制。支架电液控制系统可用于各种型式液压支架的控制和操作。

支架的型式、结构和控制要求不同，配套的电液控制系统的配置和控制软件也随之变化。以下介绍电液控制系统及其部件的有关技术资料，重点介绍性能和使用操作方法。此电液控制系统适用的用户及控制对象为峰峰矿区万年矿的最大高度 4.2m 的二柱掩护式液压支架。

7.5.1 ZY5800/20/42D 掩护式液压支架电液控制系统的构成

电液控制系统主要由电源、主控制台、支架控制器、液电信号转换元件（压力、位移传感器）、电液控制阀组、液压系统等组成。图 7-23 及图 7-24 展示了应用于万年矿工作面的电液控制系统的配置状况和联接关系。从图中可以了解系统的全貌。图 7-23 表示的是全工作面的整个系统主干，每个支架装备一台支架控制器，控制器之间按顺序互联成网，还配备联接了其他一些不可缺少的设备部件，形成完善的系统。图 7-24 表示的是在一个支架之内以支架控制器为核心，并包括其输入输出外围设备的单架系统。每个单架系统组合到图 7-23 中就是一套全工作面完整的电液控制系统。以下就系统配置和联接的有关问题作进一步说明：

（1）每一支架内的单元系统以一台支架控制器为核心，还包括作为控制器外围设备的三个传感器和一套电液阀组。一个压力传感器测量立柱下腔液压力。一个行程传感器测量推移千斤顶的行程。一个红外线接收器检测采煤机的运行位置和方向。电液阀组是控制系统的执行部件，按被控对象及动作功能分为若干单元，每个单元包括一个液动主控换向

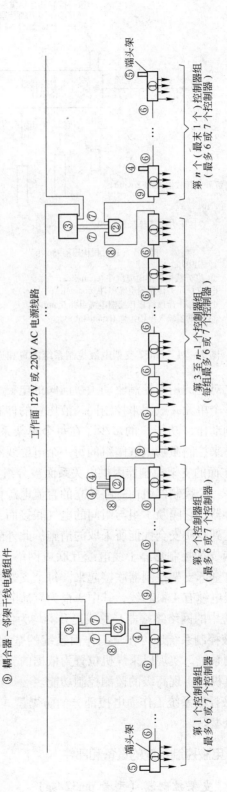

标号说明：
① 支架控制器；
② 隔离控制器；
③ 双路电源箱；
④ 总线提升器；
⑤ 网络终端器；
⑥ 架间干线电缆组件；
⑦ 电源输出电缆组件；
⑧ 耦合器－本架干线电缆组件；
⑨ 耦合器－邻架干线电缆组件

如系统设顺槽主控制计算机。则由终端头架控制器相关部件向主控制计算机终端器通过干线电缆及相关主控制计算机系统，主控制计算机系统的配置连接另有用户手册介绍

工作面 127V 或 220V AC 电源线路

第 1 个控制器组
（最多 6 或 7 个控制器）

第 2 个控制器组
（最多 6 或 7 个控制器）

第 3 至 n−1 个控制器组
（每组最多 6 或 7 个控制器）

第 n 个（最末 1 个）控制器组
（最多 6 或 7 个控制器）

图 7－23 支架电液控制系统配置和联接（全工作面系统）

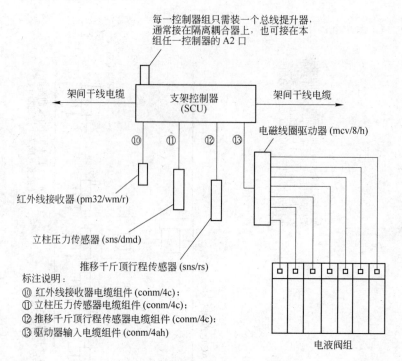

图 7 - 24 PM32 支架电液控制系统配置和连接（每一支架的单元系统）

阀、一个与之对应的用来控制驱动主换向阀的电磁先导阀，先导阀用两个电磁线圈驱动。电液阀组的一个单元一般用来控制同一液压缸的伸和缩两个动作。阀组的单元数取决于被控对象和控制动作（功能）的多少。在每个单架系统中还有一个电磁线圈驱动器，支架控制器通过它来控制激励电液阀组的每一个电磁线圈。

（2）工作面的支架控制器因供电关系而被分组，每个分组由相邻的最多 6～7 个支架控制器组成，一个控制器组由一路独立的直流电源供电。分组的标志是组与组之间都接入一个隔离耦合器，它隔断了组与组间的电气联接而又通过光电耦合沟通数据通信信号，这种方式是为达到本质安全性能所采取的措施。此外隔离耦合器为电源引入提供通道。

（3）所有支架控制器靠干线电缆互联成网络。干线电缆从端头架控制器开始经隔离耦合器顺序将全部支架控制器联接起来。每个支架控制器都有地址编号，地址号是按顺序连续的。干线电缆有 4 根芯线，其中 3 根为贯通的公共线，1 根芯线为电源12V。

（4）系统中的网络终端器、总线提升器均为保证系统正常工作所必须的辅助装置。

（5）电液控制系统还可在全工作面系统的基础上，引入更高级的配置：一是增设采煤机位置检测系统，实现以采煤机位置为依据的支架自动控制；二是增设位于顺槽巷道中的主控制计算机，实现高级的监测控制功能。

（6）电液控制系统工作面电控部分的防爆型式除电源箱为隔爆兼本质安全型外其他全为本质安全型。

7.5.2 pm32 电液控制系统的设备和部件

7.5.2.1 支架控制器（型号 pm32/sg）

支架控制器实际上是一台微型的专用控制计算机，硬件和软件兼具。软件中的应用程序是专为支架的控制操作服务的。控制器有完备的人机交互界面，设有 25 个操作键，闭锁急停按钮，LED 点阵式字符显示屏，各种功能的 LED 发光管信号显示以及蜂鸣器。这些设施保证了操作者方便地进行操作控制并及时获得系统的提示及状态信息。

控制器有足够的各种类型的输入口、输出口及通信口共 12 个。支架控制器工作电压是 DC 12V。

7.5.2.2　电液阀组

电液阀组为单元组合结构，每个单元包括液动的主控换向阀和对应的电磁先导阀，电磁先导阀是靠电磁线圈通电产生的吸力而动作的，一个单元有两个电磁线圈，分别控制两个动作。电磁先导阀的动作除了靠电磁线圈的吸力，还可以直接推压推杆，在停电、电控系统有故障的情况下，作为应急操作，可直接按推杆使先导阀动作。电磁线圈工作电压 DC 12V，工作电流 90mA。

7.5.2.3　电磁线圈驱动器（型号 mcv/8/h）

电磁线圈驱动器应看作是控制器的一个扩展附件，接在支架控制器与电磁线圈之间，接收来自控制器的电源和控制信号，执行对各单元电磁阀线圈供入电源并控制通/断的任务。电磁阀驱动器有 1 个输入插口，最多 8 个输出端，最多可驱动的电磁先导阀数为 8 个单元（16 个线圈）。输出端的功能分配及与电液阀组的电磁线圈输入插口的对应联接关系见图 7 - 25 及表 7 - 7。

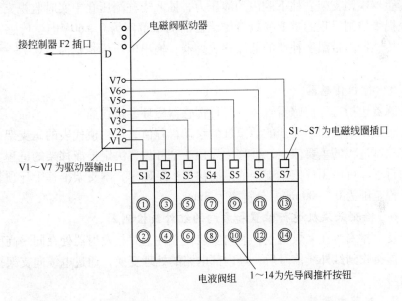

图 7 - 25　电液阀组及电磁线圈驱动器

表 7 - 7　驱动器和电液阀组的功能配置及对应关系表

功　能	控制对象	使用的阀组单元	先导阀及电磁线圈	手动推杆按钮号	阀组电缆插口	驱动器输出端
升立柱	立　柱	左起第 1 单元	1 单元一上	1	S1	V1
降立柱			1 单元一下	2		

功 能	控制对象	使用的 阀组单元	先导阀及 电磁线圈	手动推杆 按钮号	阀组电缆 插口	驱动器 输出端
移 架	推移千斤顶	左起第 2 单元	2 单元一上	3	S2	V2
推 溜			2 单元一下	4		
伸平衡千斤顶	平衡千斤顶	左起第 3 单元	3 单元一上	5	S3	V3
收平衡千斤顶			3 单元一下	6		
伸侧护板	侧护板千斤顶	左起第 4 单元	4 单元一上	7	S4	V4
收侧护板			4 单元一下	8		
抬底座	抬底座千斤顶	左起第 5 单元	5 单元一上	9	S5	V5
喷雾	喷雾阀		5 单元一下	10		
伸护帮板	护帮板千斤顶	左起第 6 单元	6 单元一上	11	S6	V6
收护帮板			6 单元一下	12		
伸伸缩梁	伸缩梁千斤顶	左起第 7 单元	7 单元一上	13	S7	V7
收伸缩梁			7 单元一下	14		

7.5.2.4   压力传感器

压力传感器检测支架立柱下腔内的液压力，插入支柱测压孔中实时监视支架的支护状态，向系统提供控制过程的重要参数。传感器的测量范围为 0 ~ 60MPa。传感元件为电阻应变桥路，传感器内带温度补偿的低漂移放大器，输出电压模拟信号（0.78 ~ 4.94V）给控制器。

7.5.2.5   行程传感器

行程传感器包括行程传感器管体，行程传感器磁环，接线插座。

行程传感器用来检测千斤顶的活塞杆的移动行程值，行程值代表的是支架或溜子所处的位置，是控制过程的重要依据，推移千斤顶活塞杆位置决定推溜移架的进程。行程传感器可测最大行程，可由用户依据支架的推溜移架步距确定，本支架推移千斤顶装备的行程传感器的量程范围为 0 ~ 900mm，分辨率为 3mm。

7.5.2.6   检测采煤机运行位置和方向的红外线检测器

红外线发射器安装在采煤机上，射向安装在立柱上并与发射器处在同一高度的红外接收器。接收器接收到红外线信号后，经内部电路的处理变换，通过电缆向支架控制器输入模拟电压信号。

7.5.2.7   双路电源箱

电源箱是电液控制系统专用的电源变换装置，它从工作面受入 90 ~ 250V 交流电源，变换成直流 12V，向 PM32 系统供电。

7.5.2.8   隔离耦合器

隔离耦合器接在相邻两组支架控制器之间，将两组支架控制器完全电气隔离，为电源引入各组提供通道。

7.5.2.9   网络终端器

网络终端器是为监视系统的数据通信总线 TBUS 的状况，保持正常通信而设置的附件，控制器在网络的两端各设置一个。软件自动将它们的一端设置为"同步发送"，定时向通信总线发送同步脉冲信号；另一端设置为"应答"，在接收到通过总线传来的同步脉冲信号后，随即向总线发送应答脉冲信号。通过控制器软件的判断达到监视总线和保证正常通信的目的。系统的紧急停止功能也是通过它们起作用。

7.5.2.10 TBUS 总线提升器

TBUS 总线提升器是为保证 TBUS 总线正常信号传输而提升总线电压所设的附件，每一控制器组使用一个。

7.5.3 电液控制系统的主要功能

电液控制系统的主要功能是控制支架的所有动作，其控制是在应用程序基础上进行。控制命令是操作者通过键操作发出的（或是根据采煤机位置由系统自动发出），同时传感器检测的实时值和用户设置的各种参数也是控制过程的重要条件。电液控制系统发挥计算机网络控制技术的优势，赋予系统丰富的功能，使支架控制方便、灵活、协调、安全，尤其是应用程序修改的易行性和控制参数项目的完善周密及调整简便，使系统做到控制功能与工作面条件和生产工艺要求尽可能好地配合适应。

7.5.3.1 用按键对单个支架动作的非自动控制

操作者在任意一个支架上操作，先选某一个支架为被控支架，根据用户的需求和安全的要求，软件确定了被控支架可选择的范围。一般情况下，可选择的仅为左、右邻架，需要时，软件可将可选架范围扩展至与本架相隔的左边或右边的若干个单架。原则上不允许操作者的本架为被控架，如支架和工作面安全条件允许，经用户与厂家协议，软件也可做到本架为被控架。被控架选定后要使被控支架进行某一动作或某些联合动作，就接着按面板上相应的操作键。这是系统提供的最基础的初级功能。这种"单控"操作又分为三种形式：

（1）对于一些重要的常用单动作和联合动作，在面板上定义了专用键，在被控支架选定后按专用键即可。这是一种快捷方式。动作的维持必须靠持续按键不松手，松开键动作就停止。

（2）如果被控制的对象及动作多，不可能所有动作都定义专用快捷键。系统将不常用的动作操作项目归入菜单中，通过菜单选项后再统一使用两个特定键操作。动作的维持也必须持续按键。

（3）对于可能需要持续较长时间的单动作，也在面板上定义了直接操作的专用键，但不必持续按键，采用点按方式，一按启动，再按停止。本架推溜就用这种方式操作。

7.5.3.2 对单个支架的降柱—移架—升柱动作施行自动顺序联动

电液控制器的程序将这些相关联贯的动作协调连续起来合成为一个复合动作，自动按程序执行。每个单动作的进程及单动作之间的衔接与协调均以设置的参数或传感器实时检测的数据为依据。

7.5.3.3 成组自动控制

成组自动控制的含义是：以工作面的任何一个支架为基准（操作架），向左或向右连续相邻的若干个支架被设定为某次某一动作的一个成组，支架的某一动作（单动作或自动顺序联动的复合动作）在给出命令后从这个组一端的起始架开始运行，按一定的程序在组内自动地逐架传递，每架的动作自动开始，自动停止，直至本组另一端的末架完成该动作为止。成组执行什么动作、组的位置、架数、动作的传递方向取决于操作架位置以及在操作架上所键入的选择命令。成组自动控制必须先作一系列的参数设置，也就是给成组自动控制设条件定规则，但不必每次都设置，参数存入后只在要改变时才重新设置。PM32 系统的应用程序为自动降—移—升、推溜、拉溜、伸缩护帮板和伸缩梁等动作提供了成组自动控制功能。

7.5.3.4　以采煤机位置为依据的支架自动控制

以采煤机位置为依据的支架自动控制这是支架控制的高级功能。要实现这项功能系统必须有采煤机的位置检测装置。检测到的采煤机位置信息必须传给系统。根据工作面的作业规程，确定采煤机运行到某一位置时哪些支架应相应地执行什么动作，这些操作要求被编成程序存入系统中，系统根据采煤机位置的信息自动发出命令指挥相应的支架控制器完成这些操作。支架的正常动作过程完全自动地进行。

7.5.3.5　支柱在工作中发生卸载时的自动补压功能

电液控制器提供了一项称为 PSA 的自动功能。支柱在支撑中如因某种原因发生压力降落，当压力降至某一设定值时，系统会自动执行升柱，补压到规定压力，并可执行多次，保证支护质量。

7.5.3.6　闭锁及紧急停止功能

为安全目的不允许工作面某处支架动作时（如因维修或其他目的，人员要在这个位置工作），可操作支架控制器上的闭锁键（顺时针转 90°）将本支架闭锁，同时在软件作用下还将左右邻架也闭锁，只有解锁操作后才可恢复。闭锁的实质是禁止电磁阀驱动器的工作，被闭锁的三个支架以外的其他支架控制器不受影响，仍可正常工作。

当工作面发生可能危及安全生产的紧急情况，需要立即停止或禁止支架的自动动作时，可按压任意一个支架控制器上的紧急停止按键（与闭锁键共用），全工作面支架自动动作立即停止并在急停解除前自动控制功能被禁止。

7.5.3.7　信息功能

电液控制系统的信息功能丰富。支架控制器、主控制计算机及其他装置上有多种形式的信息媒体，包括字符、图形显示，蜂鸣器声响信号及很多状态显示 LED。系统可向用户提供的信息归纳为以下几类：支架动作的警示声光信号、控制过程和状态信息、支架工况信息（传感器检测值）、设置的控制参数信息、故障和错误信息及一些系统本身的状态信息。

pm32 系统还具有向系统外（如井下或地面测控站）传输信息的功能。

7.6　智能工作面技术创新

7.6.1　安装了液压支架电液控制系统

13266 工作面采用了电液控制液压支架，在峰峰大角度厚煤层工作面首次实现了工作面液压支架的电液自动控制。其中包括：对单个支架的降柱—移架—升柱动作施行自动顺序联动和成组支架自动控制，即以工作面的任何一个支架为操作架，向左或向右连续相邻的若干个支架被设定为某次、某一动作的一个成组，在支架的某一动作给出命令后，从这个组一端的起始架开始运行，按一定的程序在组内自动逐架传递，每架的动作自动开始，自动停止，直至本组另一端的末架完成该动作为止。成组动作有：自动降架、移架、升架、推溜、拉溜、伸护帮板和伸缩梁等。

7.6.2　工作面与外切眼一次成功实现对接

由于受到断层影响，13266 工作面开切眼只能安装 86 架液压支架，在推进 60m 以后，断层消失，工作面需要向上延长 14m，增加 9 架液压支架，万年矿采取了一系列有效措施，一次对接成功，保证了工作面连续生产。

采取措施为：（1）工作面里切眼安装时 86 号支架的上侧护板与运料巷的中线平齐，外切眼 87 号支架的下侧护板与配运料巷的中线平齐，保证工作面与外切眼对接时，使 86 号支架与 87 号支架有对接保障距离，避免出现对接支架的追尾和对接距离过大。（2）测量部门在配运料巷内画出一条以 87 号支架下侧护板为端点与运输巷中线平行的一条线，作为对接线，监测 86 号支架上侧护板与对接线的距离，采取工作面调斜的方法控制 86 号支架与 87 号支架的对接间距。

对接工序为：对外切眼扩帮卧底→工作面推到对接位置时停产→输送机机尾上移，延长加溜槽紧车→外切眼 8 个支架依次下移并架。通过科学组织，使用对接支架间距达 0.2m，3 个小班成功完成了对接。

7.6.3　采用新型环保液压支架浓缩液

液压支架电液控制系统导向阀过滤孔径为 25μm，新型环保液压支架浓缩液是乳化液的更新换代产品，与乳化液相比，浓缩液为单相体系，稳定性更显著，同时具有良好的润滑性、稳定性、滤过性、防腐和防腐蚀性、密封材料相容性等特性；不易产生析油析皂现象，可明显减少拆装清洗过滤器和液箱的工作量。为支架提供特殊的保护作用，延长其使用寿命，降低采煤综合成本。

7.6.4　采用高压反冲洗过滤系统

13266 工作面采用了高压反冲洗过滤系统，可以实现在工作过程中不需停止液压源的情况下，对系统高压管路的乳化液进行过滤，并通过反流冲洗将污染物排出过滤站。

7.6.5　采用采煤机智能定位和喷雾系统

13266 工作面采用了采煤机智能定位和喷雾系统，实现了以下功能：

（1）割煤喷雾：自动跟踪采煤机运行，在风流下方自动打开 1~5 道全断面喷雾；

（2）移架喷雾：自动跟踪移架作业，在风流下方自动打开 1~3 道全断面喷雾。

7.6.6　采用通讯、控制一体化系统

通讯、控制一体化系统的系统功能是：

（1）语言报警：对于设备的起停、沿线闭锁及沿线故障、各种传感器保护和故障等都有语言报警提示；

（2）通话电话：采用半双工通信方式，声强达 107dB，清晰度高；

（3）皮带机控制及保护：对皮带机主电机开关、张紧系统、软启动系统、抱闸系统等进行控制，对电机温度检测和显示、对皮带机实现八大保护，并完成对皮带机沿线拉线闭锁、打点及通话功能；

（4）对工作面设备的控制：对于破碎机、转载机、工作面输送机进行启停控制，具有电机高低速切换功能，逆煤流启动，顺煤流停车；

（5）拉线急停和沿线闭锁。

7.6.7 使用运输巷设备列车和单轨电缆自动拖移车

为解决控制采煤机、转载机和输送机的大型高压开关及有关设备的存放和频繁外移，高压电缆随工作面推进而缩短盘绕存放，智能工作面独特设计了设备列车，在输送皮带机两侧的底板上铺设轨道，轨道使用铁道枕，铁道枕铺设在输送皮带下方的底板上，设备列车横跨皮带在轨道上移动，既方便、快捷又节省空间。

生产班使用单轨电缆吊储存和运移转载机头与设备列车回余下的电缆，实现了运输巷里段电缆储存和外移自动化。

7.6.8 运料巷使用卡轨车运输

首次在 13266 综采工作面运料巷使用无极绳牵引普轨卡轨车，可实现长距离和连续运输。13266 运料巷运输距离为 1300m，使用卡轨车运料巷至少减少了 8 台接力绞车、4 个绞车窝及车场、绞车司机，同时减少了运料人员的走动距离，避免了绞车接力运输摘钩时发生的跑车事故，缩短了运输时间。

7.7 智能工作面采煤工艺

7.7.1 智能工作面设备

在充分总结国内同类煤层条件综采实践经验的基础上，根据万年矿 13266 工作面开采的条件，工作面采用 ZY5800 - 20/42D 型液压支架，MG500/1140 - WD 型采煤机，SGZ900/800 型可弯曲刮板输送机，PCM200 型锤式破碎机，SZZ800/315 型转载机，ZY2300 型自移机尾皮带机。液压支架采用 PM32 电液控制，采煤机采用遥控操作，破碎机、转载机电动机启动采用集中控制，是一个机械化、自动化程度高的现代化综采工作面。工作面主要设备说明如表 7 - 8 所示。

表 7 - 8 工作面设备一览表

地　点	设备名称	型　号	台数	主要技术特征
工作面	液压支架	ZY5800/20/42D	95	掩护式，最大高度 4.2m，最小高度 2.0m，工作阻力 5800kN
	采煤机	MG500/1140 - WD	1	截割电机功率为 $2 \times 500kW$，牵引电机功率为 $2 \times 55kW$，调高电机功率为 30kW
	刮板输送机	SGZ900/800	1	电机功率为 $2 \times 400kW$，采用中双链形式，运输能力为 1600t/h

地 点	设备名称	型 号	台数	主要技术特征
运输巷	转载机	SZZ800/315	1	电机功率为315kW，采用中双链形式，运输能力为1800t/h
	破碎机	PCM200	1	电机功率为200kW
	皮带输送机	SDJ-1000	3	电机功率2×125kW，带宽1000mm，运输能力630t/h
运料巷	乳化液泵站	BRW315/31.5	3	电机功率200kW，额定流量315L/min，额定压力31.5MPa。
	喷雾泵站	BPW315/6.3	1	电动机功率45kW，额定流量315L/min，额定压力6.3MPa
	卡轨无极绳绞车	KWGP-90/600J	1	电机功率55kW，抱闸电机125kW，牵引力90kN
	调度绞车	JD-25	1	电机功率25kW
	调度绞车	JD-11.4	2	电机功率11.4kW

7.7.2 智能工作面采煤工艺

7.7.2.1 13266工作面巷道布置

13266工作面上、下巷采用规格为4.0m×2.7m的U钢棚子支护，棚距0.6m。上下两巷为沿煤层顶板掘进巷道。开切眼规格为7.0m×2.6m，锚网索支护，锚杆间排距为0.7m、锚索间距为1.4m。

13266溜子道揭露的煤层倾角23°～30°。巷道布置平面图如图7-26所示、开切面图如图7-27所示。

7.7.2.2 采煤方法

13266工作面采用的是走向长壁后退式采煤法，综合机械化一次采全高，全部垮落法处理采空区。

7.7.2.3 工艺流程

工艺流程是：斜切进刀→割三角煤→正常割煤→移架→推移输送机。

7.7.2.4 工序说明

(1)落煤方式：机械落煤，选用MG500/1140-WD双滚筒交流电牵引采煤机割煤。采煤机采用遥控操作。

(2)装煤方式：利用采煤机滚筒和刮板输送机铲煤板联合装煤，人工清理活煤。

(3)运煤方式：工作面利用SGZ900/800型刮板输送机，运输巷采用SZZ800/315型转载机、PCM200锤式破碎机和SDJ-1000/2×125型可伸缩皮带机运煤。

(4)进刀方式：采用端部割三角煤斜切进刀，截深0.8m。

(5)支护方式：工作面采用ZY5800/20/42D型掩护式液压支架支护顶板，液压支架采用电液控制。

(6)移架方式：采用电液控制实现带压擦顶移架方式。移架步距为0.8m。移架一般滞后采煤机后滚筒4～6架。间距大于6架时停止割煤。移架跟上后再开机割煤。顶板破

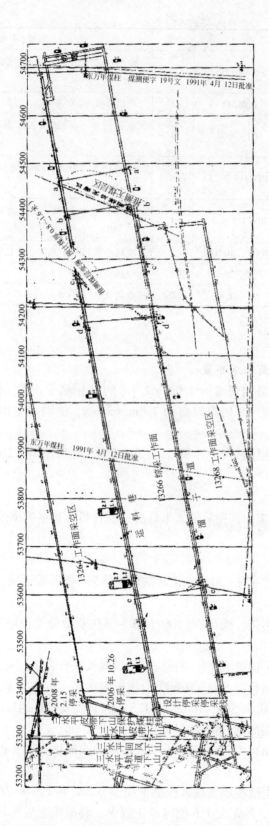

图 7－26　13266 工作面巷道布置平面图

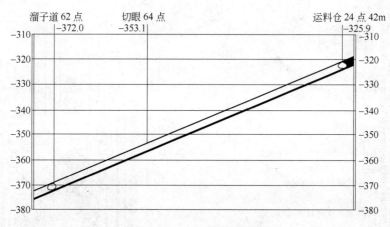

图 7 - 27　开切眼剖面图

碎时，随机组前滚筒割煤随移架，割一架移一架，移架后要立即升紧支架。煤壁片帮处，机组割煤前必须移超前架。

（7）推移输送机：在割煤后追机依次进行，本架或邻架操作，移溜步距 0.8m，距采煤机后滚筒不小于 12m，滞后移架距离不小于 6m，最远不超过 15m。输送机弯曲长度不小于 12m，移溜必须在输送机正常运转过程中进行。

7.7.3　顶板管理

7.7.3.1　工作面支架选型

根据工作面煤层厚度平均为 4.0m，煤层倾角为 16°~36°，老顶周期来压强度不大于0.4MPa，工作面选用 ZY5800/20/42D 型综采支架支护顶板。

ZY5800/20/42D 型掩护式液压支架采用两柱四连杆结构，结构紧凑，设计合理，结构坚固，强度大，移架速度快，生产能力大，自动化能力高，安全可靠，为煤矿安全生产、高产高效提供了良好的技术保障。

7.7.3.2　支架使用条件

ZY5800/20/42D 型掩护式液压支架适用于：单一煤层全部冒落法长壁开采工作面，支架工作阻力为 5800kN，适用于工作面采高范围为 2.2~4.0m。配套采煤机：MG500/1140-WD 型，截深：0.8m；配套输送机：SGZ-900/800 型。

工作面综采设备布置如图 7-28 所示。

7.7.3.3　支架主要技术特征

支架主要技术特征：最小高度：2000mm；最大高度：4200mm；立柱中心距：830mm；顶梁长度：4172mm；支架间距：1500mm；顶梁悬臂长度：2797mm；支护强度（平均）：0.83~0.87MPa；对底板比压（前端）：1.378~3.37MPa；顶梁宽度（不包括侧护板）：1378mm；运输时外形尺寸（长×宽×高）：6450mm×1430mm×2000mm；顶梁和掩护梁的铰点与顶梁和立柱铰点间距离：1300mm；支护阻力：在初撑力 31.5MPa 时为5066kN，在安全阀调定压力 36.08MPa 时为 5800kN。

立柱（2根）：形式：双伸缩；缸径：320/230mm；杆径：290/210mm；工作阻力

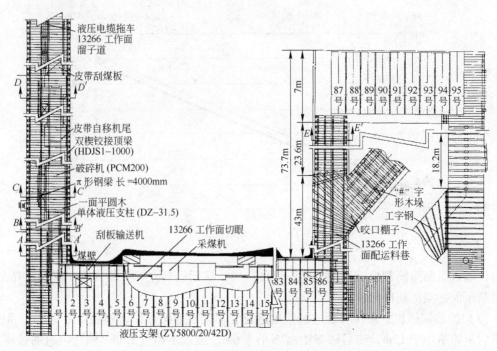

图 7 – 28   13266 综采工作面液压支架布置图

（$P = 36.1/69.9\text{MPa}$）：2900kN；行程：（一级/二级）1100/1050mm。

推移千斤顶（1 根）：形式：普通双作用；缸径：160mm；杆径：105mm；推力/拉力：633/360kN；行程：900mm。

平衡千斤顶（2 根）：形式：普通双作用；缸径：140mm；杆径：85mm；工作阻力（推）：（$P = 34\text{MPa}$）519kN；工作阻力（拉）：（$P = 36.1\text{MPa}$）350kN；行程：433mm。

抬底千斤顶（2 根）：形式：内进液；缸径：125mm；杆径：90mm；推力：386kN；行程：250mm。

侧推千斤顶（4 根）：形式：普通双作用；缸径：63mm；杆径：45mm；推力/收力：98/48kN；行程：170mm。

伸缩梁千斤顶（2 根）：形式：普通双作用；缸径：100mm；杆径：70mm；推力/拉力：247/126kN；行程：900mm。

护帮千斤顶（2 根）：形式：普通双作用；缸径：80mm；杆径：60mm；推力/拉力：158/83kN；行程：450mm。

调架千斤顶（1/2 根）：形式：普通双作用；缸径：125mm；杆径：70mm；推力/拉力：386/264kN；行程：455mm。

7.7.3.4   主要参数的验算

A   支护强度和工作阻力

（1）估算顶板所需的支护强度：

$$q = K_1 \times H \times \rho g \times 10^{-6}$$

式中 q——顶板所需支护强度，MPa；

K_1——作用于支架上的顶板岩石厚度系数，据万年矿实际取 $K_1 = 6$；

ρ——岩石密度，一般取 $2.5 \times 10^3 \text{kg/m}^3$。

采高 $H = 3.6\text{m}$，则 $q = 6 \times 3.6 \times 2.5 \times 10^3 \times 10 \times 10^{-6} = 0.54(\text{MPa})$。

（2）支架支撑顶板的有效工作阻力：

$$Q_2 = q \times F \times 10^3$$

式中　Q_2——支架支撑顶板的有效工作阻力，kN；

q——估算顶板所需的支护强度；

F——每架支架的支护面积，

$$F = S \times (L + C)$$

S——支架中心距 $S = 1.5\text{m}$；

L——支架顶梁长 $L = 4.172\text{m}$；

C——梁两端距 $C = 0.34\text{m}$。

$F = 1.5 \times (4.172 + 0.34) = 6.768(\text{m}^2)$，$Q_2 = 0.54 \times 6.768 \times 10^3 = 3654.72(\text{kN})$

可见：支架支护强度（0.83~0.87MPa）大于顶板所需支护强度（0.54MPa），支架工作阻力5800kN大于支架支撑顶板有效工作阻力3654.72kN。

B　接触比压验算

大煤底板为粉砂岩，普氏硬度 $f = 4 \sim 7$，允许比压值为18MPa，大于支架对底板比压1.37~3.37MPa。

C　支架调高范围

工作面采高要求4.0m，支架调高范围（2.0~4.2m）符合要求。

D　移架力和推溜力

一般要求移架力 $F_1 = 300 \sim 400\text{kN}$，推溜力 $F_2 = 100 \sim 150\text{kN}$。查 ZY5800/20/42D 型综采支架技术参数，移架力 $F_1 = 633\text{kN}$，推溜力 $F_2 = 360\text{kN}$。可见拉架力和推溜力符合要求。

综上所述，工作面选用 ZY5800/20/42D 型综采支架支护顶板选型合理。

设备列车规格是长×宽×高 = 2500mm×1800mm×1152mm，放置开关设备列车高：2352mm。采用 KYT100/14-150 型矿用液压电缆拖运车，设备列车轨道轨距1632mm。

7.7.3.5　支架操作方式

ZY5800/20/42D 液压支架采用电液控制系统实现自移。

（1）移架。移架时间：在顶板较好的情况下，移架工作在采煤机后滚筒之后1.5m处进行，一般不超过3~5m。在顶板较破碎时，移架工作则应在采煤机前滚筒割下顶煤后立即进行，以便及时支护所暴露出的顶板，防止局部冒顶。

在采用后一种移架方式时，支架工与采煤机司机要密切联系和配合，防止发生挤伤人或采煤机滚筒割支架前梁等事故。移架时，要注意观察顶、底板和支架周围的情况，保护好管路、电线和其他有关设备。

（2）移架方式。擦顶移架：在顶板比较破碎的情况下，采用电液控制时擦顶移架很容易实现，降柱时待立柱下腔压力为0时，电液阀自动进入下一步拉架动作，实现擦顶移架。

边降边移：在顶板条件较差时，将操纵拉架按钮和降柱按钮同时按下，待支架顶梁移动拉架后，立即将降柱按钮松开，直到将支架移到新的位置时即进行升柱，完成一个工作循环。

（3）推溜。工作面可弯曲刮板输送机的弯曲程度是有限制的，其弯曲角度一般为1°~3°。因此，要求运输机的弯曲部分不应小于8节溜槽，即推移工作应在采煤机后滚筒之后10~15m处进行。

7.7.3.6 支架操作注意事项

（1）煤层倾角。为防止运输机和支架下滑，综采工作面一般采取伪斜安装。在煤层倾角20°以下时，一般可采用顺序双向割煤、双向移架和双向推溜。为防止运输机下滑、上窜，要适当地多从机头移溜或多从机尾移溜，调节运输机位置。当倾角再大时，为防止在操作中冒落的矸石窜入支架内损坏部件或影响移架，可采用沿工作面从下向上移架或在支架上铺顶网等方法加以解决。

（2）梁端距。支架顶梁前端和煤壁的距离应符合设计的规定，以防止采煤机割支架顶梁和运输机铲煤板。

（3）工作面发生冒顶或有局部空顶时，应及时进行处理，然后再操作支架。为避免空顶距离过大造成冒顶，相邻两支架不得同时进行降柱与移架。支架应及时支护顶板，对破碎顶板应及时采取措施。

（4）顶板接触要严密。支架与顶板要接触严密，如顶梁上有矸石堆积而影响接触时，应尽量清除后再升柱，使支架达到额定的初撑力。

（5）支架底座与输送机底平面落差一次不得大于80mm（包括卧底，抬刀）。

7.7.3.7 综采支架质量要求

（1）支架与输送机保持垂直，其偏差不大于±5°。支架与顶板接触严实，顶空处用板梁摆架接顶，严禁空顶，机道梁端与煤壁顶板冒落高度不大于300mm。

（2）支架初撑力不低于24MPa，工作面每隔一个支架安装一组压力表。

（3）支架按线移设，使支架保持一条直线，其偏差不超过±50mm。支架与顶板平行支设，最大仰俯角小于7°。

（4）支架不咬架，相邻支架间不能有明显的高低错差，支架保持不挤、不咬、架间空隙小于200mm。

（5）支架完好，不漏液，不串液，无失效零部件。移架时底板不得有杂物，支架内无浮煤、浮矸。

（6）支架中心距为1500mm，支架与煤壁端面距不大于340mm。

（7）移架推溜后要保持工作面"三直一平"，煤壁无伞檐。

（8）工作面停机状态时，支架前梁伸出顶住煤帮，护帮板全部伸出护住煤帮，支架处于最小控顶距状态。支架架箱内为人行道。上下端头的支架前留有0.7m的人行道。

7.7.3.8 综采支架电液控操作措施

（1）操作人员必须经过电液控制系统相关知识的培训，熟悉并掌握各操作键的功能和操作方法，经考试合格后，方可持证上岗操作。

（2）操作人员工作时应精力集中，密切注意支架动作涉及位置及附近的情况，防止支架动作可能导致对自身、他人的安全和设备的损坏。

（3）执行操作前必须撤离动作支架区内的所有人员。执行成组自动动作操作前，必须对动作架数和方向进行确认，架数必须限制在可视范围之内。操作命令发出后，如发现有人进入支架动作区域，必须立即停止成组动作。

（4）操作人员发现有支架控制器处于急停或闭锁状态时，应及时查明原因，确认危险状态解除后方可复位。

（5）任何人员都不得滞留在动作的支架内。当执行单架自动操作、成组自动操作及跟机自动动作时，控制器发出自动动作的声光警示信号后，严禁人员进入报警的支架内，在该区域内的人员必须立即撤出。

（6）工作面人员在任何地点发现支架动作将导致危险时，无论此时支架是否已在动作都必须就地按下急停闭锁按钮，使支架停止执行动作，并报告专职操作人员。

（7）电控系统运行情况下，禁止在本架直接手动操作先导阀按钮对本架进行控制。如有必要手动操作本架先导阀按钮时，必须确保有足够的安全空间，必须检查管路连接状况是否完好，只有在确认完好后方可操作。

（8）执行手动操作支架立柱卸压或降柱动作时，必须先检查相邻支架的支护状况，在确保处于支撑状态时方可动作。

7.7.3.9 电液控制系统维护

（1）专职操作维护人员应对系统进行定期检查维护，发现问题及时维修，确保系统的完好性。

（2）在工作面内作业的人员，需要进入支架动作所触及的危险区域前，应旋转危险区域内的支架控制器急停闭锁按钮并关闭支架进液控制阀实施闭锁。在支架内长时间停留或对支架进行维修时必须闭锁本架。对工作面输送机进行维修时应闭锁本架及上下邻架。对采煤机进行维修时应闭锁机身全长范围内支架再加上下各两架。清理工作面上下端头刮板输送机前端浮煤时，应对清理范围内支架控制器进行闭锁。

（3）系统的电源箱、控制器、传感器、主控计算机等电器元件，必须严格按照《煤矿安全规程》有关井下电气设备安全管理的规定进行管理维护。

（4）禁止用水冲洗控制器，以防水进入控制器而导致其损坏。

（5）每个先导阀上必须安装防水盖，以防先导阀上的插座进水。

（6）所有带插销的地方必须插上销子，以防接触不好。

（7）控制器的急停闭锁按钮、蜂鸣器、报警灯应定期检查，发现损坏及时维修。

（8）对液压系统进行维护时，必须关闭进液截止阀。更换或维修液压阀、液压管路及管路附件时，必须先对该液压元件实施泄压，严禁带压更换或维修。

（9）执行支架过滤器反冲洗前，应检查排污管路是否连接并固定牢固可靠，防止液体喷出伤人或胶管伤人。

7.7.4 作业方式与劳动组织

7.7.4.1 作业方式

13266 工作面采用正规循环作业。每割一刀煤、移架、推溜一次为一个循环，按多循环组织。工作面采用"三八"工作制，两采一准，中、夜班出煤，早班准备检修。

正规循环如图 7-29 所示。

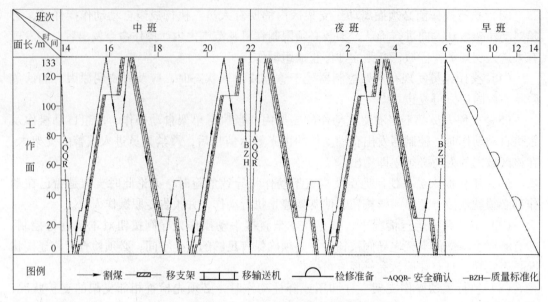

图 7-29 工作面循环作业图表

7.7.4.2 劳动组织

工作面的劳动组织形式是综合作业组织形式，工作面内移架、推溜为追机作业，上、下端头固定人员进行端头处理。采煤机司机、刮板输送机司机、皮带机司机、泵站司机等是固定的专业工种，按工种分为定额和定员两种形式。劳动组织如表 7-9 所示。

表 7-9 劳动组织表

工 种	早	中	晚	合 计
班 长	2	2	2	6
验收员	1	1	1	3
综采支架工	0	5	5	10
采支工	0	6	6	12
电修工	2	1	1	4
采煤机司机	3	2	2	7
输送机司机	2	2	2	6
皮带机司机	3	3	3	9
泵站司机	1	1	1	3
看线工	0	1	1	2
坑代员	2	1	1	4
巷修工	25	0	0	25
支架维修工	3	0	0	3
大班机电工	5	0	0	5
机电工长	2	1	1	4
运料工	0	0	6	6

工 种	早	中	晚	合 计
区管人员	1	1	1	3
其 他	1	1	1	3
合 计	53	28	34	115

7.7.5 智能工作面安全技术措施

7.7.5.1 采煤机操作安全措施

（1）采煤机操作程序：

1）将隔离开关闭合，分别开启上下截割电机，然后开启牵引电机。

2）在控制箱上或机组端头站上按下牵电按钮后，再按一下牵启按钮，然后操作相应按钮实现采煤机左行右行增减速、牵引停止功能。

3）改变采煤机运行方向：先按牵停按钮，然后再按方向按钮（左行或右行），采煤机运行方向改变。

4）采煤机增减速及停止：按住左或右行按钮，采煤机开始左或右行，当采煤机速度增至所需速度，放开按钮，采煤机以指定速度运行，若使采煤机减速，向左行时按右行按钮，向右行时按左行按钮，或直接按牵停按钮，采煤机就会减速。停止时，可以直接按停止按钮或按采煤机的反行按钮直到采煤机减速为零。

5）摇臂升降：左右摇臂升降操作通过机组左右端头控制站上的上升或下降按钮实现，当左右端头控制站出现故障时，可通过控制箱上的升降按钮实现对采煤机摇臂的操作，将左右摇臂调到所需高度。

6）采煤机正常停机顺序：先按牵停按钮，停止机组运行；按住牵停按钮不要放开再按一下牵电按钮，牵引装置断电；待截割滚筒内活煤排净后，按主停按钮，主回路停止操作，电机停转后摘掉截割部离合器；关闭喷雾供水和冷却供水；较长时间停机时，在按主停按钮前，操作控制摇臂升降按钮将滚筒放到底板上。

7）采煤机紧急停机顺序如下：按下牵停按钮，再按一下牵电按钮，牵引装置断电；按下控制箱上的运闭自锁按钮，停止输送机运转；按下主停按钮，主回路停止操作；以上停止按钮无效时，可把隔离开关手把转到"断开"位置，但事后必须检查采煤机电器部分，确认合格后再使用。

8）采煤机运行中随时注意各部件温度、压力、声音、气味及运行情况，注意观察仪表油丝，指示器是否处于正常工作状态，有异常及时停机检查处理，不得带病运转。

9）电机正常停止运转启动不许使用隔离开关手柄，只能在特殊紧急情况下或启动电机按钮不起作用时才可使用。但事后必须检查隔离开关的触点。不许频繁启动电动、无水不得开动电动机、不许在电动机运转的情况下合、拉滚筒离合器。

10）采煤机检修前必须停机切断电源，断开电机隔离开关，打开滚筒离合器，闭锁工作面刮板输送机，经检查确认无误后司机方可进行检修。停电检修采煤机时，要将磁力启动器打到零位锁住，并挂上"有人工作，不得送电"的牌板，停送电必须由专人负责。检修时，严禁开动刮板输送机，由班工长具体安排落实。

（2）割煤前，首先打开喷雾冷却系统，禁止无水割煤，开车时，必须先发出开车信号，巡视四周，确认对人员无危险时，方能开车，开车时必须按顺序操作，先开输送机后割煤，先空载试运行 3~5min，有问题及时处理，严禁带病作业。

（3）采煤机司机要 2 人协同作业，严禁一人操作，司机要随时观察顶板、煤壁及刮板输送机运转情况，采煤机运转时，司机必须精力集中，遇有意外情况立即停机处理，对刮板输送机停电闭锁，严禁带负荷强行开机。

（4）割煤时，司机必须控制好采高，将顶、底板割平，煤帮要割齐，严禁留伞檐。

（5）采煤机割煤前，前方 4~6 架支架护帮板提前收回，严禁机组割支架护帮板及前梁。

（6）采煤机割煤时，除采煤机司机外，采煤机上下滚筒 5m 以内严禁有人，如需接近时，必须经司机同意并将工作面输送机、采煤机停电闭锁，切断上一级电源开关，再挂上停电牌并有专人看管其开关。

（7）采煤机运行过程中，看线工必须佩戴绝缘手套和绝缘靴工作，要时刻注意拖缆内的电缆、水管运行情况，不准卡阻或出槽，以防挤伤、拉断电缆及水管。

（8）严禁采煤机割硬矸石。严禁大煤块、大碴块和其他大型物料通过机身。

（9）采煤机禁止带负荷启动，严禁频繁启动。

（10）工作面发生冒顶、严重片帮事故时，必须停止割煤，把采煤机停到顶板完好地段。先处理事故，待摆好架或使棚子维护好顶板后，再割煤。

（11）大角度地段割煤，采用单向割煤，机组下行割煤，上行装浮煤，在机组后边移架推溜。采煤机运转时，无论何种原因，需要返刀时，必须及时发出信号。

（12）机组到工作面上下端头 10 架支架前，机组必须慢行。上下端头人员必须躲到煤壁 5m 以外范围安全地点。并在 5m 外设人站岗，严禁人员进入上下端头范围。

（13）过断层、顶板破碎处时机组必须慢行，以便及时维护顶板，严禁机组割矸。

7.7.5.2　移刮板输送机操作安全措施

（1）综采支架利用本身推移装置移输送机，移输送机时要从一端向另一端依次移动，移动步距为 800mm，距移架的距离不小于 6m，最远不超过 15m，不准任意分段或由两头向中间进行移设；移工作面输送机时要有两个以上人员操作移溜工序，输送机弯曲长度不小于 12m。倾角较大地点移输送机时，必须从下端头向上逐渐推移。

（2）推移中部输送机时，必须在输送机运行中进行，不准停车移设；移机头、机尾时，必须与采煤机司机、工作面输送机司机联系好，停车移设。

（3）移输送机时，人员要站在架箱内面向煤壁进行操作，严禁挤压损伤电缆、水管。

（4）工作面输送机在超负荷情况下不得启动，运行中出现负荷大、运行困难时，必须立即停车，查找原因，进行处理。

（5）每次推输送机必须推移一个步距，若因煤帮有碴块，活煤等，推不动输送机时，应进行返空刀。推移输送机期间任何人员严禁进入煤帮工作。上下机头顶不动需人工清理时，要提前做好审帮问顶，煤帮工作人员必须在有支护和无片帮危险的情况下工作，并有专人（由有经验的老工人担任，站在施工上方有支护的安全地点）观察顶板，发现异常必须及时通知撤人，协同班长采取有效措施，处理好后再工作。

（6）运行中，机组上方出现大块矸石时进行人工破砟，工作前必须将采煤机停至施工地点 10m 以外，并将其及工作面输送机停电闭锁并有专人看管其开关；工作前必须审帮问顶，班长必须在现场观察顶板和现场指挥；施工人员必须佩戴好如眼镜、手套等防护用具，无关人员严禁在此停留或观看。

（7）推移机头时，必须将机头和过渡槽处的浮煤、杂物清理干净，要清到底板，以防机头飘动及留底煤，移后要支设平稳，与转载机的搭接高度控制在 500mm 左右，水平搭接距离在 200~300mm 之间。

（8）移溜时，人员不许在煤帮工作。移过输送机后，要保持平、直、稳。

7.7.5.3 工作面防倒、防滑安全技术措施

（1）工作面输送机防滑措施：

1）沿工作面全长分段安装防滑千斤顶，每隔 10 架安设一组。防滑千斤顶一端与输送机连接，另一端与支架底座连接。千斤顶两端分别用 $\phi26mm \times 92mm - C$ 链条、连接环和配套销轴与输送机、支架连接紧固。工作面移离时，通过防滑千斤顶的拉力作用防止输送机下滑。

2）工作面必须呈伪斜推进，下端头超前上端头，伪斜角度根据煤层倾角进行适当调整。

（2）综采支架的防滑、防倒措施：

1）开采时，必须使用好防倒防滑装置。移下端头第一架时，必须紧靠支架使用好导向梁，先移导向梁后移支架。在导向梁下打设 4 根单体支柱，且支架下方不得有人，保证第一架前移时不下滑和倾倒。单体支柱要升紧。上下端头机头向上下 10m 范围采高不超过 3.0m，以便于升单体支柱。最下头一架必须安装防倒千斤顶。

2）每 10 架安设一组防倒千斤顶，防倒千斤顶两端与支架顶梁转轴位置连接。移架时，通过防倒千斤顶的拉力作用阻止支架倾倒。

3）在移架时，必须同时操作支架的防滑、防倒装置。支架移设要一次到位，到位后及时升紧支架，达到规定的初撑力，然后将防滑、防倒千斤顶卸载。

4）伪斜开采，要及时调整支架，使支架与输送机保持垂直，避免出现支架歪扭的情况。

5）液压支架防倒防滑装置的安装要根据说明书的要求进行连接。

6）使用防倒防滑前，必须安排专人检查连接装置的牢固性，并且三人以上配合作业，一人操作防倒防滑操纵阀，一人操作被移支架操纵阀，一人观察顶板和支架运行情况。

7）移支架时操作防倒防滑操纵阀，使千斤顶收缩拉住被移支架，不致倾倒。

8）移架时，三人要相互配合，精力集中，统一协调，认真观察支架和顶板，以免发生挤架和咬架。

9）支架初撑力不低于 24MPa。

（3）为防止回采期间采煤机下滑，采煤机必须使用液压防滑制动装置。采煤机下行割煤时，要使滚筒切入煤壁后再停机。为防止割煤时电缆下滑，可采用木楔或塑料绳将电缆分段固定在电缆槽中，在机组割到固定位置前，解除固定设施。

7.8 实施效果

实施效果为:

(1) 通过使用电液控综采支架开采,提高了工作面支护的安全水平,同高档工艺相比,简化了操作工序,减少了生产用工,提高了劳动效率,大量节约生产材料,降低了生产成本;降低了作业风险,提高了工作面支护的安全状况,避免了顶板事故的发生,实现了安全生产。

(2) 工作面采用了液压支架电液控制系统,可实现以下功能:可实现对邻架多动作的自动顺序控制(前移支架的降、移、升动作的自动顺序联动)动作时间 8~10s/架,辅助时间长,跟机速度 2~3m/min。成组支架自动顺序联动的成组自动控制 50s/5 架,约 2.5~3min 操作两组,跟机速度 5~6m/min。实现以采煤机工作位置和运行方向为依据的支架动作自动控制即"跟机自动化",跟机速度可达 6m/min 以上。

(3) 通过自动化开采工艺的研究,降低了顶板及煤壁的管理难度,减少了断层影响范围内的煤柱损失。避免了因断层影响造成的配巷进尺和中途搬家费用;保证了工作面的正规循环,加快了开采的推进度。

(4) 使用新型环保液压支架浓缩液,避免了电液控系统堵塞现象。液压支架电液控制系统导向阀过滤孔径为 25μm,新型环保液压支架浓缩液是乳化液的更新换代产品,与乳化液相比,浓缩液为单相体系,稳定性更显著,为支架提供特殊的保护作用,延长其使用寿命,降低采煤综合成本。

(5) 创新地解决了综采工作面下端头的支护问题。以往在安装综采工作面时,通常将 1 号支架与工作面输送机头底托架相连,该方法需在输送机头处使用双楔铰接顶梁和 Π 型梁抬棚抬住运输巷上帮的十字梁,下端头超宽、超高且控顶面积大且支护强度低,人员作业不安全,顶移机头时改动支柱多,机组在下端头滞留时间长。在安装 13266 综采工作面支架时,打破常规将 1 号支架安装在运输巷内与转载机尾联接,用 1 号、2 号支架作为下端头支架,很好地解决了上述问题。

(6) 通过 Xmda 软件可以将电液控制系统的所有数据存入数据库,并将数据库中的数据分析图打印,便于对井下运行情况进行监控,保证生产安全。

7.9 技术经济分析

万年矿实现了厚度 4.2m 左右煤层和倾角 25° 条件下综采工作面的智能回采,为大角度厚煤层开采提供了技术保障,提高了类似条件煤炭回收率,移架速度快,能够与高效的采煤设备相配合,大幅度提高井下生产效率。对支架的控制实现了自动化,降低工人的劳动强度,改善工人的劳动条件,减少工作面工人数,社会经济效益巨大,特别是安全效益最大,推广前景广阔。

7.9.1 产量水平

13266 综采工作面煤层倾角 16°~36°,平均倾角 25°,煤层厚度 4.2m,工作面长度 140m,走向长度 1400m,工作面地质储量 176.4 万吨,可采储量为 164.6 万吨。工作面每天割煤 8 刀,循环进度 0.8m,每天的循环个数为 8,平均日进 6.4m,日产量 7000t,平均月进190m，月产量达21万吨，具备年产250万吨的生产能力。工作面采出率为95%，吨煤成本为200元/t。

7.9.2 经济效益

采用智能综采开采日产量高达7000t/d，月产可达21万吨，具备年产250万吨/年的生产能力。按售价500元/t，直接成本200元/t计算可创利税7亿元。

采用智能综采生产能力比轻型放顶煤开采高1.3倍，工作面资源回收率提高10%以上。

7.9.3 技术先进

大角度厚煤层综采自动化技术的应用，使中厚煤开采机械化、自动化达到国内领先技术水平。

（1）智能综采为复杂条件大倾角厚煤层安全高效开采创造了良好的条件。通过智能综采工艺在大角度厚煤层中的研究和应用，降低了复杂条件大倾角厚煤层顶板及煤壁的管理难度，保证了工作面的正规循环，减少了断层影响范围内的煤柱损失，避免了因断层影响造成的配巷进尺和中途搬家费用。

（2）提高了工作面安全生产本质化程度。使用电液控综采支架开采，易于实现带压移架，可以较好地控制支架初撑力，显著改善支护效果，对于保护顶板的稳定性和防止冒顶事故非常有利，提高了工作面支护的安全水平和工作面安全生产本质化程度。

（3）大幅度提高产量效率，降低了生产成本。液压支架电液控制系统，实现了移架、移输送机自动化，采煤机安装了远程遥控操作装置，使移架、移输送机、割煤等工序实现远距离操作，切割煤的速度达到5m/min以上，使产量及效率大幅度提高，推进度大大加快。同高档工艺相比，简化了操作工序，减少了生产用工，提高了劳动效率，大量节约生产材料，降低了生产成本。

7.9.4 为实现井下无人工作面提供可能

可实现对邻架多动作的自动顺序控制和成组支架自动顺序联动的成组自动控制，实现以采煤机工作位置和运行方向为依据的支架动作自动控制即"跟机自动化"，跟机速度可达6m/min以上。移架步距准确，切顶线整齐，并且使刮板输送机和整个工作面直线性好，采煤机截深准确，从而为实现井下无人工作面提供了可能。

7.9.5 使用新型环保液压支架浓缩液

使用新型环保液压支架浓缩液，避免了电液控系统堵塞现象。液压支架电液控制系统导向阀过滤孔径为25μm，新型环保液压支架浓缩液是乳化液的更新换代产品，与乳化液相比，浓缩液为单相体系，稳定性更显著，为支架提供特殊的保护作用，延长其使用寿命，降低采煤综合成本。

8 综合机械化厚煤层大角度仰采技术

峰峰集团梧桐庄矿地质条件极其复杂，整个井田呈不规则的褶曲状，该矿提出了褶曲煤层仰斜开采方案，对仰斜工作面进行了上覆岩层移动规律的模拟研究，采取注浆加固煤壁、对采煤机进行实用性改造等技术措施，成功的实现了大倾角煤层仰斜综采工作面安全连续生产。

8.1 概况

8.1.1 矿井概况

梧桐庄矿是一座年设计生产能力120万吨的矿井，2001年5月试运转，2003年10月正式投产。矿井地质条件极其复杂，整个井田呈不规则的褶曲状，褶曲和断层构造为矿井的两大主要地质构造，特别是褶曲构造给矿井综采工作面的走向布置带来难以克服的困难。为适应综采机械化安全高效的要求，梧桐庄矿综采工作面布置采用了长壁工作面非走向布置，该布置方式极大地满足了综采机械化安全高效的要求，但也造成了综采工作面起伏不平、煤层倾角大、工作面内断层多等一系列难题，在这些难题中最难解决的是大倾角仰斜开采问题。在深入研究褶曲构造为主的复杂地质条件下采煤工作面布置和采煤工艺的基础上，提出了褶曲煤层仰斜开采技术研究课题，以解决褶曲煤层采煤工作面布置、采煤工艺及综采设备在大倾角仰斜开采条件下的技术难题，实现高产高效。

仰斜开采，极易造成煤壁片帮、顶板流矸事故，为生产、安全带来了很大的困难。一方面使矿井生产被动，职工劳动强度加大，产量低，矿井经济效益受到影响；另一方面，工作面煤壁片帮、顶板流矸，极易造成人员伤害，处理冒顶本身也存在着很大的安全隐患，无法保证工作面的安全生产。因此，必须解决大倾角仰斜开采煤壁片帮、顶板流矸难题。182311工作面是梧桐庄矿开采的第一个大倾角仰采工作面，该矿对综采工作面大倾角仰采进行了深入研究，制定了182311综采工作面大倾角仰采方案，成功实现了182311工作面大倾角仰斜开采，确保了矿井安全生产，为类似工作面的开采积累了经验。

8.1.2 工作面煤层条件

182311工作面是矿井一个主采工作面，走向长1700m，倾向长160m，可采储量125万吨。该面位于韦武神岗背斜两翼，里段属大仰斜上山开采，仰采角度在15°~20°的地段有100m，仰斜角度在20°~30°地段有150m；工作面中段沿走向开采；外段为俯斜开采。工作面内包含有落差小于2.8m的断层9条，对生产稍有影响。

工作面煤层厚度3.3m，直接顶板为14.7m厚的砂页岩，距煤层顶面往上1.5m和4.5m处分别有一层0.15m厚的煤线，直接顶板呈复合顶板状态；老顶为6.6m厚的细砂岩；煤层直接底板为4.9m厚的砂质页岩；老底为3.2m厚的细砂岩。工作面内煤层稳定可采，平均煤厚为3.3m，含三层夹矸。煤岩类型为半光亮型。回采过程中局部顶板压力大，破碎易流矸，对煤质影响较大。

围岩特征如表8-1所示。工作面巷道布置图如图8-1所示。

表8-1　围岩特征

项　目	岩　性	厚度/m	岩　性　特　征
老　顶	中砂岩	11.0	灰白色，含白云母炭质植物化石
直接顶	粉砂岩	6.15	黑灰色、含炭质植物化石，节理发育
煤　层	主焦煤	3.3	煤层硬度$f=2$，层理节理发育
伪　顶	泥　岩	0.5	灰黑色，质软，含植物化石
直接底	粉砂岩	3.8	灰黑色，含炭质植物化石，矽质
老　底	中砂岩	2.0	灰色，成分以石英为主，泥质胶结

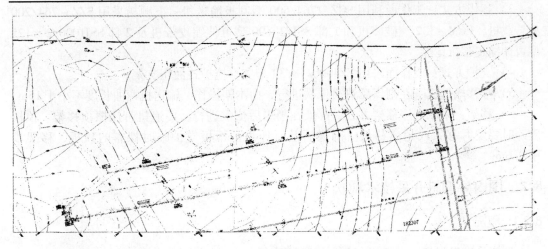

图8-1　工作面巷道布置平面图

8.1.3　采煤方法及工艺

8.1.3.1　采煤方法

（1）工作面采用单一倾斜长壁后退式综合机械化采煤法，一次采全高。

工作面运料道、溜子道均摸底沿煤层走向布置，工作面切眼摸煤层底板垂直溜子道布置。

（2）采高：该工作面煤层厚3.0~3.6m，平均3.3m。

（3）工作面主要设备配置：工作面主要设备配置如表8-2所示。

表8-2　工作面主要设备配置表

设备名称	型　号	功率/kW	数　量
采煤机	MG250/600	600	1
液压支架	ZZ4000/18/39		107
刮板输送机	SGZ-764/500	500	1

设 备 名 称	型 号	功率/kW	数 量
破碎机	PCM132IV	132	1
胶带输送机	SSJ100/2×125	250	3
乳化液泵	MPB - 200/31.5	125	2

8.1.3.2 采煤工艺

（1）工艺流程：

端头斜切进刀—割三角煤—正常割煤—移架—推移输送机

（2）工序说明：

1）落煤方式：机械落煤，选用 MG250/600 - 1.1D 型双滚筒可调高电牵引采煤机割煤，割三角煤斜切进刀，截深 0.6m。

2）装煤方式：利用采煤机滚筒和刮板输送机铲煤板联合装煤，人工清理活煤。

3）运煤方式：工作面利用 SGZ - 764/500 型刮板输送机，下顺槽采用 SZZ - 764/200 型转载机，PCM - 132 型破碎机和 1 部 SSJ/2×90 型可伸缩皮带机及 2 部 SSJ1000/2×125 型可伸缩皮带机运煤。

4）支护方式：工作面采用 ZZ4000/18/39 型支撑掩护式液压支架。

5）推移输送机：在割煤后追机依次进行，由本架操作，输送机弯曲长度不小于 15m。

6）移架：采取顺序移架方式，移架在割煤后依次进行，要追机带压擦顶移架。顶板破碎时要及时移架或超前移架。割煤后及时伸出护帮板支护临时裸露的顶板，移架步距 0.6m。

8.2 国内外仰斜开采技术现状

8.2.1 概况

倾斜长壁采煤法，即采煤工作面沿煤层倾斜方向向上或向下推进采煤，工作面运输巷和回风巷由走向长壁采煤法的沿走向方向布置改为沿倾斜方向布置，并可以取消采区上、下山的一种采煤方法。由于它较走向长壁采煤法有许多优越性且技术经济效果较好，国内外应用倾斜长壁采煤法日益增多，并被一些国家列为开采倾斜煤层的主要技术发展方向。

仰斜开采是倾斜长壁采煤法的一种，它具有缓斜煤层倾斜长壁采煤法的一般规律，但由于推进方向与走向长壁不同，其矿山压力显现与围岩控制技术肯定也有很大变化，实际回采施工中又有许多现象不同于缓斜煤层倾斜长壁采煤法，需要采取不同的技术方案和安全管理措施。

由于仰斜开采目前的发展水平远低于走向长壁，存在着一系列没有解决的基本技术难题，因而研究仰斜开采方法是非常必要的。

8.2.2 国外研究现状

倾斜长壁开采是 20 世纪 50 年代始于苏联，而后逐步发展起来的一种新的开采方法。70 年代中期以前，应用倾斜长壁采煤法主要有原苏联的顿巴斯、库兹巴斯和卡拉干达等煤田，其产量占总产量的 14%。在西欧和其他国家，倾斜长壁采煤法应用也逐步广泛。

70 年代以后，欧洲各主要产煤国对倾斜长壁采煤法的应用更加重视。建设的大型现代化示范矿井，如英国年产 1000 万吨的赛尔比矿、法国洛林煤田年产 300 万吨的乌沃矿、原苏联年产 420 万吨的多尔然矿，以及日本的 SD 等综采工作面均采用了这种采煤法。据资料统计，采用倾斜开采的工作面均达到了较高的技术经济指标。

倾斜长壁开采对矿井开拓和巷道布置是一种改革。实践证明，在条件适合的情况下，其工程量减少和生产系统简单，可收到优于走向长壁开采的技术经济效益。尽管它的发展历史不长，但已为人们所重视。从 50 年代起，苏联，日本、德国、英国、法国、印度、波兰及捷克和斯洛伐克等世界主要产煤国家相继试验研究和推进这种新的开采技术。苏联 1954 年开始采用倾斜长壁开采法，首先在顿巴斯的马凯耶夫煤炭公司的擒山谷矿进行了工业性试验，取得了较好的技术经济效果。1967 年在卡拉干达煤田的列宁矿、斯捷普娜娅矿和高尔巴切夫矿的缓倾斜厚煤层中采用了俯斜式开采，这些工作面的技术经济指标都大大超过了走向长壁采煤工作面。例如，列宁煤矿使用综合机械化开采的俯斜式采煤工作面的日产量为 1193 吨，而走向长壁式工作面仅为 795t，劳动生产率由 15t/工提高到 19.4t/工。1975 年初苏联共有倾斜长壁工作面约 320 个，其产量约占总产量的 14%。1983 年使用倾斜长壁开采产量约占总产量的 12.6%。1984 年其产量占总产量的 19%。1985 年，顿巴斯矿区使用盘区式和倾斜长壁开采产量占总产量的 85%。近年来，随着采煤技术的不断进步，苏联倾斜长壁开采的范围日益扩大，开采深度达 1000 多米，各种瓦斯等级的矿井都可采用倾斜长壁开采法。在前苏联，倾斜长壁开采法已成为改革缓倾斜煤层采煤法的一条重要途径，被列为开采技术发展方向之一。

用倾斜长壁开采法开采的大型矿井和特大型矿井有很多，例如，年设计能力为 420 万吨的多尔然矿，年设计能力为 1100 万吨的萨兰斯卡娅矿等。在波兰的矿井中倾斜长壁开采法也获得了成功的应用，如上西里西亚矿区的列宁煤矿，鲍布列克和伽列巴等仰斜工作面所取得的技术经济指标都是很高的。在列宁煤矿的 49 号工作面，平均日产曾达 1800~2340t，工作面日进度为 8.81~11.07m。南斯拉夫的"威列耶"矿区用俯斜长壁放顶煤采煤法开采了倾角为 0°~15°、煤层厚为 140m 的特厚褐煤层。西欧的一些国家，倾斜长壁采煤法的应用日益广泛。70 年代初，西德的 400 个工作面中有 50 多个应用倾斜长壁开采法，其中大部分集中在萨尔矿区的列津矿、路易捷恩塔矿和瓦尔恩德特等矿。法国用倾斜长壁开采法的产量占总产量的 20%，主要在洛林矿区。例如新建的年产量为 360 万吨的乌沃矿全部采用倾斜长壁开采法。英国新建的赛尔比矿年产量 1000 万吨，也全部采用这种开采方法。

8.2.3 国内研究现状

长期以来，我国在开采倾斜和缓倾斜煤层时，普遍采用走向长壁采煤法。倾斜长壁采煤法的应用，最初只是生产矿井为解决局部地区或个别工作面由于地质构造变化，或者为了解决回采工作面衔接紧张而采取的临时措施。近些年来，特别是随着综合机械化采煤的发展，倾斜长壁采煤越来越引起人们的重视，并较快地在一些生产矿井和新设计矿井中应用。目前，我国大多数倾斜长壁工作面采用仰斜开采，俯斜开采所占比例较小，且通常应用于涌水量不大的采区。近年来，倾斜长壁工作面在综采、放顶煤采煤法中均有成功的应用，尤其有的矿区在大角度倾斜长壁工作面的综采、放顶煤采煤实践方面也作了大胆的尝试，积累了有益的成功经验。

我国从 20 世纪 70 年代初开始试验研究倾斜长壁开采法。近几十年来，主要试验研究了单一薄及中厚煤层，厚煤层和煤层群条件下的倾斜长壁开采，积累了较为丰富的经验，使这一新技术逐步发展到目前比较成熟的阶段。据统计，倾斜长壁式工作面产量占全国总产量的 11.96%，有 10 多个省市（自治区）的 20 多个矿区、100 多个矿井采用倾斜长壁开采法。有的矿井如大同矿务局的永定庄矿和松藻矿务局打通一矿，改革了原来的巷道布置，变为全矿井的倾斜长壁开采系统。唐山矿改扩建设计年生产能力为 500 万吨，采用了倾斜长壁和走向长壁开采相结合的方式。年生产能力为 400 万吨的燕子山矿、济宁 2 号矿井、阳泉贵石沟矿、东曲矿、年生产能力为 300 万吨的古交西曲矿、兖州矿务局兴隆庄矿等，均采用了倾斜长壁开采法。近年来新建的 23 对矿井（其中年生产能力为 500 万吨的两对，400 万吨的 11 对，300 万吨的 6 对，240 万吨的 1 对，180 万吨的 1 对，120 万吨的 1 对和 100 万吨的 1 对）的不完全统计，采用倾斜长壁开采（有的矿井采用倾斜长壁开采与走向长壁开采相结合的方式）的矿井占 62.17%。由此可见，倾斜长壁开采技术通过近几十年的发展，已积累了较为丰富的经验，为煤矿的新井建设，挖潜增产，提高煤炭资源回收率和保证安全生产，发挥着越来越大的作用，其生产规模正在逐步扩大。

近年来随着综采技术的发展，我国在开采倾斜和缓倾斜煤层时，倾斜长壁采煤法的应用中仰斜长壁采煤越来越引起人们的重视，并较快地在一些生产矿井和新设计矿井中推广应用。我国大多数倾斜长壁工作面采用仰斜开采，俯斜开采所占比例较小，且多用于开采倾角 8° 以下的缓倾斜煤层中，而在 12° 以上的煤层中应用较少。

目前，对大角度仰斜工作面开采的研究主要集中在以下几个方面：

（1）倾斜长壁采煤法的巷道布置的研究内容有：合理确定主要运输大巷的位置、工作面巷道的布置、煤层群的开采、回采工作面回风巷维护方法的选择等。例如：韩城矿区在倾斜长壁采煤法的巷道布置生产实践中总结出 4 种类型的巷道布置方式。

（2）生产工艺研究及其可靠性分析，目前在走向长壁工作面中实行的生产工艺基本上在倾斜长壁工作面回采中都有应用。随着近年综合机械化程度的提高，尤其是不同煤层倾角下，通过对走向长壁与倾斜长壁开采工艺可靠性分析，研究得出不同煤层倾角范围应采取的不同采煤工艺。

（3）大角度仰采研究的主要内容有生产工艺研究、影响因素研究、顶板控制设计研究等。其中，对大角度仰采条件下矿山压力显现及控制特点的研究，因其是合理选择采煤方法和采取有效控制方法的科学依据，并能对选择及改进设备提供可靠依据，故而显得极为重要。

（4）倾斜长壁开采的沿空成巷及无煤柱开采试验研究，是煤矿开采的一种先进的开采方法，其突出的优点是能适应矿山压力的分布规律，有利于改善巷道的维护和稳定，有利于合理开发煤炭资源，提高煤炭回收率，有利于安全生产。

（5）运输和通风方式的研究，运输和通风是矿井生产中的重要环节，能否顺利地进行对安全生产有直接影响。正确地选择确定运输和通风方式及其设备，对于创造良好的生产系统，保证矿井的安全生产，提高劳动生产率，减轻工人劳动强度，降低生产成本，具有十分重要的意义。

以上 5 个方面的研究，对提高倾斜长壁工作面回采的高产高效都有一定的作用。然而，仅仅从以上任一方面研究是不够全面的。影响倾斜长壁工作面高产高效的因素有许多，这些因素是相互影响、相互制约的。但我们在实际工作中，可以针对回采工作面的特性，有目的地对影响安全、高产、高效生产的主要因素重点进行研究。这些研究得出的规律和经验的总结，对指导我们在相似条件下进行煤炭开采具有重要意义。

8.2.4 国内倾斜长壁开采技术的发展趋势

8.2.4.1 倾斜长壁开采技术的发展

（1）倾斜长壁开采技术在新井设计和矿井改扩建设计中得到越来越多的应用。

（2）倾斜长壁开采工艺有所突破，采用综合机械化采煤的工作面单产水平进一步提高，工艺系统可靠性研究更加深入。

（3）随着开采技术的发展，综合机械化采煤的推广应用和巷道新型支架的研制，给巷道布置带来了较大的变化。有的矿井在应用倾斜长壁分层开采煤层时，去掉了岩石集中斜巷，减少了岩石巷道工程量，缩短了工作面准备时间，在中厚煤层巷道布置方面积累了经验。仰斜长壁开采应用在对拉工作面也取得了良好的技术经济效果。

（4）对倾斜长壁开采，工作面矿山压力显现规律和顶板管理进行了广泛的研究。除对不同条件的倾斜长壁开采工作面矿山压力显现进行现场观测外，还进行了实验室研究，并应用结构力学、弹塑性力学、断裂力学、有限元等对支架和围岩关系进行了理论研究，为科学地选择架型提供了依据。

（5）在回采工作面布置和开采方面有所发展，如前进式、往复式开采的应用等。

（6）在开采方案和参数选择优化方法上应用了运筹学、模糊数学和计算机模拟技术。

8.2.4.2 倾斜长壁开采的主要技术问题

目前，回采工作面采用的采煤机、输送机和液压支架不完全适应倾斜长壁工作面的要求。以前推行的开采技术是走向长壁开采，配套的生产设备大部分是按走向长壁开采技术而进行。

8.3 大角度长壁工作面上覆岩层运移规律研究

采煤工作面的上覆岩层在一定层位将形成一种平衡结构，这一结构的运动形式是渐变性的，上位岩层的裂隙发育、张开、闭合是在工作面前方就开始了，上覆岩层的逐渐移动，是一种大变形梁的形式。

褶曲煤层仰斜开采工作面上覆岩层沿倾斜方向有向采空区方向的矢量作用，但运移总体规律与沿煤层走向推进的工作面相同。

8.3.1 大角度开采沿水平方向顶板活动的特征

工作面推进，支架后方垮落后，直接顶板将不规则垮落，并膨胀体积，充填采空区。上部较稳定的基本顶板将随着直接顶的垮落而弯曲、旋转，有规则地（岩块之间互相咬合）下沉，直至接触、压实不规则垮落的岩石，形成一个处于暂时平衡的岩梁（板），并阻止以上岩层自由垮落，有条件地承担上覆岩层的重量，保护工作空间，使其处于减压带（区）内，这就是基本顶形成的平衡结构。结构是以大变形梁的形式表现出来，如图8-2所示。除非该上位岩层是极坚硬的厚岩梁，并在不触矸的情况下仍能形成悬臂梁（板），否则，采场将在更上位岩层中寻找其他较坚硬岩层构成基本顶组合平衡岩梁。

基于现场实测和实验室研究，对实验及实测数进行统计分析，将工作面上覆岩层平衡结构的挠曲下沉用多项式来表示，以此建立了数学模型。

对上位岩体有限大变形岩层下沉量的分布与工作面煤壁距离之间的关系进行回归分析后，根据对回归模型的逼近迭代，有限大变形岩层位移的挠曲方程为：

$$\omega(x) = Ax^6 + Bx^5 + Cx^4 + Dx^3 + Ex^2 + Fx + G$$

式中　　　　　　　$\omega(x)$——大变形梁的垂直变形；

　　　　　　　　　x——距工作面的距离；

A，B，C，D，E，F，G——系数。

图 8 - 2　上位岩层、平衡结构及其对采场矿压显现的影响

根据实测数据可以得出：

$$\omega(x) = \sum_{k=0}^{n} a_k(l) x^k$$

式中　k——多项式次数；

　　　a_k——系数；

　　　l——工作面推进时步。

8.3.2　工作面合理支护阻力

采场围岩运移是一个动态的过程。动态过程有两层内容：一是随着时间变化的动态过程，二是随支护力不同而变化的动态过程。图 8 - 3 为合理支护载荷条件下围岩运移状态，平衡结构下方岩层厚度较大，距离支架较远，支架上方顶板发生离层的可能性较小，采场处于安全状态下。图 8 - 4 所示为低支护载荷条件下围岩运移状态，支护顶板距平衡结构较近，平衡结构对采场的影响较大，由于支护力过小，顶板易发生离层，支护状态差。

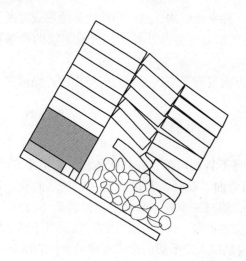

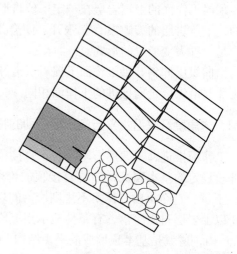

图 8 - 3　合理支护载荷条件下围岩运移规律　　　图 8 - 4　低支护载荷条件下围岩运移规律

　　合理的支架工作支护力首先应该保证上覆岩层不离层，平衡结构在安全距离之上，在此基础上的支护载荷应该是越大越好，但考虑到经济效益，在实际确定支护载荷时，一般情况下以采煤机开采高度6倍以上来计算支护载荷比较安全可靠，考虑到结构的传压特性及垮落角，合理支护载荷应该大于这一倍数，最好是支护20~30m顶板岩层重量。

　　工作面支护强度估算

$$P = 10 \times 8M \cdot R \cdot \cos\alpha$$

式中　P——工作面支护强度；

　　　M——采高，取3.3m；

　　　R——岩石体积质量，取2.35t/m³；

　　　α——煤层倾角，25°。

　　采高系数取8倍，则

$$P = 10 \times 8 \times 3.3 \times 2.35 \times \cos25° = 562(kN/m^2)$$

　　工作面采用支撑掩护式液压支架支护顶板，工作面采空区处理均采用全部垮落法。

　　按8倍采高顶板岩层考虑，支架工作阻力为：

$$F = P \cdot S = 562 \times 5.7 = 3203(kN)$$

式中　S——支架支护面积，5.7m²。

　　如果按30m顶板岩层考虑，支架支撑力为：

$$P_{30} = 10 \times 30 \times 2.35 \times \cos25° \times 5.7 = 3641(kN)$$

　　支架设计工作阻力为4118kN，以上理论计算数值均小于4118kN，所以工作面选择ZZ4000/18/39支架能满足工作面支护强度需要。但在开采时，需要每架安一组压力表，进行详细的矿压观测，密切注意顶板动态，切实加强顶板管理。

　　该工作面底板岩性为砂质泥岩，普氏硬度f = 4~6，底板比压为50MPa，ZZ4000/18/39型支架对底板最大比压为1.5MPa，小于50MPa，所以支架不会钻底。

8.4　褶曲煤层工作面顶板运移规律研究

8.4.1　相似模拟实验

　　梧桐庄矿地质条件如下：工作面所采煤层为2号煤层，煤层倾角平均为25°，最大倾角30°，共含夹矸3层，自上而下结构分别为0.05m、0.2m、0.1m，工作面长度为100m，煤层平均厚度为3.5m。煤层直接顶为粉砂岩，平均厚3.65m，老顶为细-中粉砂岩，厚7.65m；直接底为粉砂岩，厚9.93m。实验采用中国矿业大学（北京）的二维试验台，实验台尺寸为：长×宽×高为1800mm×160mm×1300mm，采用平面应力模型。几何相似比为m = 100∶1，体积质量比为a_y = 16∶1。

　　实验结果如下：

　　通过模拟实验，结果如图8-5所示。实验得出了仰斜开采工作面上覆岩层运移宏观规律为：与走向长壁工作面开采相比，仰斜工作面顶板上方的平衡结构的层位相对要高，来压显现相比强度要小，工作面上方岩体和煤层沿工作面推进方向的往下的变形力及变形趋势相比要大。从上覆岩层的下沉方式及结构模式来看，并没有显著的宏观变化。

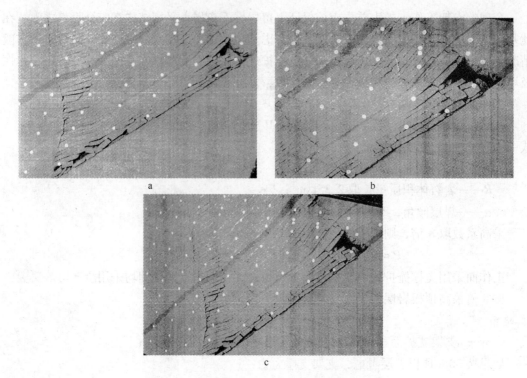

图 8-5 仰斜开采上覆岩层的运移的宏观规律

8.4.2 煤壁应力分布数值模拟及其加固

8.4.2.1 工作面围岩运移规律 FLAC 数值模拟

根据设计支护力，采用 FLAC 进行了数值模拟：图 8-6 所示为剪应力分布图；图 8-7 所示为垂直应力分布图；图 8-8 所示为水平应力分布图；图 8-9 所示为位移速度图；图 8-10 所示为塑性区图；图 8-11 所示为位移矢量图；图 8-12 所示为主应力图。

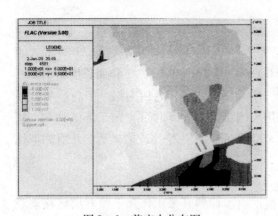

图 8-6 剪应力分布图

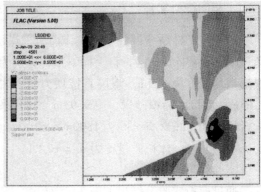

图 8-7 垂直应力分布图

8.4.2.2 数值模拟结论

从数值模拟图 8-6 和图 8-7 可以看出，工作面煤壁剪应力及垂直应力变化较大，这

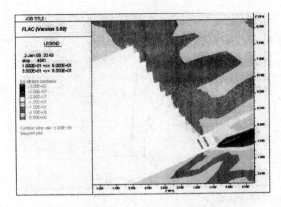

图 8-8　水平应力分布图

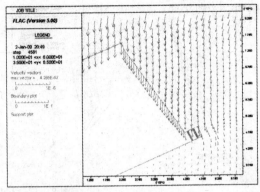

图 8-9　位移速度图

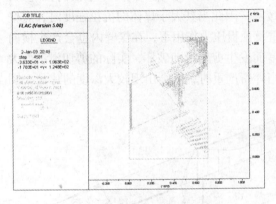

图 8-10　塑性区图

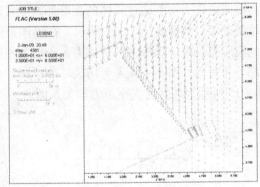

图 8-11　位移矢量图

种应力的差异容易使煤壁产生破坏。

水平应力分布图表明，煤壁附近高的水平应力及重力的水平分量是将破坏煤体推出的主要因素之一。位移速度矢量表明，煤壁上方的位移矢量较大，煤壁靠上侧的煤体更容易片帮。

塑性区图表明，煤壁与上方岩体的贯通性塑性区工作面围岩的弱面，如果出现拉应力，就易出现片帮。

主应力分布图显示在煤壁前方存在着高的主应力，主应力方向与煤壁方向平

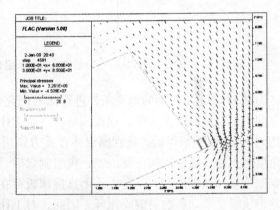

图 8-12　主应力图

行，在这种高的主应力的作用下，使煤体在工作面前方就开始变形、破碎，是造成仰斜开采工作面易发生片帮、冒顶的主要因素。

8.4.3　工作面大仰角煤层片帮、顶板流矸机理分析

煤壁在自重和顶板压力作用下，主要表现出两种破坏形式：拉裂破坏与剪切破坏，如

图 8 - 13 所示。

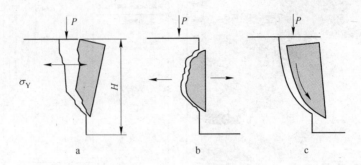

图 8 - 13 煤壁片帮破坏形式

煤壁拉裂片帮破坏的主要原因是由于在顶板压力作用下，煤壁内产生了横向拉应力，而横向拉应力不能通过煤体的变形释放或者缓解，因此当其大于煤体的抗拉强度时，煤壁拉裂破坏。如图 8 - 13a ~ c 所示，在煤体自重及顶板压力作用下，在煤壁内也会产生横向的拉应力，由于煤壁内的剪应力大于抗剪强度而发生剪切滑动破坏，实际的剪切滑动面大部分为曲面。图 8 - 14 为剪切破坏分析图，当片帮严重时，就会出现较大深度的片帮。图 8 - 15 所示为片帮与支撑压力的关系图。

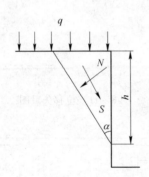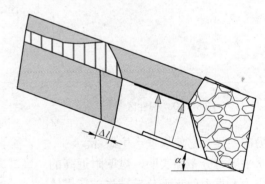

图 8 - 14　煤壁剪切破坏片帮分析图　　图 8 - 15　片帮与支撑压力的关系示意图

对 182311 工作面的地质条件进行深入研究分析，认为有三个重要因素将导致工作面大仰角采煤地段煤壁片帮、顶板流矸。一是工作面仰斜开采角度大，工作面最大仰采角度达到 30°，机组割煤后，新裸露煤体在重力作用下，极易造成煤壁片帮；二是工作面仰采角度增大后，液压支架前移困难，机组割煤后，顶板空顶时间长，顶板的重力作用易造成煤壁片帮和顶板流矸；三是工作面直接顶板存在两条煤线，直接顶板呈复合顶板，完整性差，顶板受采动影响易破碎流矸。因此，对工作面煤岩体进行加固是非常必要的安全生产措施。

8.5　大角度仰采工作面的煤岩体加固

针对导致 182311 工作面大角度仰采地段片帮、流矸的三大因素，梧桐庄矿决定从提高煤岩体的稳定性着手，通过对煤岩体的加固来提高煤岩体的稳定性，进而减少煤壁片帮和顶板流矸的程度，保证工作面的安全回采。

8.5.1 工作面大角度仰采煤岩体加固方案

182311 工作面如此大的仰采角度，在国内综采工作面开采过程中是不多见的，没有成熟的开采先例可循，该矿参考其他矿井较大倾角仰采的一些做法，认真分析造成仰斜开采煤壁片帮、顶板流矸的因素，结合当前科技的发展确定了 311 工作面仰斜开采的三个方案。

第一方案：超前工作面煤壁 50m 以上，间隔一定距离，利用钻机从工作面上下两巷向煤体施工深钻孔，利用高压泵向深钻孔内注化学浆或膨胀水泥，依靠化学浆的膨胀和黏结作用起到加固煤体作用。该方案施工安全，但在工作面下巷施工钻孔困难，且煤体受采动影响小，化学浆或膨胀水泥难以渗透到煤体中，效果较差。

第二方案：在工作面煤壁钻孔，安装非金属全锚固锚杆，依靠锚杆的锚固作用提高煤体的完整性能，控制煤壁片帮。该施工方案有一定效果，但需要较大密度的非金属全锚固锚杆，工程量大，占用时间长，对生产影响较大，在煤壁施工安全性较差。

第三方案：在工作面煤壁分别向煤体和顶板施工钻孔，在钻孔内布置注浆管，通过注浆管向煤岩体注入化学浆，依靠化学浆自身的发泡、膨胀推动，化学浆材料渗透到煤岩体微细裂隙内，化学浆材料与松散、破碎的煤岩体胶结在一起，提高煤体和顶板岩石的完整性。该方案施工效果好，对生产影响较小，但投入资金大，在煤壁施工安全性较差。

综合比较三种方案，决定采用施工效果好，对生产影响较小的第三方案，在施工时需要加强煤壁区管理，保证施工安全。

8.5.2 工作面大仰角煤岩体加固方案实施

8.5.2.1 技术要求

（1）311 综采工作面大倾角仰采选用马丽散 N 作为加固煤岩体的高分子化学材料，马丽散 N 所用树脂与催化剂按 1∶1 配比。

（2）注浆钻孔采用煤帮注浆钻孔与顶板穿层注浆钻孔联合布置（钻孔布置剖面图如图 8－16 所示）。

（3）注浆管选用 2m 长的 $\phi20mm$ 钢管，钢管之间依靠丝扣联结，帮眼深度 4～6m，开孔距顶板 0.5m，斜向上终孔到煤层顶板，眼间距 3m，第二天注浆眼与第一天注浆眼交错布置，眼角度根据煤层倾角进行调整，终孔必须穿到煤层顶板；顶板穿层眼深度 4m，斜向上穿过顶板第一道煤线，与煤帮眼错开布置。

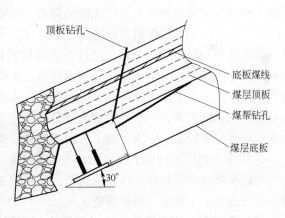

图 8－16 工作面注浆钻孔布置剖面图

注浆管封孔采用袋式，封孔长度为 0.8m。

（4）注浆压力控制在 3～5MPa。

8.5.2.2 注浆施工安全措施

（1）工作面采高控制在2.5~3.0m，液压支架初撑力不低于25MPa，支架前梁抵住煤帮，并将支架护帮板打开升紧。

（2）进入煤帮施工前要严格执行审帮问顶制度，一人观顶，一人找顶，必须站在有支护的安全地点进行操作，找顶使用长把专用铁质工具，从上向下依次进行。

（3）进入煤帮施工前必须停止工作面输送机、机组运转，并闭锁。严格执行谁停电、谁送电制度。要挂停电牌并专人负责看管，得不到施工负责人的允许严禁送电、开车。

（4）人员在煤帮工作时，必须关闭工作地点范围内支架的截止阀，防治人员误操作综采支架。

（5）人员在煤帮工作时，要在支架顶梁或前梁下作业，要选择顶板完好，支架完整，无片帮及冒顶危险的安全地点进行，并安排专人观察顶板、煤壁、支架等情况，一旦发现煤壁松动、瓦斯增高、注浆压力突然升高等异常情况，应立即停止工作，撤出人员。

（6）注浆施工人员要佩戴防护胶手套、眼镜，非专职人员不得操作注浆泵。

（7）注浆施工期间，注浆孔周围3m，除规定人员外其他人不得靠近，严禁任何人员从注浆孔前通过。

（8）如浆液不慎溅到皮肤和眼睛内，应立即用大量清水冲洗，严重者应立即就医，人体不得接触化学注浆液。

8.5.2.3 施工组织落实

2007年6月份以后，311工作面仰采角度逐步增大，由于对大倾角仰斜开采的认识还不够深入，没有按照选用的注浆方案对工作面煤岩体采取加固措施，工作面几次发生片帮流矸事故，生产被迫中断，安全生产受到严重威胁。事故发生后，生产矿长、生产部安全科、技术科、调度室和综采一区等有关人员深入到现场，对事故现场进行认真分析，探讨解决方案，研究决定按照设计方案对311工作面煤岩体进行注浆加固。

对于311工作面大倾角仰斜开采，矿领导特别重视，指出：311工作面是我矿的攻关项目，大倾角仰采对我矿具有战略意义。矿成立了科技攻关小组，想方设法把311工作面大倾角地段安全采出来，为以后大倾角仰采工作面积累实战经验。

6月16号，311工作面开始注浆，科技攻关小组成员与综采一区管理人员现场跟班，认真研究注浆与煤岩体的关系，经过5天对冒顶区的注浆加固处理，6月20号311工作面恢复了生产。在311工作面注浆加固期间，在矿领导的正确指挥下，科技攻关小组成员与综采一区广大职工认真分析311工作面煤岩体状况，认真研究注浆工艺，认真分析注浆与煤岩体加固的关系，不断地探索大倾角仰斜开采煤岩体加固的有效方法和途径，逐步优化煤岩体注浆加固施工方案，施工方案得到科学调整，主要表现是：

（1）由最初设想的全工作面锚注改为重点锚注，在加固工作面煤岩体的过程中，根据工作面不同地段煤岩体片帮冒顶的程度，选择重点锚注煤壁片帮严重、顶板破碎地带，减少注浆加固的工作量，减少投资。

（2）由最初的煤帮锚注改为煤帮锚注与顶板锚注相结合，控制了顶板破碎断裂的发生，减少了顶板流矸。

（3）改变煤帮注浆孔开孔距顶板的距离，由最初的距顶板1m改为0.5m，通过改变煤帮注浆孔开孔距顶板的距离，提高了接近顶板煤层与顶板的黏结力，减少了化学浆的使用量。

（4）改变注浆管材，由最初的塑料管改为钢管，提高了管材的锚固力，大大减少了煤壁片帮的程度。

（5）在加大煤岩体注化学浆管理的同时，加强了综采一区跟班管理和采煤各工序的管理，每个小班都有区管理人员与工人同上下。采煤工序上要求采煤机割煤后及时移架，前梁抵住煤帮，并伸开护帮板，移架滞后采煤机滚筒不超过 5 架，工作面采高控制在 2.3～2.8m，工作面支架初撑力不低于 25MPa，顶板破碎地点，机组割一架移一架，采取带压移架，单体支柱协助前移等措施。

在矿领导的正确指挥下，通过各部门的精诚团结和广大职工的努力，从 6 月 20 号到 10 月 10 号，311 工作面安全推过大倾角仰采地段，其中倾角在 15°～20°的地段 50m，倾角在 20°～30°的地段 150m，杜绝了顶板冒顶事故，保证了矿井安全生产，取得了大倾角仰斜开采的成功。

8.6 工作面机电设备改造

311 工作面大角度仰采对工作面采煤机、运输皮带的正常使用带来了困难，会造成采煤机滑靴损坏、滚筒割支架前梁、卧底量不够以及皮带运输机开不上去煤等问题，针对这些问题我们进行了多次探讨分析，提出了解决办法并付诸实施。

（1）调整托缆架上螺丝安装位置，向煤帮移动 100mm，避免采煤机外牵引挂线架子夹板，避免托缆架绊支架。

（2）煤壁侧滑靴加长 200mm，增加采煤机的稳定性。

（3）降低煤壁侧滑靴和滑靴座的高度 92mm，使采煤机机身在走向方向顺时针固定调斜 6°左右，以降低采煤机的仰采角度，改善采煤机工作时的受力状况及工作面推溜移架工况。

（4）改造采空区侧导向滑靴，增加导向滑靴靠煤壁侧耐磨面厚度 6mm，在仰采的工况下，增加其强度和耐磨寿命。

（5）更换大坡度段顺槽皮带，将普通皮带更换成带横纹的皮带，增加皮带的摩擦阻力，提高皮带上山带煤能力。

8.7 工作面仰斜开采安全技术措施

182311 工作面在推进过程中，逐渐进入大倾角仰斜开采段，仰斜最大坡度达 30°，为了保证仰斜开采期间的安全，制定了安全技术措施，实施效果较好，具体如下：

（1）仰斜开采期间，采煤机割煤时应减缓割煤速度。

（2）工作面支架护帮板必须全部有效护帮，采煤机割煤前 2～3 架收护帮板，严禁提前收护帮板。

（3）每班必须有专职人员巡回观测工作面支架初撑力情况，保证支架初撑力不小于 25MPa，如发现支架初撑力不足 25MPa，必须及时进行二次注液。

（4）采煤机过后必须及时拉架，前梁顶住煤帮，并伸开护帮板，拉架时必须执行带压拉架。

（5）在仰斜开采期间，适当降低采高，工作面采高不超过 3m。

（6）在仰斜开采期间，应适当降低采煤机截深，截深保持在 0.3～0.4m。

（7）在仰斜开采期间，移架时必须顺序移架，保证移一架，升一架，严禁同时移多架。移架时要带压拉架，严禁将支架完全卸载后拉架。

（8）在机组割煤过程中，如发现采煤机通过段煤壁片帮、顶板掉砟严重，必须将采煤机退回，全部拉超前架护帮、护顶。

（9）在仰斜开采过程中，必须摸煤层顶板前进，严禁留顶煤，防止工作面钻入底板。

（10）仰斜开采期间必须在工作面全部支架的两个前柱上加护身木板，护身木板两头用塑料绳绑在支架两个前柱之间，护身高度自底板起不小于 1.5m。

（11）如发生流矸、冒顶后，在清理流入输送机的矸石时，每清理出一个支架，必须用化学浆全断面喷洒、封闭，防止发生二次流矸事故。

（12）在上下巷进行超前支护时，所打设的单体液压支柱的三向阀方向必须全部朝上，人员应站在单体支柱的上方进行操作，操作时，单体支柱下方严禁站人。

（13）仰斜开采期间，为了采煤机摇臂能够正常供油，每割 30 节溜子，应停止采煤机牵引，落下机组摇臂，使采煤机在空载状态下转动 3~5min，再进行正常割煤。

（14）仰斜开采期间，为了防止支架向后倾倒，必须保证支架的立柱前倾于底板，前倾角度 10°~15°。

（15）采煤机割煤时，要适当卧底，保证输送机平直。

（16）进入仰斜开采后，必须在仰采段顺槽皮带里、外两侧各打设一组地锚，20m 一组，打到皮带机头为止，以便拉移皮带机尾和转载机。

（17）拉转载机时，用两条新 40T 链条，另一头用新连接环与地锚底链连接，一头用新连接环固定在破碎机底盘上，作为拉转载机时防滑。转载机拉到位后，将 40T 链条固定牢固。

（18）转载机拉过后，为防止转载机下滑，必须在破碎机前后两侧各打一根反向戗点柱，角度与顶板保持在 45°~60°。

（19）拉设备列车用的双速绞车必须采用四压两戗点柱固定：四根压点柱不得缺少、不得倾斜，两根戗点柱必须倾斜、倾角控制在 45°~70°。点柱必须打在底座的柱窝内，柱窝深度必须保证 0.2m 以上，必须打到实顶上。所用的点柱必须为不小于 18cm 优质圆木。

（20）在拉设备列车前，必须在设备车最后一个车盘后打设两根直径不小于 18cm 圆木作为戗柱，戗柱必须打紧、打牢。

（21）拉设备车时，双速车所用的钢丝绳必须是 7 分（1 分 = 0.125in，1in = 2.54cm）以上的新绳，绳头采用 6 副新绳卡子固定，绳卡子必须卡紧卡牢。

8.8　结论

通过调研、理论研究、实验室研究、方案制定、设备改造、现场实施，项目取得了如下结论：

（1）分析了我国仰斜开采技术现状与未来发展方向，在此基础上提出了梧桐庄褶曲煤层仰斜开采方案；

（2）通过理论分析，得出了大倾角煤层开采工作面上覆岩层的移动规律，工作面合理支护阻力为 3600kN。

（3）从相似模拟实验结果可以看出，与走向长壁开采相比，仰斜开采工作面上方的平衡结构的层位相对要高，来压显现相比强度要小，工作面上方岩体及煤层沿工作面推进方向的往下的变形力及变形趋势相比要大。

（4）通过 FLAC 数值模拟，对煤壁周围的应力分布进行了深入的研究，工作面煤壁剪应力及垂直应力变化较大，这种应力的差异容易使煤壁产生破坏。水平应力分布图表明，煤壁附近高的水平应力及重力的水平分量是将破坏煤体推出的主要因素之一。位移速度矢量表明，煤壁上方的位移矢量较大，煤壁靠上侧的煤体更容易片帮。塑性区图表明，在煤壁与上方岩体的贯通性塑性区工作面围岩的弱面出现拉应力时，易出现片帮。

（5）提出了煤壁马丽散注浆方案，马丽散 N 所用树脂与催化剂按 1∶1 配比，注浆钻孔采用煤帮眼与顶板穿层眼联合布置，注浆管选用 2m 长的 $\phi20mm$ 钢管，注浆压力控制在 3～5MPa，实施后，防止煤壁片帮效果良好。

（6）对采煤机进行了改造，调整托缆架上螺丝安装位置，向煤帮移动 100mm，避免机组外牵引挂线架子夹板，避免托缆架绊支架。煤壁侧滑靴加长 200mm，增加采煤机的稳定性。降低煤壁侧滑靴和滑靴座的高度 92mm，使采煤机机身走向方向顺时针固定调斜 6°左右，以降低采煤机的仰采角度，改善采煤机工作时的受力状况及工作面推溜移架工况，有效防止了采煤机的后仰及翻倒，保证了安全生产。

（7）通过 311 工作面煤岩体注浆加固技术的实施，成功地实现了大倾角煤层仰斜综采工作面安全连续生产，可创经济效益 4800 万元，经济效益显著。

9 综合机械化膏体充填采煤技术

冀中能源峰峰集团所在的峰峰矿区,"三下"压煤量大面广,严重制约矿井生产的接续。截至 2006 年,全矿区 13 个井田"三下"压煤 3.588 亿吨,占矿区总工业储量的 53.4%,其中村庄建筑物下压煤 2.75 亿吨,占全部"三下"压煤的 76.7%。如何解放村庄压煤是一个十分重要、又迫切需要解决的难题,其关乎峰峰集团的可持续发展。为此,峰峰集团与中国矿业大学合作,在小屯矿开展厚煤层长壁工作面综合机械化采后矸石膏体充填,不迁村开采南旺村保护煤柱的研究与试验,探索解放村庄等煤柱的技术新途径。项目自 2007 年实施以来取得了重大进展,至今已经用矸石膏体充填综采法采完 4 个工作面,达到了设计充填开采的预期效果,2008 年 12 月 28 日,中国煤炭工业协会组织有关专家在北京对冀中能源峰峰集团完成的"村庄下矸石膏体充填综采技术研究"项目进行科技成果鉴定,鉴定委员会认为,该项研究成果在解决村庄及建筑物下压煤综合机械化矸石膏体充填开采技术方面达到国际领先水平。该矿于 2010 年开始在顶分层充填体下进行底分层工作面矸石膏体充填开采,获得成功。小屯矿的实践证明,长壁工作面采后膏体充填综合机械化采煤技术的开发应用,是煤炭工业贯彻落实科学发展观、实现绿色采煤的重要举措,具有"高安全性、高采出率、环境友好"的基本特征,膏体充填技术是解放三下压煤的技术途径,是一种新的绿色采矿技术,也是采矿技术的重要发展方向。

9.1 膏体充填技术发展历程

所谓膏体充填就是把煤矿附近的矸石、粉煤灰、炉渣、劣质土、城市固体垃圾等固体废物在地面加工成无临界流速、不需脱水的浆体,利用充填泵或重力作用通过管道输送到井下,适时充填采空区的采矿方法。21 世纪中国煤矿研究发展膏体充填的根本目的是借助这种特殊的开采方法/技术解放建筑物下、铁路下、水体下和承压水上(简称"三下一上")压煤,提高煤炭资源采出率,控制地表沉陷,保护矿区生态环境和地表建(构)筑物不受或少受开采损害,实现矸石等固体废物资源化利用。

世界上有记载有计划的矿山充填已经有近百年的发展历史,经历了废石干式充填、水砂充填、低浓度胶结充填、高浓度充填、膏体充填等四个发展阶段,一般认为:

第一阶段,20 世纪 40 年代以前,以废矸石式充填为代表,充填的目的是处理废弃物。

第二阶段,20 世纪 40~50 年代,以水砂充填为代表,曾经得到比较广泛的应用。20 世纪 70 年代后,由于水力充填开采需要脱排水,系统复杂、成本高等原因,逐渐减少,目前中国煤矿已经基本不用。

第三阶段,20 世纪 60~70 年代,以低浓度尾砂胶结充填为代表。目前,中国有 20 多座金属矿山应用细砂胶结充填。

第四阶段，20 世纪 80 ~ 90 年代，以高浓度、膏体充填为代表。1979 年德国在格伦德铅锌矿为了克服低浓度胶结充填泌水严重等，在世界上首次试验成功膏体充填技术。1991 年德国矿冶技术公司与鲁尔煤炭公司合作，把膏体材料充填技术应用到沃尔萨姆煤矿，充填长壁工作面后方的冒落采空区，控制开采引起的地表下沉和处理固体废弃物。中国 1994 年在金川有色金属公司二矿区建成第一条膏体泵送充填系统，以后有铜绿山铜矿、湖田铝土矿、喀拉通克铜矿等也建设了膏体充填泵送系统。

9.2 煤矿膏体充填技术特点

9.2.1 膏体充填突出的技术特点

（1）浓度高。一般膏体充填材料质量浓度 >75%，目前最高浓度达到 88%。而普通水砂充填材料浓度低于 65%。

（2）流动状态为柱塞结构流。膏体充填料浆在管道中基本是整体平推运动，管道横截面上的浆体基本上以相同的流速流动，称之为柱塞结构流。

（3）料浆基本不沉淀、不泌水、不离析。膏体充填材料这个特点可以降低凝结前的隔离要求，使充填工作面不需要复杂的过滤排水设施，也避免了或减少了充填水对工作面的影响，充填密实程度高。

（4）无临界流速。最大颗粒料粒径达到 25 ~ 35mm，流速小于 1m/s，仍然能够正常输送，所以，膏体充填所用的矸石等物料只要破碎加工即可，可降低材料加工费，低速输送能够减少管道磨损。

（5）相同水泥用量下强度较高。可降低价格较贵的水泥用量，降低材料成本。

（6）膏体充填体压缩率低。一般水砂充填材料（包括人造砂）压缩率为 10% 左右，级配差的甚至达到 20%，水砂充填地表沉陷控制程度相对较差，通常水砂充填地表沉陷系数为 0.1 ~ 0.2。而膏体充填材料中固体颗粒之间的空隙由水泥和水充满，一般压缩率只有 1% 左右，控制地表开采沉陷效果好，"三下一上"压煤有条件得到最大限度的开采出来。

9.2.2 煤矿综采膏体充填关键技术

发展煤矿膏体充填主要有三个关键技术：膏体充填材料中的专用添加剂、膏体充填工艺及其关键设备膏体充填液压支架。

9.2.2.1 矸石膏体充填添加剂

峰峰集团公司从 2009 年初开始与科研单位结合，经过上千次反复调试，于 2009 年底研制成功了 MGJ - 01、MGJ - 02 液体矸石膏体添加剂。2011 年初又研制成功了 MGJ - 03 液体矸石膏体添加剂达到和满足了充填开采需要，达到预期目的。

9.2.2.2 膏体充填泵

德国在率先发展膏体充填的同时，也发展了适应膏体充填的专用充填泵（也叫工业泵）。目前世界各国膏体充填泵主要来自德国普茨迈司特公司（Putzmeister）和施维英公司（Schwing），我国膏体充填泵的制造技术发展很快，如三一重工、飞翼股份等均有多种型号的膏体充填泵。

9.2.2.3 膏体充填液压支架

膏体充填工作面使用综采还没有先例。为了实现膏体充填工作面实现综合机械化高效安全开采，峰峰集团与小屯矿进行了大量研究和试验。河北天择重型机械公司承担了研制膏体充填液压支架及三机配套装备的研制任务，取得重大突破。研制出有自主知识产权的新型膏体充填液压支架。支架型号为：ZC4000/19/29 直导杆四柱支撑后铰接挡墙式充填液压支架。膏体充填综采液压支架及成套装备在小屯矿在膏体充填工作面使用，其装备性能得到验证，获得良好效果。

9.3 小屯煤矿概况

9.3.1 井田范围与相邻关系

小屯矿井田面积 8.4km²，井田西到西南部以 F3 断层和薛村矿东风井煤柱线为界；南部以 F11 断层带为界，与羊渠河井田佐城扩大区及羊东井田相邻；在西南部边界 F3、F11 两大断层相交处，与牛儿庄矿井田相邻；东北及北部以大煤 −300m 等高线为界。

9.3.2 矿井建设与生产系统概况

小屯矿 1958 年 6 月开始建井，1989 年进行了改扩建工程，生产能力提高到 60 万吨/年，1996 年产量达到 61.0 万吨，2007 年实际产量 76 万吨。截至 2007 年底小屯矿已开采出原煤 1376.1 万吨。

小屯矿井田为斜井分水平盘区式开拓，暗斜井石门延深。−190m 和 −300m 水平为现生产水平，−600m 水平为延深水平。通风方式为中央并列式通风，通风方法为抽出式。

9.3.3 矿井地质条件

（1）可采煤层。小屯井田煤系地层总厚度约 270m，共含煤 12 ~ 14 层，煤层总厚度达 15.7m。其中可采及大部分可采煤层有 6 层，分别为 2 号煤（大煤）、4 号煤（野青煤）、6 号煤（山青煤）、7 号煤（小青煤）、8 号煤（大青煤）、9 号煤（下架煤）。

目前小屯矿主要开采上组煤，即开采煤层为大煤（2 号煤）、野青煤（4 号煤）和 −240m 水平以上山青煤（6 号煤）。大煤为主采煤层，厚度 3.91 ~ 6.95m，平均 5.5m，采煤工艺以综采放顶煤为主，村庄下开采采用充填开采，目前最深开采至 −450m。

目前，野青煤最深开采至 −490m，山青煤最深开采至 −420m。

（2）井田构造。小屯井田位于九山、鼓山背斜东翼，因受强烈的造山运动影响，伴随鼓山的升起因断裂而形成的地垒构造块段上。断层均属正断层，其走向大都为 NNE 向，倾向不一，多呈平行排列或相互交叉。主要褶皱为香山地堑向斜、小屯地垒穹隆，总体构造形态特征参见图 9−1。

（3）水文地质条件：

小屯矿大煤上覆地层中有三组含水层，其中，第四系空隙含水层距大煤距离远，对大煤开采没有影响，下石盒子组细砂岩裂隙含水层和山西组细砂岩裂隙含水层，富水性或差或弱，工作面顶板砂岩出水量 0.3 ~ 0.5m³/min，易于疏干，一般不会明显影响大煤正常开采。

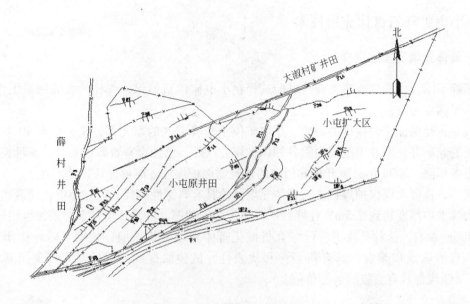

图 9 - 1 小屯井田构造纲要图

大煤底板距离较近的有野青灰岩含水层，其是以静储量为主的裂隙水，补给微弱，易于疏干，对大煤开采不造成影响。

9.3.4 开采方法与顶底板条件

（1）开采方法：

小屯矿生产格局采用"一厚一薄"和"一充填"搭配开采，采煤方法多为倾斜长壁开采，个别采用走向长壁采煤法。顶板管理除充填工作面外均为全部垮落法，采煤工艺采用综采放顶煤、充填开采厚煤层。

（2）顶底板条件：

大煤顶板为砂质页岩，灰黑色，易呈现块状冒落，其中富含植物化石，断口呈参差状，层理发育，厚度 3m 左右。在裂隙发育处和断层存在处比较破碎，抗压强度为 87.2 ~ 102.7MPa，$f_k = 3.7$，属三级顶板。在该层的下部与大煤接触面有一层炭质页岩伪顶，厚度 0.5 ~ 0.9m 不等，分布无规律，因而造成顶板管理上的困难。

大煤底板为灰黑色砂质页岩，厚度在 3.4 ~ 11.2m 之间，局部存在底鼓现象。

9.3.5 瓦斯、煤的自燃倾向性及煤尘爆炸危险性

（1）瓦斯。小屯矿为高瓦斯矿井，瓦斯相对涌出量为 14.96m³/t，瓦斯绝对涌出量为 21.44m³/min。CO_2 相对涌出量为 6.57m³/t，CO_2 绝对涌出量为 9.41m³/min。2008 年小屯矿更新了一套 KJ92N 瓦斯监测系统，井下所有采掘工作面均实现了瓦斯监控。

（2）煤的自燃倾向性及煤尘爆炸危险性。多次测定结果表明 2 号、4 号、6 号煤，煤尘均具有爆炸性，爆炸指数分别为 17.66%、16.1% 和 17.4%。

小屯矿 2 号煤多次发生自燃的现象，发火期约为 4 ~ 12 个月。

9.4　小屯矿矸石膏体充填技术

9.4.1　膏体充填实验区选择

峰峰集团首次膏体充填工业性试验选择在小屯矿建筑物保护煤柱的大煤回采工作面，主要基于两点考虑：

其一，是保证矿井接续的需要。小屯矿位于峰峰矿区的东北部，是一个有 40 多年开采历史的老矿井，原井田范围内除各种保护煤柱以外，已经没有资源可采。为了延长小屯矿井服务年限，2008 年必须开采井田内的建筑物保护煤柱才能够保证矿井不停产。

其二，选择大煤保护煤柱进行膏体充填试验具有典型性和代表性。小屯矿建筑物保护煤柱大煤平均厚度达到 5.5m，在峰峰矿区属于中等偏厚，开采环境复杂，采深也比较大，达到 400m 左右，这种条件下进行综合机械化膏体充填采煤试验，切中了峰峰集团"三下"压煤的重点和难点，具有典型性和代表性，试验取得成功以后对峰峰集团其他矿"三下"压煤都具有直接的参考价值。

9.4.2　膏体充填原材料选择及其配比试验

9.4.2.1　膏体充填原材料的选择

小屯矿膏体充填原材料选择矸石、粉煤灰、水泥和添加剂。其中矸石需要破碎加工（粒度控制在 20mm 以内），拌和水采用基岩含水层水。

矸石是煤矿的主要固体废弃排放物，目前主要堆放在地面，形成矸石山，不仅占用大量土地，还污染环境，峰峰集团部分矸石山还发生自燃，排放大量的烟尘，更加重矸石山对环境的污染。以矸石为充填原料，将固体废物资源化利用与解决煤矿开采沉陷有机地结合起来，减少矸石堆放占用土地，甚至消灭矸石山，有利于减少土地占用量，减少矸石对环境的污染，是一项利国、利矿、利民的事，符合国家可持续发展和环境保护方针政策。

小屯矿周围矸石来源充足，仅小屯矿自己的矸石山堆存矸石量 80 万 ~ 100 万吨，附近还有薛村煤矿、羊渠河煤矿等，都堆存有大量的矸石，离小屯矿距离近，需要时都可以加以利用，并且各矿每年还继续以煤炭产量的 10% 不断排放新的矸石。

粉煤灰是燃煤发电厂排放的固体废弃物，煤矿充填应用粉煤灰，将开辟粉煤灰利用新途径，表 9 - 1 为小屯矿附近部分粉煤灰来源。

表 9 - 1　小屯矿附近部分粉煤灰来源统计

编　号	电　厂	装机容量/MW	粉煤灰产量/$t \cdot d^{-1}$	到小屯矿距离/km
1	薛村煤矿电厂	2.25	700 ~ 800	3 ±
2	五矿电厂	18	250	10 ±
3	邯峰电厂	124	1000	15 ±
4	马头电厂	104	1000	25 ±

9.4.2.2　充填原材料的物理化学分析

A　矸石

针对小屯矿矸石进行了现场粒度测试、实验室密度和含泥量检测。

小屯矸石中有 52.6% ~77.8% 的粒度小于 20mm，在膏体充填所需要的粒度范围内，这部分一般不需要破碎加工。矸石中大于 20mm 较大颗粒料为 22.2% ~47.4%，平均为 34%。对粒度 20mm 以下部分进行细分，粒度小于 5mm 者所占比例为 16.6% ~44.7%。

B　粉煤灰

对小屯矿附近的邯峰发电厂、马头发电厂、五矿发电厂等三种粉煤灰进行了取样分析，分析内容包括密度、烧失量、细度、标准稠度需水量比、电镜观察和浸出毒性鉴别。

对于上述三种粉煤灰经过 0.08mm 标准筛得到的筛下物深入开展了激光粒度分析，结果显示：五矿、邯峰、马头三家发电厂粉煤灰中 -0.08mm 以下部分，活性较强的 $-20\mu m$ 颗粒所占的比例分别为 74.6%、85.6%、90.3%，马头发电厂粉煤最高，对提高充填材料更为有利。

经中国环境科学研究院国家环境保护化学品生态效应与风险评估重点实验室进行了毒性检测，检测结果证明这三个发电厂的粉煤灰不属于危险废物。

9.4.2.3　膏体充填材料配比选择实验

煤矿膏体充填材料标准为：

(1) 流动性能：新搅拌充填料浆的坍落度不小于 180 ~220mm。

(2) 可泵送时间：不小于 2.5 ~3h，即从加水混合以后，静置 2.5 ~3h，仍然能够正常泵送，这时候充填料浆无明显分层，坍落度还保持在 180 ~210mm 以上。

(3) 静置泌水率：小于 3% ~5%。

(4) 单轴抗压强度：实验室标准条件下，8h 不低于 0.1 ~0.2MPa，24h 不低于 1.0 ~1.5MPa、28d 不低于 8MPa。

(5) 矸石最大粒径小于 20mm，其中小于 5mm 部分占 35% ~45%。

9.4.2.4　矸石膏体配比选择

胶结材料主要原料采用水泥，主要采用河北太航集团生产的 42.5 号普通硅酸盐水泥，以小屯矿矸石作粗集料，细集料采用不同种类粉煤灰，在统一坍落度为 $250 \pm 10mm$ 条件下，初步配比实验得到的典型结果，对照膏体充填材料技术要求，可以得到满足充填工程要求的配比如下：

(1) 用五矿发电厂粉煤灰作细集料，质量浓度控制在 72% 左右。

(2) 用马头发电厂粉煤灰作细集料，质量浓度控制在 81% 左右。

针对峰峰集团生产的膏体添加剂，配比优化工作仍然需要在充填实践中继续进行，经过进一步配比优化实验以后，可以适当提高膏体充填材料强度，减少添加剂用量，进一步降低充填材料成本。

9.4.3　膏体充填系统能力

9.4.3.1　膏体充填系统能力确定的原则及其影响因素分析

膏体充填系统能力确定的原则是：

其一，充填能力与工作面煤炭生产能力相适应，能够保证在取得良好的社会与环境保护效益的同时取得较好的经济效益；

其二，便于回采工作面安排正规作业循环；

其三，充分发挥充填设备能力。

为此峰峰集团公司与煤科总院开采研究所研制了第一代膏体充填液压支架,该支架为整体式结构。具备快速设置隔离墙功能、对充填区具有有效的支护功能、充填以后能够继续保持对新充填体提供必要侧护同时又能够采煤的功能。这种支架的研制工作是开创性的,在国内外还没有先例。

9.4.3.2　工作制度与充填步距

工作面充填开采设计采用“三八”工作制,每天完成一个“采煤—充填—凝固/检修”循环。采煤班设计每班进 4 刀,采煤机有效进尺 0.6m/刀,日进度为 2.4m,试验工作面长度 120m,采高 2.7m,按照煤密度 1.4t/m³,工作面采出率 95%,年工作 330 天考虑,一个充填工作面煤炭日产量为 900t,年产量 30 万吨,满足计划要求。

9.4.3.3　膏体充填系统能力

充填系统能力主要取决于充填工作面的长度、采高、充填步距、采充比和完成充填作业的时间要求等,计算公式如下:

$$Q_f = \frac{k_f \cdot d(L \cdot M + S_1 + S_2)}{k_p \cdot T_f} \tag{9-1}$$

式中　Q_f——充填能力,m³/h;

　　　L——工作面煤壁长度,m;

　　　M——采高,m;

　　　d——充填步距,m;

　　　k_f——采充比;

　　　S_1——工作面运输道断面面积,m²;

　　　S_2——工作面材料道断面面积,m²;

　　　T_f——有效充填时间,h;

　　　k_p——充填泵效率系数。

小屯矿试验工作面长度为 120m,采高 2.7m,充填步距 2.0m,工作面两巷的断面相同,为矩形断面,其宽为 4.0m,高 2.8m。考虑到工作面采用沿空留巷,巷道空间不用充填。工作面充填前顶底板下沉量 100mm,采充比为 0.9,每班充填的有效时间为 6h,考虑一定的富裕系数。充填泵效率系数取 0.8,由式 9-1 计算得到要求的充填能力为 135m³/h,每个充填循环需充填 645m³。

为了保证充填泵在正常运行时处于合理的工况,在选择充填泵时要求最大充填能力达到 150m³/h 以上。

9.4.3.4　膏体充填材料用量

根据小屯矿充填材料配比实验,使用不同种类的粉煤灰,充填材料质量浓度不同,质量浓度变化范围为 72% ~81%,单位体积充填料浆所需要的材料也不尽相同,对应的每立方米充填体原材料用量范围如下:

　　　　矸　石　　　　　　　　870 ~1180kg/m³

　　　　粉煤灰　　　　　　　　300 ~400kg/m³

　　　　水　泥　　　　　　　　100 ~120kg/m³

　　　　添加剂　　　　　　　　3.5kg/m³

　　　　水　　　　　　　　　　495 ~370kg/m³

依据膏体充填开采工作的生产指标，计算充填材料具体用量。

9.4.4 充填站与充填钻孔

9.4.4.1 充填站

A 充填站位置选择

综合考虑膏体充填开采工作面的需要，以及地面可用于布置充填站的场地，确定小屯矿地面充填站布置在薛村矿东风井工业广场西南角的空置场地。

充填站总占地 0.6 公顷，其中充填站建筑占地东西长 60m，南北宽 45m，成品矸石堆场面积 900m²。矸石堆场设计堆放矸石量 3000t 左右，保证 5 天充填量的需要，确保在破碎机系统出现故障或者大雨天不影响正常充填。

小屯矿充填站位置见图 9-2，外观见图 9-3。

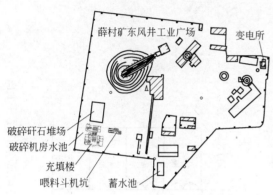

图 9-2 小屯矿充填站位置图

图 9-3 充填站外景

B 充填站平面布置

充填站内布置有充填楼、破碎站、矸石喂料斗、水泥仓、粉煤灰仓，沉淀池、变配电室及操作间、办公室等建构筑物。充填站平面布置见图 9-4。

C 充填楼

充填楼分三层布置，一层布置 2 台充填泵及液压动力站、缓冲料浆斗，连接充填管。二层布置 2 台搅拌机、三层布置矸石缓冲斗、粉煤灰（水泥）称量斗、水称量斗，除尘器。充填楼布置剖面图见图 9-5。

9.4.4.2 充填钻孔布置

根据充填开采的实践经验，考虑南旺村保护煤柱煤量不大，需要充填的时间和充填量比较有限，只布置一个充填钻孔。充填钻孔布置在南旺村村西路的南侧 20m，井下对应位置为小屯矿 -190 北翼集中运输巷西侧 5m，钻孔地面标高 +196m，孔底为大煤煤层，孔底标高 -186m，钻孔长度 352m。钻孔套管为 DN325-10mm 无缝钢管，孔壁用水泥浆封闭。

9.4.4.3 充填管路布置

根据充填管路至首采的充填开采工作面 14259 顶分层工作面，充填管路总长 2044m，其中，充填站至钻孔段 862m，钻孔段 352m，钻孔至 14259 顶分层回风巷段 20m，14259 顶分层回风巷段 660m，14259 顶分层工作面段 120m。充填管路布置见图 9-6。

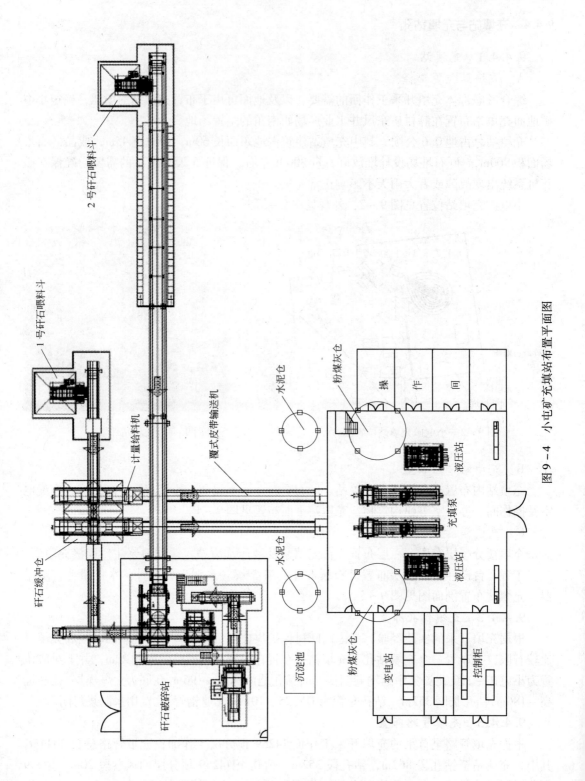

图 9 - 4   小屯矿充填站布置平面图

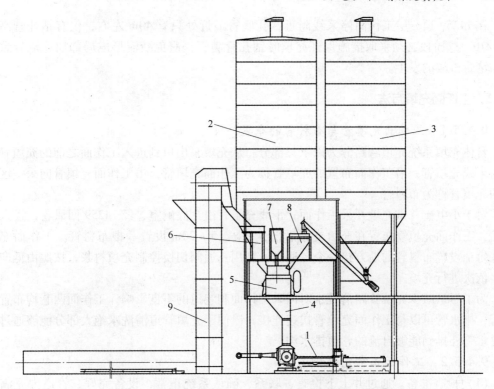

图 9-5　小屯矿充填楼剖面示意图

1—充填泵；2—胶结料仓；3—粉煤灰仓；4—缓冲料浆斗；5—搅拌机；6—矸石缓冲斗；

7—水称量斗；8—粉煤灰（胶结料）称量斗；9—覆式皮带输送机

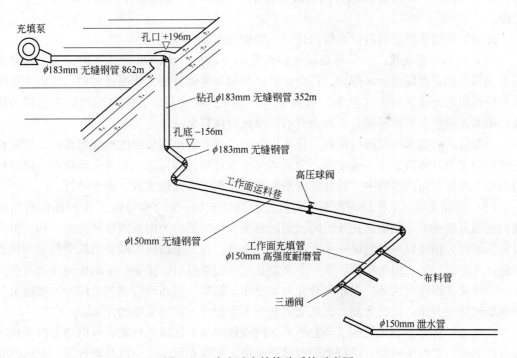

图 9-6　小屯矿充填管路系统示意图

在 14259 顶分层工作面停采线附近，孔底管最近处只有 40m 左右，仅有钻孔管高度的 1/10，这阶段必须采取措施保证充填时钻孔管满管，避免断流形成局部加速流导致气蚀和堵管事故的发生。

9.4.5　工作面充填方法

9.4.5.1　工作面充填管与布料管的布置

膏体充填系统充填管路分为以下三部分：从充填泵出口到进入工作面之前的充填管路称为干线充填管；沿工作面布置的充填管称为工作面充填管；由工作面充填管向采空区布置的充填管称为布料管。

对于小屯矿首试充填开采工作面，干线充填管由孔底硐室，经 14259 回风巷，进入工作面，工作面充填管布置在充填支架后部，每隔 15～20m 设置一根布料管。工作面充填管在每个设置布料管的地方接一个三通阀，利用三通阀切换控制充填料浆，按照由低向高顺序依次进行充填。

为了尽量减少充填管路清洗水对回采工作面和巷道的不良影响，工作面两巷均布置排水管，排水管可以与工作面充填管快速连接，以便于充填管道清洗水绝大部分能够通过两巷排水管外排到能够自流的巷道排水沟。

9.4.5.2　工作面正常充填程序

（1）检查准备。通过井上下检查、联系，确认系统正常，设备完好，管道内充满清水以后，设定好当班充填量以后，方可进入下一步工作。

（2）灰浆推水。在正式充填前，先泵送由粉煤灰和水泥制成粉煤灰膏体料浆，把管路内的清水推出，此过程充填管路前段为清水，后段为粉煤灰膏体料浆，即为灰浆推水阶段。

充填管内清水经材料道排水管路排到工作面放水巷。

（3）矸石浆推灰浆。少量粉煤灰膏体料浆不足以把管内清水全部推出，主要起隔离正常充填的矸石粉煤灰膏体作用，待设计量的粉煤灰膏体料浆的快泵送完时，要将正常配比的矸石粉煤灰膏体料浆（粗浆）放入缓冲料浆斗，继续泵送，此时充填管路前段为清水，中间为粉煤灰膏体料浆，后段为矸石粉煤灰膏体料浆。

充填管路内清水继续通过回风巷排水管排出，当管内出现较浓的粉煤灰浆时，切换相关闸阀粉煤灰膏体料浆流入充填区，完成灰浆推水过程，即可进入正常充填阶段。同时利用防尘水将工作面排水管中少量低浓度粉煤灰浆排到工作面放水巷，避免堵管。

（4）正常充填。工作面正常充填由低处向高处充填，对于 14259 工作面即由材料道端向运输道端充填。充填正式开始时，回风巷侧工作面第一个闸板阀接通旁路，第一根布料管从该阀旁路接口连接到第一个充填孔进行充填，在充填的同时准备第二个闸板阀接通旁路，并连接好第二根布料管。第一个充填孔充填完成以后，使第一个闸板阀接通直管部分，充填浆体即转而从第二根布料管充填采空区。在第二根布料管充填的同时，接通第三个闸板阀接通旁路。如此重复，直到完成整个工作面待充空间充填的任务。

在充填过程中，如果发现已经充填的区域出现明显不接顶的现象，可以部分打开该区域就近的布料管控制闸阀，进行必要的补充充填，确保充填体接顶质量和效果。充填已完成区域的布料管可根据料浆的凝固情况及时拆除与清洗，清除出来的料浆由于数量较少且已初凝可直接在工作面处理。

（5）灰浆推矸石浆。当泵送充填料浆达到设计充填量以后，如没有特殊情况，地面充填站制备少量粉煤灰膏体，适当降低泵送速度，待缓冲浆斗内的正常配比料浆快泵送完毕时，把粉煤灰料浆放入缓冲浆斗，用粉煤灰浆把料浆斗和充填泵入口内的矸石浆全部推入充填管道中，使后续冲洗水不会与矸石膏体接触。

（6）水推灰浆。在料浆斗内设计量的粉煤灰浆泵送完之前，向料浆斗放入清水，在粉煤灰浆后面泵送清水洗管。工作面发现粉煤灰浆以后，等到设计时间及时切换到工作面排水管，将后续的清洗水通过排水管排到工作面放水巷。水推灰浆时由蓄水池水泵直接向搅拌机内供水。

（7）压风推水。井下工作面排水管排出清水后，停止泵送清水，然后利用压风把充填管路内的清水及其他遗留物吹出充填管路，完成清洗工作。

9.5 充填系统

9.5.1 充填工艺流程

小屯矿膏体充填使用的材料是破碎矸石、粉煤灰、专用水泥、添加剂和水等五种物料。充填的过程是一个先将矸石破碎加工，然后把矸石、粉煤灰、专用水泥、添加剂和水等五种物料按比例混合搅拌制成膏体料浆，再通过充填泵把膏体浆液输送到井下充填工作面，充填由液压充填支架和辅助隔离措施形成的封闭采空区空间的过程。整个充填工艺的流程，可以划分为矸石破碎、配比搅拌、管道泵送、充填体构筑等四个基本环节。工艺流程图见图9-7。

9.5.1.1 矸石破碎加工子系统

矸石作为膏体充填的骨料，需要有合理的粒级组成，才能够使膏体充填材料既具有良好的流动性能，又具有较高的强度性能，为此对矸石破碎加工有以下要求：

（1）最大粒度小于20mm；

（2）小于5mm颗粒所占比例为38%左右，最少不低于30%，最高不大于50%。破碎加工以后要能够满足上述要求，一般是按照-5mm、5~20mm两种规格分级、分别存储，然后再按设计比例配合使用。

破碎机型式选择：常用的破碎机械锤式破碎机和反击式破碎机的破碎比大，一般能够达到10~30，反击式破碎机没有算条，对湿度较大或含黏土的物料有较好的适应性，所以小屯矿充填站矸石破碎选择反击式破碎机。

另外，由于矸石中-20mm颗粒密度大，在进入破碎机前先用振动筛进行筛分，避免已经满足要求的-20mm颗粒进行不必要的破碎，降低破碎能耗，也有利于降低破碎加工成本。

9.5.1.2 配比搅拌

小屯矿充填系统选择并行工作方案，用二套搅拌机同时运行每台搅拌机生产膏体料浆能力80m³/h。配比搅拌子系统设计制备膏体能力160m³/h。

小屯矿膏体充填站也选择间隙式混凝土搅拌机。选用DKX 2.25型混凝土搅拌机两台。

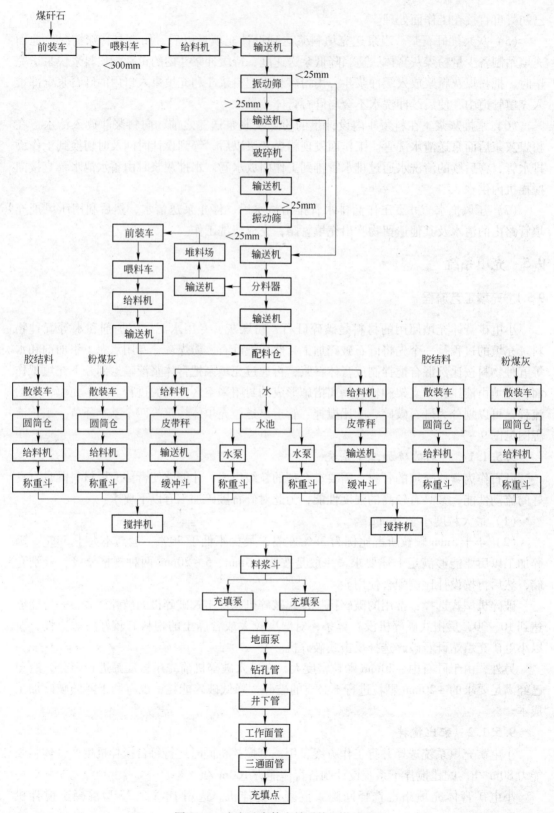

图 9-7 小屯矿膏体充填系统工艺流程

配比搅拌工艺过程分四步：

第一步，称重。第二步，投料。第三步，搅拌。第四步，放浆。为了提高系统制浆能力，在投料完成以后，即进行下一循环称料工作，上一罐料搅拌机拌好前，下一循环已经准备好，如此不断循环，直到任务全部完成。

9.5.1.3 管道泵送

膏体充填料浆采用专用充填泵加压后通过管道输送。膏体管道泵送系统由两台充填泵机组、充填管及其配件、管道压气清洗组件、沉淀池等组成。

在充填系统中，搅拌机搅拌好的料浆先放入浆体缓冲斗，浆体缓冲斗靠浆体自重给充填泵供料，经过充填泵加压后的充填料浆通过管道，由充填站附近的充填钻孔下井，再沿巷道管道输送到充填工作面，在充填工作面采用胶管布料、控制采空区充填顺序。

为了避免因为充填泵发生故障等原因造成严重管道堵塞事故，在地面充填站附近设立沉淀池，在充填钻孔孔底巷道开挖事故处理水沟，充填管每隔一段距离设置三通，以便发生停机等事故时，能够快速处理，避免发生充填管道，钻孔堵塞事故。充填泵机组见图9-8。

图9-8　充填泵机组
a—充填泵；b—液压站

9.5.1.4 充填支架与充填工作面隔离

充填材料浆液输送到回采工作面以后，要做到及时、保质保量完成充填任务，需要做好以下三方面工作：

一是充填空间的临时支护保证在充填前、充填期间和充填体能够有效作用前的这段时间内顶板（煤或岩石）保持稳定。

二是隔离墙的设立需要快速形成封闭的待充填空间，避免充填料浆流失和影响工作面环境。

三是合理安排充填顺序与措施。充填顺序的原则是：自充填空间的倾斜下方向倾斜上方顺序充填，即按照"先下后上"的原则安排注浆顺序。保证充填作业连续进行以及充填体接顶质量，这是关系充填控制地表沉陷的一个关键环节。

膏体充填料浆在地面充填站拌制成以后，需要通过长距离管道输送到井下充填采煤工作面，为了保证管道不堵塞，以及出现堵塞事故以后能够有适当的处理时间，避免充填管路全线瘫痪而影响工作面生产，新拌制好的膏体料浆必须具备较长的可泵时间，根据实践经验，膏体料浆可泵时间通常达到2.5~3h为宜。膏体充填材料在保证可泵时间的前提下，凝结固化达到能够自稳和对直接顶板适当支撑能力，一般需要 4~6h 的时间。

9.5.2 控制系统

9.5.2.1 自动化控制，须遵循以下原则

为保证系统操作简单、可靠，整个系统采用自动化控制，须遵循以下原则：

（1）控制系统本着可靠、实用、先进、经济性原则，选择仪表和控制系统设备；

（2）控制系统操作力求简单，控制系统维护工作量低；

（3）控制方式灵活，满足生产、检修各种控制方式的要求；

（4）满足工艺生产的各项要求；

（5）所选设备的备品备件购买方便。

9.5.2.2 DCS 控制系统

（1）控制系统层次的划分（如图 9 - 9 所示）。

现场设备包括：现场电动机、检测开关、流量信号、料位信号、执行机构。

第一层：在直接控制级上，过程控制计算机直接与现场各类控制装置（如变送器、执行机构、记录仪等）相连，对所连接的设备实施监测、控制。同时与第二层计算机连接，接受上层的管理信息，并向上传递装置的工作状态和采集到的实时数据。

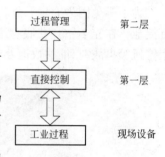

图 9 - 9 控制层次框图

第二层：在过程管理级上的计算机主要有监控计算机、操作站和工程师站。它综合监视过程各站所有信息，集中显示操作，控制回路组态和参数校正，优化过程处理等。

（2）控制结构及现场总线。地表充填搅拌站控制系统采用现场总线结构，以减少传统电缆的使用，提高系统的可靠性，缩短安装时间，加快调试进度。

（3）主站主控制计算机及接口。主控制计算机采用德国 Siemens 公司生产的高可靠性 S7 - 300 系列 PLC。

主控制计算机的接口是控制系统的重要部分，处满足现场设备接口数量的要求外留有 15% 余量以备用。为提高其可靠性，接口选用德国 Siemens 公司生产的高可靠性 PROFIBU - DP 产品。

（4）控制系统（DCS）中的人机接口。在控制系统中采用德国 Siemens 公司生产的人机接口 MPI 适配器，与监控计算机相连。

（5）控制系统（DCS）中的上位机。在 DCS 上位机监控软件推荐采用 WinCC flexible 软件。在上位机监控画面中，采用流程图的形式，显示工艺流程。

（6）控制设备。操作台控制柜，内部安装 220VAC、24VDC 电源、PLC、端子、开关、继电器等。

9.5.2.3 自动化仪表

要实现对充填系统产品的控制，必须安装检测工艺参数的仪表：

用于测量水泥仓水泥和粉煤灰仓粉煤灰量的超声波料位仪；

用于测量减水剂槽内减水剂量的超声波料位仪；

用于测量水泥重量的称重斗等；

用于测量煤粉重量的称重斗；

用于测量减水剂流量的电磁流量计；

用于测量水流量的电磁流量计；

用于测量充填矿浆密度的电磁流量计；

用于测量浆体出口管道压力检测的仪表；

充填泵驱动油缸压力、电流、轴温检测仪表；

用于矸石计量的皮带秤。

9.5.2.4 控制方案设计

各个物理量的测量传感器要求提供 4～20mA 的电流信号。具体包括：矸石质量、水泥质量、粉煤灰质量、添加水流量、水泥仓料位检测、粉煤灰仓料位检测、水池液位检测、减水剂料位检测。

调节回路配备电控执行元件，以实现自动控制。具体包括：水泥重量调节回路、粉煤灰重量调节回路、矸石重量调节回路、添加水流量调节回路、添加减水剂流量调节回路、充填物料比例调节回路，提供电磁阀、继电器等执行元件。

充填泵驱动油缸压力、电流、轴温等有关传感器数据（要求所提供传感数据为 4～20mA 的电流信号）以及充填设备的所有传感器数据由相关单位提供。

控制系统方案见图 9-10。

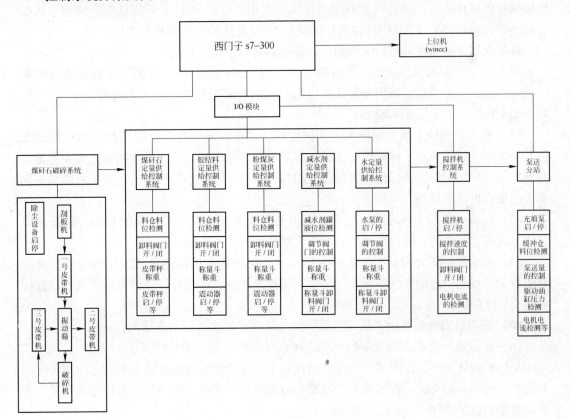

图 9-10 控制系统方案简图

9.6 小屯矿矸石膏体充填综采技术

9.6.1 充填综采设备

综合机械化采煤技术是当代最先进的采煤技术，随着煤矿长壁工作面综采技术及装备的广泛运用，我国综采技术装备研究和使用取得了重大突破。但是在膏体充填工作面使用综采还没有先例。为了实现膏体充填工作面采用先进开采技术，实现综合机械化高效安全开采，峰峰集团公司与小屯矿进行了大量研究和试验。河北天择重型机械公司承担了研制膏体充填液压支架及三机配套装备的研制任务，取得重大突破。膏体充填综采液压支架及成套装备在小屯矿膏体充填工作面使用，其装备性能得到验证，获得良好效果。

9.6.1.1 膏体充填液压支架研制

研究液压膏体充填支架对膏体充填技术的发展与应用十分重要，目前能够解决好采煤与充填关系和膏体隔离的液压膏体充填支架还是空白。峰峰集团小屯矿膏体充填项目研发的专用膏体充填液压支架是开创性的，其研制成功无疑对煤矿膏体充填开采技术的发展具有十分重要的意义。

膏体充填液压支架既要具备综采液压支架基本特点，还要满足膏体充填的特殊要求。综采液压支架的基本特点主要有：（1）支护强度与工作面矿压相适应；（2）支架结构与煤层赋存条件相适应；（3）支护断面与通风要求相适应；（4）支架的过机空间和三机配套的参数合理；（5）支架具有较高的可靠性、安全灵活的操作方式和维护空间。

膏体充填支架与常规综采支架相比，还应具备以下特点：

（1）对工作面采煤作业空间顶板的支护作用。这一点与普通综采工作面对支架的要求是一致的。需要指出，采用全部充填以后，充填开采工作面一般不出现周期来压显现，对支架工作阻力的要求相对较小。

（2）对工作面待充填空间顶板的支护作用。工作面采煤作业空间与待充填空间的支护共同决定充填前顶底板移近量，支护工作面采煤作业空间与待充填空间的支架要有足够的支护强度和稳定性，在保证采煤作业空间与待充填空间安全的同时，还要尽可能减少充填前的顶底板移近量。

（3）隔离墙作用，在充填过程中，充填支架还要起到充填体模板的作用，保证充填膏体不塌落、不流淌，隔离充填区，防止充填料浆流入工作面。

（4）对未凝结固化的新充填体的保护作用。在膏体充填浆体凝结固化到能够自立并有能力对顶板起一定的支撑作用前，需要充填支架继续支撑顶板，支护充填体侧壁，保持对新充填体的保护。

（5）支架附属设施要便于敷设充填管路、悬挂充填袋，以及充填操作。

（6）有效地解决工作面开采与充填之间在时间和空间上的矛盾。

小屯矿膏体充填工作面采用综合机械化开采，并研制专用的充填支架，工作面采煤区的支护、充填区的支护、充填料浆的隔离都由充填支架实现，这为提高膏体充填开采工作面的效率创造了条件。

9.6.1.2 峰峰集团研制的膏体充填液压支架关键技术与创新

峰峰集团研制的具有自主知识产权的新型膏体充填综采液压支架，型号为：ZC4000/

19/29直导杆四柱支撑后铰接挡墙式充填液压支架（以下简称ZC4000/19/29膏体充填液压支架）。

ZC4000/19/29膏体充填液压支架的关键技术如下：

（1）采用四柱支撑，吸取了垛式支架支撑力大、支撑能力强的优点，同时采用垂直导杆机构承受外部水平力克服了垛式支架的缺点。

（2）顶梁前端点的运动轨迹是与导杆运动中心线相平行的一条线，支架顶梁的端面空顶距可以更小。

（3）尾梁和顶梁铰接，尾梁可上挑10°，可下摆10°，接顶效果好，可以有效地支护充填空间。

（4）利用铰接挡板做挡墙，隔离充填区，铰接挡板有液压千斤顶控制，可伸缩，也可前摆10°，后摆45°，强度可以承受充填体的侧压力，并保证充填区域人员出入畅通。

（5）双行人道，一个在前后排立柱之间，作为采煤人员作业空间，另一个在后立柱与挡板之间，作为充填管路布置及充填作业空间；支架具有足够的通风断面和行人空间，可有效保证工作面安全生产。

（6）支架整体稳定性好，结构简单，尺寸紧凑，重量轻。为防止支架前方端面冒顶、片帮，支架具有及时支护功能，还设置了护帮板。

（7）选用了最简单的标准液压系统设计，保证支架达到良好的工作条件。

（8）支架前推千斤顶的行程900mm，支架的前伸缩梁行程800mm，与采煤机滚筒截深800mm配套，增加循环进度，减少循环刀数，降低充填循环中的割煤时间。

（9）支架具有稳定性好、整体性强、对矿浆密封严实，灌浆方便，既可以保证采场顶板安全支护，又能够满足膏体充填工艺对液压支架的各种需要。

ZC4000/19/29膏体充填液压支架图见图9-11。支架主要技术特征见表9-2。

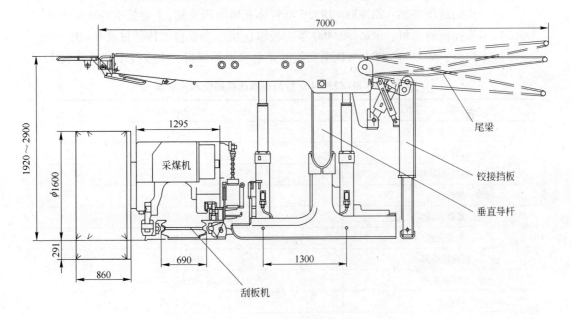

图9-11 ZC4000/19/29膏体充填液压支架

表 9 - 2　ZC4000/19/29 膏体充填液压支架主要技术特征表

序　号	名　称	单　位	参　数	备　注
1	架型		直导杆四柱支撑后铰接挡墙式充填液压支架	
2	支架高度	mm	1920 ~ 2900	
3	支架宽度	mm	1430 ~ 1600	
4	支架运输长度	mm	4500	
5	支架中心距	mm	1500	
6	支护强度	MPa	0.36	
7	对底板比压	MPa	0.55 ~ 0.87	
8	支架初撑力（$p = 31.4 \mathrm{MPa}$）	kN	3196	
9	支架工作阻力（$p = 39.3 \mathrm{MPa}$）	kN	4000	
10	操作方式		本架	
11	泵站压力	MPa	31.4	
12	支架重量	kg	16630	

9.6.1.3　三机配套选型

综采工作面综采液压支架、采煤机、工作面刮板输送机是工作面的主要设备，通常称为综采工作面"三机"，综采工作面三机参数必须配套，综采设备才能够正常运转，保证工作面安全生产。

小屯矿膏体充填综采工作面，在支架研制完成以后，三机配套的主要任务是选择配套的采煤机和工作面刮板输送机。

经过方案比较，小屯矿膏体充填工作面选择的三机配套设备是：

（1）工作面液压支架：ZC4000/19/29 型膏体充填液压支架，主要技术特征见表 9 - 2。

（2）工作面前输送机：SGZ730/400 型刮板输送机，主要技术特征见表 9 - 3。

（3）采煤机：MG250/600 - WD 型交流变频电牵引采煤机，主要技术特征见表 9 - 4。

表 9 - 3　SGZ730/400 型刮板输送机的技术特征表

项　目	SGZ730/400
出厂长度	120m
输送量	600t/h
装机总功率	2 × 200kW
刮板链速	1.01m/s
紧链方式	闸盘式
牵引方式	齿轮 - 销轨式
减速器型号	MS3H70DC
圆环链规格	$\phi 26 \mathrm{mm} \times 92 \mathrm{mm}$ - C 中双链
启动方式	双速启动
中部槽规格	1500mm × 690mm × 275mm
中部槽结构形式	整体铸焊封底结构式

表 9 - 4　MG250/600 - WD 型交流变频电牵引采煤机技术特征表

项　目	技　术　特　征
型　号	MG250/600 - WD 型交流变频采煤机
采高范围	1.6 ~ 3.2m
煤层倾角	≤35°
煤质硬度 f	≤4 ~ 5
滚筒转速	34.84r/min
滚筒直径	ϕ1600mm
截　深	800mm
机面高度	1437mm
卧底量	中部291mm
牵引方式	交流变频调速、销轨式牵引（节距126mm）
牵引力	580/350kN
牵引速度	0 ~ 7.28 ~ 12m/min
总装机功率	600kW（2×250 + 2×40 + 18.5）
供电电压	1140V
操纵布置	整机布置分两端及中间三个操纵点
操纵形式	两端控制调高、牵引方向、速度、停止；中间控制采煤机 启动、停机、牵引方向、速度
冷却方式	电动机、变频调速箱、截割部摇臂水套分别冷却
喷雾方式	内、外喷雾
机器总重	42t

9.6.2　采煤方法及回采工艺

9.6.2.1　采煤方法

（1）根据本区域煤层开采条件，可以选择的采煤方法主要有：综采放顶煤采煤法、分层综采采煤法。由于目前综采放顶煤无法进行膏体充填，因此只能采用分层综采采煤。煤层全厚5.5m，分两层充填开采，分层高度2.7m。顶分层沿直接顶板回采，充填法处理采空区，底分层以顶分层充填体为顶板摸底回采，充填法处理采空区。

小屯矿断层走向多与煤层等高线呈60°~75°斜交，为便于延长工作面推进长度，长期以来矿井工作面多采用沿倾斜方向布置，仰斜推进，本区域煤层倾角6°是仰斜开采的有利条件。因此本区域选用倾斜长壁分层膏体充填综采采煤方法。

（2）为提高采区回收率，减少工作面之间阶段煤柱损失，降低回采巷道掘进率，工作面运输巷采用沿空留巷方式，留作下一个工作面回风巷使用。留巷的一侧是膏体充填体，另一侧是没有采动的煤层，膏体充填留巷的实现为无煤柱开采创造了良好条件。

（3）充填步距的确定：因综采充填工作面每次充填需要吊挂充填袋和工作面及两巷设置隔离墙等影响，每天两班生产，采煤机截割深度为0.8m，每天生产班割煤3~4刀，推进2.4~3.0m。准备班充填，充填步距为2.4~3.0m/次。

9.6.2.2 巷道布置

（1）采区巷道布置。本区域位于矿井 – 190m 水平西翼，是一个孤立的建筑物煤柱，其东、南，西面大煤已经采完。本区域采区上山布置在煤柱西侧，沿井田边界布置。

（2）采煤工作面巷道。自采区上山布置为倾斜长壁采煤工作面，运输机巷及回风巷支护采用锚网带加锚索联合支护或 U 形钢支架，顶部及两帮铺设塑料网；开切眼采用锚索、锚网梁支护。

9.6.2.3 回采工艺流程和循环安排

（1）落煤方法：使用 MG250/600 – WD 型双摇臂采煤机落煤，斜切式进刀。

（2）装煤方法：采煤机自行装煤，配合人工清理浮煤。

（3）运煤方法：工作面安装 SGZ – 730/400 型刮板运输机运煤。运输巷有 SZB730/75 型转载机、SSJ – 1000 型胶带输送机配合运煤。

（4）支护形式：工作面选用 ZC4000/19/29 型充填液压支架支护。

（5）工艺流程：交接班→安全确认、检查→收护帮板→收伸缩梁→吊网→割煤→伸出伸缩梁、收底插板→移架→伸护帮板→伸底插板→推移输送机→联网→清理。

当工作面片帮时：交接班→安全确认、检查→收底插板→超前移架→吊网→割煤→伸出伸缩梁→打开护帮板→伸底插板→推移输送机→铺设顶网→清理。

（6）循环安排：重复上述工序割煤三刀或四刀后做充填准备工作，充填班充填，充填结束后清理工作面并做割煤准备，完成一个大循环。

小屯矿充填工作面布置详见图 9 – 12。

9.6.2.4 采煤工艺

（1）割煤：落煤采用 MG250/600 – WD 型采煤机，自行装煤。割煤前将塑料网吊起，采煤机在工作面中部斜切进刀往返双向割煤，回采时沿顶板回采，顶底要割平，不得出现台阶，煤壁要齐直，严禁出现留伞檐现象，工作面采高控制在 2.7m。

（2）伸缩梁的伸缩：采煤机割煤过后伸出伸缩梁临时护顶，并伸出护帮板护帮；移架时，同时收伸缩梁，并适当调整护帮板。

（3）移架：采用追机移架方式，先将底插板收回后开始降柱移架。移架过程中，要将后掩护梁手把打到开启状态，防止降架时，破坏原充填体完整性。移架时，要滞后采煤机后滚筒4～6架移架，顶板破碎或断层地段带压擦顶移架。移架步距0.8m，保证移架及时，严禁空顶。

（4）伸底插板：伸底插板，加强充填区域顶板控制。移架后将四个立柱升紧，然后将后底插板伸出，辅助支撑支架。

（5）推溜：滞后移架15～20m，按采煤机割煤方向依次推溜，一律在溜子运行中推溜，严禁停溜时推溜。

（6）清理：采煤机割完煤之后，要将支架底座前方、架间及电缆槽中的浮煤清理干净。

小屯矿综采工作面见图 9 – 13。

9.6.2.5 充填工艺

A 充填工艺流程

安全确认→充填准备（支设隔离墙、吊袋、接管）→巡回检查→通知充填站打水→灰

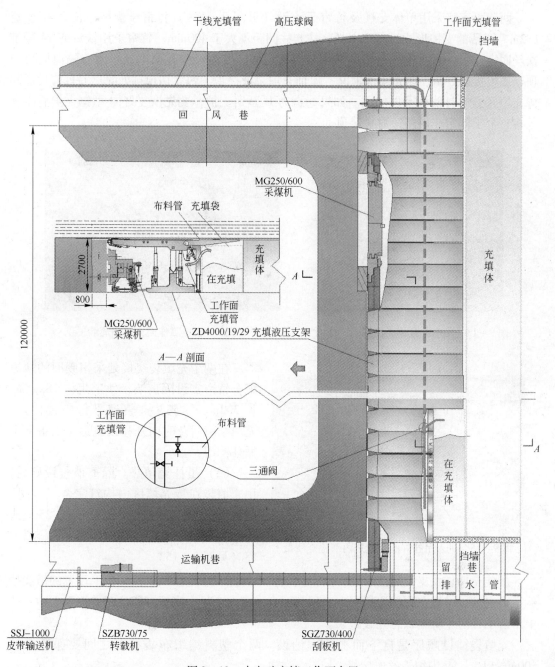

图 9 - 12 小屯矿充填工作面布置

浆推水→矸石浆推灰浆→正常（轮流）充填→管道清洗（灰浆推矸石浆→水推灰浆→打风)→充填结束验收。

（1）支设隔离墙。进行充填前，支架移直、移顺后定位。开始分别在工作面回风巷和运输巷上帮处顺原巷道打设隔离墙，并根据待充填区顶板及编织袋长度情况，在待充填区内两袋子交界处再打设 1 道隔离墙，从而将整个待充填区分割形成 4~5 个小的充填区域。

　　两巷隔离墙采用单体支柱及竹帘子支设（见图9-14）。竹帘子规格：长2.4m，宽1.2m。两帮的支护形式为密集点柱，柱与柱间距不大于400mm。竹帘子用铁钉或14号细铁丝固定在上、下两巷待充填区的密集点柱内侧，并紧贴支柱。上、下两巷隔离墙要与顶、底板接触严密，防止浆液泄漏，保证充填浆液接顶。两巷切顶排处隔离墙打好后需向待充填区方向打戗柱予以加固。如果巷道为U型钢支护，要先恢复好U型钢支护后用铁丝将竹帘子固定在内侧，铺平接顶。

图9-13　小屯矿膏体充填综采工作面

图9-14　工作面充填隔离墙

图9-15　进入吊挂好的充填袋内部检查质量

　　在两个充填袋交接处采用废旧的轨道配合竹帘支设隔离墙，轨道规格18kg/m，长3.2m，一头尖。轨道平行底板使用，充填结束后及时向外移设轨道，以备下个循环使用。

　　（2）吊挂充填袋。隔离墙打设好后，用充填袋在待充填区内构筑完全"封闭"的充填空间。充填袋规格：长25m或30m，横断面周长（m）：$(3.5+3)\times2=13$（见图9-15）。

　　吊挂充填袋及支设隔离墙的方法：充填袋吊挂在支架尾梁及铰接挡板上设置的吊袋挂钩上，也可以吊挂在顶部塑料网上，顶部要有一定的余量，底板有砟块时要清理干净并铺上草苫子，防止将编织袋扎破跑浆。

　　充填袋铺设顺序是自下而上依次铺设，两个塑料编织布袋接茬之间要保证搭接500mm以上，并用细铁丝连接好。

　　为方便人员进入充填区域，吊挂充填袋及支设工作面隔离墙，工作面要设3～5个出入口。出入口相邻两支架底插板要收到最短位置，其中一架打开插板摆角使之向后伸展，以方便人员顺利通过。出入口相邻两架进、回液截止阀要闭锁以保证出入口安全畅通。

　　（3）工作面充填管布置。综采充填工作面充填管布置路线为：地面充填站→地面充填管→充填钻孔通路→工作面回风巷→综采充填工作面→充填点。

　　运料巷口至工作面高压阀门处采用的是φ150mm×9mm无缝钢管，高压球门至工作面刮板输送机尾采用的是φ150mm×9mm无缝钢管，钢管之间采用快速接头链接，以方便发生堵管事故时能够快速及时进行处理。为防止崩管伤人，每两根充填管采用地锚固定。工作面充填管，原采用φ150mm 高压钢丝橡塑复合管，后改为高强度耐磨管。管路布置在充填支架后部。从工作面充填管每隔 15～20m 设置一根向充填点送料浆布料管，每根布料管长 1.5～2m。每个设置布料管的地方接一个三通闸板阀，利用三通闸板阀切换控制充填料浆，按照由低向高顺序依次进行充填。

充填站至立井管上口充填管路的膏体容量约为：地面 22.6m³，立管 9.23m³，井下 12.36m³，共计约 44.19m³，随工作面推进容量将减少。

为了尽量减少充填管路清洗水对回采工作面和巷道的不良影响，工作面两巷均布置排水管，排水管可以与工作面充填管快速连接，以便于充填管道清洗水绝大部分能够通过两巷排水管外排到能够自流的巷道排水沟。

工作面充填管布置在支架的前、后立柱之间，铺设在支架底座上，充填布料管头要与充填支架专用充填口联接，并将充填袋与支架的充填口用 12 号铁丝捆绑牢固。工作面可选择布置 4～5 个布料管。工作面充填管在每个设置布料管的地方接一组三通闸阀，利用闸阀切换控制充填顺序和浆液注入量。工作面充填管使用 8 个月进行一次打压试验，满足设计要求的可继续使用 2～3 个月，外观有破损的必须立即更换。

（4）工作面充填顺序是由工作面倾斜下方向上方顺序充填，即按照"先下后上"的充填原则依次充填。

（5）巡回检查。充填工作开始前必须认真检查各项准备工作完成情况，以保证充填能够连续顺利进行。主要检查项目为：上下两巷隔离墙及工作面隔离墙、吊挂充填袋检查；干线充填管路检查；工作面充填管阀门检查（都开）；布料管阀门检查（都关）；高压液压阀门检查（打开 1/4）；应急工具检查（通讯系统、一吨倒链、手摇泵、头盔、雨裤、防护眼镜、套管等）。检查完毕后将结果报告充填站。

（6）管道打水。工作面泄水巷搁专人观察充填管末端工作面充填管阀门处出水情况，见水后报告充填站管道出水情况。

（7）灰浆推水。管道充满水后下灰浆。在正式充填前，先泵送由粉煤灰和水泥制成粉煤灰膏体料浆，把管路内的清水排出，此过程充填管路前段为清水，后段为粉煤灰膏体料浆，即为灰浆推水阶段。

充填管内清水经材料道排水管路排到工作面放水巷。

（8）矸石浆推灰浆。少量粉煤灰膏体料浆不足以把管内清水全部排出，主要起隔离正常充填的矸石粉煤灰膏体作用，待设计量的粉煤灰膏体料浆快泵送完时，要将正常配比的矸石粉煤灰膏体料浆（粗浆）放入缓冲料浆斗，继续泵送，此时充填管路前段为清水，中间为粉煤灰膏体料浆，后段为矸石粉煤灰膏体料浆。

充填管路内清水继续通过回风巷排水管排出，当管内出现较浓的粉煤灰浆时，切换相关闸阀粉煤灰膏体料浆流入充填区，完成灰浆推水过程，即可进入正常充填阶段。同时利用防尘水将工作面排水管中少量低浓度粉煤灰浆排到工作面放水巷，避免堵管。

当工作面第一个布料管三通闸板阀处见灰浆并由稀变稠时，打开三通闸第一个布料管阀门，开始充填。

（9）正常充填。工作面正常充填由低处向高处充填，对于 14259 工作面即由材料道端向运输道端充填。往充填袋内灌注膏体见图 9-16。

图 9-16 往充填袋内灌注膏体

充填正式开始时，回风巷侧工作面第一个闸板阀接通旁路，第一根布料管从该阀旁路接口连接到第一个充填孔进行充填，在充填的同时准备第二个闸板阀接通旁路，并在第二个闸板阀连接好第二根布料管。第一个充填孔充填完成以后，使第一个闸板阀接通直管部分，充填浆液即转而从第二根布料管充填采空区。在第二根布料管充填的同时，接通第三个闸板阀接通旁路。如此重复，直到完成整个工作面待充空间充填的任务。

在充填过程中，如果发现已经充填的区域出现明显不接顶的现象，可以部分打开该区域就近的布料管控制闸阀，进行必要的补充充填，确保充填体接顶质量和效果。充填已完成区域的布料管可根据料浆的凝固情况及时拆除与清洗，清除出来的料浆由于数量较少且已初凝可直接在工作面处理。

（10）灰浆推矸石浆。当泵送充填料浆达到设计充填量以后，如没有特殊情况，地面充填站制备少量粉煤灰膏体，适当降低泵送速度，待缓冲浆斗内的正常配比料浆快泵送完毕时，把粉煤灰料浆放入缓冲浆斗，用粉煤灰浆把料浆斗和充填泵入口内的矸石浆全部推入充填管道中，使后续冲洗水不会与矸石膏体混合。

（11）水推灰浆。当料浆斗内设计量的粉煤灰浆泵送完之前，向料浆斗放入清水，在粉煤灰浆后面泵送清水洗管。工作面发现粉煤灰浆以后，等到设计时间及时切换到工作面排水管，将后续的清洗水通过排水管排到工作面放水巷。水推灰浆时由蓄水池水泵直接向搅拌机内供水。

（12）压风推水。井下工作面排水管排出清水后，停止泵送清水，然后利用压风把充填管路内的清水及其他遗留物吹出充填管路，完成清洗工作。

（13）充填结束验收。验收包括岗位工作结束验收、交接班验收、验收结果报告矿调度室。

B 凝固

浆体搅拌好至充填体凝固的时间需要 4~6h 左右，现场人员要记录好每个袋子的结束充填时间，达不到凝固要求时间或移架后浆体不能自立时严禁移架。凝固后直立的充填体墙情况见图 9-17。

C 二次补充填

对欠接顶量进行二次补充填是提高充填率，减少顶板下沉的重要措施。根据工作面倾斜条件及欠接顶量的情况可以采取以下两种补充充填的办法。

图 9-17 凝固后直立的充填体墙

（1）在两巷高差小时采用放浆管直接导入法对未充填接顶空间进行二次补充填。即在吊袋前在支架顶部架间敷设二次充填放浆管，放浆管管头直接伸入原充填体上部欠接顶部位，另一端接在充填管主管路三通插板阀上。在充填稀灰浆到工作面时，将二次充填放浆管插板阀打开，利用充填泵压力将灰浆直接注入上循环未充满部位和采空区顶板裂隙内。

（2）在两巷高差大时，或局部欠接顶量较大未能充满处，采用充填袋后部破口法对欠接顶空间进行二次补充填。即在吊袋前选取上个循环欠接顶量较大位置，在充填袋砟帮侧接近顶部位置打破口，在充填浆体到破口位置时开始向欠接顶空间注入灰浆，利用灰浆进行二次补充填。

9.6.3 顶板管理

9.6.3.1 充填工作面顶板条件

充填开采的顶层工作面直接顶板为砂质页岩，厚度3.8m，老顶为细砂岩，厚度12m。因采用综采充填工艺，工作面老顶来压不明显。

充填开采的底层工作面直接顶为充填体，厚度2.2~2.4m，在顶层充填体以上的砂质页岩已经出现裂隙扩张，局部破碎。

工作面最大控顶距7.8m，最小控顶距7m，移架步距0.8m，充填步距2.4m。

9.6.3.2 工作面支架选择与布置

工作面选用ZC4000/19/29型充填液压支架支护。根据国内经验，由于充填工作面顶板下沉量小，没有老顶断裂造成强烈的周期来压，充填采煤工作面矿压显现小于全部垮落法采煤的工作面，为了提高支护的可靠性，仍然采用了全部垮落法工作面支架工作阻力的计算方法，验算液压支架的工作阻力：

$$Q = N \times H \times F \times Z \times 9.8 = 5 \times 2.7 \times 10.5 \times 2.5 \times 9.8 = 3472(kN)$$

式中　Q——要求的支架工作阻力，kN；

N——采高的倍数，一般取4~8，取5；

H——工作面采高，2.7m；

F——支架的支护面积，10.5m^2；

Z——煤层顶板岩石体积质量，2.5t/m^3。

所选液压支架的工作阻力为4000kN＞3472kN，满足工作面支护要求。

9.6.3.3 充填支架支护质量

（1）支架与煤壁要垂直，其偏差不大于±5°，与顶板接触严密，不许空顶，机道梁端至煤壁顶板的冒落高度不大于300mm。

（2）支架初撑力必须达到20MPa。支架与顶板平行。要求乳化泵站压力不低于30MPa。

（3）挂线移架，支架要排成一条直线，其偏差不超过±50mm。

（4）相邻支架间不能有明显的错差，不超过侧护板高度的三分之一。严禁咬架、压架，架间空隙不超过200mm。

（5）支架要垂直顶底板，歪斜不超±5°，不漏液，不串液，不自动卸载。

（6）支架顶梁与顶板平行支设，最大仰俯角＜7°。

（7）支架煤壁端面距≤340mm，伸缩梁接顶严密。

9.6.4 循环作业方式与劳动组织

循环方式及作业形式为：

（1）循环方式：循环进度 2.4~3.0m，即割三（四）刀煤移三（四）次架充填一回为一循环。

（2）作业形式：工作面采用"三八"制作业制度，每班作业 8h，早班充填、检修，中班凝固、出煤，夜班出煤、吊袋，见正规循环作业图表见图 9-18。

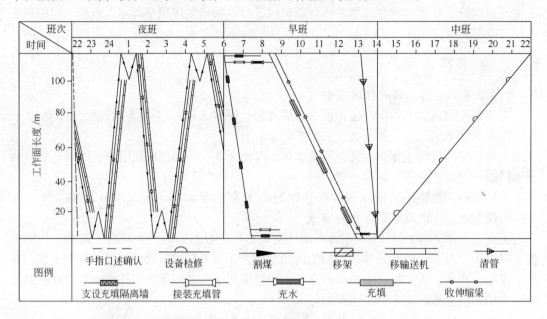

图 9-18 工作面正规循环作业图表

（3）劳动组织形式：采用专业工种分组作业形式。劳动组织详见表 9-5。

表 9-5 劳动组织表

工 种	出勤人数			合 计
	夜 班	中 班	早 班	
跟班区（队）长	1	1	1	3
班 长	2	2	2	6
验收员	1	1	1	3
采煤机司机	3	3	3	9
支架工	2	2	2	6
移架工	4	4		8
充填工			6	6
阀门操作工			2	2
转载机司机	1	1	1	3
工作面溜子司机	1	1	1	3
机电专职	1	1	1	3
泵站司机	1	1	1	3
端头维护工	2	2	4	8

工 种	出 勤 人 数			合 计
	夜 班	中 班	早 班	
两巷维护及打隔离墙			6	6
输送机司机	4	4	4	12
清煤工	4	4	4	12
实际出勤	27	27	39	93

9.7 膏体充填管路输送

膏体充填系统中，管道输送是实现充填作业的重要环节，在充填站配置并搅拌好的膏体料，通过管道输送到井下工作面采空区的充填地点。小屯矿及国内外某些采用膏体胶结充填采矿的矿山，由于缺乏对于管道输送系统的研究，曾经发生过膏体输送不稳定，导致管路破坏、堵塞事故频繁发生的情况，以至造成充填作业的失败、生产停顿和企业经济损失。这些阻碍着矿山企业的发展。我国专家学者对膏体充填管道输送进行了深入研究，发展了膏体充填理论并指导充填实践，对防治堵管及管道破断事故的发生有重要意义。

9.7.1 小屯矿膏体泵送管路输送系统

小屯矿膏体充填泵送管路系统是峰峰集团公司与小屯矿技术人员借鉴国内外的经验，于2007年建设完成的，经过近几年的膏体充填实践，不断改进完善，较好的完成了14259等4个工作面的膏体充填工作。该系统设计能力为泵送能力达到150m³/h以上，最大工作压力达到10MPa以上。

9.7.1.1 充填管路布置

地面管道布置：从充填泵出口开始到充填钻孔，受到地形地物及农田田坎路线的制约，弯管较多。从充填站到充填钻孔之间的管道长度约862m。

充填钻孔管：充填钻孔管长度382m，采用焊接方式连接，见图9-19。

井下干线管：井下干线管指从充填钻孔孔底到工作面入口前的充填管，规格主要有DN183和DN150两种，根据井下管路长度、管路阻力等因素选择，即当工作面开采初期

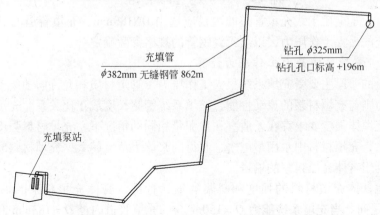

充填管
ϕ382mm 无缝钢管 862m

钻孔 ϕ325mm
钻孔孔口标高 +196m

充填泵站

图9-19 小屯矿膏体充填地面管路布置示意图

井下管路长，阻力高时应选用 DN183 管路；当工作面后期管路长度短时，为了提高阻力，防止出现膏体断流发生堵管事故，就需要选择 DN150 管路。首试充填工作面井下干线管长度 680m，其中有 90°弯管 2 个。

图 9-20　井下干线
充填管及液压阀

在距工作面 50 ~ 100m 处安装一组高压阀门，该阀门原先采用手动插板阀，后经过优化，现在采用峰峰集团研制的液压控制高压插板阀（见图 9-20）。

工作面管：为了实现工作面随支架整体前移，工作面管原先选择钢编管，经使用发现，其外皮常发生磨损脱皮，钢丝锈蚀强度减低，易发生爆管事故。小屯矿研制了高强度耐磨管，这种管子柔韧性好，强度高，重量轻，拆卸安装方便。工作面管沿工作面布置，每隔 15m 左右布置一个三通，向待充填空间布置一个布料管向充填袋中灌注充填膏体。

首采 14259 工作面长度 120m，需要三通 9 个，三通阀 18 个。

9.7.1.2　管路流速

膏体充填材料在管道输送中的一个重要特点是无临界流速，这一特点可以使浆体在很低的流速条件下长距离输送。若浆体速度过高，料浆流动需要克服的水力坡降大，管道磨损速度也快，增大能量消耗，而流速过小则充填能力不能满足生产需要。考虑到煤矿对充填能力的要求要大大高于金属矿的要求，充填系统设计流速相对较大。小屯煤矿采用以矸石作为膏体充填料浆的骨料，输送阻力相对较大，同时为了保证输送距离较远的其他建筑物下膏体充填开采工作面的生产要求，所以，小屯矿充填系统在充填泵最大充填能力时，保证流速 1.5m/s 左右。

9.7.1.3　干线充填管道内径

按照小屯矿膏体充填开采充填系统流速的设计原则，充填系统能力 $Q_j = 150 \text{m}^3/\text{h}$，根据选择的流动速度最大为 1.75m/s，则可以计算出充填管道内径。

$$D = \sqrt{\frac{10000Q_j}{9\pi \cdot v_j}} = \sqrt{\frac{10000 \times 150}{9 \times 3.14 \times 1.75}} = 174(\text{mm})$$

根据计算，小屯矿干线充填管道的内径应选用 DN183mm，充填管道的具体参数还需根据充填系统的最大工作压力，以及无缝钢管的规格参数确定。

9.7.1.4　充填系统最大工作压力计算

充填管道的壁厚主要受充填系统最大工作压力、管道材质和允许磨蚀厚度等控制，而充填系统压力则与充填料浆的流动性能、充填系统管路长度成正比关系。充填料浆的流动性能要求与充填体强度要求存在矛盾。在水泥量相同的情况下，充填材料强度性能与水用量成反比关系，充填材料中水用量越多，制得的浆体坍落度越大，充填材料凝固体强度越低，但越有利于膏体充填料浆的输送。

综合考虑膏体充填材料的强度和料浆的输送性能，膏体充填料浆的坍落度控制在 22.5 ~ 25cm 之间。当充填系统能力 $Q = 150 \text{m}^3/\text{h}$、充填管道内径 $D = 183\text{mm}$ 时，充填料浆的水力坡降 $i = 6.56 ~ 7.98 \text{kPa/m}$。

充填系统需要的工作压力计算式为：

$$p = L_0 \cdot i - \Delta H \cdot \gamma_j$$

式中　L_0——充填管路当量水平长度，m；

　　　　i——单位长度水平管水力坡降，MPa/m；

　　　　ΔH——充填泵出口与充填点之间的高差，m；

　　　　γ_j——膏体密度，MN/m³。

以粉煤灰作充填材料，矸石膏体浓度 72% 左右，密度为 0.0176MN/m³。

对于小屯矿首试膏体充填工作面，在开切眼附近充填距离最远，按照每个 90°弯头折算成 10m 直管，当量水平管长度约 2250m，充填管进出口高差为 415m，则由上式可以计算出需要的充填工作压力为 7.5 ~ 10.7MPa。

9.7.1.5　干线充填管道选择计算

小屯矿膏体充填，钻孔孔底压力最大，当充填泵达到最大压力 10MPa 时，钻孔底部压力达到 17.3MPa，若按照无缝钢管的允许拉应力为其抗拉强度的 50% 计算，考虑不均匀及锈蚀等因素的附加厚度 $\delta_1 = 2mm$，则可计算小屯矿干线充填管外层无缝钢管壁厚不小于 8.6mm。一般双层耐磨金属管耐磨层 8 ~ 10mm 厚，根据国家无缝钢管系列化，采用双层耐磨金属管规格为：外层为 Q345 号钢材的 DN219 – 10mm 规格耐磨无缝钢管，耐磨层厚度为 8mm。

9.7.1.6　充填泵主要参数的确定

综合考虑小屯矿目前的充填系统特点、以后的增产需要，以及充填泵设备的现状，确定小屯矿充填泵选型的主要参数为：充填泵最大泵送能力达到 150m³/h 以上，在泵送能力 120m³/h 时，工作压力达到 8.5MPa 以上。

9.7.2　膏体输送的管输特征

膏体输送有自流输送和泵送两种形式，目前专家学者对自流输送的管输特征进行了深入的分析研究，而对泵送的研究相对较少。考虑到泵送膏体在立管和井下水平管的输送特征与自流输送有很多相似处，在此简介自流输送的相关理论。

9.7.2.1　膏体自流输送的管输模型

专家研究表明，膏体自流输送的管输模型可以简化为如图 9 – 21 所示。

在正常工作阶段，可以近似地认为膏体的运动属于稳定流（即速度、压力及浓度等运动要素不随时间变化）。

理论研究表明，膏体自流输送的管输模型用下式表达：

$$H = \frac{1.1\left(a + b\dfrac{4Q}{\pi D^2}\right)}{\rho g - 1.1\left(a + b\dfrac{4Q}{\pi D^2}\right)}L_0 \tag{9 – 2}$$

式中　Q——膏体体积流量，m³/s；

　　　　D——管道内径，m；

　　　　L_0——水平管道的长度，m；

　　　　H——膏体充填料在垂直管道中的高度，m；

    a, b——是和膏体坍落度有关的量，$i = a + bu$；

    ρ——膏体的密度，kg/m^3。

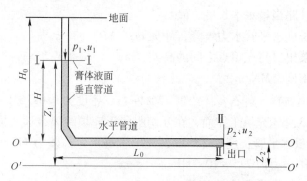

图 9 - 21 膏体充填料管道输送模型

H_0—从地面到井下水平的垂直管道高度，m；H—膏体充填料在垂直管道中的高度，m；

L_0—水平管道的长度，m；p_1—垂直管道中膏体 I—I 断面上的表面压力，Pa；

u_1—垂直管道中膏体 I—I 断面上料浆的平均流速，m/s；p_2—水平管道中膏体

II—II 断面上的表面压力，Pa；u_2—水平管道中膏体 II—II 断面上料浆的平均流速，m/s

    从式 9 - 2 可以看出：浆体在管道中的输送特征有 5 个重要参数，即垂直管道中浆体的高度 H、水平管长度 L_0、管径 D、流量 Q 和浆体的水力坡度 i（与浆体的坍落度有关），因此称式 9 - 2 为充填管输"五参数方程"。

    在实际生产中，如果水平管长度 L_0、管径 D、流量 Q 和浆体的水力坡度 i 这 4 个主动参数选择不当，会造成从地面到井下的垂直竖管不满管。这样，在垂直管道的液面位置将存在严重的冲蚀磨损，降低垂直管道的使用寿命，影响正常生产。因此，必须要保持在稳定阶段满管流输送。为了达到上述目的，可以根据生产中具体情况来调整这 4 个主动参数来达到满管，使 $H = H_0$。

9.7.2.2 H 对各参量敏感度

    专家对敏感度分析得出，H 对管径 D 和浓度 C_m 的变化最敏感，对流量 Q_m 的敏感度较小，对水平管长 L_0 的敏感度最小。

    因此，在设计管道系统时，首先要根据矿山生产需要的充填流量 Q_m 和从充填采场到垂直钻孔的距离 L_0，确定管径 D 和膏体的浓度 C_m。为了保证系统的基本稳定和正常运行，管径 D 和膏体的浓度 C_m 这两个参数尽量保持不变。在平时的生产中，随着充填采场位置的变化可以通过增加或减少盘管长度的方法来改变 L_0，进而实现满管流的目的。当充填采场位置变化较大时，可以结合改变流量的手段进行调整。

9.7.3 膏体自流输送破管和堵管

9.7.3.1 膏体输送破管和堵管机理

    膏体输送中发生破管和堵管是影响安全生产和煤矿经济效益的大事故，小屯矿在实施膏体充填的初期发生了几起堵管和破管事故，其中最严重的一次，共计堵管路 1960m，全矿停产两天，处理事故每天投入用工 1000 余个，从清管、接管到清淤结束，直接造成影响产量 3800t、进尺 80m，包括其他一些间接费用，经济损失达 267 万元。国外某金属矿，

开采深度已达 1200m，采用自流输送膏体胶结充填，据资料记载，从 1994 年至 1998 年期间，充填管路严重堵塞事故共发生 12 次，其中由于管路破坏引起的堵塞事故 7 次，且充填仅 6000t 就发生管路破坏，为了处理事故和实施井下充填，先后钻了 3 个充填钻孔，管路直径先后改变的了 6 次，充填流量变化了 5 次，膏体的坍落度也时常改变。这些事故造成了近 110 万美元的直接经济损失。

我国专家根据流体力学、射流、汽浊和冲蚀磨损等理论对膏体输送中发生破管和堵管问题进行了深入的研究，取得了突破性的进展，首次深入全面地揭示了膏体自流输送过程中的射流效应和相变过程及对管路的破坏机理，研究结果彻底推翻了以往所谓的"水锤"冲击，"高速下落膏体柱"及"混料不均"等一切假设，建立了一套新的理论，研究结果得到了实践的验证，为膏体输送技术的发展打下了理论基础。

9.7.3.2 膏体输送不满管流的产生

研究表明，膏体输过程中，在充填倍线小的条件下，由于管输参数选择不当，容易出现明显的料浆不满管流状态，这将导致进料口到膏体柱液面之间的不连续流，进而将出现射流效应与料浆相变。

因此，探讨膏体输送过程中的射流效应和相变机理，首先要分析膏体输送不满管流的产生。

影响不满管段垂高的参数有 5 个，即：管路的垂直深度 H_{J-A}、管路的直径 D、膏体的水力坡度 i、料浆流量 Q 和当量水平管长度 L_0。其中管路的垂直深度 H_{J-A} 是无法改变的"被动参数"，而管路的直径 D、膏体的水力坡度 i、料浆流量 Q 和井下水平管长度 L_0 是 4 个可以设计选择的"主动参数"。分析结果表明，由于 4 个"主动参数"的选择不当，特别是井下水平管路过短，阻力不足以克服立井管静压，是造成膏体输送不满管流产生的原因。

9.7.3.3 膏体料浆运动的过程的射流效应和相变

（1）膏体在垂直管内离散形成射流。研究表明膏体在管内加速的过程中密度逐渐变小，从而使膏体从连续体变为不连续体，形成所谓的"射流效应"；

（2）膏体料浆运动过程的相变。理论分析和现场实测表明料浆不满管流会产生相变，相变过程伴随的汽浊、射流效应、冲蚀磨损的共同作用是造成垂直管路段破坏严重的根源。而相变的过程造成的膏体的"真空还原离析"，水平管中出现的料浆"真空干化"或"粗料堆积"现象，是导致水平管路膏体混合不均匀、粗细分离乃至堵管的原因。

在泵送系统中，当泵送流量小于立管的自流量时会出现不满管流直至断流，同样会发生膏体相变，造成的膏体的"真空还原离析"，管中出现的料浆"真空干化"或"粗料堆积"现象，导致管路膏体混合不均匀、粗细分离乃至堵管。

9.7.3.4 料浆相变过程及其破坏作用

研究结果表明：

（1）膏体输送，充填系统参数若选择不当，将导致不满管流状态，这是引起料浆运动出现相变的基本条件；

（2）不满管流状态下，料浆在管路中的运动将会出现由固液两相流转变为固液汽三相流，再还原为固液两相流的相变过程；

（3）在相变过程中伴随产生的汽蚀、冲蚀磨损、射流效应等共同作用是管路破坏的根源，其中的汽蚀破坏作用尤为突出；

（4）相变过程中引起的料浆"真空干化"或"粗料堆积"现象，是造成堵管的重要原因；

（5）合理选择充填系统参数，保持满管流流动状态是彻底消除破管、堵管事故的根本保证。

9.7.4 泵送充填管道输送事故案例分析

小屯矿在实施膏体充填的初期，发生了几次堵管和爆管等管输事故。在事故的分析和处理中他们加深了对管输理论的理解和认识，加强了生产技术管理，并对充填系统进行了优化改造，其中的经验教训或对其他煤矿的膏体充填工作有益。

9.7.4.1 料浆"真空干化"，"粗料堆积"造成的堵管事故

小屯矿 2009 年 4 月 12 日中班 16 点 16 分发生严重的立管堵管事故。

（1）事故经过：13 点 35 分：开始注矸石浆，15 点 50 分：由于充填站 2 号系统不执行命令开始单系统运行，泵速 40 ~ 50m³/小时，16 点 16 分停泵。期间导入 2 次任务，停了 2 次泵，每次 2 ~ 3min。16 点 16 分：充填泵由于压力过高自动停机，系统故障显示充填泵 S 摆管堵塞。16 点 30 分：打开立管上部三通盲板，泵能打动，确认地面管路没堵。16 点 58 分：通知井下放浆。17 点 12 分：打开高压插板阀处快卡，浆体不自流。17 点 14 分：打开立管上部三通盲板。17 点 20 分：打开立管下部三通盲板，浆体不自流。17 点 40 分：立管上部三通盲板接好，开泵 2 次，计划把立管浆打出去，泵均自动停。由此确定发生了立管堵塞事故。

（2）事故直接原因：经过分析，造成事故的直接原因有两条：

1）断流造成膏体的"真空还原离析"，引起充填管中膏体的"真空干化"、"粗料堆积"。井下工作面位置距离立管约 370m，根据试验数据测算，充填能力（泵速）$Q = 100m³/h$ 时，立管断流长度约 130m；充填能力（泵速）$Q = 50m³/h$ 时，立管断流长度约 250m；矸石膏体在立管中断流后形成的自由落体状态下将出现射流效应并发生相变，高速下落的膏体由固液两相流料浆转变成固液汽三相流，由于射流产生的"真空"影响，膏体中的部分水分被蒸发成水蒸气，而且粗料越多的地方其水分蒸发的越多，使料浆局部变干，同时射流在下喷的过程中，受到其下游的压缩空气的阻力，使矸石颗粒等大颗粒的物料冲到前面，当射流还原为膏体时，就造成物料粗细混合不均，还有一部分蒸汽会随空气冲入浆液面而离开膏体，蒸汽凝结成水分就不可能按原比例还原，从而造成膏体的"真空还原离析"，引起充填管中膏体的"真空干化"或"粗料堆积"现象，严重到一定程度就会堵管。膏体"真空干化"、"粗料堆积"造成的堵管见图 9 - 22。

另外，当浆体的浓度较大时，问题将会更加严重，因为膏体的浓度本来就很高，水

图 9 - 22　膏体"真空干化"、
"粗料堆积"造成的堵管

分略有减小其流动阻力就会大幅度地提高，使膏体停止流动而堵管。

在处理事故中，打开井下三通盲板后浆体不自流，井下平管内的浆体已经初凝，从时间上推算，井下浆体从搅拌到处理时间约 1h 30min，而井上充填前所做的浆体可泵时间为 2h 到 2h 10min。另外，处理井上平管浆体时，浆体在管路中已经停留 1h 46min，如从浆体搅拌计算已经超过了 2h，但在泵送时浆体未发生凝固，浆体正常。从而反映出浆体经过立管时发生了变化。

在扫孔处理到 321～325m、343～351m 时，出现钻进异常困难，泥浆中出现大量矸石，也反映出管路中矸石出现堆积。

2）充填系统故障致使泵速过低是直接诱发原因。在 4 月 12 日堵管发生前，在 15：50～16：16 的 26min 时间内由于 2 号粉煤灰给料系统不执行命令，单系统运行，泵速只有 40～50m³/h，立管断流长度约 250m，剩余浆体 100m，约 2.6m³，期间两次重新导入系统停泵约 6min，致使立管中的浆体流失殆尽，立管基本为空管，这也就可以解释为什么在钻进最后 20m 立管时异常困难，大量矸石在此段堆积的现象。系统不正常直接诱发了此次堵管事故。

（3）间接原因如下：

1）对浆体配比认识不足，特别是在气温变化时，仍然没有完全掌握添加剂的配比。可泵时间 2h 到 2h10min，预留处理事故时间过短，没有把浆体断流失水后浆体凝固变快充分考虑进去，对浆体上强度时间要求过高。

2）由于充填泵系统故障显示为 S 摆管堵塞，造成对事故原因判断的误导，错误认为堵管的位置位于井上平管地段；同时处理事故期间违反了事故处理先井下后井上、先立管后平管的原则，延误了事故处理时间。

3）对原来充填堵管事故的分析不够重视，没有找到以前堵管时井下浆体凝固较快的真正原因，特别是对断流易造成堵管的现象认识严重不足。

4）对膏体充填知识学习不够，在事故处理及事故分析时没有系统的理论基础，无法找到堵管的深层次原因。

5）充填所使用的粉煤灰和矸石的性能不稳定，粉煤灰粗细变化和矸石中粉状物含量的变化导致搅拌出的浆体质量波动。

（4）采取措施。解决单系统运行的措施：

1）出现单系统运行时，10min 立即放立管浆，随后打开钻孔上部接口放地面管浆，同时井下安排放浆。

2）每次充填前必须保证粉煤灰、矸石及添加剂数量充足，不能出现因为料不够而单系统运行。

3）每次充填前整个控制系统检查一遍，查看是否处于完好状态。

解决断流的措施如下：

1）井下的平管加长 240m，并将管路直径缩小到 150mm，增大管道输送的阻力，减小断流。目前井下工作面位置距离立管约 370m，管路修改后总长度为 610m，计算 7 处弯管或变径管压力损失，当量水平管路长度约为 680 米，根据试验数据测算，充填能力（泵速）$Q = 100m^3/h$ 时，Φ183 管路水力坡降为 7kPa/m，Φ150 管路水力坡降为 10.7kPa/m，管路修改后的水力坡降在充填能力（泵速）$Q = 100m^3/h$ 的情况为 7.27MPa，能够保证满管流。

2）针对充填材料不稳定，且易受环境温度变化影响，充填站在每次充填的前一天必须会同添加剂厂家做浆体的可泵试验，试验结束相关人员签字。

3）进一步研究膏体的配比，收集数据，充填站要建立详细的膏体可泵及强度试验实施方案及考核管理制度，每周要分析总结，并以文字形式报主管领导，同时在每周的充填碰头会上汇报。应把充填膏体的可泵时间提高到 3h，井下上强度时间控制在不少于 6h 为宜。

4）严格按照先井下后井上、先立管后平管的原则处理事故，确保立管不堵。

5）加强对膏体充填知识的系统学习，特别对堵管的机理、膏体的制备与配比等方面基础知识的学习，用理论武装头脑，提高分析处理事故的能力。

6）加强调度管理，统一指挥，制定充填现场指挥表，充填时一人到调度台指挥，一人到工作面现场指挥。充填站、充填区及时把存在问题汇报到调度台。

7）每次充填时井下必须对隔离墙、袋子、管子等完好情况进行严格检查和验收，不得出现由于以上问题导致井上停泵。

8）加强充填系统的检修，最大限度的降低事故率。当出现充填泵压力上不去或停电的情况下，立即放立管浆，随后打开钻孔上部接口放地面管浆，同时井下安排放浆。检修期间更换 1 号、2 号充填泵倒泵翻板和倒泵管路，保证备用泵处于备用状态。

9.7.4.2　料浆配比不当发生的堵管事故

（1）事故经过。2008 年 6 月 26 日 14259 工作面 8 点 30 分，地面充填站开始打水 9 点 30 分左右灰浆到工作面，17、58 两个布料口注浆。9 点 55 分时，二号系统出现不正常，反应迟钝，数值该变不变，开启、关闭线不正常、不准确；10 点 10 分，一号系统也出现此现象，动作慢，显示较正常，此时压力 5MPa 左右，泵送速度 70 ~ 90m³/h 灰浆。大约 10 点 40 分左右，井下工作面布料管听不到出料响声，紧接着布料口“噗”的一声像放炮一样，当时，井上联系，压力在 8 ~ 9MPa，工作面不出浆，充填泵加压打水也不奏效，11 点时泵自动停，怀疑堵管，打开工作面第 21 号三通（高压球阀往外第一个三通），发现已胶结，11 点 40 分左右打开立管下三通盲板及地面三通盲板，发现已全部堵管，此时，打开搅拌机下方料浆斗灰浆已经开始凝固，自最后一锅下水泥灰浆到凝固约 33min。共计堵管路 1960m，全矿停产 2 天，每天投入用工 1000 余个，处理该事故造成减少产量 3800t、进尺 80m，包括其他一些间接费用，经济损失达 267 万元。

图 9 - 23　膏体凝固在管路中造成的堵管

（2）事故原因如下：

1）水泥技术问题，膏体可泵送时间应 2h，而实际可泵送时间大大缩短，大约可泵送时间只有 35min，打开堵塞的管路发现膏体已经完全凝固（见图 9 - 23），这次使用水泥灰浆原试验方案中没有提到水泥受温度、压力等相关因素的影响，该方案不成熟、不完善，可操作性差，是造成这次堵管的主要原因。

2）水泥生产储存问题，由于水泥生产厂

的条件达不到水泥生产及储存要求，造成水泥变质，缩短可泵送时间。

3）小屯矿充填站对水泥没有引起足够重视，新材料进货后未做任何抽检和验证。

9.7.4.3 立井管耐磨层脱落造成的堵管事故

（1）事故经过。2010 年 7 月 21 日 14 点 15 分充填站开始打水，14 点 35 分开始打灰浆，设定浓度为 59.5%，打灰浆 40m³ 后倒入矸石浆，设定浓度为 79%，坍落度为 22.5cm，浆体温度 30.6℃，环境温度 33℃。

矸石浆打到 32m³ 时，充填泵出现高压、停泵，同时井下汇报管路没有声音，工作面安排从球门处打开管路，发现没有浆体，决定从井下打开立井管三通盲板进行放浆，三通盲板打开后，立井管下部没有浆，怀疑立井管中下部发生堵管。

在事故处理过程中，发现在立井管往外第一个弯管处，充填管内部耐磨层碎块堵塞，初步判断为立井管耐磨层脱落，造成立井堵，开始安排打钻进行处理。

打钻处理过程中发现在立井管 162~164m 处，充填管耐磨层脱落严重，同时充填管多处耐磨层出现裂缝。最后矿决定更换为 16 锰无缝钢管，作为立井管的充填管路。脱落的立井管耐磨层见图 9-24。

（2）事故原因如下：

1）耐磨管本身在制作工艺上有缺陷，耐磨层和外层的无缝钢管两层皮，中间有间隙，耐磨层强度高但是韧性差。

2）在充填过程中出现不满管流，反复出现汽蚀冲击，造成耐磨层出现裂隙，随后引起耐磨层脱落，造成立井管堵。

（3）采取措施为：根据膏体的流动性好、对管路的摩擦小等特点，结合小屯矿井下管路布置情况和对管路磨损的观察，将立井的双层耐磨管更换成 16 锰无缝钢管。同时在立

图 9-24 立井管脱落的耐磨层

井充填管与立井套筒之间采用水泥进行壁后注浆固定，增加管路稳定性，减少冲击振动，延长管路寿命。

9.7.4.4 充填膏体中异物造成的堵管事故

（1）事故经过。2009 年 3 月 27 日 14259 充填工作面，从机头向机尾方向共设 1 号、2 号、3 号布料孔，每隔 3~5min 1 号、2 号布料孔之间给倒换充填一次，18 点 45 分时，发现管路被堵，立即通知充填站停泵，打开高压球阀放浆。在放浆时从高压球阀以外的管路里冲出一根长 850mm 的白蜡杆木棍，在处理弯管处堵塞物时发现一根长 650mm 的木皮，与长棍撕开的纹路相吻合，系同一根木棍。此次事故处理 3h。

（2）事故原因。根据系统流程勘察和分析，白蜡杆木棍是工具把，是从矸石称量斗处，进入 9 号覆式皮带从而进入 1 号搅拌机，是成品料仓称量斗下的操作工具，主要是监护工缺乏责任心，工作失职造成的。发现木棍后，在自己捞取无果后，才给主控室汇报，造成贻误停泵时间，错过了最佳处理时机。其下游工序搅拌机处的监护工发现木棍后，也没有立即汇报情况和要求停泵，捞出落入膏体的木棍，致使木棍随膏体流到井下，发生堵管事故。

（3）教训和措施。

1）加强对工具的管理，要制定预防工具掉入充填系统的措施，上岗前要认真检查关键岗位的工具，将其拴好，固定在可靠的位置上。

2）建立一套保护系统，在完善保护的基础上，要集通讯、急停、监视录制和监视回放的后备保护措施。一旦出现问题，都能采取急停措施，有效防止事故的再次发生。

9.7.4.5　爆管事故

（1）事故经过。2009 年 3 月 12 日 13 点 48 分打灰浆，14 点 20 分倒成矸石浆，15 点 13 分井下汇报说井下高压阀门往外第三根主管路爆裂，立即通知充填站打灰浆，同时 2 号沉淀池处三通盲板正在拆卸螺栓，另外安排人员拆卸和冲洗工作面及高压阀门往里管子，充填站反映 14 点 58 分瞬时压力是 9.6MPa。15 点 47 分 2 号沉淀池浆放满见水后，开始准备上三通盲板螺栓，准备往运输巷放浆，15 点 49 分充填站停泵，15 点 55 分 2 号沉淀池处三通盲板螺栓上好，充填站开始打水，往运输巷放浆，16 点 10 分充填站停泵，主管路冲洗完毕，井下开始拆高压阀门并往外兑三根管子长度，甩掉损坏的管子，21 点 30 分管路全部处理通，开始打水进行充填，24 点 18 分充填结束开始打水。

图 9 - 25　爆裂的管路

事故发生后，立即组织相关人员调查现场，寻找造成事故的原因，发现高压阀门往外第 3 根管子爆裂，爆裂点距法兰 100mm（靠近阀门处法兰），从爆裂的管子看，管子爆裂长度 850mm，最大宽度 50mm，中间部位 600mm 为老的伤痕，双层耐磨管的里层出现锈蚀的斑点（见图 9 - 25）。在拆开高压阀门往外第 1 根和第 2 根管子法兰处，发现浆体出现下部 60% 为矸石浆，上部 40% 全为灰浆的现象。浆体为预计 4h 后浆体，已经凝固。

（2）事故原因。

1）爆管的直接原因是由于井下主管路发生了堵管事故，堵管位置在变径管处，根据变径管及主管路浆体分层情况分析，怀疑矸石浆在井下管路出现局部断流后致使矸石浆发生离析沉淀，积聚在变径管处造成堵管。

2）爆裂管子壁厚几乎没有磨损，在双金属耐磨管内壁有 600mm 长的锈蚀斑点，所以在此次爆管前就出现了裂隙，外层管壁厚度只有 4～6mm，管路压力升高时出现爆管。

（3）采取措施。

1）井下管路每周必须详细检查一遍，查看有无裂隙，留好检查记录，此项工作由专门管理人员负责；

2）购置探伤仪和探厚度仪，定期对整个管路探伤或探厚度，提高管路的维护质量，及时收集管路的磨损数据；

3）充填恢复时必须对管路整体进行试压，检查管路耐压情况；

4）充填时运输巷除皮带机司机和阀门操作工外，任何人不准进入运输巷，同时对运输巷充填管路（管路上部和靠近人行道侧）用皮带进行遮挡；

　　5）随着工作面的推进，井下主管路越来越短，浆体出现断流越来越严重，产生离析沉淀的几率大大增加，建议井下主管路全部更换成 DN150 的管子，增加井下管路输送浆体阻力，减少断流几率；

　　6）检查井下主管路支垫情况，保证支垫严实。

9.7.5　充填管道输送系统的优化

9.7.5.1　优化的目标和原则

　　充填管输系统优化设计的目标就是要合理地设计管输参数，达到满足生产需要的同时，实现充填工作的高质、高效、安全、经济。

　　要达到这个目标，充填管路应遵循以下几个原则：（1）技术可行，主要指管路的输送能力满足生产需要；（2）经济合理，即综合考虑各因素，使管输系统最经济；（3）安全可靠，主要指管路的破管、堵管几率要降到最小。

　　根据以上目标和原则，管路优化设计的步骤主要是：

　　（1）选择合适的膏体料浆浓度 C，确定充填流量 Q；

　　（2）确定充填管路的直径 D 和井下水平管路长度 L；

　　（3）健全保证满管流的措施；

　　（4）进行管路布置的优化。

9.7.5.2　充填管输参数的优化

　　（1）选择合适的膏体料浆浓度 C，确定充填流量 Q。在满足膏体料浆安全输送的条件下，浓度应尽可能地提高，以达到充填的高质、高效。根据小屯矿的充填试验，适合该矿的膏体浓度为 $C_m = 72\% \sim 82\%$。

　　充填流量应保证满足生产需要，在膏体浓度 $C_m = 72\% \sim 82\%$ 的条件下，该矿的充填质量流量应保持在 $Q_m = (150 \pm 20) \, \mathrm{m^3/h}$。

　　（2）确定充填管路的直径 D。管径的大小不仅影响充填能力，而且还关系到充填系统工作的稳定性和安全性。管径太小，充填能力受限，不能满足矿山生产的实际要求；管径太大，不仅是大材小用，而且易产生不满管流现象，使管路中产生射流冲击、汽蚀等破坏，缩短管道的使用寿命。因此需要选用合理的管径，达到经济适用的目的。

　　确定充填管路的直径 D 主要从两个方面考虑：1）保证浓度的膏体料浆以 $Q_m = (150 \pm 20) \, \mathrm{m^3/h}$ 的充填流量顺利地输送到井下；2）避免管径过大出现料浆输送的不满管流。

　　合理的管径 D 与另四个管输参数有关，即充填管路的垂深 H_0、充填管路的长度 L、料浆的水力坡度 i 和充填流量 Q。

　　对于某个具体矿井来说，充填管路的垂深 H_0 是定值。一定浓度的膏体料浆的水力坡度 i 可以实验确定，并且满足生产需要的料浆流量 Q 范围也基本确定。因此，设计管径 D 主要考虑其对远近采场都比较合适的量。

　　采用管径 $D = 177.8\,\mathrm{mm}$（7in）的管道对远近采场都比较合适。例如，在近距离采场，$L = 400 \sim 600\,\mathrm{m}$ 时，管径 $D = 177.8\,\mathrm{mm}$（7in），可采用 $C_m = 85\%$，流量 $Q_m = 190 \sim 220\,\mathrm{t/h}$；在远距离采场，$L_0 = 700 \sim 1000\,\mathrm{m}$ 时，管径 $D = 177.8\,\mathrm{mm}$（7in），采用 $C_m = 84\%$，流量 $Q_m = 180 \sim 210\,\mathrm{t/h}$。

　　（3）保证满管流的措施。膏体在垂直管道中的高度 H 及管道的输送特征对管径 D 和

膏体的浓度 C_m（与膏体的坍落度直接相关）最敏感，其次是膏体流量 Q_m，而水平管长度 L_0 与 H 基本上呈线性关系。

因此，在优化管道系统时，首先要确定管径 D 和膏体的浓度 C_m。为了保证系统的基本稳定和正常运行，在日常的生产中，这两个参数尽量保持不变，可以通过增加或减少盘管长度的方法来改变 L_0，进而实现满管流。当系统的输送特征变化较大时，可以结合改变流量进行调整。

9.7.5.3 充填管道输送系统的优化的实例

充填管线优化布置的主要目标是：在实现满管流的基础上，尽可能降低垂直管中的最大动压，以减少管线所受的动压作用。对于具体的矿井而言，只要采深确定，在垂直高度的静压分布就已经确定。小屯矿在 14259 充填工作面开采过程中根据充填过程中出现的问题，先后对充填管路系统进行了优化设计。

A 优化更换钻孔立管

充填工作面原始设计方案中，充填主管路采用 $\phi219mm \times 18mm$ 的双金属耐磨管，外层为管壁厚度 10mm 的无缝钢管，内衬 8mm 厚的耐磨层。使用双金属耐磨管的初衷主要考虑膏体在输送过程中对管路的磨损较为严重，管路的内层 8mm 的耐磨层硬度高，耐磨性好，但缺点是柔韧性差。另外耐磨层与外部的无缝钢管没有浇铸在一起，留有一定的空隙。在运输和使用过程中管路的耐磨层就出现了断裂破损。特别是在立井管的使用中，由于不满管流浆体对管路的耐磨层反复冲击，造成耐磨层的大量断裂及脱落。2010 年的"7.21"的大型堵管事故，就是耐磨层脱落造成的，当时管路仅充填了 20 余万立方米膏体。这次堵管事故致使整个矿井停产两天，充填工作面停产 7 天，不得已将立井的双金属耐磨管进行更换，更换管路长度 360m，直接经济损失 762.4 万元。在处理堵管事故过程中，对 10 处的管路磨损情况进行了测量，发现膏体对管路的磨损不大，最大处磨损仅为 0.2mm。

经过方案比较优化，2010 年 7 月底将立井管更换成 16Mn 的无缝钢管，至今已顺利完成 43 万 m^3 的充填量。

初设方案中立井管路的固定方式为悬吊式，便于处理堵管事故时取出立管进行清理，上口为托盘卡在井口，下口为减小膏体对管路的冲击，采用钢丝绳悬吊固定。这种方式在实际应用中存在缺点，在注浆时管路发生较大的震动，在处理堵管事故时，逐节提升堵管，清理后又逐节下放连接管子，费力费时。经过优化，将新安装的无缝钢管壁后注浆固定在钻孔内，发生堵管时用钻机扫孔的方法清除堵塞物，效果较好。

B 井下主管路改造

（1）随着工作面推进，充填管路系统变短，浆体在管路内阻力变小，造成断流，而且断流距离过大，易发生堵管；为此将充填管路内径由 183mm 改为 150mm，并对管路进行延长，依此增加管路阻力，减少断流发生。

充填主管路原采用的是 $\phi219mm \times 18mm$（10 + 8）双层耐磨金属管（内径 183mm），承压 12MPa，每根管长度 6m，采用 12 条螺丝法兰连接。当管路缩短至 200m 时，进行管路优化，将原主管路双层耐磨金属管更换成无缝钢管 $\phi168mm \times 9mm$（内径 150mm），承压 12MPa，每根管长度 4m，采用快速接头（哈弧套）连接，并将优化后的管路延长约 200m。

（2）优化管路的优点。

一是管路接口采用快速接头（哈弧套）连接，方便拆除、安装及处理堵管事故。

二是增加井下管路长度，缩小管径，增大管路阻力，减少断流发生的几率，保证了工作面顺利开采和充填。

三是双层耐磨金属管更换成无缝钢管，解决了双层耐磨金属管耐磨层脱落的问题。同时无缝钢管能够满足膏体充填的耐磨要求，经过 43 万立方米的充填，用超声波金属测厚仪测得最大磨损量仅为 0.5mm，磨损严重的地方为管路的拐弯处外侧，在使用过程中应重点对管路的拐弯处进行探测。

四是无缝钢管管路变薄，长度缩短为 4m，重量减轻，便于安装拆卸，成本也降低 60% 以上。

9.7.5.4 主管路高压阀及工作面刀型插板阀改造

A 原管路系统中的闸板阀存在的问题

主管路上最初使用的是 DN150 型手动高压球型阀门，使用中发现该阀门存在以下缺点：一是使用寿命短，基本上每月就要换掉一个；二是使用一段时间后由于球门缝隙中残存灰浆，会出现操作手轮旋转困难等情况；三是该球阀手动关闭、开启困难，需要两人同时操作，关闭开启一次需要 2min 40s 左右，不利于紧急情况下处理事故；四是密封差，在充填过程中稀浆泄露，矸石堆积，易发生浆体离析堵管。

工作面最初使用的是手动式的刀型闸板阀，其存在以下缺点：一是操作困难，要采用人工大锤敲击方式才能开启关闭阀门；二是密封性能差，造成工作面跑水、跑浆；三是使用寿命短，平均每月损坏一个。

B 优化改造方案

为了彻底解决阀门操作困难、密封差、使用寿命短等问题，杜绝因此造成的堵管现象，小屯矿拓展思路，跳跃思维，大胆创新与天择公司共同研制了 DN150 型液压高压柱形闸板阀和低压刀型闸板阀（见图 9-26），该闸板阀两端选用液压顶镐通过高压管连接到 MRBZ-200/31.5（125kW）乳化泵，采用控制阀进行开启和关闭。

该型闸板阀优点如下：

一是解决了使用寿命短问题。

二是密封效果好，不存在跑、漏、滴、渗水或浆现象。

三是充填时的切换变得轻而易举，节省了人力。

工作面控制充填管开闭的闸阀也由原先使用的手动插板阀改为液压插板阀（见图 9-27）。

9.7.5.5 工作面充填管路改造

工作面充填管原先使用 DN150 特塑复合管配合普通钢管，没有可弯曲度且使用一段后复合管管路内的耐磨层有脱落现象，充填期间易发生堵管事故，造成无法正常充填，直接影响生产。为此，将这一批复合管及钢管更换成高强度耐磨管，该管路使用效果良好，并有一定的可弯曲度，简化了工序，为提高工作面推进度奠定了基础。

9.7.6 尾浆和尾水的处理

尾浆尾水通过沿空留巷的管路排放到工作面外围系统的沉淀池内，定期安排人员进行清理。

图 9 - 26　DN150 型液压高压柱形闸板阀　　　　图 9 - 27　工作面充填管液压插板阀

沉淀池的建立要根据充填工作面管路长度计算出排放尾浆尾水量，满足使用量。如 14259 充填工作面，充填线束后，尾浆尾水通过放水巷管路排放到 - 300m 水平沉淀池内。

沉淀池容量根据充填前后打水量及灰浆损失量确定。14259 工作面充填前，需要打水 40m³，正常充填完毕后，冲洗管路需打水 65m³，充填前后灰浆损失量按 5～8m³ 计算，则需要建立容量不小于 115m³ 的沉淀池。在 - 300m 水平建立不小于 115m³ 沉淀池两个，一个为正常充填排放尾浆尾水使用，另一个是清理池，安排专人进行清理，两个沉淀池交替使用和清理。

9.8　膏体充填采场岩层移动及矿压显现

小屯矿在 14259 顶层工作面和 14259 底层工作面分别进行了矿压观测及岩层移动观测，现将结果汇总如下。

9.8.1　矿压观测主要内容及监测方案

9.8.1.1　观测的主要内容

（1）顶板动态在线观测。充填工作面动态在线矿压观测的主要参数为顶底板移近量、初撑力、工作阻力。

（2）充填工作面巷道围岩变形观测。观测工作面巷道变形和收敛。

（3）充填体受力观测。观测不同时间充填体的强度、充填体受力情况。

9.8.1.2　监测方案

（1）工作面顶板动态在线观测。沿工作面布置 5 个测区，测区间距 25m，见图 9 - 28。在观测支架上安装 KJ216 顶板动态监测仪，观测仪每 5min 对各监测立柱完成一次压力读数。

（2）充填体受力观测。充填开采工作面正常推进后，在距离切眼 50m 处沿工作面倾向布置两条测线，测线间距 20m。每条测线在充填体内布置压力盒，以监测充填体不同位

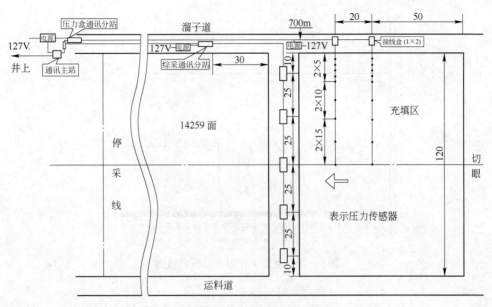

图9－28 工作面在线及充填体压力观测点布置图

置所受应力随工作面推进的变化。观测时间与巷道观测同步，结果记入观测记录表。

（3）充填工作面巷道围岩变形观测。巷道围岩变形观测站布置在工作面前方运输巷和回风巷，两道各自距切眼50m、100m、150m处布置3个测区，每个测区布置3个监测断面，监测断面间隔5m。采用十字布点法监测巷道顶底板位移及两帮收敛。

9.8.2 顶板动态观测结果分析

9.8.2.1 顶板动态在线观测结果分析

顶板动态在线观测结果如图9－29所示，由图可知：随着工作面的不断推进，支架工作阻力总体在20MPa上下波动，平均为24MPa，对工作面顶板破碎有一定的控制，对于顶板下沉也有有效的遏制，可以保证充填的顺利进行，提高了采充比。通过曲线图的分析可知，由于充填体对工作面顶板的支撑作用，顶板比较稳定，无明显来压现象。

9.8.2.2 充填工作面巷道围岩变形观测结果分析

巷道顶底板，两帮变形情况如图9－30、图9－31所示。回风巷和运输巷受工作面回采的影响，围岩变形经历了三个阶段，即围岩变形剧烈区、围岩变形显著区和围岩变形相对稳定区，其范围分别在距工作面20m、20～60m和60m以远。因此，回采巷道受采动影响的显著影响范围在工作面前方60m，体现了充填开采巷道变形的不显著特征。

在巷道围岩变形中，顶底板的相对移近速度和移近量要大于两帮，如回风巷顶底板和两帮相对移近速度最大分别为14mm/d和10mm/d，累计移近量顶底板为251mm，两帮为139mm。在顶底板移近量中，以顶板下沉量为主。累计下沉量203mm，占总移近量的80.5%。

9.8.2.3 充填体受力观测结果分析

充填体受力观测结果见图9－32工作面中部测线压力曲线图和图9－33工作面巷道两

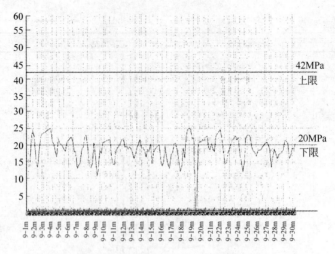

图 9 - 29 支架工作阻力分析曲线图

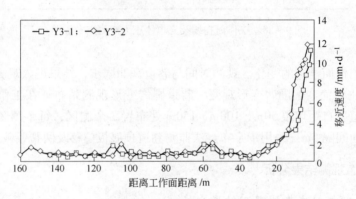

图 9 - 30 巷道顶底移近速度

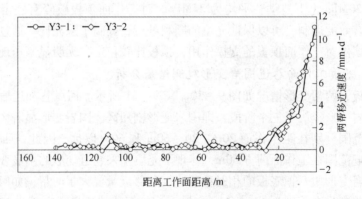

图 9 - 31 巷道两帮移近速度

帮压力曲线图。由图可知：位于工作面中央处的变化值在 5.1MPa 以下，充填体受力较小。位于巷道两帮充填体受力相对较大，其最大值不超过 10MPa，总的说来，充填开采与传统垮落法开采相比，工作面矿压显现明显减弱，应力集中现象不明显。

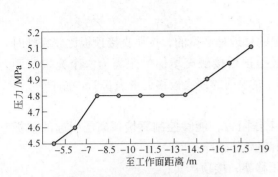

图 9 - 32　工作面中部充填体压力与
工作面距离关系图

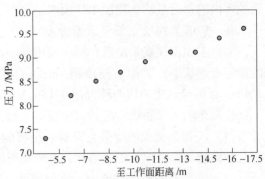

图 9 - 33　工作面巷道两帮充填体
压力与工作面距离关系图

9.8.3　工作面顶底板移近量观测分析

9.8.3.1　充填前的顶底板移近量

A　充填前的顶底板移近量观测

在工作面现场观测时,充填前的顶板下沉量 S_r、充填前的底鼓量 S_b 合并表现为顶底板移近量,采用测量顶底板之间高度的方法测得。顶层工作面在支架的支撑区,顶底板移近量不大,测量值在 4 ~ 80mm 之间,平均 56mm。充填区的移近量比较大,测量值在 60 ~ 120mm 之间,平均 100mm,见表 9 - 6、图 9 - 34。

表 9 - 6　工作面充填前顶底板移近量统计表

位　置	采高/m	支撑区/m	充填区/m	支撑区平均移近量/mm	充填区平均移近量/mm
9 ~ 10 号	2407	2403	2347	4	60
32 ~ 33 号	2513	2438	2398	75	115
55 ~ 56 号	2525	2460	2340	65	100
70 ~ 71 号	3060	2980	2940	80	120
平　均				56	100

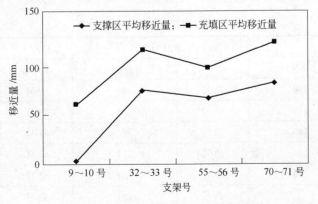

图 9 - 34　工作面充填前顶底板移近量图

底层工作面顶板是顶层工作面膏体充填凝固后的胶结物,充填体结构完整,在厚度达 2.4 ~ 2.7m 内没有层理节理,充填袋之间接触紧密,没有明显的滑动面,因此在支撑区和充填区内的移近量均比顶层工作面略小。

B　充填前的顶底板移近量分析

采煤工作面煤炭采出后，顶底板出现一定的移近是必然的，按照直接顶板比较完整时的给定变形状态，工作面控顶距7m，切顶线至顶板接触充填体的距离为一个充填步距2.4m，顶板接触充填体的移近量0.15m估算，充填前的顶底板移近量为0.1m左右。

控制充填区顶底板移近量的主要措施有：

（1）工作面选用的综采支架要有足够的工作阻力，能够控制直接顶离层引起的顶板下沉和破断，保持顶板的完整性，避免顶板出现局部破碎；

（2）支架有较高的初撑力，实行擦顶带压移架，接顶严实；

（3）提高充填率，最大限度地缩小顶板接触充填体的间距；

（4）加强生产管理，保持正规循环，提高工作面推进速度，避免发生影响工作面推进速度的各种事故。

C　控制充填前顶底板移近量的主要措施

降低充填前顶底板移近量是减少地表下沉量的重要因素，为此采取以下措施控制：

（1）加强工作面顶板支护管理，提高支架工作阻力，按章规范操作，达到质量标准化要求；

（2）坚持带压擦顶移架；

（3）减少移架过程中升降架频率，以减少对直接顶板的扰动；

（4）提高充填率，加强对充填工序的管理和对充填工艺的不断改进。

9.8.3.2　充填欠接顶量

A　充填欠接顶量观测

顶层工作面采煤移架后，充填区直接顶板局部破碎，掉渣比较严重，有的在两个支架的尾梁之间形成网兜，造成充填体很难接顶。通过对工作面的欠接顶量观测数据统计来看，由于顶板完整与破碎程度的差别，不同支架位置的充填欠接顶量存在差别，现场测得欠接顶量从80mm到180mm。欠接顶量平均值为142mm，见表9-7、图9-35。底层工作面以顶层充填体作为顶板，比较完整，欠接顶量相对减少，平均值为110mm。

表9-7　欠接顶量的观测统计表

8 月平均		9 月平均		10 月平均	
架　号	欠接顶量/mm	架　号	欠接顶量/mm	架　号	欠接顶量/mm
3 号	180	78 号	140	79 号	120
8 号	130	75 号	120	74 号	100
13 号	180	72 号	80	71 号	180
15 号	140	70 号	115	67 号	70
16 号	130	67 号	160	63 号	120
		63 号	150	59 号	180
		58 号	100	55 号	150
		54 号	150	50 号	120
		31 号	180	45 号	160

8月平均		9月平均		10月平均	
架 号	欠接顶量/mm	架 号	欠接顶量/mm	架 号	欠接顶量/mm
		27 号	160	40 号	150
		13 号	150	35 号	130
		10 号	170	15 号	120
		7 号	150	10 号	134
		4 号	130	5 号	110
平 均	156		140		132

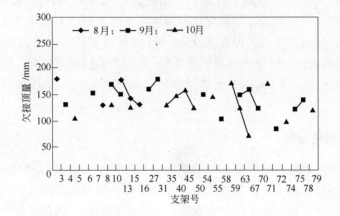

图 9-35 顶层工作面欠接顶量分析图

B 减少充填欠接顶量的主要措施

充填欠接顶量是影响地表的下沉量的因素之一，为了减少欠接顶量，采取了综采支架移架后对欠接顶范围进行二次充填的补救措施。由于充填区的顶板下沉，破碎等影响，二次充填也不能够将欠接顶量完全充填满，现场观察顶层工作面二次充填后可以减少35% ~40%，欠接顶量减少至平均105mm。底层工作面的二次充填效果更好，欠接顶量平均55mm左右。

9.8.3.3 充填率估算

根据观测数据，按下列公式进行估算：

$$d = \frac{M - S_r - S_d - S_p}{M}$$

式中 M——工作面采高，mm；

S_r——充填前的顶底板移近量，mm；

S_d——充填欠接顶量（采用二次充填后的欠接顶量），mm；

S_p——充填体压缩量，mm。

顶层工作面充填率为91%；底层工作面充填率高于顶层工作面，达到93%，见表9-8。

表9-8 充填率估算表

项　目	单　位	顶层工作面	底层工作面
采　高	mm	2700	2700
充填前顶底板移近量	mm	120	100
二次充填后的欠接顶量	mm	105	55
充填体压缩率	%	1	1
充填率	%	0.91	0.93

9.8.3.4 充填体及顶底板岩层钻孔窥测

14259顶层充填工作面充填完成后，为观测充填体及顶部岩层的裂隙发育情况，在底层工作面的两巷，充填体下方向上打钻孔，钻孔直径42mm，钻孔深度9m。通过钻孔成像仪对钻孔内充填体及顶部岩层的情况进行窥测。整体来看：充填体厚度2.4~2.7m，结构密实，无裂隙。煤层直接顶为厚度2.0~3.0m的砂质页岩，由于充填期间充填体与顶板有100mm的欠接顶量，形成直接顶下部0.5m范围的岩层裂隙发育，较破碎，裂隙延伸至顶板以上0.6~2.5m。3.0m以上为老顶砂岩，局部裂隙进入老顶砂岩1.0~1.5m，以上为顶板整体下沉阶段，未出现裂隙。

9.8.4 充填开采沿空留巷

沿空留巷技术是煤炭企业研究多年的课题，采用沿空留巷可以降低回采巷道掘进率，缓解采掘关系。还可以减少工作面之间阶段煤柱损失，提高采区回收率。但是在全部垮落法管理顶板的工作面，因留巷矿压显现强烈，巷道维护困难，还存在向老空区漏风，造成矿井安全隐患等原因没有得到推广。

小屯矿在开展膏体充填项目的同时，进行了在膏体充填条件下的留巷技术研究和实践，取得良好的效果。

采用沿空留巷可以降低回采巷道掘进率近40%~50%，有效地缓解了采掘关系。还可以减少工作面之间阶段煤柱损失5%~10%，有效地提高采区煤炭回收率，是提高矿井经济效益的好方法。

在采用完全垮落法处理采空区时，留巷的巷道随着采空区的上覆顶板的垮落，巷道矿压显现强烈，顶板离层，底板鼓起，顶底板移近量加大，巷道支架受压变形损坏以至于需要大量翻修，甚至报废，此外留巷的采空区一侧直接接触采空区，很难密闭，造成漏风危险，甚至引发采空区遗煤，发生自燃事故。

充填开采的留巷，由于巷道的采空区一侧有充填体的支撑作用，巷道顶板整体性得到了很大的增强，顶底板移近量减少，使得沿空留巷的巷道保持效果较好，下一个工作面使用前只需要进行简单的清理和维修就可以正常使用。充填体充满整个采空区的空间，整体性和密闭性好，可以根除采空区漏风事故的发生。

沿空留巷数值模拟分析表明充填留巷的巷道的破坏程度是与充填率和充填质量成反比，充填率和充填质量越高巷道破坏程度就越小。膏体充填技术比其他充填方法的充填率高，是实现留巷的先进技术。在进行膏体充填时，加强管理，提高充填质量和充填率是保证留巷成功的关键。

采用膏体充填采煤技术是推广沿空留巷、降低矿井掘进率，缓解采掘关系，提高煤炭资源回收率，提高矿井经济效益的好办法，也是实现安全开采，绿色减沉开采的现代开采技术。

9.8.5　充填开采地表沉降实测分析

9.8.5.1　地表观测站布置

小屯矿地表观测区加密布设了充填观测站，共布设四条观测线，即东线、西线、北线和中线。同时开始定期进行下沉观测，以便分析其下沉规律（观测站布置见图9-36）。

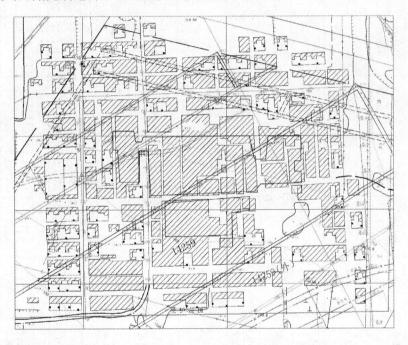

图9-36　观测站布置

9.8.5.2　膏体充填开采地表变形预计

膏体充填开采地表沉陷参数的选取：

考虑平均欠接顶量50~100mm，充填体压缩量按照1%~2%考虑，约为30~60mm，顶底板移近量60~120mm，顶底板压缩量与浮煤压缩量综合考虑50mm左右，则预计地表最大下沉量为200~300mm，即膏体充填地表下沉系数为0.07~0.11。

主要影响角正切：$\tan\beta = 2.0$；

水平移动系数：$b = 0.3$；

拐点偏距：$S = 0$；

影响传播角：$\theta = 90° - 0.6\alpha$；

煤层倾角：α。

预计在现有地表下沉的基础上，5组膏体充填工作面两个分层全部采完以后，地表累计最大下沉在700mm，倾斜变形最大值为3.0mm/m，水平变形最大值为1.6mm/m。控制建筑物损坏在Ⅰ级损坏范围内。

表9－9 下沉观测数据

北线高程下沉量观测统计表（下沉量/mm）

测点	基础高程/m	2008.12.18	2009.3.9	2009.6.20	2009.10.25	2009.12.30	2010.3.20	2010.6.25	2010.10.23	2011.1.27	2011.4.24	2011.7.23	2011.10.8
1	198.3585	-17	-31.2	-49	-71.6	-89	-103.5	-125.4	-138.5	-171.9	-198.9	-230	-250
2	197.0522	-30.2	-52.4	-70.4	-108.3	-125.8	-155.5	-187.2	-216.8	-260	-308.4	-348.2	-375
3	196.1933	-44.4	-65.3	-88.6	-124.7	-142.2	177	-210.1	-241.4	-283	-330.8	-371.2	-396
4	195.5856	-51.6	-65.8	-83.6	-113.9	-131.4	-165.3	-200	-227.8	267.2	-306	-345.2	-368.2
5	194.7987	-39.4	-65.1	-83	-115.2	-132.6	-154.2	-180.6	-200.1				
6	193.58	-33.2	-55.3	-73.2	-103.5		-134.2	-203	-218.2				
7	192.7958	-34.6	-48.7	-66.6	-95.4		-105.1	-113	-114.9				

西线高程下沉量观测统计表（下沉量/mm）

测点	基础高程/m	2008.12.18	2009.3.9	2009.6.20	2009.10.25	2009.12.30	2010.3.20	2010.6.25	2010.10.23	2011.1.27	2011.4.24	2011.7.23	2011.10.8
1'	198.8965	-60.7	-71.7	-83.9	-98.7	-112.6	-126.8	-130	-143.4	-148	-152.4	-160	-167
2'	198.7244	-54.7					-149.7	-158.6			-193.8	-198	-262.4
3'	198.377	-55.7	-71.2	-93.2	-117.5	-136.3							
4'	198.2549	-56.1					-121.7	-138.2	-210.8	-226.2	-242.2	-254.6	-251.6
5'	198.1138	-54.8	-61.1	-73.3	-87.2	-99.3							
6'	197.8658	-52.2					-102	-117.4	-183.4	-235.6	-268.2	-283.8	-338
7'	197.5783	-46.4	-52.1	-58.4	-66.3	-74	-74.6	-82.5	-143.4	-242.2	-275	-324	
8'	197.3513	-44											
9'	196.6105	-31.9	-39.4	-43.6	-44.4	-49.5							

中线高程下沉量观测统计表（下沉量/mm）

测点	基础高程/m	2008.12.18	2009.3.9	2009.6.20	2009.10.25	2009.12.30	2010.3.20	2010.6.25	2010.10.23	2011.1.27	2011.4.24	2011.7.23	2011.10.8
中9'	196.2021	-75.9	-104	-139	-107.9	-207.1	-220.4	-239	-248	-264.4	-290.2	-314.4	-337.6
中11''	195.819	-82	-112	-145	-175.5	-206.2	-231.3	-254.1	-271.8	-295.6	-320.8	-350.6	-376
中13'	194.8619	-55.8	-94.5	-124	-148.2	-165.8	-202.1	-227.7	-237.8	-274.2	-302.4	-332.6	-367
中14'	194.8613	-32.4	-60.5	-81.3	-98.8	-110.3	-153.4	-208.6	-216.7	-250.7	-284.8	-312.6	-348.8
中15'	195.6653	-12.2	-25.6	-30.7	-34.1	-39.2	-111.4	-129.6	-153.2	-177.6	-205.4	-226.4	-259.6
中16'	195.3178												
门2	195.8862												

9.8.5.3　地表移动变形实测结果

由于在实际的膏体充填开采过程中，加强工艺过程管理，尤其是欠接顶量的控制，实测下沉量符合设计原则的要求，控制在预计的下沉范围之内。

观测结果如下：

西线最大下沉点是 7′点，下沉量为 338.3mm；

中线最大下沉点是中 11′点和北 12′点，其下沉量分别为 376mm 和 378.9mm；

北线最大下沉点是北 3 点，最大下沉 396.1mm。

截至 2011 年 10 月份，按季整理的下沉观测数据见表 9 - 9。

9.9　质量管理

充填质量管理的目的是在现有的充填工艺技术水平及采煤方法下，严格控制影响充填质量的各工艺环节，以达到用最低的成本消耗满足特定条件下的采煤生产安全。

9.9.1　控制膏体充填质量的主要措施

充填体质量不稳定，会对生产安全造成严重的后果。针对影响充填体质量的诸多因素，加强充填生产的全面质量管理活动，完善各工艺环节，是提高充填质量的有效措施。

充填料浆的设备应有严格准确的配合比，保持合理的搅拌时间、稳定连续的操作控制和最佳的输送浓度，在现有的充填工艺技术设备条件下，完善各输料系统、仪表的检测，确保充填体质量达到设计标准的要求。

9.9.1.1　充填材料质量控制

（1）膏体充填质量标准。

1）流动性能：新搅拌充填料浆的坍落度不小于 220～250mm。

2）可泵送时间：不小于 2.5～3h，即从加水混合以后，静置 2.5～3h，仍然能够正常泵送，这时候充填料浆无明显分层，坍落度还保持在 18～21cm 以上。

3）静置泌水率：小于 3%～5%。

4）单轴抗压强度：实验室标准条件下，4～6h 强度达到 0.15MPa 满足移支架要求，24h 强度达到 1～2MPa 以上，7 天强度达到 6～8MPa，28 天强度达到 10MPa 以上。

5）矸石最大粒径小于 20mm，其中小于 5mm 部分占 35%～45%。

充填材料的选用是充填采煤成败的关键，特别是添加剂、粉煤灰对膏体的影响特别大。

（2）矸石质量控制。矸石在充填材料里占的比重大，一般占膏体总质量的 48%～52% 左右，其质量控制要求如下：

第一要切实控制矸石的颗粒直径必须保证不大于设计颗粒直径，要从源头抓好，从破碎机房到成品矸石储料仓、矸石称重直至进入搅拌机不得有任何杂物进入，必要时运输线实行全封闭输送。

第二经常检查破碎好矸石的级配，监测 55mm 以下、5～15mm、15～20mm 所占比例是否符合要求，达不到级配要求时要及时调整破碎机出料间隙，如调整后还无法达到要求要根据情况增加或减少粉煤灰使用量，确保膏体质量和合易性。

第三如果设计有成品矸石储料仓，在储料仓储存的成品矸石要遮盖好，防止大块矸石或杂物混入，并可以防止雨雪淋湿，使含水量增大在进入成品矸石仓称重时下料不畅，而且影响材料配比的掌握，造成合易性差，影响正常充填。

（3）粉煤灰质量控制。粉煤灰对矸石膏体影响很大，由于各个电厂产出的粉煤灰粗细度、密度、蓄水量差别很大，用量上从 400~600kg/m³，一旦选择好所使用的粉煤灰就不要轻易更换，如遇有特殊情况必需更换时，两个电厂粉煤灰决不能在同一粉煤灰仓内混用，要等前一种粉煤灰用完后再往粉煤灰仓内打另一厂家粉煤灰。

在更换粉煤灰前要做好取样分析，检测粉煤灰的密度、蓄水量、灰种等，然后根据粉煤灰特性反复做配比试验，直至找到合适用量；待有一定经验后也可目测、手捻等来判断掌握粉煤灰的特性。

如果系统设计允许两个搅拌系统粉煤灰用量单独设定，可以分仓同时使用两家电厂粉煤灰。

（4）添加剂质量控制。添加剂有近 30 种原料构成，其主要成分为早强剂（进口产品）、超早强剂（进口产品）、增黏剂、缓凝剂、微膨胀剂、悬浮剂、水化反应激发剂等组成。

添加剂使用量与以下因素有关：

1）所使用的粉煤灰、矸石颗粒及岩石结构、水泥标号；

2）设计需要的可泵送时间、膏体的初凝时间；

3）天气状况及气温高低；气温低时用量要加大，气温高时要相应减少。

添加剂使用量太少减水作用不明显，增黏效果不好，初凝时间长，达不到预期效果；使用量过大则可泵送时间就会减少，一旦系统有问题就可能造成在短时间内在输送管内凝固。

综上所述，要在充填前根据所选矸石、粉煤灰、水泥反复做级配试验，要根据设计要求确保可泵送时间掌握在 2~3h 为宜。

（5）水质的选择：最好选择弱碱性水，可降低水泥和添加剂使用量，从而降低成本。

9.9.1.2 膏体制备中的质量控制

充填膏体制备质量控制的最终目的是严格准确料浆配合比，保持最佳的输送浓度，平稳的搅拌液位和流量，避免事故停车及堵管事故的发生。生产指令明确、充填量的多少是实际充填生产中应时刻注意的问题。不正常停车，增加了充填次数，必然加大采场的脱水量，导致充填膏体在流淌过程中的离析。堵管事故不仅造成大量材料及人力的浪费，严重时还可能导致充填钻孔及充填管的报废。

合格物料的连续稳定供应，是制备高质量充填料将和保证正常充填的前提，这一点对自动化程度较高的充填系统尤为重要。稳定的物料供应可减少对仪表及各输料设备的频繁调节，减少灰砂配比及浓度的波动幅度，使料浆保证均匀，也更能使得料浆在最佳的浓度下以理想的流态输送。

（1）各种物料称重一定要准确，静态称重误差小，准确度高，要控制在 1% 范围之内。

（2）在各种材料选择好后，还需要做大量的级配试验，直至找出适合泵送要求的级配比例，在试验过程中用人工搅拌或小型搅拌机搅拌，但与系统搅拌搅拌出的膏体还存有一定差距。所以在第一次使用系统搅拌机搅拌时，待搅拌好后要取搅拌好的膏体做坍落度和扩展度试验，同时观测浓度仪浓度是否符合设计要求，同时也要做可泵送试验，如达不到设计要求则根据实际情况增加或减少粉煤灰或添加剂。

9.9.1.3 仪表检测的重要作用

在自动化程度很高的控制系统中，要求检测仪表检测到的数据准确可靠是十分重要的。针对实际应用中的冲板流量计、数字式核子秤、密度计等各检测仪表设备的使用情况，制定定期和不定期的仪表检校和维护制度，是保证仪表准确运行的必要工作。

仪表操作是充填生产的控制中心，也是充填质量管理的核心。加强仪表操作人员对充填工艺系统的熟悉程度，提高其操作技术水平，是充分发挥现有充填工艺技术水平的良好方法。针对不同的充填工艺和相关影响因素，制定切实可行的操作规范和各项充填技术标准，强制实施到位，是非常必要的管理措施。

按充填工艺技术标准，对不同物料的配比、浓度及充填高度等进行规范的操作控制，并充分利用仪表或计算机对操作过程控制情况的历史记录、数据加以监督检查。并依此对系统设备及操作中出现的问题加以分析研究，提出解决方法，以完整系统和操作控制，保证充填生产的顺利进行。

9.9.2 采场充填准备及工作制度

9.9.2.1 充填前准备工作

充填前，工作面推至预定位置，充填材料要备至工作地点（如：板梁、充填袋、竹帘子、金属米丝等），支架定位要满足前述"充填支架支护质量"的各项要求。

9.9.2.2 充填袋的吊挂

充填袋上部砟帮侧固定在原充填塑料编织袋顶部，煤帮及顶部吊挂在支架的尾梁吊袋挂钩上，充填袋两侧的中部固定在煤帮与砟帮侧，每隔 400~500mm 用金属米丝固定。吊挂时，顶部设计要留出 300mm 左右的富余量，使其向内折，利用浆液充满、上顶之力使塑料编织布与尾梁贴紧，保证充填浆液接顶效果。底部也要留出 300mm 左右的富余量，使其内折，用砟块将充填袋与待充填区底板紧贴。

9.9.2.3 隔离墙的支设

（1）铺设在待充填区内的两个塑料编织布接茬之间要保证 500mm 以上的搭接，并垂直待充填区设置隔离墙。充填时利用浆液充满上顶及向两帮扩充之力使塑料编织袋与支架尾梁、上次充填体贴紧，防止浆液泄漏，保证充填浆液接顶效果。

（2）工作面在上巷切顶排下帮处和下巷切顶排上帮处，采用单体支柱配合竹帘子进行支护，使工作面上、下两巷控顶区与待充填区之间构筑一道隔离墙，形成一个封闭的待充填空间。

9.9.2.4 工作面管路铺设及检查

（1）工作面管路铺设。工作面充填管布置在支架的前、后立柱之间，铺设在支架底坐上，充填布料管头要与充填支架后尾处的专用充填口联接，并在与充填塑料编织袋接触处中间破不大于 150mm 的长口，将布料管穿过，采用 12 号铅丝捆绑牢固。

（2）检查项目及程序。按照以下程序逐项检查：1）上下两巷隔离墙准备；2）干线充填管路检查；3）工作面主管阀检查（都开）；4）布料管阀检查（都关）；5）三通阀门检查（打开）；6）报告充填站。

9.9.2.5 充填工作面相关制度

（1）加强充填工作面顶板的控制，是保证充填质量，提高充填率的基础保障，因此特制定了《充填顶板管理制度》。

（2）加强工作面工程质量管理，是保证安全生产的前提，尤其是工作面支架质量管理，是保证安全生产和充填质量的基础，为此制定了《充填面安全管理质量细则》。

（3）为保证充填管路质量，避免因管路问题造成跑浆、堵管事故特制定《充填管路系统检查制度》。

（4）为保证充填期间，避免闸板阀误操作造成堵管事故，制定了《高压球阀及高压闸板阀操作管理制度》。

9.10 成本控制及效益分析

充填开采与其他开采方法相比，最大限度地采出了地下煤炭资源、保证了安全生产、增加了煤矿经济效益。但充填开采需要增设充填设备，增加充填工序，必然会发生充填成本。膏体充填的经济与否，主要体现在充填成本与采煤效益的均衡方面，即充填开采中因充填而增加的经济效益能否超过充填成本。

9.10.1 充填开采成本

充填开采的成本包括：充填材料成本、充填电费、充填设备折旧费、充填人工费及其他费用。根据 14295 充填工作面年产量 30 万吨实际发生的费用，计算得出膏体充填增加的吨煤成本为 94.81 元/t。小屯矿采煤成本 380.25 元/t，生产优质动力煤市场售价为 750 元/t，则小屯矿的吨煤收益为 275 元。

9.10.2 充填开采与条带开采的比较

充填开采的主要优点在于充填开采比条带开采煤炭回收率高，资源损失小，这不仅是经济效益高低的问题，更重要的是能够充分利用宝贵的煤炭资源。

小屯矿南旺村煤柱原设计为条带开采，这种方法的缺点是巷道掘进量大、丢煤多，设计采宽45m，留宽75m，损失的煤炭储量达60%。采用充填开采技术不留条带煤柱，比条带开采减少煤炭损失93.1万吨，可延长矿井服务年限1.5年。

9.10.3 充填开采与迁村开采的经济分析

峰峰矿区位于华北平原村庄密集，周边全部为煤田，没有就近搬迁又不压煤的新村址可选用，因此迁村采煤难以实现。为了进行经济比较，暂按迁村开采估算费用。采用迁村开采的费用包括：民房迁建费、村庄附着物补偿费、村庄公益设施费、征地费、三通一平费、青苗补偿费、土地复垦费。

经测算充填开采比迁村开采节省搬迁费用631元/t煤，应该指出，充填费是在实施期的5年多时间内逐年发生的费用。而迁村的主要费用必须在实施迁村前付出，这对企业的支出是一个不小的负担。

9.10.4 膏体充填采煤的社会效益

小屯矿膏体充填开采实践证明，该技术是实现煤炭资源开发与生态环境保护协调发展，提高煤炭资源采出率，避免和减少矿区生态环境破坏和污染的先进采煤技术，是贯彻矿产资源的开发"污染防治与生态环境保护并重，生态环境保护与生态环境建设并举，以及预防为主、防治结合、过程控制、综合治理"的指导方针。符合矿产资源的开发应推行循环经济的"污染物减量、资源再利用和循环利用"的技术原则。峰峰集团建筑物煤柱采用固体废物膏体充填技术充填采空区，能够充分利用固体废物，实现矿区生态环境无损或受损最小，膏体充填可减少发电厂粉煤灰污染和占地。膏体充填技术可以合理的采出"三下"压煤，提高煤炭资源采出率。

综上分析，可见充填开采无论在经济效益、生态环保方面还是社会效益方面都具有非常大的优势，是煤矿绿色开采技术的重要组成部分。

9.10.5 充填采煤的前景展望

9.10.5.1 峰峰集团推广充填采煤前景

峰峰集团继小屯矿使用膏体充填技术成功之后，总结了经验，根据本集团老矿井多，三下压煤量大的特点，大力推广膏体充填技术，目前已经有大力公司工业广场压煤膏体充填开采、通二矿建筑物下开采、羊东矿一坑工业广场膏体充填开采、新三矿建筑物下开采等项目建设完成。九龙矿开采正在建设，此外准备建设充填系统的还有大淑村矿、薛村矿等。正在制定充填开采方案的有梧桐庄矿、万年矿、孙庄矿建筑物下开采项目。以上8个矿井采用膏体充填采煤可以解放建筑物下的呆滞煤量，预计总计可以获得实际可采煤量1631.9万吨。

9.10.5.2 国内其他矿区推广充填开采情况

充填开采建筑物下压煤技术是煤矿21世纪的绿色开采技术，是提高煤炭资源采出率、控制地表沉陷、保护矿区生态环境和地表建（构）筑物不受或少受开采损害、解放村庄下、铁路下、水体下和承压水上压煤、实现矸石等固体废物资源化利用的先进采煤技术，受到各煤业集团的高度重视，并根据自身的特点开展了充填采煤的研究和推广工作。

10　峰峰集团采煤机械化装备研制

10.1　煤机装备制造业在国民经济中的地位和作用

10.1.1　装备制造业是国家工业化和综合国力的重要标志

煤炭装备制造业的发展水平标志着煤炭工业的发展水平。国家产业政策将煤机装备制造业作为优先发展重点之一。

工业发展是经济发展的主要支撑点，现代化要靠加速工业化来实现，其关键是加速装备的现代化。机械装备制造业是为国民经济各部门提供生产设备的基础行业，是一个国家和地区工业化、现代化水平和综合国力的重要标志与象征。

2006年6月，国务院出台并部署落实《关于加快振兴装备制造业的若干意见》的有关工作，把振兴装备制造业作为党的十六大提出的一项战略任务。《国务院关于加快振兴装备制造业的若干意见》指出，"装备制造业是为国民经济发展和国防建设提供技术装备的基础性产业。大力振兴装备制造业，是党的十六大提出的一项重要任务，是树立和落实科学发展观，走新型工业化道路，实现国民经济可持续发展的战略举措"。特别是国务院下发的《关于加快振兴装备制造业的若干意见》中的主要任务、重点突破的项目中指出，要"发展大型煤炭井下综合采掘、提升和洗选设备，实现大型综合采掘、提升和洗选设备国产化"。

国家发展和改革委员会将120万吨/年及以上的高产高效煤矿、高效选煤厂建设、矿井综合采掘、装运成套设备及大型煤矿洗选机械设备制造、大型露天矿成套设备制造、提高资源回收率的采煤方法、工艺开发应用及装备制造等均列入国家重点鼓励类产业。

10.1.2　煤炭装备制造业是我国煤炭工业和国民经济的战略性产业

高度发达的煤炭装备制造业是实现煤炭工业现代化和国家工业化的必备条件之一，是煤炭工业现代化的重要内涵，是煤炭工业结构调整、优化升级和持续发展的重要保障，是衡量煤炭产业和国家国际竞争能力的重要标志，是决定煤炭工业在国家走新型工业化道路进程中所起作用的关键因素。中国煤炭装备制造业，是随着我国煤炭工业生产和建设的需要而形成与发展起来的，它承担着为我国各类煤炭企业提供技术装备的任务，是我国煤炭产业可以信赖的装备部。我国煤炭装备制造业的形成与发展，完全依托于煤炭工业；煤炭工业的改革与发展，为煤炭装备制造业的发展提供了广阔的空间；煤炭装备制造业的能力和水平如何，又直接影响和制约着煤炭工业的现代化进程。

10.1.3　煤炭装备制造业是实现煤炭工业持续健康发展的重要保证

煤炭装备制造业除了为煤炭工业开发提供现代化的采煤、掘进、运输、安全监控、提升、通风、排水、井下供电等设备，还为煤炭资源勘查、地下作业、煤炭洗选加工、煤炭洁净加工和高效利用提供现代化设备。因此，加快煤炭装备制造业发展有利于提高煤炭工业的技术水平和劳动生产率，有利于延伸煤炭产业链，从而提高国家的整体竞争实力，保障国家经济发展的安全。

煤炭装备制造业是高新技术的载体，是将高新技术转化为煤炭先进生产力的桥梁和通道。煤炭工业的运行质量和效益，煤炭工业生产技术水平的高低和国际竞争能力的强弱，在很大程度上取决于技术装备的性能和水平。煤炭工业走新型工业化道路，必须努力提升煤炭装备制造业整体水平。不用先进的装备武装和改造煤炭工业，不尽快提升煤炭装备和制造技术水平，要实现煤炭工业现代化是不可能的。没有强大的煤炭装备制造业，就没有煤炭工业的现代化，也就不可能保证国民经济和社会发展对能源的需求，将会影响全面建设小康社会目标的实施。因此可以说，煤炭装备制造业、特别是现代煤炭装备制造业，是我国煤炭工业持续发展的基础和发动机。

10.2　国内采煤机械装备制造现状

改革开放以来，我国煤炭装备制造业坚持走"引进、吸收与自主创新相结合"的道路，充分利用国家有关政策所给予的支持，加快自身技术改造和技术创新步伐，努力提高国产煤炭装备的技术水平，并与全国煤炭科研院所和煤炭企业一起，联合开发一批适合我国煤矿实际需要的技术装备，有力地促进了我国煤炭产业的发展，不断地缩小我国煤炭产业与国际先进水平的差距。我国煤炭装备制造业已经形成较完整的体系，具有制造性能更可靠、指标更先进的综采和综掘技术装备的能力，提升了我国煤炭装备制造业的总体水平，为煤炭工业研制和开发技术先进、性能可靠的技术装备，研制和开发新装备的思路、手段与工艺不断创新，我国高产高效综采、综掘成套装备研制取得新进展，一些装备的性能指标和参数已经达到或接近国际先进水平。

10.2.1　煤机制造业关键性技术攻关取得突破

我国煤炭机械制造工业走过了 60 年的风雨历程，至今已经形成了完整的制造体系，为煤矿提供了高质量的机械装备，改变了煤炭工业的落后面貌，煤炭开采由劳动密集型向资本和技术密集型转化，煤机制造业关键性技术攻关取得突破，现在我国已经由煤炭装备制造大国向煤炭装备制造强国迈进。

目前我国综采经验表明，高产高效工作面的装备方向是：以提高工作面设备可靠性和正常开机率为目标，采煤机朝大功率、大截深、高速电牵引、高可靠性方向发展；液压支架朝简单实用、高工作阻力、高强度、高可靠性方向发展，采用电液控制系统，提高移架速度和安全性能；运输设备朝大运量、大功率、重型化、高强度、多点驱动、高自动化方向发展。

10.2.2　煤矿技术装备制造水平显著提高

在引进、消化、吸收国外先进技术基础上，自主创新能力明显增强。在设备技术参数提高、设备自动化、成套程度等方面都有突破性进步。国产综采、综掘装备技术性能指标，与国际先进水平的差距明显缩小。大采高综采国产化成套装备主要技术经济指标达到或接近国际同类装备的先进水平，为重大装备国产化奠定了基础。我国自主设计研制的厚煤层大功率的电牵引采煤机，大吨位、大采高液压支架，大运力矿用带式输送机等高效综采成套装备，基本上实现了国产化。针对煤矿巷道快速掘进，开发应用的多结构掘锚联合机组、截割功率300kW的重型悬臂式掘进机、四臂锚杆钻车等新型装备，使掘进机械化程度稳步提高。"三机成套"重型煤矿机械设备出口俄罗斯和印度，单机出口覆盖到美国、俄罗斯、印度、土耳其、印尼、越南、朝鲜等国家。一些专利项目成功转让给国外公司，使我国成为煤炭机械领域知识产权的出口国。

10.2.3　综采技术装备研究和使用取得多项重大成果

在国家科技发展政策引导下，一批涉及煤炭科技发展的共性关键性技术和重大装备研究项目列入国家"863"、"973"科技计划，以及高新技术产业化、重大装备国产化等国家优先研发项目中。特别是围绕安全高效矿井综采、综掘、运输、提升和安全装备及工艺技术研究，大采高厚煤层一次采全高、特厚煤层综放开采、薄煤层综采、急倾斜和地质构造复杂煤层开采技术的研发应用步伐加快，有力地推动了安全高效矿井建设发展，多处特大型矿井经济技术指标达到国际领先水平。薄煤层和复杂地层条件下煤炭安全高效开采工艺成功开发和应用，煤矿安全科学基础理论与应用、重大工业事故预防预警与应急救援、重大危险源监控、安全管理等取得了一系列科研成果，推广应用实践后，提高了安全生产保障水平。

2011年煤炭综采成套装备及智能控制系统列入国家战略性新兴产业发展专项计划，该项目为自主研发的国产智能控制"无人化"综采工作面，系统主要研究"三机"的智能监测与控制，即将综采工作面所有设备组成一个系统，在井下合适位置进行集中监控和显示，同时将监控信息通过煤矿井下工业以太网传至地面，在调度室显示各个设备的运行状态，并采用3DVR技术模拟再现"三机"位置。该项目可实现井下工作面各设备的地面远程控制，提升综采工作面系统生产能力和指挥调度系统应变能力，实现对井下工作面的遥测、遥控、遥调、遥视和遥信功能。该项目不仅可以提升综采工作面系统的智能化水平，实现综采工作面关键设备的协同控制，提高煤矿生产的安全性，而且相关技术还可推广到薄煤层开采上，对环境恶劣、开采难度大的薄煤层也具有重要意义。

10.2.4　大型化、智能化以及成套装备将成为我国煤机发展趋势

随着煤炭工业的快速发展和相关政策的调整，我国煤炭机械制造行业的发展出现一些新变化，煤矿装备制造业开始呈现由"单机制造"转向"成套装备"的竞争态势，大型化、智能化及成套装备将成为我国煤机发展趋势。

近几年，煤机装备制造业发展明显加快，重大技术装备自主创新水平显著提高。煤炭装备制造业属机械装备制造业，涉及机械、材料、电子等多个领域，同时由于企业体制和机制的制约，在煤炭专用设备研制和国产化工作中，主要精力集中在提高单机的设计制造能力和水平上，能够生产成套工作面采煤设备的企业较少。虽然成套设备的主要技术指标已达到国际先进水平，但设备的整体可靠性、智能化水平仅达到国际20世纪末的水平。随着煤矿重组，政策导向推动技术进步，"十二五"规划期间，我国煤炭开采将以高效集约化生产为发展方向，以安全、高效、高采出率、环境友好为目标。煤矿综采设备正在向

重型化、大型化、强力化、大功率和智能化方向发展，市场需求不断增加。

10.3 河北天择重型机械有限公司现状

10.3.1 发展沿革

河北天择重型机械有限公司（以下简称河北天择公司）为冀中能源峰峰集团的子公司之一，是由原峰峰集团所属的机械总厂、马头机械厂、机电设备厂整合改制而成的有限责任公司。原峰峰集团机械总厂始建于 1946 年，其前身是解放战争时期八路军在太行山区建立的兵工厂，为全国解放做出了很大的贡献。机械总厂建厂初期主要承担峰峰各个矿井的大型设备（四大件）的大修任务，兼做设备的零配件。随着峰峰矿务局矿井数量的增加和产量提高，对机械设备的用量大大增加，机械总厂也得到较快发展，技术力量及加工设备逐步增强，在峰峰集团采煤机械化的发展进程中，紧密配合矿井采煤机械化发展的需要，从无到有，从小到大逐步发展采煤机械化装备制造业。到整合改制成立河北天择公司时，正值峰峰集团发展轻型综采放顶煤技术，天择公司抓住时机，启动综采支架和相关设备制造，快速发展成为以采煤机械制造和冶金设备制造为主体的重型机械装备制造厂。

10.3.2 现状

河北天择公司注册资金 1.2 亿元，年销售收入超过 8 亿元，年生产能力突破 4 万吨，以强大的机械装备研发制造、物流、工贸、技贸、进出口实力首推于冀南豫北大地，现已发展成为集工程设计、高端装备制造、成套设备供应及工程总承包为一体的大型工程技术和装备制造企业。

河北天择公司现是中国机械 500 强企业、全国煤炭机械工业优秀企业、中国机械工业优秀企业、国家高新技术企业、中国诚信企业、全国煤炭行业机电配件定点生产企业、全国煤矿综机配件定点生产单位、中国质量检验协会团体会员单位，全国煤机协会常务理事单位、国家质量/环境/职业健康安全"三合一"管理体系认证企业。

公司现有员工 2200 余人，各类专业技术人员 350 余人，高级工程师 50 余人，占地面积 24 万平方米，拥有各种加工设备 1100 多台（套），能够生产单件重量 20t 以内的各种铸件，可加工最大重量达 80t 的复杂件及模数为 50、直径 4150mm 的齿轮件，最大起吊重量达到 200t。拥有俄罗斯、日本、德国等国 50 余台进口、国产重型高精尖设备，还引进了具有国际先进水平的全自动切割机、数控氮碳共渗炉、托辊生产线、热处理生产线等多项新技术。拥有物理、化学、金相、无损探伤、三坐标测量仪、三维空间测试机等各类检验设备、仪器仪表 3400 余台（件）。

河北天择公司勇于突破自我，创造了中国一个又一个第一：全国煤炭系统第一台煤车轮加工专用联合机床、中国第一台用于制造运载火箭的数控焊接转台、中国第一台整体机身横向布置的薄煤层采煤机、煤炭系统第一个实现三机配套生产的企业、煤炭系统第一家通过 ISO9000 认证的企业、中国第一台可调高滚筒式露天采煤机……，在中国机械工业发展史上写下了浓厚的一笔。企业现拥有国家矿用安全标志认证的定型产品 360 个，生产许可认证产品 15 个，拥有省级名优产品 4 大类，天择商标被评为"河北省著名商标"，国家专利产品 13 个，核心技术 100 多项、关键技术 400 多项。产品远销全国 23 个省、市、自治区的 400 多家单位，并出口到南非、印度、印尼、菲律宾等国家。

河北天择公司经过 60 多年的发展，现拥有"天择"品牌冶金机械和煤炭机械两大系列主导产品。冶金机械主要设计制作各类中宽带、窄带、棒线型材、钢管等成套成条热轧、冷轧生产线以及各种备件，还为建材、石油、电力、纺织、航天等行业制造设备及备件。煤炭机械主要设计制作重型综采成套装备、薄煤层数字化综采成套装备和大型露天连续采煤成套装备，其中重型综采成套采煤装备可为 600 万吨矿井提供采运护全套设备和技术服务；薄煤层数字化综采成套装备拥有多项核心专利技术，可实现最低 700mm 薄煤层的机械化开采和数字化无人值守操作；大型露天连续采煤成套装备以其技术国际领先、集约化程度高、低碳开采、绿色开采等特点，迅速成为露天煤矿极具发展潜力的机械装备。成套设备供应及工程总承包项目主要有：煤炭设备成套供应、冶金设备成套供应等项目领域。

物竞天择，博击长空。在企业发展的道路上，河北天择公司紧紧抓住国家煤炭工业发展规划和产业政策机遇，大力实施"重型矿山采掘成套装备制造及大型铸锻件生产基地"项目。该项目位于河北邯郸市马头生态工业城，是国家、省、市重点支持和发展的项目，占地总面积 944.3 亩，总投资约 30 亿元。通过大力实施企业发展战略，把企业打造为华北地区装备制造和规模能力第一、国内煤机行业综合装备能力第一、全国一流重型机械制造企业。

10.4　天择公司采煤机械化技术

峰峰集团天择公司紧密配合矿井采煤机械化发展的需要，从无到有，从小到大逐步发展采煤机械化装备制造技术，现在已经拥有无人工作面技术、大倾角综放装备技术、综采充填装备技术、高端液压支架制造技术、高端齿轮传动研制技术、采煤机和刮板机生产、大型可调高滚筒式露天采煤机等核心技术 100 多项，成为峰峰集团采煤机械化的有力支撑点，也为国内煤矿提供了多种采煤机械化装备产品。

天择公司立足于促进国家井工煤矿开采装备技术与生产效率的提高，依托多年的综合机械化采煤成套装备研发制造与应用经验，在国内率先开展了智能薄或极薄煤层、中厚煤层煤矿的"三机"配套工艺设备与技术研究，取得了丰厚的技术成果，实现了煤矿综采工作面成套设备的自动化控制，推动了煤矿开采规模化、自动化和效率化、安全化的发展。

其中智能综采数字化无人工作面技术、直壁式充填综采装备研究与应用、大倾角煤层安全高效综放技术研究三项主导产品通过中国煤炭工业协会专家组鉴定，技术达到国际先进水平。矿用高端减速机、大阻力电液控液压支架、端头支护系列设备等也达到国内先进水平。天择公司研制的综采机械装备正向着高端化、成套化、智能化、重型化发展。

10.5　智能综采数字化无人工作面技术

冀中能源峰峰集团有限公司为推进煤矿综采自动化进程，提高煤炭储量利用率，延长矿井的服务寿命，降低工人劳动强度，保障安全生产，大力推广综采数字化无人工作面技术的研究与应用。2011 年天择公司综采数字化无人工作面技术在薛村矿 94702 薄煤层工作面实施，达到日产原煤最高 4400t，最高月进度 358m，总产量达 348700t，具备年产 140

万吨的生产能力。

10.5.1 综采数字化无人工作面主要技术条件

综采数字化无人工作面主要技术包括两个方面条件：

（1）综采工作面实现无人化的基础是三机要具有较高的自动化水平，能够自动适应煤层地质条件的变化，实现采煤机自主定位、自动调高割煤，液压支架跟随采煤机自动推溜、移架及支护和三机设备故障检测及保护等功能。

（2）综合运用网络通信、智能定位、视频监视和自动化监控等技术，建立工作面集中监控平台，通过自动协调匹配或远程人工干预等方式，根据工况调整采煤机、液压支架和刮板输送机之间的工作状态，在工作面生产现场无人条件下，自动完成割煤、装煤、移架、移溜和支护等生产流程。

天择综采工作面无人化技术主要由以下技术组成：采煤机智能控制技术、液压支架电液控制技术、综采设备工况可视化技术、综采设备集中协调控制技术。

10.5.2 采煤机智能控制技术

该技术是对变频调速电牵引采煤机进行技术改造，增加记忆截割和自动调高控制，实现采煤机运行状态、故障信息和操作功能的远程集中显示和控制，主要有以下技术：

（1）采煤机定位技术。采煤机采用绝对式编码器技术进行定位，在采煤机牵引减速箱的输出轴上安装多圈绝对式编码器，并合理选配减速比，使多圈绝对式编码器的码位与工作面长度相匹配，一一对应当前采煤机所在工作位置，从而检测出采煤机当前位置。

（2）采煤机姿态监测。在采煤机机身内部安装双轴倾角计，测量采煤机倾斜角 β 和仰俯角 γ；在采煤机两个摇臂分别安装单轴倾角计，测量两个摇臂的摆角 α，由此监测采煤机的姿态。根据监测的 3 个倾角，再结合机身尺寸参数，就可以确定采高。

（3）记忆截割。采煤机记忆截割的原理是：司机操纵采煤机沿工作面煤层先割一刀，将采煤机的位置、牵引方向、牵引速度、左/右截割摇臂位置、采煤机横向/纵向倾角等参数存入计算机，以后的截割行程由计算机根据存储器记忆的参数自动调高。如煤层条件发生变化，则通过视频监测和人工干预方式进行调高，同时把自动记忆调整过的参数，作为下一刀调高的依据。

10.5.3 液压支架电液控制技术

液压支架电液控制技术主要有以下内容：

（1）液压支架远程控制和自动跟机移架。该技术采用液压支架电液控制系统，通过多传感器位置识别系统、采煤机位置检测系统、网络和总线连接装置、信息通讯传输技术，实现液压支架远程控制和自动跟机移架。

（2）顺槽监控主机系统。顺槽监控主机系统包括井下防爆监控主机、主机数据转换器和矿用隔爆兼本质安全型稳压电源等组成，顺槽监控主机到工作面各元件之间的数据通讯电缆由连接器连接，用于收集、显示、存储工作面系统的监测信息。

（3）采煤机位置监测系统。在采煤机上安装红外线发送器，发射数字信号，每台支架上安装一个红外线接收器，接收红外线发射器发射的数字信号，来监测煤机的位置和方向信息，实现支架跟机自动化。

10.5.4 综采设备工况可视化技术

该技术采用超低照度摄像技术、多画面分割、跟机视频切换技术，实现采煤机工况可视化监控系统和综采工作面煤岩界面监视。主要由以下系统组成：

（1）液压支架视频系统。液压支架视频系统包括网络摄像头、视频监视器和视频操作台。每4个支架安装1台网络摄像头，安装在支架的顶梁上，照射方向与工作面平行。

（2）采煤机视频系统。采煤机视频监视系统网络摄像头的视频数据通过工业以太网网络传输到监控中心的采煤机视频监视器显示。

（3）监控中心。在顺槽监控中心分别设置液压支架远程控制台和采煤机远程控制台各1台。监控中心工作人员可以依据液压支架视频系统远程控制支架各种动作。监控中心工作人员可以通过采煤机视频系统远程控制采煤机，调整滚筒及牵引等动作。

（4）视频摄像仪防尘装置（专利产品）。视频摄像仪的防尘装置利用压缩空气在摄像仪防护玻璃前形成气幕屏障，隔断防护玻璃与污染源。同时，压缩空气在摄像仪防护玻璃前形成一个正压区，致使气流继续向前方流出，进一步驱散前方粉尘、颗粒及水滴，达到完美的防尘目的，尤其是能在高粉尘环境中保证视频摄像仪镜头不被污染。

10.5.5 综采设备集中协调控制技术

综采设备通过光缆和现场总线相结合的综合传输网络系统，将设备运行参数和现场视频图像集中显示在监控台上，由操作人员对综采工作面三机参数匹配性进行分析，协调综采工作面三机运行控制。

集中监控台计算机界面有：（1）登录界面（如图6-28所示）；（2）主控制界面（如图6-29所示）；（3）参数设置界面；（4）报警查询界面。

10.6 直壁式充填液压支架

膏体充填开采是当代倡导的绿色开采技术，而充填支架是实现工作面膏体充填的关键支护技术装备。由峰峰集团天择公司设计、研制生产的ZC4000/19/29型膏体充填液压支架，在小屯矿的工业性试验证明，该型充填液压支架在充填工作面的使用整体稳定性好，既能及时支护支架前方顶板煤壁区顶板完整，并防止煤壁片帮，又能对支架后方的充填区顶板进行有效支护和隔离，灌浆方便，充填效果好，同时降低了工人劳动强度，减少了人员配置，提高了工作效率，保证了生产安全，增加了经济效益，是国内膏体充填采煤的推广机型。

ZC4000/19/29型直导杆四柱支撑后铰接挡墙式充填液压支架见图10-1。

10.6.1 ZC4000/19/29 充填支架的主要特点

ZC4000/19/29充填支架的主要特点见9.6.1节充填综采设备。

该支架的研制成功，可以解决矿区村庄压煤的搬迁工作，同时减少了地表下沉、减少了矸石山占地面积和环境污染等。将会给用户和我公司带来很大的经济效益和社会效益。

图 10 - 1　ZC4000/19/29 型直导杆四柱支撑后铰接挡墙式充填液压支架

10.6.2　充填支架的主要结构组成及其作用

　　ZC4000/19/29 充填液压支架主要由结构件和液压元件两大部分组成。结构件有：底座、推移杆、顶梁、顶梁侧护板、伸缩梁和护帮机构、导杆、尾梁、挡板、插板等。液压元件主要有：立柱、各种千斤顶、液压控制元件（操纵阀、单向阀、安全阀等）、液压辅助元件（胶管、弯头、三通等）等。

　　（1）底座。底座是将顶板压力传递到底板和稳定支架的部件，采用整体式底座，底座前后面敞开。该形式兼有整体式和分体式底座的综合优点，不仅具有很高的强度和刚度，而且对底板起伏不平的适应性强，排矸性能好，中间设有抬底装置可减轻移架时的阻力。

　　（2）推移机构。推杆加推移千斤顶以及连接头等构成推移机构，它的一端通过连接头与运输机相连，另一端通过千斤顶耳轴与底座相连。推杆是一个强度较大的箱形体。推移杆除承受推拉力外，还承受侧向力和抬底千斤顶的压力。

　　（3）顶梁。充填支架的工作性能是制约膏体充填效果的重要因素。支架支护效果直接影响顶板下沉量和减沉效果；又因"砂浆"的流动性相当高，支架隔离堵漏性能影响充填效率。顶梁是液压支架的主要承载结构，支护采煤区甚至采空区的顶板，控制充填前顶底板的移近量，达到有效控制地表沉陷的效果。最佳发挥顶梁的支护效果对膏体充填具有重要意义。

　　顶梁是支架的主要承载部件，直接与顶板相接触，支撑顶板，同时为回采工作面提供安全工作空间，起到掩护作用，为此要求顶梁要有足够的强度。顶梁采用铰接整体式，选用 Q460 钢板拼焊成箱形变断面结构，该支架控顶长度短，具有良好的支撑和掩护功能，顶梁采用活动侧护板的形式。

　　按照《液压支架技术条件》（MT 312—2000），以顶梁扭转和顶梁偏载最严重的工况对充填支架顶梁进行受力分析。为了提高计算效率，对顶梁模型进行适当简化。简化的原则是：略去工艺结构，用力学等效件代替形状复杂的结构件。按《液压支架技术条件》加载，如果把垫块对支架的作用力作为外力，因受力状况超静定，用力的平衡方程无法将其解出。因此把垫块的作用力当作边界条件，通过约束垫块节点的三向平移自由度来处理。载荷处理时，实际样机试验是限定顶梁的位移条件，通过立柱施加给支架结构件规定的作用力，使顶梁产生应力和位移，这种加载方式属于内加载。

考虑到有限元分析中位移边界和载荷条件施加的可操作性，通常将这种内加载方式转化为外加载方式，即可将垫块作为结构的边界约束条件来处理，这样，外载便只有立柱对顶梁柱窝所加的载荷。实际工况中前、后立柱工作阻力相同，4个柱窝均匀受力。根据圣维南原理，对球面载荷进行等效简化，施加静力等效的均布面载荷模拟立柱的支撑力。

（4）顶梁侧护板。作用是密封顶板，防止落矸，在工作面倾角大时也起支架的调节和导向作用。

（5）伸缩梁和护帮机构。该支架设计有伸缩梁、托梁和护帮机构，伸缩梁结构为内伸缩式，由钢板拼焊的整体结构，由位于梁体内的两个千斤顶控制梁体的伸缩。结构简单、可靠，主要作用是在顶板比较破碎时，采煤机过后，及时伸出，维护顶板。或在煤壁片帮时，可伸出维护裸露顶板。

托梁在顶梁中滑动，前端与伸缩梁连接，后端通过护帮千斤顶与护帮板连接，起连接导向作用。护帮板所起的作用是防止煤壁片帮起到控制空顶距，保证作业安全。

（6）导杆。为箱形断面结构，与顶梁铰接，插在底座上的导向筒中，起导向作用，保证支架顺利升降，同时承受侧向力，保护立柱不容易损坏。

（7）尾梁。尾梁为箱形变断面结构，与顶梁铰接，通过尾梁千斤顶可上下摆动，有效地改善了工作条件，与挡板共同为充填提供充填空间。

（8）挡板。挡板为箱形断面结构，与尾梁铰接，通过挡板千斤顶可前后摆动，与尾梁共同为充填提供充填空间。

（9）插板。插板为箱形断面结构，与挡板通过插板千斤顶连接，与挡板共同起挡墙的作用，同时与尾梁千斤顶共同支撑尾梁承受顶板载荷。

10.6.3　材料的选择

在保证产品可靠性条件下合理选择原材料，尽量减少支架重量，节省制造成本。为简化生产制造工艺还广泛采用国内和企业内部标准件、通用件，立柱、千斤顶及液压阀采用国内外较为成熟的设计结构。

（1）所用钢板型号，如表 10-1 所示。

表 10-1　钢板型号

序　号	材　质	力 学 性 能		所占比例/%
		σ_s/MPa	σ_b/MPa	
1	Q460	≥460	≥540	90
2	16Mn	≥345	≥470	10

（2）立柱用材质，如表 10-2 所示。

（3）销轴用材质，如表 10-3 所示。

表 10 - 2　立柱材质

序　号	所用部位	材　质	力　学　性　能	
			σ_s/MPa	σ_b/MPa
1	缸　筒	27SiMn	≥620	≥750
2	活　柱	27SiMn	≥620	≥750

表 10 - 3　销轴材质

序　号	材　质	力　学　性　能		热处理
		σ_s/MPa	σ_b/MPa	表面处理
1	30CrMnTi	≥800	≥1200	淬火处理
2	40Cr	≥540	≥735	表面镀锌

10.6.4　充填支架使用情况

ZC4000/19/29 充填液压支架在工作面安装后，在小屯矿试采工作面一直运行正常，未发现任何故障。

该支架操作方便，各运动部件动作准确、灵活、无滞涩、别卡、干涉等现象，操作性能良好。

10.7　ZF4000/16/28 大倾角煤层放顶煤液压支架

针对峰峰集团黄沙矿的辛安区煤层倾角平均达到 35°的地质条件，天择公司设计了 ZF4000/16/28 大倾角煤层放顶煤液压支架和 ZFG4600/17/28 放顶煤过渡支架。为更好地适应大倾角煤层工作面的特点，对工作面中部支架和过渡支架进行合理的选型设计。针对大倾角煤层特点对支架的防倒防滑装置和液压支架机构进行了专项设计。工作面中部放顶煤支架采用正四连杆结构，前部采用双连杆结构，后部采用单连杆结构，有效地增加了支架后部的空间，便于观察支架的放煤情况和维护后部刮板输送机；工作面过渡支架采用反四连杆结构，最大限度地加大了支架后部空间，能更好地适应刮板输送机机头（尾）的安装和维护需要。

大倾角工作面煤机装备的研发项目，可实现大倾角综采工作面采煤机械化的重大突破。可促进大倾角采煤工作面的机械化和自动化水平，可以降低工人劳动强度，减少人员配置，提高工作效率，保证煤矿生产安全。并对煤矿企业实现高产高效矿井建设，在技术进步、自动化作业、安全性和生产效率等方面具有巨大的经济和社会效益，值得推广应用。

ZF4000/16/28 大倾角煤层放顶煤液压支架见图 10 - 2。

10.7.1　大倾角放顶煤液压支架机构选型

10.7.1.1　大倾角放顶煤液压支架机构

针对峰峰集团黄沙矿的地质条件，为提高大倾角放顶煤液压支架可靠性，采用较大支护强度（0.61 ~ 0.62MPa），较大的工作阻力（4000kN）。

工作面中部放顶煤支架采用正四连杆结构，前部采用双连杆结构，后部采用单连杆结

图 10-2 大倾角液压支架

构，有效地增加了支架后部的空间，便于观察支架的放煤情况和维护后部刮板输送机；工作面过渡支架采用反四连杆结构，最大限度地加大了支架后部空间，能更好地适应刮板输送机机头（尾）的安装和维护需要。

10.7.1.2 防倒防滑装置

为适应大倾角工作面的需要，支架采用了双侧活动侧护板，适当加大了底座的宽度，加装了底调横梁，并设计了专用的防倒防滑装置，能更好地适应支架及刮板输送机的调整需要。见图 10-3 和图 10-4。

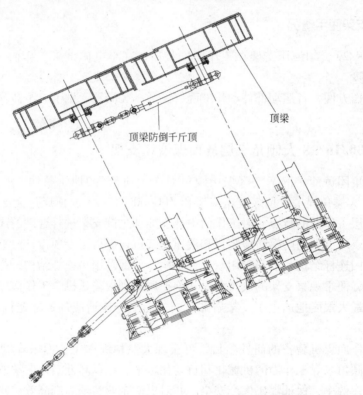

图 10-3 支架放倒及前部刮板机防滑装置示意图

在支架的顶梁和底座上预留了安装防倒防滑装置的位置。顶梁设有防倒装置，并采取 3 架一组的方式进行连接；在底座上设有调架梁与底座防滑装置，利于支架倾斜时进行调整，前后输送机防滑装置由输送机防滑链组、防滑千斤顶、十字头及销轴等组成，用于调整输送机下滑。

10.7.1.3 架间单根多芯管连接的本邻架操作技术

本邻架系统是以纯液压方式实现本邻架混合控制，在世界上属于首创。该系统获得国家两项发明专利和一项实用新型专利，是国内首创，具有国际先进技术水平。

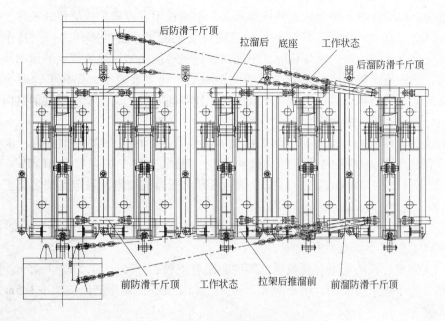

图 10 - 4　前、后刮板机防滑装置示意图

这是一种全新设计的邻架、本邻架控制系统，全新的先导阀、全新液控主阀，特别在连接上采用液路集成和多芯管连接技术，具有诸多新特性。该系统很好地实现了支架的邻架控制功能和本架、邻架的混合控制功能，安全性高，同时该系统是以液压源为动力，具有系统简单、可靠性高、易维护、操作便捷、好管理等优点，能适应各种不同的较复杂的井下地质条件，该系统是介于普通片阀和电液阀之间的一种高产高效、更能适应我国国情、有广阔的市场发展空间的新型支架控制系统。其中支护功能采用邻架先导控制方式，包括支架升降、推溜、拉架、伸缩梁的伸收、护帮板的伸收、侧护板的伸收、底调梁的伸收等动作。这些支护功能的动作是操作者站在上方相邻支架内操作完成的，保证了操作者的人身安全；而放煤功能采用本架控制方式，包括后溜千斤顶的伸收、尾梁的伸收、插板的伸收等动作。这些放煤功能的动作是操作者在本架内操作完成的，操作者能够清楚地观察到放煤处的情况，能够及时调整尾梁及插板的动作，从而提高了放顶煤工作的质量和效率。架与架之间的连接利用单根多芯管取代了以往的多根高压胶管，简化了管路系统。本邻架相结合的操作方式，使操作功能划分明确，避免了误操作，确保了操作者的人身安全，提高了放煤工作的效率与质量。

10.7.2 工作面中部放顶煤液压支架的设计

总体设计思路：根据峰峰集团煤层条件和生产条件以及满足高产高效和安全生产要求，以重点提高生产效率、保证良好工作性能为目标，满足三机配套技术要求。应用模糊数学和最优化方法，对液压支架进行优化设计，对支架结构进行模拟试验分析，应用参数可视化技术实现支架动态仿真，最终确定了支架合理参数。

（1）架型设计。液压支架选型设计是液压支架设计的第一步，它从根本上决定了液压支架的总体性能和结构外观，对液压支架的性能参数和结构参数具有决定性作用。为提高开采效率、降低成本，初步选定放顶煤开采，架型选用支撑掩护式低位放顶煤支架。

（2）四连杆机构的设计。四连杆机构是液压支架的最重要的部件之一。其作用主要有两个：一是当支架由高到低变化时，借助四连杆机构使支架顶梁前端点的运动轨迹呈近似双纽线，从而使支架顶梁前端点与煤壁间距离的变化大大减小，提高了管理顶板的性能；二是使支架受力状态最佳，结构上既满足工作空间要求，又能承受足够的纵向、横向力及扭矩，能承受较大的水平力。

（3）支架工作阻力及高度。支架工作阻力大小直接影响支架的支护能力，选择较大工作阻力有利于提高支架的适应能力及可靠性。考虑支架支护强度 0.61MPa，中心距 1500mm 及立柱缸径 180mm，在立柱安全阀合理开启压力范围内，确定支架名义工作阻力为 4000kN（安全阀开启压力 39.3MPa）。

根据正常采高 2.5m 及运输情况，确定支架最大高度 2.8m，最小高度 1.6m，型号确定为 ZF4000/16/28 放顶煤液压支架。

（4）支架中心距的确定。现液压支架中心距有三种：1.75m、1.5m、1.25m。通常中心距 1.75m 用于大采高支架，中心距 1.25m 用于轻型支架。本型液压支架按 1.5m 中心距进行选取。

（5）推移步距的确定。在顶板条件允许的情况下，增大截深可有效地提高每一循环的产量，提高生产率。但截深过大，将造成对架前顶板的支护能力减小。经综合考虑，采煤机截深确定为 0.8m，将支架移架步距确定为 0.8m。

（6）底座前端比压。支架顶梁合力作用点到底座前端的有效水平距离直接影响底座前端比压大小，支架设计中应尽量加大底座前端长度，并采取措施使支架合力作用点后移，在满足其他要求前提下，立柱倾角应尽量小。通过优化计算，当摩擦系数 $f = 0.2$ 时，支架前端最大比压为 1.78MPa。

10.7.3　ZF4000/16/28 大倾角煤层放顶煤液压支架结构

（1）顶梁结构形式。本支架顶梁为整体式结构，前端设有伸缩梁及护帮板，采用钢板拼焊箱形变断面结构，四条主筋形成整个顶梁外形，顶梁相对较长，可提供足够的行人空间。为了提高顶梁前端的支顶能力，顶梁前端上翘。同时，在顶梁上加装顶梁防倒装置，防止设备推进时下窜及倒架。

（2）底座结构形式。底座是将顶板压力传递到底板并稳定支架的部件，除了满足一定的刚度和强度外，还要求对底板起伏不平的适应性要强，底座前端对底板接触比压要小，底座的结构形式可分为整体式和分体式，分体式底座由左右两部分组成，排矸性能好，对底板起伏不平的适应性强，但稳定性较差，与底板接触面积小，本支架底座为整体式底座，底座底板后部敞开，该形式底座的特点在前面已有叙述，在此不再赘述。

（3）掩护梁的结构设计。掩护梁上部与顶梁铰接，下部与前、后连杆相连，经前、后连杆与底座连为一个整体，是支架的主要连接和掩护部件，其主要作用包括：承受顶板给予的水平分力和侧向力，增强支架的抗扭性能；掩护梁与前、后连杆、底座形成四连杆机构，保证梁端距的合理变化；阻挡后部矸石前窜，维护工作空间。

另外，由于掩护梁承受的弯矩和扭矩较大，工作状况恶劣，所以掩护梁必须具有足够的强度和刚度。本支架的掩护梁为整体箱形变断面结构，用钢板拼焊而成，为保证掩护梁有足够的强度，在它与顶梁、前后连杆连接部位都焊有加强板，在相应的危险断面和危险焊缝处也都有加强板。

（4）前、后连杆结构设计。前、后连杆上下分别与掩护梁和底座铰接，共同形成四连杆机构，其主要作用包括：使支架在调高范围内，顶梁前端与煤壁的距离（梁端距）变化尽可能小，以便更好地支护顶板；承受顶板的水平分力和侧向力，使立柱不受侧向力。

本支架前连杆为双连杆，后连杆为单连杆，均为钢板焊接的箱形结构，这种结构不但有很强的抗拉抗压性能，而且有很强的抗扭性能，后连杆设计为单连杆有效地保证了支架后部的维修空间。

（5）推移机构设计。支架的推移机构包括：推移杆、连接头、推移千斤顶和销轴等组成，主要作用是推移运输机和拉架。

推移杆的一端通过连接头与运输机相连，另一端通过千斤顶与底座相连，推移杆除承受推拉力外，还承受侧向力，底座下滑时有一定的防滑作用。

本支架由于采用短推杆结构，适应性强，易于拆装。本支架的推移杆采用等断面的箱型钢板焊接结构。

（6）尾梁和插板设计。尾梁为箱形断面结构，其中间部分分为上下形断面，内含插板导向槽，因为尾梁较短，插板在导向槽内移动，可控制放煤窗口煤的流量。尾梁的主要作用是维护好后输送机的一定空间，通过尾梁千斤顶控制放煤窗口的大小。

（7）底调梁。底调梁通过底调千斤顶和底座相连，调整两架间的距离，使支架处于最佳工作状态。

10.7.4 ZF4000/16/28 大倾角煤层放顶煤液压支架结构特点

经计算机优选和对支架参数化、可视化、动态受力分析，选定架型为 ZF4000/16/28 正四连杆放顶煤液压支架，其有以下特点：

（1）采用先进的计算机模拟试验和优化程序对液压支架参数进行优化设计，支架架型为四柱正四连杆支撑掩护式液压支架，稳定性好，具有足够的抗扭能力，具有支护强度高、整体性强、放煤效果好等特点。

（2）支架操作系统采用本架操作与邻架操作相结合的方式，提高了适应性和安全性。换向阀采用先导控制，方便了操作。邻架操作增加了操作者的安全系数。采用大流量先导控制系统，提高降、移、升速度。

（3）顶梁为整体顶梁结构，对支架前部顶板的支撑效果好，顶梁带伸缩梁和护帮板结构，顶梁、掩护梁为双侧活动侧护板，使用时一侧活动，另一侧用销轴固定，能更好地适应工作面的调整。

（4）支架的顶梁和底座上预留了安装防倒防滑装置的位置，防倒防滑装置可以防止设备推进时下窜；在底座上设有调架梁，有利于支架倾斜时进行调整。

（5）为尽可能加大接底面积，减少对底板加压，支架底座加宽到 1350mm 并适当向前加长，可防止支架陷底难移，增加防倒能力。推移为短推杆机构，结构可靠、拆装方便、移架力大，可实现快速移架。

（6）工作面三机采用大配套，截深为 800mm，为了保证截深和有效的移架步距，支架的推移千斤顶的行程定为 900mm，为高产高效创造有利条件。

10.7.5　ZFG4600/17/28 放顶煤过渡支架主要特点

（1）采用了斜梁结构形式的反四连杆机构，增强了支架的支护强度和后部的空间，具有较强的支护能力及较高的可靠性。

（2）采用顶梁端头微翘加伸缩梁结构形式，对顶板台阶及顶板的起伏变化适应强，接顶效果好；同时有利于对架前顶板的处理。

（3）选用了最简单的标准液压系统设计，降低初期投资，保证支架达到良好的工作条件，所用的立柱千斤顶和液压元件等尽量与中间支架相同，方便使用和维护。

（4）顶梁尾部角度设计合理，增大了后部刮板运输机维修空间。

10.8　新型急倾斜煤层水平分段放顶煤液压支架

新疆拜城县峰峰集团铁热克煤业公司托克逊煤矿赋存急倾斜煤层群，各煤层厚度多在 3~8m 左右，倾角为 75°~83°，矿井为低瓦斯矿。长期以来，急倾斜煤层工作面支护方式和支护装备一直是个难题，特别是在 3~8m 左右，倾角 75°~83° 的煤层工作面如何采用液压支架保证安全生产，是托克逊煤矿亟待解决的问题。天择公司对该矿煤层的开采条件进行认真调查后，设计了 ZF12800/16/24 急倾斜专用放顶煤液压支架组。武汉设计院针对该煤层经过仔细周密的调研论证，确定采用水平分段放顶煤开采方案设计，设计选用天择公司 ZF12800/16/24 急倾斜专用放顶煤液压支架组。

2012 年 8 月至 11 月在托克逊煤矿 +1870~+1880mm 水平 A9 西翼工作面使用 ZF12800/16/24 液压支架试采，工作面实际产煤 37250t，达到年产原煤 20 万吨水平。实践证明 ZF12800/16/24 支架使用达到预期效果，可以在类似急倾斜煤层工作面推广使用。

10.8.1　ZF12800/16/24 急倾斜煤层水平分段放顶煤液压支架组特点

ZF12800/16/24 急倾斜专用放顶煤液压支架组，四架一组布置，前部后部各两架，刮板输送机布置于左右两组支架之间。前部两架不设放煤机构，左右对称各一架；后部两架设有大尾梁放顶煤机构，左右对称各一架。前后两个支架用两个直径 200mm、行程 1000mm 的千斤顶推移，来实现移架功能，每组共用 4 个直径 200mm 的千斤顶。支架最低高度为 1600mm，最高高度为 2400mm；两支架左右并排布置。刮板机采用 SGB620/40T 刮板机，刮板机两侧为支架，刮板机与支架底座间隙为单边 20mm，支架移架步距 800mm。

ZF12800/16/24 急倾斜煤层水平分段放顶煤液压支架组见图 10-5。

图 10-5　新型急倾斜煤层水平分段液压支架组

10.8.2　ZF12800/16/24 急倾斜煤层水平分段放顶煤液压支架组创新点

（1）采用成组结构设计。为适应托克逊煤矿煤层特点，支架按四架一组布置，前部后部各两架，SGB620/40T 刮板输送机布置于左右两组支架之间。前部两架不设放煤机构，左右对称各一架；后部两架设有大尾梁放顶煤机构，左右对称各一架。前后两个支架用两个千斤顶推移，来实现移架功能。一组支架（4 架）完成工作面的支护功能，适应性较强。

（2）支架特殊结构设计。支架采用四根立柱支撑，反四连杆稳定机构，稳定性较高，抗扭性能好；前部支架设有护帮板，防止煤壁片帮并保护工作人员不会受到片帮煤或前方冒落矸石的伤害。当煤壁上方冒顶时，也可以翻上护帮板，临时支护顶板，防止该处矸石的冒落；后部支架设有伸缩梁，在顶板比较破碎时，及时伸出，维护顶板，防止顶煤垮落。支架顶梁为不对称结构，内侧（掩护刮板机方向）加宽；支架内侧采用活动侧护板形式，采用行程 170mm、直径 63mm 的千斤顶，使用时千斤顶伸出 50mm，防护刮板机顶部顶板煤的冒落；支架外侧采用侧挑梁形式的护板。后部支架设计为大尾梁带插板放煤装置，具有后部大空间的放煤机构，放煤效率高；在尾梁顶部内侧开观察孔，以便观察放煤情况及顶板情况。

10.9　ZY12000/15/26D 高阻力掩护式液压支架

ZY12000/15/26D 型高阻力掩护式液压支架是河北天择重型机械有限公司生产的高端液压支架。此架型用于浅埋深、高效开采工作面的高工作阻力、高可靠性（寿命 30000 次工作循环以上）、高支护质量、采用高强度材料及先进的制造工艺、并配备电液控制系统。是在认真总结国内掩护式液压支架使用经验、充分研究分析结构参数基础上，由河北天择重型机械有限公司针对冀中能源峰峰集团公司油房渠矿业有限公司的煤层地质条件，按峰峰集团有限公司要求设计的。该支架吸收了国内同类液压支架的优点，经过参数优化，结构合理，与同类型支架相比，具有适应性强、可靠性高、结构紧凑、支护能力大、操作方便、移架速度快等特点。

ZY12000/15/26D 型高阻力掩护式液压支架见图 10 - 6。

图 10 - 6　ZY12000/15/26D 型掩护式液压支架

10.9.1　支架特点

（1）该支架在同类型支架中支护工作阻力最高；

（2）与该支架配套的工作面设备，功率最大，产能最高，日产原煤达万吨；

（3）该支架结构件主要采用 800MPa 高强板，有效减少了整机重量，工作阻力大；

（4）支架顶梁为整体式结构，结构简单可靠，承接顶板岩石载荷，为回采工作面提供足够的安全空间；

（5）底座采用整体刚性开底式结构，底座前端配备抬底机构，移架阻力小，推进速度快；

（6）推移机构为长推杆结构，保证有足够的拉架力，后端有导向块，能为推移千斤顶导向并且能够阻挡输送机下滑；

（7）采用四连杆结构，梁端距变化不大，能够阻挡后部顶煤及矸石前窜，维护了工作空间；

（8）支架的结构简单，操作方便，稳定性好。各运动部件动作准确、灵活、无滞涩、别卡、干涉等现象，操作性能良好。采用电液控制系统，提高了适应性和安全性。

10.9.2 工艺创新点

（1）在焊接时严格控制焊缝热量的输入，并合理控制焊后冷却速度；

（2）采用小的热输入量，多层多道焊，有利于细化晶粒，提高韧性。第一道焊缝需要较小直径的焊丝及小的焊接电流，以减少母材在焊缝中的比例；

（3）支架结构件在焊接过程中产生的缺陷与焊接材料因素有关，为保证焊接过程中的低氢条件，定位焊及焊接时选用的焊丝应进行脱脂处理，保护气体应进行干燥处理；

（4）Q690 强度级别较高，结构件焊前应预热，焊后应进行热处理，改善热影响区的组织与力学性能，消除残余应力，提高结构件的质量稳定性和工作安全性。

10.10 ZF10000/23/35 高阻力放顶煤液压支架

ZF10000/23/35 放顶煤液压支架（见图 10-7）是为了配合冀中能源扩能技改的需要进行研制的。随着我国市场经济的不断发展，煤矿企业必须以提高生产效率和经济效益为中心，最大限度地实现高产高效开采。ZF10000/23/35 放顶煤液压支架采用正四连杆整体顶梁结构，具有稳定性好、整体性强、放煤效果好等特点。该架型采用前双后单正四连杆机构，放顶煤适应性好；结构布置紧凑、合理，增大了支架后部空间，便于观测放煤情况和维护后部输送机；采用整体顶梁，顶梁带伸缩梁和护帮板结构，顶梁、

图 10-7 ZF10000/23/35 放顶煤液压支架

掩护梁为双侧活动侧护板，使用时一侧活动，另一侧用销轴固定，能更好地适应工作面的调整；支架的顶梁和底座上预留了安装防倒防滑装置的位置，防倒防滑装置可以防止设备推进时下窜；在底座上设有调架梁，有利于支架倾斜时进行调整。

10.10.1 支架特点

（1）工作面三机采用大配套，截深为 800mm，为了保证截深和有效的移架步距，支架的推移千斤顶的行程定为 900mm，为高产高效创造有利条件；

（2）支架工作阻力大，对顶煤的支撑、破碎能力加强，提高了坚硬煤层顶煤回收率；

（3）支架的前连杆采用双连杆，大大提高了支架的抗扭能力；

（4）放煤机构高效可靠；后部输送机过煤高度高，增加了大块煤的运输能力，尾梁向上向下回转角度大，增加了对煤的破碎能力和放煤效果；

（5）尾梁-插板机构采用小尾梁-插板机构，尾梁-插板运动结构选用 V 形槽结构，运动灵活自如；

（6）底座中部为推移机构，推移千斤顶采用倒装形式，结构可靠、移架力大，可实现快速移架。推移为长推杆机构，采用两节铰接形式；

（7）底座中部设计抬底机构，抬底千斤顶伸出顶上推杆抬起底座前端；

（8）液压系统采用400L大流量操纵阀。

10.10.2   工艺创新点

（1）纯度≥99.99%的CO_2气体保护焊接；

（2）在焊接高强板时，采用药芯焊丝，能够保证可靠的焊接强度，并能提高焊接外观质量；

（3）专用整体镗床整体加工顶梁、掩护梁、底座等大结构件的各种铰接孔，确保结构件孔的同轴度和配合间隙；

（4）数控下料机床和数控车床等设备，有效保证结构件的拼装质量和导向套等液压元件的尺寸精度及形位公差表面粗糙度，确保液压件的装配精度；

（5）有成熟可靠的高强度板焊前预热、焊后整体回火消除应力工艺规范，保证结构件的焊接质量。

10.11   ZT12000/16/24 横向布置端头液压支架

高产高效放顶煤工作面端头支护方式通常有纵向布置的端头液压支架或采用单体液压支柱配合金属铰接顶梁或十字铰接顶梁进行端头支护。纵向布置的端头液压支架体积庞大，在顶板破碎压力大的工作面端头移架困难，在大倾角工作面容易失稳。单体液压支柱支护方式在设备多的下端头，不仅作业工序复杂，工人劳动工作量大，而且顶板维护效果差，影响端头区的作业效率，是目前影响综放工作面安全高效生产的重要环节。因此，实施端头液压支架支护改革，研究新型端头支护方式是必要的。

ZT12000/16/24 横向端头液压支架（见图10-8）是根据峰峰集团薛村矿大倾角工作面实际需要研制的。该端头支架布置在综采工作面与工作面运输巷的交汇处，具有以下特点：能有效的维护巷道与工作面交叉口的顶板，能为安全生产及人行通道提供足够的工作空间；在大倾角工作面能够有效防止工作面支架倾倒；能适应巷道起伏变化等特点。该型端头支架在薛村矿大倾角工作面端头使用效果良好。

图10-8   ZT12000/16/24 横向布置端头液压支架

10.11.1   支架结构特点

（1）横向布置和前移。端头支架与工作面支架成90°横向布置，且横向前移；

（2）能适应煤层倾角变化。前进式（纵式）端头支架，支撑大倾角顶板会失稳；横式端头支架顶梁可随煤层倾角变化支撑顶板，且立柱行程大于支撑千斤顶行程，可使顶梁向上摆角适应顶板倾角变化；

（3）能承受大倾角煤层复杂顶板压力和动力。顶梁始终随顶板倾角变化而严实支撑顶板，且立柱随顶梁（亦随煤层顶板）斜撑，支撑状态稳定，有效承受大倾角煤层复杂顶板压力和动压；

（4）垂直导杆机构代替四连杆，适应调高、承受侧向力。四连杆要求后部空间大，而横式端头支架受巷道所限，后部空间较小，采用升降座代替四连杆承受水平、侧向力；由千斤顶控制垂直导杆，能适应巷道变化和调高要求；

（5）设伸缩梁和护帮板，以及各挡板装置，严格地将工作区和人行空间隔离开来，保证了下端头处行人和工作人员的安全；

（6）采用左、右双推移千斤顶实现横向移动；加调架装置，能使端头支架、转载机和工作面输送机机头同步协调推进。

10.11.2 支架创新点

（1）端头支架与工作面支架成90°横向布置，且采用左、右双推移千斤顶实现横向前移；

（2）下端头布置转载机，实现了快速移溜；

（3）横式端头支架顶梁可随煤层倾角变化支撑顶板，且立柱行程大于支撑千斤顶行程，可使顶梁向上摆角适应顶板倾角变化；

（4）垂直导杆机构代替四连杆，适应调高、承受侧向力。

10.12 液压支架制作工艺研究

10.12.1 大阻力液压支架的焊接工艺

10.12.1.1 结构件选用材料及其性能

大阻力液压支架结构件选用材料70%左右为 Q690 高强度钢板，30% 左右选用 Q460 低合金高强度结构钢。钢材的力学性能见表 10-4。

表 10-4 钢材的力学性能

材料	屈服强度 σ_s/MPa	抗拉强度 σ_b/MPa	伸长率 δ_5/%	冲击功（-20℃）A_{KU}/J	所占比例/%
Q690	690	680~720	16	40	70 左右
Q460	460	460~500	21		30 左右

Q690 高强度钢板屈服强度高，焊接性能好，主要应用于港口机械、起重机、煤矿机械、挖掘机等。"十一五"规划中煤炭行业的技术进步和结构调整将对煤炭用钢提出新的要求：一是钢材用量将有较大幅度提高，对钢材质量性能提出了更高的要求。为了提高煤矿巷道安全性，高强度、高韧性、有一定抗冲击性的钢材需求将增加。二是高强度、高性能的中厚板需求量将增加，近年来，为适应综合机械化采煤的需要，我国液压支架产量呈现爆发性的上升态势，同时液压支架所承受的压力增大，这将大量使用抗拉强度在700MPa 和 800MPa 级别的钢板（Q690 及以上级别），可见 Q690 高强度钢板在煤炭支护方面应用的广泛性。

Q690 高强度钢板在大阻力液压支架中的焊接性起到了举足轻重的作用，这就需要我们提出合理的焊接工艺来保证质量。我们先期为了摸索先进、合理的工艺性，进行了相关的焊接试验。

10.12.1.2 焊接试验和试验结果

A 焊接前期准备、焊接接头试验

焊接接头的截取位置、方法、数量及机械加工应符合 GB 2649 中的相关规定。通过金相组织分析，选取 GHS80 焊丝作为焊接大阻力液压支架的焊丝。

B 确定焊接方案

通过试验结论，确保支架焊接质量，特制定以下焊接工艺规定，作为后续具体焊接的参照标准：

（1）焊接设备：500A CO 气体保护焊机。

（2）焊接材料选用：为了保证焊缝韧性、塑性及接头抗裂性能，焊接材料选用等强度的原则，选用 ϕ1.6mm GHS80 焊丝。

（3）焊接气体的选用：为了既满足焊缝内在质量，又保证焊缝外观质量，选用 80% $Ar + CO_2$ 混合气体保护焊。

（4）焊接坡口的设计及加工：坡口的加工，可以用机械方法和热切割方法进行。

（5）焊前预热控制：鉴于 Q690、Q550 钢板属于较高强度的低合金结构钢，其淬硬倾向严重，产生焊接裂纹及延迟裂纹的可能性大，焊接性能差的特点，保持始焊温度及层间温度十分重要，故要求 Q690 钢板焊接必须入加热炉进行焊前预热，预热温度 150～200℃，且焊接过程中应连续不间断监测层间温度，若低于 100℃ 时，应立即重新入炉加热至 150～200℃；对于 Q550 钢板焊接，需采取始焊时，氧－乙炔火焰对始焊部位焊缝两侧 100mm 范围内预热 1.5～2m 范围，温度 100～150℃ 预热措施，以提高始焊温度。

C 焊接过程控制

（1）因为 Q690 板材焊后不允许用压力机和火焰矫正，所以结构件在点组时应尽可能采用反变形法和加支撑焊接。注意加支撑的部位，焊后必须铲磨干净平整。

（2）焊道及焊道边缘必须清理干净，不允许有油、锈水、夹渣等。焊道两侧用风动砂轮机清理边缘，单侧不得小于 20mm。

（3）结构件在点组时必须按规定点组，点组时的定位焊缝焊脚高为 7～8mm，长为 20～50mm 间隔为 200～300mm，当焊缝长度不足 700mm 时，单侧定位焊缝不得少于两处。

（4）为了保持预热效果，保证焊件始焊温度，层间温度满足焊接要求，焊接过程采取不间断连续焊接方式，即工件预热后，每道工序投入焊接后不间断，中间采取多人轮换方式，直至该道工序组件全部焊接完毕，进入焊后热处理为止。

（5）为确保结构件的焊接质量和减少结构件的焊接变形，我们采用多层多道焊接的方法。

（6）为了保证焊缝的焊接质量，始焊、终焊处最易产生焊接缺陷，如焊馏、弧坑及焊接裂纹，故采用指定的引、收弧位置，不采用与母材同种材料的板做引、收弧板，应力集中处不允许引弧和收弧。

D 焊后热处理控制

为了消除焊接残余应力，提高结构件的尺寸稳定性、增强抗应力腐蚀，防止延迟裂纹等焊接缺陷的产生、改善接头组织及力学性能，提高结构件长期使用的质量稳定性和工作安全性。制定如下焊后热处理工艺措施：

（1）对于使用 Q690 材料的底座，严格强调每焊完一道工序，必须马上入炉进行焊后热处理，加热温度 450 ~ 500℃，保温 2.5h，将工件运至避风部位空冷至常温，再进入下道工序组点。

（2）对于使用 Q550 材料较多的顶梁、前后连杆、推移杆，第一道工序即主筋、筋板、顶板焊接完毕。第二道工序盖板、弯板焊接完毕，必须立即入炉进行焊后热处理，加热温度 450 ~ 500℃，保温 2.5h 后，将工件运至避风部位进行冷却，其他辅助零件焊后可不进行热处理。

（3）对于使用最高强度为 Q460 的掩护梁等其他部件，仍采用原焊接工艺，不预热，但主要零部件全部焊接完毕后一次入炉焊后热处理，加热 450 ~ 500℃，保温 2.5h 后，出炉将工件运至避风部位空冷至常温。

10.12.2　中小阻力液压支架制作工艺控制

10.12.2.1　Q460 低合金结构钢主要成分及力学性能

Q460 低合金高强度钢是在 16mm 钢的基础上加入 Cr、Ni、V、Ti 等合金元素炼制而成。钒和钛的加入，能使钢材的强度增高，同时又能细化晶粒，减少钢材的过热倾向。Q460 低合金高强度结构钢的力学性能见表 10 – 5，Q460 低合金高强度结构钢的成分见表 10 – 6。

表 10 – 5　Q460 低合金高强度结构钢的力学性能

牌　　号	屈服强度 σ_b/MPa	抗拉强度/MPa	伸长率 δ/%
Q460	460	550 ~ 720	17

表 10 – 6　Q460 低合金高强度结构钢的成分　　　　　　（%）

$w(C)$	$w(Si)$	$w(Mn)$	$w(S)$	$w(P)$	$w(Cr)$	$w(Ni)$	$w(Ti)$	$w(Nb)$
≤0.2	≤0.55	1.0 ~ 1.7	≤0.035	≤0.035	≤0.7	≤0.7	0.02 ~ 0.2	0.015 ~ 0.06

10.12.2.2　焊条的选择

低合金钢选择焊接材料时必须考虑两方面的问题：一是不能有裂纹等焊接缺陷；二是能满足使用性能要求。选择焊接材料的依据是保证焊缝金属的强度、塑性和韧性等力学性能与母材匹配。根据这两方面准则，我们选择焊接材料的要求如下：

（1）选择与母材力学性能匹配的相应级别焊接材料。

（2）考虑熔合比和冷却速度的影响。焊缝的化学成分和性能与母材溶入量（熔合比）有关，而焊缝组织与冷却速度有很大关系。采用同样的焊接材料，由于熔合比或冷却速度不同，所得焊缝的性能有很大差别。因此，焊条或焊丝成分应考虑到板厚和坡口形式的影响。薄板焊接时熔合比较大，应选择用强度稍低的焊接材料，厚板深坡口则相反。

（3）考虑焊后热处理对焊缝力学性能的影响。当焊缝强度余量不大时，焊后热处理（如消除应力退火）后焊缝强度有可能低于要求。因此，对于焊后要进行正火处理的焊缝，应选择强度高一些的焊接材料。

根据以上选择焊接材料准则，选择 GHS‐60N 作为试验用焊接材料，焊接接头的截取位置、方法、数量及机械加工应符合 GB 2649 中的相关规定。

10.12.2.3　焊接过程当中的注意事项

（1）各焊缝尺寸必须符合图纸要求。角焊缝除少数焊角尺寸 $K = 18mm$ 以外，一般焊角尺寸 $K = 12 \sim 18mm$，焊后用样板自检合格。焊角允许误差为 $\Delta K \leqslant 3$，要求焊缝宽度均匀，表面美观。

（2）焊缝边缘与母材结合线必须融合良好，光滑过渡，不允许出现未融合、裂纹、咬边等焊接缺陷，焊接缺陷应控制在合理的公差范围。

（3）焊接时注意防风，每遍每道施焊前用压缩空气吹除灰尘及氧化渣皮，并清理焊缝表面油污，以减少气孔，清除边缘熔合不良现象。

（4）各焊工的焊接设备要精细保养，经常检查气路是否有漏气或其他故障，焊丝输送与导电装置及易损件是否完好，从焊接设备上保证少出现气孔及其他焊接缺陷。

（5）各焊工严格焊后自检，检查出焊后缺陷，各焊工必须立即处理合格。杜绝出现漏焊及不合格焊缝。

（6）产品实行工号制，组装焊接质量可追溯到各操作者个人。

（7）焊工焊前必须熟悉图纸，了解各主筋与各筋板之间的不同焊角尺寸要求。

（8）一般焊角采用多层多道压焊成型，焊道数量及顺序按图示进行。保证焊缝成型尺寸合格。

（9）加强焊接检查制度，第一遍打底焊用小电流焊接，以减少母材在焊缝中的金属比例。焊角高度在 $6 \sim 8mm$ 之间。

（10）第一遍焊后经检查合格后方可进行第二遍焊接，第二遍焊道焊好后也必须经检查合格后方可进行第三遍焊道的焊接。产品经检验发现质量问题责任班组和个人必须尽快组织处理直至合格。

（11）各层焊缝焊接工艺顺序必须遵守："先焊横向焊缝，再焊纵向焊缝，最后焊垂直角焊缝"的原则。并采用对称（两个焊工同时施焊）中分式（即从中间到两端分段退焊）。

（12）焊接件表面的飞溅、毛刺及焊瘤必须打磨清理干净方可转入下道工序。

10.12.3　机械加工工艺方案

（1）由于主要结构件整体加工，液压支架中大型承载结构件有顶梁、掩护梁、前后连杆及底座等，其主要功用是承受和传递顶板和垮落岩石的载荷。既要保证足够的强度，又要保证一定的几何尺寸及形状位置精度。结构件拼装间隙、焊接变形量和铰接孔加工精度控制的好坏将直接影响产品质量。为确保总装性能，对支架主要结构件铰接孔拼装前预加工，消除应力后整体加工。

（2）板材的加工和拼焊件的加工，板材的下料采用数控切割机进行精确下料；板材加工有铣边、镗孔、钻孔等工序，可采用加工中心或组合机床来完成；板材开坡口采用刨边法和热切割法；拼焊件的整体加工主要是钻孔和镗孔，配备 BFS‐24/16、HC212 型数显卧式镗床，TK6513A/2×5 型双面卧式铣镗床，ZT6‐01/4×2 型 8 轴组合镗孔专机等用于提高加工精度和效率。

10.13　高端减速机系列

　　河北天择重型机械有限公司研制的 F 系列和 R 系列高端减速机（见图 10 - 9）。F3C 和 F3P 已形成全系列化；R 系列的规格有：R3CS（K）D04、R3CS（K）D06、R3CS（K）D50、R3CS（K）D60、R3CS（K）D70、R3CS（K）D80、R3CS（K）D90、R3PS（K）D110、R3CXKD400、R3CXKD855，已初步形成系列化，可以满足目前峰峰集团各矿皮带机、刮板机配套用减速机需要。其中 F3CSD07B/D 高端减速机通过中国煤炭科工集团太原测试中心检测，F3CKD09 高端减速机通过郑州国家齿轮产品质量监督检验中心检测，各项技术性能指标均达到或超过国家行业标准 MT/T 681—1997 的规定，其中 33 种高端减速机已取得安标证，第二批 39 种机型减速机安标取证工作正在办理中。

图 10 - 9　F 系列和 R 系列高端减速机

　　目前高端减速机已广泛应用到皮带输送机和刮板输送机传动系统，提高了煤矿生产效率和传动稳定性，这也标志着天择公司的高端减速机研制达到国内先进水平。

　　这两种系列的高端减速机具有精准驱动、精确运转、传动扭矩大等特点，其设计制作水平代表着装备制造行业高端减速机的发展方向，也因此成为市场竞争的热点和焦点。在设计中采用创新的理念、成熟的技术和先进的工艺，并积极加强同国内专业研究院所的合作力度，积极借鉴院校在减速机理论研究方面的经验，实现了减速机研制的新突破。在制作过程中，该公司制定了制作工艺措施和装配保证措施，成立了机加工、锻造、焊接、热处理专业工艺组，对制作中的加工工序、加工设备、切削用量、工艺步骤等进行严格控制和检验，特别在热处理工序中，创新工艺，严格控制，提高了产品的性能。

10.13.1　高端减速机方案论证

　　高端减速机项目立项时经过多方面调研论证，并专程去南方许多减速机生产和使用厂家进行考察。结合本公司实际，认为高端减速机研发制作具有以下优势：

　　（1）产品具有很高的性价比。

　　（2）本公司具有多年的矿用减速机设计和生产经验。

　　（3）面对峰峰集团等大型用户，市场前景非常好。

10.13.2 高端减速机创新点

（1）针对性的箱体设计，采用高强度球墨铸铁材料，使减速机有更高的抗冲击力。

（2）全新的油封设计，使漏油事故大幅降低（见图10-10）。

（3）特殊润滑装置，解决运转倾角过大润滑不足烧伤失效问题（见图10-11）。

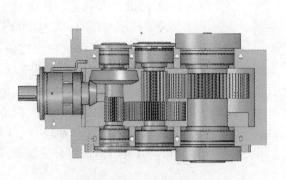 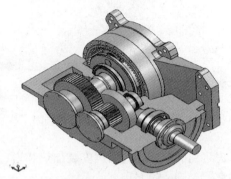

图10-10 采用双重密封的 R3CKD70DC 型减速机

图10-11 带润滑油泵的 R3CXKD400 型减速机

（4）最新标准的螺旋锥齿轮齿形设计和加工，极大提高齿轮强度，延长使用寿命。

（5）利用模块设计减少库存、达到快速交货和灵活多变选型。

（6）有限元受力分析箱体各处等效应力和用计算机流体体积云图模拟计算箱体热平衡（见图10-12，图10-13）。

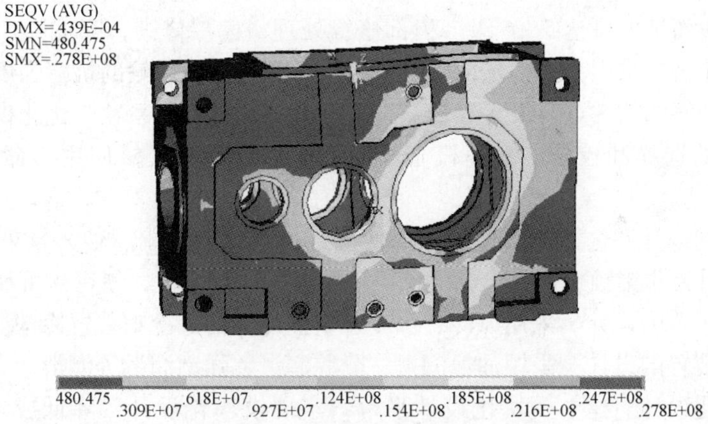

SEQV (AVG)
DMX=.439E-04
SMN=480.475
SMX=.278E+08

480.475   .618E+07   .124E+08   .185E+08   .247E+08
    .309E+07   .927E+07   .154E+08   .216E+08   .278E+08

图10-12 箱体各处等效应力图

10.13.3 高端减速机制作特点

（1）齿轮件采用高精加工制造工艺和设备；

（2）铸件箱体采用特殊工艺和砂型制作，保证外观和强度；

（3）箱体加工采用数控加工设备；

（4）材料热处理采用专用特殊工艺；

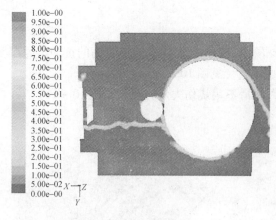

图 10 - 13　流体体积云图

（5）零件加工精度高，保证互换性；

（6）先进三坐标检测设备，专用装配工装，专用试验平台。

10.13.4　研制的技术核心及关键部件

（1）箱体的设计和制造。箱体采用高强度球墨铸铁材质 QT500 - 7，QT500 - 7 球墨铸铁箱体具有很高的抗冲击性能，不易变形，且能保证平整的铸造外观。箱体用三维设计、有限元受力分析，保证最轻的质量，最高的强度，最大的散热面积，达到最优的性能。箱体设计时考虑多功能需要，为后续安装加热装置、冷却装置等预留接口。并充分考虑多种安装形式需要，做到一箱多用。

箱体铸造采用树脂砂型铸造，这样既可保证箱体外型美观，又可保证箱体铸造精度，减少铸件变形，减小加工量，提高加工精度和加工效率。铸造箱体采用时效处理，最大限度减少变形，防止影响传动效率和传动件强度，减少漏油概率。

箱体加工全部在数控机床上完成，保证加工精度和互换性。三坐标测量仪检测，保证可靠性。

（2）轴、齿轮的设计和制造。轴、花键轴全部采用 42CrMoA 锻件，调制处理；齿轮、齿轮轴全部采用 17Cr2Ni2MoA 锻件。齿面采用渗碳淬火热处理工艺，实行重要工序控制模式。磨齿后齿面精度可达 5 ~ 6 级。齿部修缘处理，齿根修圆，降低噪声，提高接触强度。弧齿锥齿轮齿形采用克林根堡或格里森齿形，有效提高齿轮的抗弯强度。应用和北京科技大学合作开发的软件进行设计和校核，通过合理选择变位系数，优化设计。

（3）轴承的选择和校核。减速机全部使用进口轴承，校核使用寿命达到 3 万小时以上。

（4）油封的设计和选择。减速机全部使用进口油封，输出、输入轴处采用双重密封设计，外部密封为非接触式密封，有效保护里层密封的有效性，使密封可靠。

（5）冷却装置的设计。采用风冷、水冷、空油冷却器等冷却装置冷却。

（6）润滑装置的设计。采用油池润滑、分腔润滑、强制润滑等润滑。

（7）模块化设计。建立模块化设计平台，实现模块化设计，降低成本，减少库存，快速交货。便于实现市场化运营。

10.13.5　高端减速机研发目标

（1）自主研发、制作，打造具有"天择"品牌的名牌产品，成为公司新的利润增长点。

（2）稳占集团内市场，替代进口减速机，降低采购成本。

（3）拓展国内市场，创国内知名品牌。

11　设备保障体系——物资集散管理

11.1　物资集散管理概述

机器设备是集团公司生产的重要物质和技术基础。煤炭生产的数量、质量和成本等主要指标都与设备的技术装备水平和机械化程度有着密切的关系。适应集团公司煤炭生产的发展，全面建立集团公司设备保障体系——物资集散管理，通过集中采购、集中供应、集中租赁、分散控制的有效结合，实现设备物资统一管理、资源共享，可有计划、有步骤地用先进设备取代陈旧落后设备，从而加快集团公司设备更新改造步伐和加大新技术、新工艺、新装备的推广力度，有助于不断改善和提高集团公司技术装备水平和机械化程度，最大限度地优化设备资产结构，全面提高设备使用率，最终达到设备管理少投入、多产出的目的。

11.1.1　物资集散管理模式

物资集散管理以"集中采购、集中供应、集中租赁、分散控制"为工作方针，坚持"统一选型、统一备用、统一租价、统一调剂"的基本原则，以规模化、专业化、市场化、信息化为手段，对煤炭生产主要设备实行集中管理，通过科学选型、高效供应、有偿使用和合理调剂，盘活闲置设备，减少重复储备，实现设备资产的高效利用。

11.1.2　物资集散管理机构

集团公司成立物资供销分公司、设备租赁分公司两个专业化公司，在集团公司职能部室的指导和协调下，组织实施设备物资的集中采购供应和集中租赁管理，其主要职责是对矿井主要生产设备及其配件进行选型配套、招标采购、验收到货、配送储备、资产管理、租赁调剂、大修理、报废及残体处置等管理工作，并对设备物资的使用情况进行监督检查，保证设备资产的高效利用。

集团公司组织成立招标管理委员会，下设招标办公室、资证审查组、评标专家组和监督检查组，主要负责日常招标组织协调、供货厂商的资质审查及招标全程控制，保证招标工作高效开展。

11.1.3　物资集散管理内涵

物资集散管理的基本做法是：各矿编制需用设备租赁计划，报送设备租赁分公司→设备租赁分公司在集团公司煤炭生产部的指导下进行选型配套，确定购置计划，经集团公司发展规划部、财务管理部审批，报送物资供销分公司→物资供销分公司平衡汇总，报集团公司组织实施设备物资招标采购，确定供货厂商→供货厂商组织生产→物资供销分公司组织设备租赁分公司、需用矿井进行设备物资的出厂验收和到货验收→需用矿井办理手续租用设备，向设备租赁分公司按月支付租金→各矿井在设备使用完毕后，将设备检修完好，经设备租赁分公司验收后退租，停收租金→退租设备可再次出租。在管理中，集团公司作为设备的投资主体，设备采购权归物资供销分公司，设备经营权归设备租赁分公司，各矿通过缴纳租金的方式取得设备的使用权，租金由设备租赁分公司以利润形式上交集团公司。

总体上讲，物资集散管理的实质是利用经济手段改善设备的经营管理，将单纯管理型的设备管理机制转变为效益型的管理机制。

11.1.4 物资集散管理意义

物资的集散管理实现了集团公司对设备的选型配套、招标采购、到货验收、配送储备、资产管理、租赁调剂、大修理、报废及残体处置等方面的综合管理。其重要意义表现在：

（1）集散管理将集团公司物资采购、验收、使用等由分头管理变为集中管理，通过对业务流程的分散控制，实现了集团公司降本增效。

由于集中采购供应、集中租赁管理的运作，将原来分头的采购权、管理权集于一处，便于集团公司统一管理和安排部署，能够更好利用采购资金、人员、设备、仓库等有限资源，对各矿井采购资金、存储物资、需求计划、采购活动等进行有效的管理，在集团公司整体采购数量不变的情况下，取得业务的主动权和话语权，降低购置成本和管理费用。同时，集中的权力通过相互分离的业务过程来实现，即"选型配套、招标采购、到货验收、使用维护、货款支付"等过程的分离，建立相互监督、相互制衡的内控机制，使得权力能够集中、统一、规范、公开地运行，有效地实现了对资金预算、采购质量、业务执行及付款等方面的控制。

（2）集散管理将集团公司内部各矿对设备的无偿占用改为有偿占用，消除了设备管理工作中的诸多弊端。

由于集团公司是设备投资的主体，各矿存在"万事不求人"、"有备无患"、"有新不用旧"的思想，往往不考虑实际需要，对设备占用是多多益善，盲目争投资、争设备，造成设备资产积压浪费严重，设备投资效益低下。实施设备有偿使用后，占用设备需支付租金，租金列支各矿生产成本，由集团公司定期进行成本考核，这就促使各矿注重提高设备资产经营效益而非数量上的占用。并且，在租赁合同的约束下，各矿也更加注重对设备的正确使用和维护保养，大大提高了设备管理的水平。

（3）集散管理有利于在集团公司内部实施设备综合管理，建立现代设备经营管理机制。

集散管理将由不同职能部门分头管理的各个环节由集团公司指定的专业化公司负责管理，在集团公司建立了一个统一的、权责明确的、对设备实施从规划到报废全过程管理的管理机构。从而改变了设备管理中的机构臃肿、多头管理、信息不畅、管理乏力的状况，有利于设备的全面规划、合理配置、多元化筹措、正确使用、专业化检修和适时更新改造，推动了集团公司设备管理工作由粗放型向集约型的转变。

（4）集散管理有利于集团公司集中使用设备资金，加快生产设备的更新与技术改造。

资金短缺一直是制约集团公司更新技改的主要因素之一，资金的多头管理、分流使用又使得这一问题更加突出。实施集散管理后，专业化公司在集团公司的统筹下，可以集中管理和使用资金，根据不同时期生产的需要，有重点、有选择地对设备进行更新技改，以更有效地使用有限的设备资金，来保证生产的顺利进行，提高集团公司设备的装备水平和机械化速度。

（5）集散管理通过市场化的运营，在实现管理规范化、资源效益最大化的基础上，可不断提升了集团公司设备精细化管理水平。

集散管理通过专业化、市场化的运营，以实现管理理念的科学化、经营意识的自主化为管理出发点，将管理责任具体化、明确化，让各管理部门成为"经营实体"，适应集团公司不断发展变化的新形势，把精细化管理与市场化相结合，用市场经济的手段来抓设备管理，建立"精细集约、质量效益"型的管理新模式，可有效地解决工作标准不高、过程控制不细、制度执行不严等问题，逐步实现精细化管理"向管理要效益"的目的。

11.2　物资集散管理的运作

物资集散管理以适应集团公司不断发展的生产形势为基础，以规模化、专业化、市场化、信息化为手段，致力于在集团公司内部形成完善的设备市场，通过优化增量、统一备用、调剂闲置、盘活资产、资源共享等一系列组织运作，最终实现优化设备资源配置，推进集团公司设备资源的合理运用和流动。

（1）选型配套。各矿在需用设备时，结合本矿生产地区和现有设备情况，向设备租赁分公司申报年度、季度设备租赁计划并提交技术要求。设备租赁分公司在集团公司煤炭生产部组织下，充分考虑各矿生产条件，依据现有设备在籍、使用、备用、可调剂、报废等情况，紧密结合集团公司设备的发展方向，确定各矿设备的配套选型和购置数量，编制年度、季度设备投资计划，报送集团公司发展规划部、财务管理部审批。

（2）招标采购。依据获批的设备投资计划，物资供销分公司进行统计汇总、平衡利库后，编制物资采购计划，上报集团公司物资招标办。招标办考虑需购物资的类别、数量、性能、需用情况等因素组织实施物资采购招标工作，确定供货厂商。物资供销分公司依据招标情况，与供货厂商签订购货合同。

（3）验收到货。设备生产完毕后，物资供销分公司组织设备租赁分公司、设备需用矿共同组成验收小组，依据相关的技术协议和要求，到生产厂家对设备进行出厂验收。验收合格，依据生产需求组织到货。设备到货后，设备租赁分公司、设备需用矿对设备进行到货验收。合格后，设备租赁分公司组织签订设备验收单，交物资供销分公司，作为结算设备款的依据。

（4）配送储备。物资供销分公司负责进行或安排供货厂家进行到货物资的配送。到货后的物资，由物资供销分公司、设备租赁分公司进行集中储备、统一调配。集中储备的物资依据类别、规格、型号等分库、分区进行存放，以保证存储物资的性能和数量完整。同时，物资供销分公司、设备租赁分公司组织建立仓储实物账，每季、每年对库存设备进行实物盘点。

（5）资产管理。设备租赁分公司对到货设备物资逐台编号、建账、建卡。设备租赁分公司的编号为设备的终身编号，各使用单位租用后不再进行编号。为了便于对设备进行跟踪管理，设备租赁分公司安排生产厂家或委托租用单位对每台设备在其主部件及主要附件的合适位置进行刻号。为确保账、卡、物一致，在每年度组织人员对账、卡、物进行核对。

（6）设备租赁。设备的租赁一律按签订租赁合同的方式进行。各矿向设备租赁分公司提出租赁申请，设备租赁分公司负责办理租赁合同，同时按规定收取租金。租赁设备需退租时（皮带机、刮板机中间部分采用一次价让的方式进行，租用后不再退租），各矿提出退租申请，设备租赁分公司组织人员进行验收。验收合格后退租，同时按规定停收租金。退租设备未达到报废条件的，退租单位需将设备检修完好，并需保证退租设备再次使用三个月内无质量问题，如有问题，由退租单位无偿修理。达到报废条件时，退租单位需保证设备主部件配套齐全。退租完好设备有需用时，可再次进行出租。

（7）租金的计算及核算。租金按照合理经营、资产保值原则确定和收取。设备租金主要包括：折旧费、大修理费和管理费。刮板机、皮带机中间部分采取一次性价让方法，以一年为期限收取租金。租金实行按月结算，租赁时间不足一个月的，按整月收取租金。设备租赁分公司每月对租金进行汇总，由集团公司财务部门按月扣缴。

（8）设备维修。租赁设备的维修分大、中、小修三种形式，设备租赁分公司负责组织租赁设备的大修理，租用单位负责租赁设备的中小修。设备租赁分公司根据设备租赁情况和使用年限编制大修理计划，经集团公司批准后组织实施。设备大修理厂家必须是集团公司定点厂家。设备修理前，由设备租赁分公司、检修厂共同进行设备状况鉴定，确定需修理内容，核定修理费用。设备修理完成后，设备租赁分公司、检修厂、需用单位共同进行验收。

（9）报废更新。租用设备需报废时，由各矿提出报废申请，设备租赁分公司编制报废设备明细，报送集团公司煤炭生产部。煤炭生产部组织集团公司财务管理部、设备租赁分公司到各矿对设备进行现场技术鉴定，符合报废条件的予以报废更新。设备更新的实行用技术性能先进的设备更新技术性能落后又无法修复改造的老旧杂设备的原则。

（10）残体处置。设备租赁分公司依据报废设备残体的交回情况提出残体处置申请，报送物资供销分公司。物资供销分公司根据残体种类、数量等情况提交集团公司企业管理部。企业管理部组织集团公司煤炭生产部、财务管理部、物资供销分公司等相关部室进行现场鉴定和处置拍卖。物资供销分公司依据确标情况，以通知函形式通知设备租赁分公司进行残体销售。设备租赁分公司依据通知函进行残体销售，出具销售结果，同时核减台账。物资供销分公司依据销售结果开具发票。

11.3 物资集散管理的保障措施

物资集散管理的顺利实施需要有相应的管理措施来进行保障。通过不断建立和完善保障措施，促进物资集散管理优势的充分发挥，以此加快由单纯管理型的设备管理机制向效益型的管理机制的转变，从而提升设备管理水平，提高集团公司的技术装备水平和机械化程度，实现集团公司煤炭生产持续健康发展。

11.3.1 建立健全物资集散管理组织保证体系

集团公司全面建立了内部物资供应链体系，由物资供销分公司在各矿设立了驻矿供应站，主要协助物资供销分公司业务部门做好矿井所需物资计划的收集汇总、平衡提报等工作。一方面，将管理机构延伸设置到各矿，增加了物资供销分公司与各矿的沟通交流，而且各矿之间的信息互相开放，横向沟通交流的增多，促使需求、供应信息顺畅，最大程度地减少了物资呆滞和调剂困难；另一方面，合理的机构设置、明确的职责划分，进一步规范了采购行为，形成更加科学、规范、高效、透明、相互制衡的组织机构和运行机制，保障了集中采购供应管理优势的最大发挥。

同时，由煤炭生产部、设备租赁分公司组成了设备管理机构，定期对各矿生产安排、地区衔接、设备使用等情况进行监督检查，从统一设备投资规划入手，综合平衡考虑现有设备能力和使用条件，着重解决生产设备的闲置浪费、技术性能、成本控制等方面的问题。在满足生产需求的同时，对同类级设备进行选型和配套统一，做到技术先进、配置合理、效益高效，实现了新购置设备闲置、积压量的零增长，减少设备备用数量，以最小资金投入满足生产所需，确保设备投资收益。这对于减少设备资源的无效占用、引进新技术新装备、合理进行选型配置、推行先进的设备管理理念等都发挥了重要作用，形成了具有峰峰集团特色的设备管理模式，极大地提高生产的工作效率。

11.3.2 不断制定和完善规章制度体系框架

在物资集散管理中，紧紧围绕集团公司发展形势和管理需求，不断梳理业务流程、完善管理程序和规章制度。始终坚持到货验收与计划申报相结合、修理改造与更新相结合、报废与调剂相结合、租赁与仓储保养相结合、技术管理与经济管理相结合的原则，考虑选型配套、招标采购、验收到货、配送储备、资产管理、租赁调剂、大修理、报废及残体处置等管理内容与经营特点，积极汲取集团公司外部先进的管理经验，先后制定了设备从选型规划直至报废处置等涉及整个管理流程和经营活动的一系列规章制度，形成较完备的物资集散管理制度体系，全面规范管理业务流程，促进集中管理工作的有序、稳步、高效地开展。

11.3.3 深化租赁市场化运作机制

建立完善了与租赁管理相适应的约束政策，不断深化租赁市场化运作机制，利用租金这一经济杠杆，推动各矿的闲置和备用设备资源的流动和充分利用。诸如未及时退租不需用设备的、待修设备数量过多的、造成新购设备闲置积压的各种行为，通过加倍核收租金的方式进行处罚，由此增加的租赁费用，列支单位成本，集团公司不予费用调整，从而以经济杠杆促使生产设备形成租用→更新→再租用→再更新的良性循环，保障集团公司正常生产和低成本运行。

11.3.4 加强建设高效物资管理信息化系统

在促进物资集散管理科学化、规范化运行的同时，遵循"追求适用性、兼顾先进性"的指导思想，下大力进行了物资管理信息化系统开发建设，组织研发了《物资供应链管理系统》、《租赁设备管理信息化》、《办公自动化系统》等管理软件。在计算机系统的帮助下，将管理中各部门联合在一起，利用计算机的数据存储能力、计算能力和远程分享信息的能力，逐步实现了计划管理、合同管理、出入库管理、资产账务管理、租赁核算、技术档案、单台设备效益测算等管理的信息化，取消了各类手工单据操作，全面建成了"模式优化、系统畅通、运作便捷"的动态管理信息体系，极大地提高了管理及办公效率，实现了信息共享，提升了数据统计分析能力，为集团公司盘活资产、优化设备资源配置和领导决策提供了强有力的数据支撑。

11.3.5 全面推行成本预算和对标管理

立足于集团公司物资集散管理的工作部署，重点对采购成本、吨煤租赁费用、出租率、修理费用、备用闲置设备量、设备调剂量等方面进行预算管理，制定年度预算管理指标，并将指标月度分解细化、落实管理责任，确定各业务主管人员为预算指标考核的责任人，促使员工积极主动参与管理工作当中，共同促进提升管理水平。同时，在完成基本预算指标的基础上，建立对标管理体系，以装备水平、采购成本、吨煤租赁费用、闲置调剂、原煤产量为重点，确定标杆值，纵向对比历史先进数据，横向对比集团公司外相关行业和单位，积极采纳吸收他人管理长处，找出当前管理中存在的问题和漏洞，及时制订改进措施，保证各项工作有序地提升。

11.4 物资集散管理的成效

通过一系列举措，经过数年的努力，物资集散管理的优势得到了充分发挥。目前，集团公司主要生产设备物资招标采购的比重已达到100%，主要生产设备平均采购成本下降了19.5%，设备出租率提高到84.89%，设备新度系数提高到0.48，主要采掘运设备占租赁总设备量的96%以上，有力促使集团公司矿井主要采掘设备向高技术、大功率、高可靠性发展，推进生产工艺由高档普采向综采的过渡，使集团公司的机械化程度及产量均有了较大的提高。

11.5 附件：峰峰集团有关设备租赁管理的文件汇编

附件一：峰峰集团设备租赁管理规定

第一章 总 则

第一条 为加强设备租赁管理，优化资产结构，提高设备利用率，加快设备更新改造步伐，提升集团公司技术装备水平，实现设备集中管理、统一租赁、资源共享，特制定本规定。

第二条 本规定适用于集团公司所属生产矿井及控股、参股子公司。

第二章 组织机构、职责、管理模式

第三条 设备租赁分公司负责设备租赁的经营和管理，主要职责：

1. 对租赁范围内设备制定购置计划、进行选型、到货验收、账卡物、租赁、调剂、大（中）修理、仓储、报废、废旧物资处置和集团公司设备信息网络的管理工作，并对租赁设备使用情况进行监督检查，保证设备资产的保值增值和高效利用。

2. 对非租赁设备投资计划进行平衡、审核。

第四条 设备租赁分公司设立技术装备、资产管理、设备调度、租金核算等部门，主要完成设备租赁和管理工作，保证租用单位正常使用。

第五条 设备租赁分公司设立驻矿租赁站，主要协助设备租赁分公司业务部门做好生产矿井所需设备的租赁计划、到矿验收、租赁业务办理、租赁台账管理、退租验收、仓储、设备定期普查等管理工作。

第六条 租用单位设立相应的设备管理部门或兼职机构，主要负责与设备租赁分公司驻矿租赁站之间的业务联系和设备租用期间的使用、维护、修理、仓储等管理工作。

第七条 非租赁设备投资计划需经设备租赁分公司审核批准后报发展规划部。未经设备租赁分公司批准的投资计划，发展规划部不予办理。

第八条 煤炭生产部在集团公司主管领导的指导下负责组织、协调租赁设备的选型和技术配套工作。

第九条 设备租赁分公司和设备租用单位要认真履行《设备管理条例》、《煤炭工业企业设备管理规程》赋予的有关权利和义务。

第三章 租赁设备的范围、购置、验收

第十条 租赁设备范围（含采区变电所）：支架、采煤机、刮板机、破碎机、皮带机、转载机、喷雾泵站、乳化液泵站、移动变电站、掘进机、卡轨车、液压钻车、装岩机、装煤机、喷浆机、绞车；风机、钻机；变压器、低压开关柜、电动机、高压开关柜、减速机、开关、人车、水泵、稳车。非租赁设备范围：矿用提升、通风、排水、压风所用固定设备。

第十一条 凡需租赁设备的单位，要紧密结合生产地区安排情况，组织机电、生产有关人员认真分析现有设备的使用、修理、备用等情况，每年9月份编制下一年度的租赁计划申请，报设备租赁分公司驻矿租赁站。

第十二条 设备租赁分公司根据各单位的租赁计划申请和设备库存及报废情况，结合煤炭生产部，根据生产地区安排及生产设备的发展方向，平衡、汇总年度设备投资计划，经集团公司主管领导批准后，报发展规划部。

第十三条 租赁设备的购置申请由设备租赁分公司负责上报。租赁设备的采购由物资供销分公司负责。

第十四条 设备租赁分公司负责牵头组织物资供销分公司和租用单位对新设备的验收。验收合格后，填写设备验收单。

第十五条 物资供销分公司依据设备租赁分公司出具的设备验收单，按合同支付设备款。

第四章 租赁设备的账、卡、物管理

第十六条 设备租赁分公司要根据《设备管理条例》、《煤炭工业企业设备管理规程》、《资产保全管理办法》等要求，建立、健全设备全过程的管理办法和考核制度。

第十七条 设备租赁分公司要对设备进行编号、建账、建卡。租赁设备的编号为设备的终身编号，各租用单位不得再次编号。

第十八条 每台设备刻号工作由生产厂家或委托租用单位进行。设备的主部件及主要

附件均需刻号。刻号时，要注意选定合适的位置，严禁损坏设备性能。

第十九条 设备租赁分公司负责租赁设备的保管工作，或委托租用单位代保管。设备保管部门要按照规定，负责设备的保管。

第二十条 在单位存储或代保管的设备需调出时，由设备租赁分公司驻矿租赁站填写出门证并由站长签字，经矿设备管理部门或兼职机构及主管设备领导签字后，方可出矿。

第二十一条 设备租赁分公司要定期或不定期对租用设备的使用、台账管理和保管进行检查、核对。

第二十二条 需租赁设备时，使用单位向设备租赁分公司驻矿租赁站提出申请，驻矿租赁站负责办理租赁业务。

第二十三条 设备的租赁以签订设备租赁协议方式进行，协议双方都要严格履行协议条款。

第二十四条 设备租赁分公司要完善检测手段和管理制度，确保出租的设备完好、可用。

第二十五条 租用单位要充分考虑矿井的生产计划和地区安排情况，保证租用设备的使用时间，避免造成设备闲置和积压。

第二十六条 原煤生产设备一般不得进行终身租赁。设备租赁分公司要加强设备的调剂、修理、验收、保管等工作。

第二十七条 租用单位申请的特殊租赁设备（即指其他矿井不能通用的）原则上由租用单位使用到报废期为止。

第二十八条 租用单位要加强租赁设备维护、保养等管理，严格按操作规程使用。原煤生产设备在井下使用中，必须保证所需的检修时间。

第二十九条 租赁设备原则上不得放置井下备用，闲置设备应及时升井检修，井下存放时间一般不得超过一个月。

第三十条 因租用单位过失造成租赁设备损坏的，租用单位承担经济损失，由出租单位向承租单位追偿损失。经煤炭生产部组织有关部门调查、鉴证和上级权威部门认证属不可抗力原因造成的损失，由集团公司对出租和承租单位进行政策处置。

第五章 租赁设备的维修

第三十一条 设备租赁分公司负责组织租赁设备的大、中修理，租用单位负责租赁设备的小修。

第三十二条 设备租赁分公司每年10月份要根据设备租赁情况和使用年限（原则上大修理周期为使用年限到规定折旧年限的60%），编制下一年度的设备大、中修理计划，报送发展规划部。

第三十三条 大、中修理厂家必须是具有设备大、中修理能力和试验手段的集团公司定点厂，以保证租赁设备的大、中修质量和设备技术性能。设备租赁分公司必须按相关标准对大、中修理设备进行验收，合格后方可出厂。

第三十四条 委托租用单位的修理业务，由设备租赁分公司与租用单位签订设备委托修理合同后，租用单位方可自行安排修理，所修设备必须自己使用。

第六章　　租赁设备的退租

第三十五条　租用单位因生产地区变化需退租设备的，要将退租设备检修完好，由设备租赁分公司驻矿租赁站验收合格入库后，办理退租业务。如需租用单位代保管的，由设备租赁分公司驻矿租赁站办理委托保管手续，承保单位负保管责任。

第三十六条　退租设备再次租用后，三个月内出现质量问题的，由退租单位负责修理费用。

第七章　　租赁设备的更新和报废

第三十七条　设备更新的原则：用技术性能先进的设备更新技术性能落后又无法修复改造的老旧设备。

第三十八条　凡符合下列情况之一的设备，方可报废：

设备老化、技术性能落后、能耗高、效率低的；通过修理，虽能恢复精度和性能，但不经济的；严重污染环境，危害人身安全健康，进行改造不经济的；遭到意外灾害，损坏严重，无法修复的；国家或有关部门规定应淘汰的设备。

第三十九条　设备租赁分公司组织相关人员进行报废设备的技术鉴定。

第四十条　因非正常情况致使租赁设备损坏报废的，需由租用单位提出申请，设备租赁分公司组织有关人员进行技术鉴定。

第八章　　租赁设备的租赁费收取

第四十一条　按照合理经营、资产保值原则收取租赁费。

第四十二条　设备租赁费由折旧费、大修理费和管理费构成。

计算公式：设备租赁费 = 折旧费 + 大修理费 + 管理费。

1. 折旧费：

月折旧费 = 设备原值 ×（1 - 预计净残值率）÷ 设备规定折旧年限 ÷ 12 ×（1 + 备租系数）

其中：

（1）设备的预计净残值率和规定折旧年限按集团公司有关规定执行。

（2）考虑现有必要的库存备租设备的价值补偿，在计算确定折旧费时加上设备备租系数，新设备（新度系数≥0.7）备租系数为 0.30，旧设备（新度系数 < 0.7）备租系数为 0.25。

（3）新度系数 = 设备剩余折旧年限 ÷ 设备规定折旧年限。新度系数每年调整一次。

2. 大修理费：

月大修理费 = 设备原值 × 大修理费提取率 ÷ 12

其中：

（1）综采设备大修理费提取率为 11%。

（2）普采和其他设备大修理费提取率为 5%。

3. 管理费：

月管理费 = 设备原值 × 管理费提取率 ÷ 12

其中：管理费提取率为 3%。

第四十三条　刮板机、皮带机中间部分采用一年价让形式核收租赁费。中间部分租赁费由中间价让费和中间管理费构成。

计算公式：中间部分租赁费＝中间价让费＋中间管理费。

1. 中间价让费：

$$月中间价让费 = 中间部分原值 \div 12$$

2. 中间管理费：

$$月中间管理费 = 中间部分原值 \times 管理费提取率 \div 12$$

其中：管理费提取率为3%。

第四十四条　设备租赁费计（停）租时间：每月25日前（不含25日）发生的租（退）业务，从当月开始计（停）租赁费，凡25日及以后发生的租（退）业务从次月开始计（停）租赁费。

第四十五条　为保证设备租赁计划准确性，避免因计划不准确造成设备的闲置积压和购置资金占用，对已到货设备超过2个月未租用的，按月收取计划单位的租赁费。

第四十六条　设备租赁分公司每月汇总设备租赁费后，由集团公司财务部门按月扣缴。设备租赁分公司收取租赁费时附设备租金明细表。

第九章　罚　　则

第四十七条　出租设备不完好，影响租用单位地区衔接和生产的，视影响程度对出租单位处2～10万元罚款。

第四十八条　租用单位将设备停滞井下不维护、不使用，停用时间超过一个月以上不升井的，对租用单位处以设备原值2%～5%的罚款。

第四十九条　因操作或管理不当，造成设备损坏、报废的，视损坏程度进行罚款。

第五十条　出租单位严禁擅自提高租赁费。

附件二：冀中能源峰峰集团有限公司机电设备及配件修理暂行管理办法

第一章　总　　则

第一条　为了进一步规范集团公司内部制修市场管理，减少维修资金外流，维护集团公司利益，达到降本增效之目的。特制定本暂行管理办法。

第二条　集团公司非煤类产品内部市场管理委员会（简称管委会）负责指导、监督、管理、落实此办法。管委会成员单位由企业管理部、煤炭生产部、节能环保部、财务管理部、审计部、纪委监察处、设备管理中心、物资供销分公司、多种经营总公司组成。管委会办公室设在企业管理部。

第三条　集团公司授权河北天择重型机械有限公司（以下简称天择公司）逐步整合集团公司颁发的《矿用机电产品及配件检修资质证》的内部厂点，并统一提供制修业务服务。集团公司所属二级单位凡有制修任务（不含整台设备、配件和大型材料制造），均按附件一《河北天择重型机械有限公司修理项目明细》（略）核对，明细中包含的设备及配件的制修业务，由天择公司承担。

第二章 集团公司所属单位的职责和义务

第四条 各单位要明确一名主管领导和主管部门负责此项工作，主管部门负责编制机电设备及配件的委托制修任务计划，并由主管领导签字、单位盖章。主管部门要按照单位自修、内部修理和外委修理编制月度修理计划，并在每月的 28 日前向企业管理部和煤炭生产部报下一个月的维修计划。

第五条 鼓励各单位以自修为主，委托内修和外修为辅的修理原则，最大限度地降低制修成本。委托修理要按照制修业务有关要求，与天择公司洽谈制修项目的工期、质量、价格、结算、售后服务等业务内容，并签订合同。

第六条 各单位结合天择公司对制修完工的设备进行验收，编写验收报告，共同签字、盖章、确认。财务部门凭单位主管领导及主管部门签字的设备制修验收报告，对制修费用进行结算。

第七条 各单位要提供在制修过程中所需设备的图纸、技术资料、说明书以及所需制修设备的技术要求。

第八条 各单位负责制修设备在拆检过程中更换部件的认证和损坏件的确认工作。

第九条 各单位协助天择公司到矿工作人员开展有关设备制修业务的相关工作（如：装车、卸车、设备的起吊等）。

第十条 各单位要建立健全制修设备的管理制度和定价制度，并健全机电设备制修档案。

第十一条 各单位对天择公司所检修的设备质量进行监督，发现检修质量问题，及时向集团公司管委会和天择公司有关部门及领导反馈。

第十二条 《河北天择重型机械有限公司修理项目明细》内包括和覆盖的机电设备项目的制修费用，各单位财务部门只能与天择公司结算。

第三章 天择公司的职责和义务

第十三条 天择公司要设立专门的制修管理部门，负责每月定期到管委会办公室（企业管理部）领取内部维修计划，并按合同要求，积极组织落实。

第十四条 天择公司承揽的制修业务要根据制修市场行情，遵循合理定价、服务到位、按时保质的原则，与集团公司设备管理中心、各矿等单位签订合同，并统一合同文本格式，办理业务结算。天择公司收到各委托单位的修理费用，必须专款专用，及时承付维修厂点的修理费用。

第十五条 天择公司承揽业务后不能满足各使用单位时间等其他要求时，天择公司根据集团公司内部各修理厂点的经营范围、技术能力、生产规模、产品特点、市场信誉等实际情况，本着就近维修的原则，可通过邀请具有集团公司颁发的《矿用机电产品及配件检修资质证》的内部厂点参与招标、议标的形式，进行业务分配；集团公司管委会参与招标监督；其维修价格一定要合理，实行价格竞争，如有争议，由管委会裁定；各承揽业务的内部厂点对产品的维修质量、工期及售后服务对天择公司负责，天择公司对使用单位负责。

第十六条 天择公司对所委托制修业务的厂点，按维修费用总额 3% ~ 5% 收取管理费。天择公司必须向内部厂点提供技术服务，如：检测试验、产品开发、工艺技术、技术指导等服务。

第十七条 天择公司所委托的内部厂点单位必须符合以下条件：

1. 必须依法从事生产经营活动，工商营业执照、税务登记证、组织机构代码证以及所要求的其他各类资证必须保证合法有效。

2. 制修业务质量必须达到相应的国家标准、行业标准或企业标准，必须保证产品质量合格、价格合理、服务周到，确保向集团公司内部市场提供合格维修产品和优质服务。

3. 安置集团公司内部人员（包括全民、集体、下岗职工；原全民、集体企业职工终结劳动合同的失业人员以及特困职工子女）人数不低于用工总数的65%。

4. 必须按国家规定为职工缴纳养老、工伤、失业等社会保险。职工收入必须达或超过河北省最低工资标准的。

5. 总产值必须纳入峰峰集团非煤或多经总公司统计范围。

6. 必须接受天择公司提出的技术要求及质量监督。

第十八条 天择公司在与各厂点合作期间，视双方意愿可进一步加强合作，建立多种合作方式（如：整合、重组等）。

第十九条 制修任务的产值必须每月上报。天择公司承揽制修任务的产值报企业管理部；内部维修厂点承揽制修任务的产值报多种经营总公司。

第二十条 凡是集团公司内部厂点制造的机电设备、备件及大型材料，天择公司优先安排原制造单位进行维修。

第二十一条 天择公司对承揽的制修业务，要制定质量、检测、验收、售后服务标准，高效便捷地按照工期、质量、售后服务要求满足使用单位的需要。

第二十二条 天择公司所委托到其他内部厂点的制修任务，由天择公司负责按照使用单位要求的时间和质量组织有关单位进行验收，验收三方签字生效后方可结算。

第二十三条 天择公司要依照本办法，制定相应的实施细则，报集团公司管委会备案。

第四章 管理与监督

第二十四条 集团公司所属各单位，凡有机电设备及配件制修任务的，必须纳入统一计划管理。因突发原因，需尽快办理的，各单位必须向集团公司管委会提出申请报告，采取特事特办。

第二十五条 凡《河北天择重型机械有限公司修理项目明细》没有包含的设备及配件的维修，各单位需要委托给集团公司以外单位进行修理的，经集团公司煤炭生产部和企业管理部审批后方可进行外委修理。

第二十六条 强化内部制修市场监督管理，管委会办公室组织成员单位每季度进行一次监督检查，并及时对检查结果进行通报。

第五章 罚 则

第二十七条 凡没有将《河北天择重型机械有限公司修理项目明细》业务范围内机电设备及配件委托给天择公司的单位，擅自委托外部单位制修，除对所发生的费用进行一倍罚款外，对单位主管领导进行责任追究。

第二十八条　凡天择公司对制修任务分配不公、滥用职权，按合同额 10% 对天择公司罚款，并对主管领导进行责任追究。

第二十九条　凡天择公司未经集团公司主管部门同意擅自将制修任务委托给集团公司以外单位进行制修的，对天择公司进行发生合同费用的 2 倍罚款。

第三十条　凡所检修的设备出现质量问题，并对生产造成严重影响的，损失达到 10 万元以上的，对天择公司给予合同费用的 2 倍罚款。

第三十一条　凡没有按照条款规定的职责和义务进行积极配合工作，而造成影响生产或者其他重大事故和事件的，对责任单位罚款 1～10 万元，对责任方主管领导罚款 1000～5000 元，并给予责任追究。

附件三：峰峰集团设备租赁管理流程

一、设备购置

技术部依据各矿报送的租赁计划，负责对各矿生产地区安排、租用设备使用及退租情况、公司库存及待报废设备情况进行摸底、分析、平衡、汇总，编制《年度投资计划》、《季度投资计划》，报集团公司发展规划部。

二、设备租赁

1. 设备出租

矿方根据需求，办理《设备租赁协议》，设备管理中心依据协议安排厂家或库房发货，核收设备租金。

需在各矿间进行调剂的，填写《设备租用调拨单》，租用单位持单到对方调设备，核收设备租金。

2. 设备退租

矿方提出退租，设备管理中心依据设备折旧年限确定设备按完好、待报废、报废退租，验收人员验收后，填写《退租设备验收单》，办理《设备退租协议》，核减设备租金。

三、设备修理

依据设备大修理计划，安排修理厂家持《修理设备调出通知单》到矿方调设备，同时停收设备租金。

修理完成组织相关单位验收合格后，原租用单位仍需使用的，从当月开始收取设备租金。需退租的，办理入库手续，办理《设备退租协议》。

四、设备报废

每年 4 月、10 月，对矿租用设备情况进行摸底、统计，编制出设备报废明细草表，经煤炭生产部组织鉴定后，上报正式表，批准后做账务处理。

附件四：峰峰集团设备大修理管理办法

为保证设备大修理工作的正常有序开展，严格控制大修费用，确保大修理计划顺利实现，特制定本办法。

一、大修理计划的编制、审批

1. 企业管理部根据设备和装置技术文件规定、生产工艺、安全、环保、运行状况等因素，编制年度设备大修理计划，部门负责人审核后，报中心分管副主任审核。

（1）企业管理部根据设备和装置技术文件规定的大修理周期或运行状况和设备、装置工艺技术要求、设备装置存在的安全、环保隐患及国家安全、环保管理部门要求的整治项目，编制年度设备大修理项目计划，并根据集团公司各矿井生产衔接安排，提出大修理时间建议。

（2）后勤管理部根据摸排情况确定需要安排的土建项目计划，调度室根据防排水设备使用周期和磨损情况确定大修理项目计划。

2. 中心分管副主任召开会议，企业管理部、调度室、后勤管理部、财务管理部、技术部等相关部门人员参加，对各部门提出的大修理项目进行汇总、协调，根据设备装置运行情况确定大修理项目及时间安排。

3. 企业管理部负责人根据大修理项目安排，负责审核大修理项目并组织人员提出大修理费用预算。

4. 分管副主任组织相关部门人员召开会议，共同核定大修理预算。

5. 企业管理部根据大修理预算，汇总、整理后，形成中心年度大修理计划，部门负责人、中心分管副主任审核后，报主任审批。

6. 中心主任组织召开会议，中心主要领导、有关科室相关人员参加，对年度大修理计划、年度财务预算、成本费用计划等进行综合平衡，确定年度大修理计划。年度大修理计划需进行调整的，由企业管理部根据会议决定，具体组织调定。

7. 年度大修理计划由中心主任签发并下发执行。

二、组织计划实施

1. 大修管理人员每月深入矿井摸排需大修设备的升井情况，并进行统计、筛选、汇总。由企业管理部、调度室、后勤管理部、技术部等部门根据现场摸排情况填写项目立项申请单，报主管领导审批。

2. 根据集团公司内部修理厂点有效资质和修理厂点质量、信誉排名，招标办负责通知拟定修理厂点编制预算，在规定时间内报价。招标办负责召集有关人员统一招标。

3. 为保证项目价格合理，企业管理部组织人员或委托有资质的单位编制预算书，作为选择修理厂点的重要依据。预算书编制人员或单位应对预算的真实性、完整性、合理性负责。

4. 招标办收到修理厂点的报价书、预算书及相关资料后，组织相关领导及相关部门人员开展评审，择优选出符合要求的修理厂点。

5. 招标办组织相关领导及相关部门人员与修理厂点进行协商谈判，确定合同的主要条款并草拟委托合同，一般情况下，委托合同应采用审定的标准合同。

6. 委托合同经领导审批后，按照签订合同权限的规定由公司法定代表人或其授权人签订。

7. 企业管理部根据合同安排情况填写修理设备调出通知单，企业管理部、调出单位和承修单位各留存一份，以签字和印章齐全为有效。

8. 组织实施大修理计划过程中，企业管理部应严格按照批准的大修理计划实施，如确需增补大修理计划，应按照程序，经集团公司领导批准后方能实施。

三、质量监控和验收

1. 大修理验收人员不定期地深入修理厂点对修理过程进行必要的监控，对关键点、关键零部件进行现场检查、核实，收集资料，以考核预算的执行情况和收集决算的第一手资料。

2. 大修理项目完工后，实施单位向企业管理部提交完工报告。根据项目的大小和重要程度，由中心领导、企业管理部人员和使用单位相关人员组成大修验收组，现场进行验收工作，分专业编制大修理项目验收情况表，形成验收记录，由全部参加人员签字。验收人员要按标准验收，严把质量验收关，对验收不合格事项要求规定期限内由实施单位整改，在验收记录上作整改记录，并签字确认。

3. 修理项目验收合格后，企业管理部对结算书的工程量进行审核和复核，审核人员签章后报公司领导审批，按照支付流程办理付款手续。

四、调拨

大修项目完工后，原则上回原使用单位使用，如原使用单位不再使用，企业管理部根据其他使用单位设备需求情况，安排调剂或回库备用，并对设备去向，使用情况进行跟踪管理。

五、档案管理

1. 总则

（1）为全面掌握设备大修理完成过程，包括修理质量、修理工期、售后服务等，进一步规范大修理档案，使企业大修理档案收集工作规范化、制度化，特制定本办法。

（2）本办法适用范围：生产设备、防排水设备、自用设备。

（3）企业管理部是设备大修理档案管理的职能部门。具体职责：

1）负责生产设备大修理档案的建立、资料收集、资料保管等工作。

2）负责适时完善大修理档案的内容。

3）负责协助有关部室建立完善大修理档案。

（4）后勤管理部负责自用设备大修理档案的建立、资料收集、资料保管等工作。生产调度室负责防排水设备大修理档案的建立、资料收集、资料保管等工作。

2. 大修理档案管理

（1）设备大修理档案是企业进行设备大修理过程中产生的重要资料，历次的大修档案真实记载了每台设备不同时期出现的故障及故障原因、检修部位及检修方法，利用这些资料可以客观评价每台设备的状况。完善的大修档案即有利于对设备的维护保养，又对设备的下次大修和购置新设备提供了参考和依据。

（2）大修档案一般由四部分组成：一是设备的检修记录。如大修计划书、设备检修记录、验收记录及大修合同、大修预算、大修总结等。二是技术改造项目的申请书、批准书，设计施工合同及施工记录、竣工图等。三是新购设备的开箱资料，如合格证、安装说明书、使用维护说明书、备品备件等。四是信誉档案，由修理质量、修理工期、售后服务等组成，其中修理质量占 60 分，修理工期占 20 分，售后服务占 20 分。一次通过质量验收得满分，每多验收一次减 12 分，以此类推，扣完为止。工期符合合同要求得满分，每延误一天减 1 分，以此类推，扣完为止。售后服务，自交付使用单位使用之日起，三个月内每月进行一次跟踪服务，出现质量问题，服务态度好，解决及时，得满分；如出现推诿扯皮一次扣 5 分，少跟踪一次扣 5 分。如出现质量问题，根据问题性质从修理质量中扣 6 分至 30 分。

（3）按照大修理安排情况，五日内完成大修理信息档案的建立。大修理工作竣工验收合格后十日内，将大修资料归档。修理厂点信誉档案，质保期满后一月内完成归档。

（4）根据信誉档案对修理厂点进行排名，作为选择修理厂点的依据。

附件五：峰峰集团关于及时退回占用设备的通知

为督促各生产矿井减少设备占用，合理控制备用设备数量，以进一步强化设备集中管理、调剂使用，提高设备利用率，减少不必要的设备资金投入，更好地服务于生产，特下发此通知。

各生产矿井升井后的设备超过一个月不用的，要及时安排检修退回设备管理中心。本矿还需继续使用的，超过三个月以上的可办理停用封存。在停用封存期限内，设备管理中心有权安排调剂使用。

设备管理中心成立设备管理联络小组，设立专职设备联络员负责掌握生产矿井有关设备的管理信息，对设备使用、备用、修理、仓储情况进行监管，重点掌握矿井所占用设备的使用和备用情况，近距离为生产矿井提供设备支持和服务，定期征求生产矿井在设备使用方面的意见和建议，做好意见反馈。

各生产矿井必须积极配合设备管理中心设备联络员的工作，协助联络员查看设备，提供矿井工作面分布情况，按要求向设备管理中心填报设备报表。

各生产矿井如不配合设备联系员工作，出现拒不让联络员查看库房、设备台账等现象，设备管理中心将视情节给予严肃处理并将处理意见上报集团公司。

各生产矿井要加大对占用设备管理力度，地面库房备用数量要合理，升井及时退还不使用设备。在矿闲置超过一个月的设备，不使用又不退还的，一经核实，对闲置期内的设备以 2 倍占用费计收，并在集团公司内进行通报。由此增加的设备费用，集团公司不予调整。

各生产矿井存放的备用设备，设备管理中心有权进行调剂，需调出该矿时，矿方要积极配合。如矿确需用应办理占用手续，但经检查发现该设备未使用的，以规定占用费的 2 倍计收取占用费，并在集团公司内进行通报。由此增加的设备占用费，集团公司不予调整。

各矿必须加强投资计划管理，根据生产需求落实设备使用计划，因无设备需求计划，而影响生产的，责任由需求单位自负，但设备管理中心力将千方百计积极协调解决。

由于设备管理中心的原因，向生产矿井提供的设备不完好，影响使用单位地区衔接和生产的，视影响程度处 2 万 ~ 10 万元罚款。

生产矿井将设备停滞井下不维护、不使用，停用时间超过一个月以上不升井的，对使用单位处以设备原值 2% ~ 5% 的罚款。

因操作或管理不当，造成设备损坏、报废的，视损坏程度进行罚款。

附件六：设备修理信息档案管理制度

为进一步提升设备修理质量，掌握修理后的设备使用状况，更好地发挥大修设备的使用效能，真正实现设备的跟踪管理，充分发挥设备档案资料为日常设备管、修、用服务的职能，特制定本制度。

1. 企业管理部负责建立健全逐台矿用采煤机、综采支架、刮板输送机及掘进机等主要设备修理的微机档案和文字档案。

2. 设备修理信息档案由企业管理部负责进行统一管理。设备修理信息档案必须全面记录从设备投入使用经修理、验收、再使用、信息反馈等管理过程，档案内容应齐全、准确。

3. 设备修理信息档案内容：设备编号、设备名称、规格型号、生产厂家、生产日期、使用单位、使用时间、修理时间、修理厂家、更换部件、验收人员、再用单位、再用时间、再用单位反馈信息。

4. 建立修理厂家信誉档案。内容包括设备的修理质量、修理工期和修后服务等，并将使用设备单位对该修理厂家所修的每台设备反馈信息及评价一并存入信誉档案。

5. 深入基层广泛征求设备使用单位的意见，每月对设备修理厂家进行评价汇总，对各修理厂家在竞标中实行优胜劣汰制。

6. 企业管理部负责按照档案内容要求，认真及时填写设备修理档案，并定期与设备使用单位、设备修理厂点核对档案内容，确保档案准确。

7. 微机档案应做好备份保存，由档案管理人员负责保管，不得丢失，不得改动，直至设备报废处置完毕，方可对该设备信息档案做销毁处理。

8. 设备调拨单、检修更换的部件明细、验收单及验收人员签署的验收意见等一并入档保存。

参 考 文 献

[1] 韩振川．综采工作面采煤机［M］．北京：煤炭工业出版社，1989.

[2] 中国煤炭教育协会职业教育教材编审委员会．采煤机［M］．北京：煤炭工业出版社，2011.

[3] 刘春生．滚筒式采煤机工作机构［M］．哈尔滨：哈尔滨工程大学出版社，2010.

[4] 全国煤炭技工教材编审委员会．采煤机［M］．北京：煤炭工业出版社，2000.

[5] 李建平，杜长龙，张永忠．钻式采煤机设计理论［M］．徐州：中国矿业大学出版社，2009.

[6] 陈奇，许景昆．双滚筒采煤机［M］．北京：煤炭工业出版社，1992.

[7] 孙执书，李缤．采掘机械与液压传动［M］．北京：中国矿业大学出版社，1991.

[8] 李昌熙，等．采煤机［M］．北京：煤炭工业出版社，1988.

[9] 陈翀．采煤机滚筒模型试验研究［D］．徐州：中国矿业大学机电学院，1987.

[10] 陶驰东．采掘机械［M］．北京：煤炭工业出版社，1993.

[11] 安美珍．采煤机运行姿态及位置监测的研究［D］．北京：煤炭科学研究总院，2009.

[12] 田劼．悬臂掘进机掘进自动截割成形控制系统研究［D］．北京：中国矿业大学，2010.

[13] 刘送永．采煤机滚筒截割性能及截割系统动力学研究［D］．北京：中国矿业大学，2009.

[14] 谭超．电牵引采煤机远程参数化控制关键技术研究［D］．北京：中国矿业大学，2009.

[15] 陈祥恩．钻式采煤机的设计及应用研究［D］．北京：中国矿业大学，2009.

[16] 马正兰．变速截割采煤机关键技术研究［D］．北京：中国矿业大学，2009.

[17] 孙海波．采煤机 3DVR 数字化信息平台关键技术研究［D］．北京：中国矿业大学，2009.

[18] 徐志鹏．采煤机自适应截割关键技术研究［D］．北京：中国矿业大学，2011.

编 后 语

本书总结了峰峰集团煤矿发展采煤机械化的历程，汇集了取得的主要成绩。从中可以看出峰峰煤矿人坚持不懈，克服了重重困难，走采煤机械化的科学发展道路，正在使煤矿由劳动密集型企业向技术密集型企业转变。采煤机械化实现煤炭地下开采主要的生产环节——采、支、运和供电、检测、通信系统的统一和协调配置，以安全、高产、高效大型综采工作面为核心的生产工艺，使矿井的生产格局发生了根本改变，从而极大地提高开采工作面的单产、工效和安全。一种新型的机械化、智能化的煤矿生产技术和装备，正在使煤炭企业过去脏、累、用人多、效率低、安全可靠性差、作业环境恶劣、技术水平低等极差的形象得到改变。

峰峰集团采煤机械化和综采智能化的发展实践证明，综采是当今最先进的采煤装备，综采的智能化和信息化是当前必要的发展目标，并形成先进的检测监控与智能化技术的机电一体化，实现综合自动化和科学开采煤炭，实现安全高效无人工作面开采已经是煤矿采煤发展的近期和中长期目标。

在采煤综合机械化的基础上，采用机电一体化技术和控制技术，使主要生产系统实现综合自动化和智能化，使经营管理信息化水平进一步提高，大量减少井下生产人员，最终达到高产高效的目的，并实现智能高效的现代化煤矿。

峰峰集团采煤机械化实践也证明，我国煤炭资源赋存条件复杂，煤矿井型多样，采煤机械化要切合煤层条件和矿压条件，"产学研"相结合进行科学论证，选择适合自身开采条件的支架和配套设备。此外要建设一支懂技术、会管理、不畏困难的机械化采煤队伍。

煤炭是我国的主要能源，作为以煤炭开采为主的煤炭企业面临的重大任务，一是为国家"安全生产煤炭"，满足国民经济建设的需求；二是"煤炭开发与环境协调发展"，综合考虑煤炭资源与土地、水、植被等环境要素，积极推进绿色开采，建设生态矿山。

我国液压支架设计制造技术得到长足进展，各种产品基本可以满足不同煤层和矿井条件的要求，综采设备制造必将向简化结构、高可靠性、电液控制、高效、低耗、高度自动化的方向发展。液压支架及配套机械产品多样化的发展趋势不可逆转，市场的竞争将进一步加剧。峰峰集团（天择重机）要充分发挥自身优势，以煤炭装备的成套化、大型化、多元化、集成化和智能化为突破口。全面实施"科技兴企"、"人才强企"战略。加大科技投入，加强创新体系建设，实现优势产业的技术突破和重点产业的技术跨越，努力提高原始创新、集成创新和引进消化吸收再创新的能力。

峰峰集团采煤机械化的发展经历了漫长的历程，在各个发展阶段均取得了可喜的成绩。特别是20世纪以来在智能综采技术、薄煤层综采无人工作面采煤技术和综采膏体充填采煤技术上达到了国内先进水平，成绩斐然。今后面临各种先进技术的推广、改进和解决大倾角煤层机械化等新技术难题，矿井智能化、信息化、现代化发展的任务任重道远。峰峰人在总结经验的基础上，定会再接再厉，迎难而上，创造新的辉煌。

冶金工业出版社部分图书推荐

书　名	定价(元)
富氧技术在冶金和煤化工中的应用	48.00
煤矿开采方法	32.00
煤矿测量学	45.00
高炉热风炉操作与煤气知识问答（第2版）	39.00
非煤矿山基本建设管理程序	69.00
非煤露天矿山生产现场管理	46.00
复杂构造煤层采掘突出敏感指标临界值研究	20.00
高炉生产知识问答（第3版）	46.00
铁合金生产实用技术手册	149.00
高炉炼铁生产技术手册	118.00
高炉喷煤技术	19.00
高炉喷吹煤粉知识问答	25.00
高炉热风炉操作与煤气知识问答	29.00
高炉炼铁基础知识	38.00
现代铸铁学（第2版）	59.00
实用高炉炼铁技术	29.00
高炉炼铁理论与操作	35.00
高炉操作	35.00
炼铁工艺	35.00
炼铁原理与工艺	35.00
炼铁学（上册）	38.00
炼铁学（下册）	36.00
钢铁冶金学（炼铁部分）	29.00
高炉布料规律（第3版）	30.00
高炉炼铁设计原理	28.00
炼铁节能与工艺计算	19.00
高炉过程数学模型及计算机控制	28.00
高炉炼铁过程优化与智能控制系统	36.00
炼铁生产自动化技术	46.00
冶金原燃料生产自动化技术	58.00
炼铁设备	33.00
炼铁机械（第2版）	38.00
炼焦生产问答	20.00

双峰